工程造价确定与控制

（第9版）

吴学伟　谭德精　郑文建　主编
任　宏　主审

重庆大学出版社

内容提要

本书采用理论结合实际应用的方法，全面、系统地介绍了工程造价概论，投资和工程造价的构成，工程造价的计价依据和方法，投资估算与财务评价，建设工程技术经济分析，建设工程计量与计价，工程招投标与承包合同价，工程变更、索赔、价款结算与控制，竣工验收与竣工决算共9章内容。各章有例题、思考与练习题，便于教学和应用时参考。

本书可具有以下用途：①高校土木工程、建筑工程管理、工程造价管理等专业的教材或教学参考书；②地区、部门组织工程造价从业人员执业资格统考的培训教材；③自学成才人员学习考试的指定用书；④建设、设计、咨询、审计、管理部门和施工企业的工程技术与管理人员的参考书籍。

图书在版编目(CIP)数据

工程造价确定与控制 / 吴学伟，谭德精，郑文建主编. -- 9版. -- 重庆：重庆大学出版社，2020.9(2024.5重印)

高等学校土木工程本科规划教材

ISBN 978-7-5624-8800-2

Ⅰ.①工… Ⅱ.①吴… ②谭… ③郑… Ⅲ.①工程造价控制—高等学校—教材 Ⅳ.①TU723.31

中国版本图书馆CIP数据核字(2020)第169417号

工程造价确定与控制

(第9版)

吴学伟 谭德精 郑文建 主编

任 宏 主审

责任编辑：杨粮菊 版式设计：杨粮菊

责任校对：邹 忌 责任印制：张 策

*

重庆大学出版社出版发行

出版人：陈晓阳

社址：重庆市沙坪坝区大学城西路21号

邮编：401331

电话：(023) 88617190 88617185(中小学)

传真：(023) 88617186 88617166

网址：http://www.cqup.com.cn

邮箱：fxk@cqup.com.cn(营销中心)

全国新华书店经销

重庆升光电力印务有限公司印刷

*

开本：787mm×1092mm 1/16 印张：24.5 字数：612千

2020年9月第9版 2024年5月第29次印刷

ISBN 978-7-5624-8800-2 定价：59.80元

序

建设工程消耗大量的工料机资源。工程造价的大额性、动态性等,关系到建设各方的经济利益,对国民经济的影响重大。

《工程造价确定与控制》(第8版)全面介绍了工程造价的基本知识、基本理论和基本技能。本书与同类书籍所不同的是,各章均有实际应用的介绍,每章都有思考与练习题,特别方便学习、理解和应用。本书对读者学习和掌握国内外投资与工程造价的构成和计价方法、建设项目投资估算与财务评价、工程概预算与技术经济分析、工程量清单计价、工程招投标与承包合同价、工程变更、索赔和价款结算、竣工验收与竣工决算等建设全过程的工程造价确定与控制,具有重要作用。本书具有理论性、系统性和适用性,是一本广大读者看得懂、学得会、用得着的书籍。

目前,在我国工程建设领域,存在着技术与经济相分离的状况。技术人员把工程造价看成是与己无关的财务、概预算人员的职责。如果技术人员不懂得工程造价,管工程造价的人员不懂得与工程造价相关的工程技术知识,工程造价就难以合理确定和有效控制。所以,在高等学校土木工程各专业方向的职前教育和社会在职教育中,应体现以建设前期阶段为重点的建设全过程的造价控制;做好优化设计方案和限额设计工作;当设计超过规定限额时,应修改或重新选择设计方案,实施工程造价的主动控制。技术与经济相结合是合理确定和控制工程造价的最有效的手段,应把控制工程造价的观念渗透到各项设计和施工技术措施之中。为此,希望从事工程建设的技术和管理人员学习工程造价确定与控制,相关专业的学生在校学习时,也应学好这门必修课程。

但愿本书能对高校建筑相关专业的师生,各省、自治区、直辖市和各部门的工程造价从业人员、建设工程技术和管理人员以及自学成才人员的学习,提高我国工程造价管理水平,起到它应有的作用。

任　宏
2020年7月

前　言

《工程造价确定与控制》(第9版)是根据住建部组织编写、人事部审定的《全国造价工程师执业资格考试大纲》,结合高校相关专业课程教学大纲的要求编写的。

参加本书编写的为重庆大学多年从事工程造价课程教学、参与全国造价工程师执业资格统考考前培训主讲、统考科目"工程造价案例分析"阅卷评分的高校教师和国家注册造价工程师等。为满足高校土木工程、工程造价管理等专业"工程造价确定与控制"课程的教材或教学参考书的需要,满足地区、部门组织工程造价从业人员统一培训考试教材的需求,并为工程技术和管理人员提供适于自学与应用的参考书籍和为社会自学成才人员提供自学考试书籍,特编写了此书。

本书由吴学伟、谭德精、郑文建主编。具体分工:谭德精、吴学伟(第一、二、三、四章),吴学伟、吴诗靓(第五、六章),李志成(重庆机场集团)、郑文建、李江涛(第七、八、九章)。

为帮助学习,将本书"思考与练习题"及答案汇集为《工程造价确定与控制习题及答案》单独出版,供读者参考。

本书在编写出版过程中,李志杰、王英杰、任小营、陈寻斌、傅长艺等同志为本书编写提供资料、文献和信息,使本书在较短时间内顺利修订出版。在此,一并表示诚挚的谢意。

由于时间仓促和编者水平所限,不妥之处在所难免,恳请读者和同行批评指正。

编　者

2020年7月

目录

第一章　工程造价概论

工程造价的确定与控制是以建设项目、单项工程、单位工程为研究对象，是研究拟建工程建设产品在决策、设计、施工到竣工投产或交付使用的全过程中，合理确定和有效控制工程造价的理论、方法，以及工程造价运动规律的一门学科。工程造价的确定主要是指在项目处于不同阶段时，计算和确定工程造价和投资费用。工程造价的控制就是按照既定的造价目标，对造价形成过程的各项费用，进行严格的计算、调整、监控，揭示偏差，及时纠正，保证造价目标的实现。所以学习工程造价确定与控制，必须首先认识建设阶段与建设项目的组成、价格形成与工程造价的概念、工程造价的计价特征、工程造价管理、造价工程师和工程造价咨询等基本内容。

第一节　建设阶段与建设项目的组成

一、工程建设的阶段

建设程序是指投资经济活动中，所选择的建设项目从设想、选择、评估、决策、设计、施工到竣工验收交付生产或使用的整个建设活动的各个工作过程及其先后顺序。这个先后顺序是人们在认识客观规律的基础上制订出来的，是建设项目科学决策和顺利进行的重要保证。按照建设的先后顺序，建设阶段的设置和划分如下：

（一）项目建议书阶段

项目建议书是投资机会和市场研究工作中，对要求建设某一具体项目的建议文件，是对建设项目的轮廓设想。项目建议书应论证拟建项目的必要性、条件的可行性和获利的可能性，作为投资者和建设管理部门选择并确定是否进行下一步工作的依据。项目建议书经批准后，可以进行详细的可行性研究工作。

项目建议书一般应包括以下几个方面的内容：

①建议项目提出的必要性和依据；

②产品方案、拟建规模和建设地点的初步设想；

③资源情况、建设条件、协作关系等的初步分析；

④投资估算和资金筹措设想；

⑤经济效益和社会效益的估计。

项目建议书由业主根据国民经济和社会发展的长远规划、行业规划、地区规划等要求，经过调查社会需求、分析技术上的可行性和经济上的营利性后提出。有的项目建议书还要委托有资格的工程咨询单位评估后确定，并按照建设总规模和行业大、中、小型项目划分标准及限额的规定，进行报批。对于不使用政府投资的项目，根据《国务院关于投资体制改革的决定》（国发〔2004〕20号）规定，一律不再实行审批，区别不同情况，实行核准制和备案制。其中，仅对重大项目和限制类项目进行核准，其他项目，无论规模大小，均为备案制，实行核准制的项目，仅需提交项目申请报告，不再经过批准项目建议书、可行性研究和开工报告的程序。

（二）可行性研究报告阶段

1.可行性研究

可行性研究的前提和基础是市场需求和发展的研究。可行性研究是一系列对项目建议书批准的建设项目在技术上是否可行和经济上是否合理、赢利的分析和论证工作。

国家规定，不同行业的建设项目，其可行性研究内容可以有不同的侧重点，但一般要求具备以下基本内容：

①项目提出的背景和依据；

②建设规模、产品方案、市场预测和确定的依据；

③技术工艺、主要设备、建设标准；

④资源、原材料、燃料、动力、运输、供水等协作配合条件；

⑤建设地点、厂区布置方案、占地面积；

⑥项目设计方案、协作配套工程；

⑦环保、防震等要求；

⑧劳动定员和人员培训；

⑨投资估算和资金筹措方式；

⑩经济效益和社会效益。

可行性研究的核心是经济评价，基础是市场供求与技术发展预测。确定项目必须经过财务评价和国民经济等评价的办法，在可行性研究中已经得到普遍应用。

2.可行性研究报告

可行性研究报告是确定建设项目、编制设计文件的重要依据，应有相当的深度和准确性。各类建设项目的可行性研究报告内容不尽相同。大中型项目一般应包括以下几个方面的内容：

①根据经济预测、市场预测确定的建设规模和产品方案；

②资源、原材料、燃料、动力、供水、运输条件；

③建厂条件和厂址方案；

④技术工艺、主要设备选型和技术经济指标；

⑤主要单项工程、公用辅助设施、配套工程；

⑥环境保护、城市规划、防震、防洪等要求和措施；

⑦企业组织、劳动定员和管理制度；

⑧建设进度和工期；

⑨投资估算和资金筹措；

⑩经济效益和社会效益评估。

3.可行性研究报告的审批

对于使用中央预算内资金的项目，按照资金的投入方式不同，管理方式有所区别。按照《国务院关于投资体制改革的决定》（国发〔2004〕20号）的规定：政府投资资金，包括预算内投资、各类专项建设基金、统借国外贷款等。政府投资资金按项目安排，根据资金来源、项目性质和调控需要，可分别采取直接投资、资本金注入、投资补助、转贷和贷款贴息等方式。对于政府投资项目，采用直接投资和资本金注入方式的，从投资决策角度只审批项目建议书和可行性研究报告,除特殊情况外不再审批开工报告;采用投资补助、转贷和贷款贴息方式的,只审批资金申请报告。

根据《中央预算内直接投资项目管理办法》(国家发改委令 2014 年第 7 号)规定:直接投资项目实行审批制,包括审批项目建议书、可行性研究报告、初步设计。情况特殊、影响重大的项目,需要审批开工报告。申请安排中央预算内投资 3 000 万元及以上的项目,以及需要跨地区、跨部门、跨领域统筹的项目,由国家发改委审批或者由国家发改委委托中央有关部门审批,其中特别重大项目由国家发改委核报国务院批准;其余项目按照隶属关系,由中央有关部门审批后抄送国家发改委。

对于使用省预算内资金的项目,参照国家的管理办法进行管理。

决策的标志是可行性研究报告被批准。可行性研究报告经批准后,不得随意修改和变更。经过经济评价,并经批准的投资估算是工程造价的控制限额。

(三)设计工作阶段

设计是对拟建工程在技术上和经济上的全面和详尽的安排,是建设计划的具体化,是建设实施的依据。设计单位应当根据勘察成果文件进行建设工程设计。设计文件应当符合国家规定的设计深度要求,并注明工程合理使用年限。

国际上一般分为“概念设计”“基本设计”和“详细设计”三个阶段。而我国习惯的划分是中小型工程分为“初步设计”和“施工图设计”两个阶段;重大、技术复杂的项目,可根据不同行业的特点和需要,在初步设计阶段后,增加技术设计或扩大初步设计阶段,即进行初步设计、技术设计和施工图设计三阶段设计。

各类建设项目的初步设计内容不尽相同,工业项目的初步设计内容,一般包括:

①建设依据和设计指导思想;

②建设规模、产品方案及原材料、燃料、动力的来源及用量;

③工艺流程、主要设备选型和配置;

④主要建筑物、构筑物、公用设施和生活区的建设;

⑤占地面积和土地使用情况;

⑥总体运输;

⑦外部协作配合条件;

⑧综合利用、环境保护和抗震措施;

⑨生产组织、劳动定员和各项技术经济指标;

⑩设计总概算。

初步设计由主要相关部门审批。初步设计文件批准后,不得随意修改或变更。初步设计总概算超过可行性研究报告确定的投资估算的 10%以上或其他指标需要变更时,要重新报批可行性研究报告。施工图设计编制后,应由相关的审图机构进行审查。依据施工图编制的施工图预算的工程造价应控制在设计概算以内。

(四)建设准备阶段

项目在开工建设之前,要做好各项准备工作,主要内容包括:

①征地、拆迁和场地平整;

②完成施工用水、电、路等工程;

③组织设备、材料订货;

④准备必要的经审查通过的施工图纸；

⑤组织招投标，择优选择施工单位。

（五）建设实施阶段

在建设年度计划批准后，即可组织施工。工程地质勘察、平整工地、旧有建筑物拆除、临时建筑、施工用水、电、路工程施工，不算正式开工。项目新开工时间，是指设计文件中规定的任何一项永久性工程，第一次正式破土开槽开始施工的日期。铁路、公路、水库等需要进行大量土、石方的工程，以开始进行土方、石方工程作为正式开工。分期建设的项目，分别从各期工程开工的时间进行填报。工程计量与工程造价，也是从各项工程开工日起，分别进行计算，不应包括前期工程的工程量和投资额。前期工程投资额应单列。如房屋建筑，正式开工以基础开槽或打桩作为正式开工，工程量和造价从正式开工后进行计算。前期征地、拆迁与安置、施工用水、电、路等工程费用应单列。后期园林绿化、道路等公用设施配套项目，也应单列，不应包括在房屋建筑安装工程的费用之中。

（六）生产准备阶段

业主要根据建设项目或主要单项工程生产技术特点，及时组织专门班子有计划地做好生产准备工作，保证项目建成后能及时投产或投入使用。

生产性项目，生产准备的主要内容是：

①招收和培训人员：组织生产人员参加设备的安装调试，掌握生产技术和工艺流程。

②生产组织准备：做好生产管理机构的设置、管理制度的制订、生产人员的配备等工作。

③生产技术准备：做好国内、外设计技术资料汇总建档、施工技术资料的收集整理、编制生产岗位操作规程和采用新技术的准备等工作。

④生产物资准备：落实产品原材料、协作配套产品、燃料、水、电、气等的来源和其他协作配合条件，组织工装、器具、备品、备件等的制造或订货。

生产准备阶段的费用列入工程建设其他费用。

（七）竣工验收阶段

当建设项目按设计文件规定内容，全部施工完成后，按照规定的竣工验收标准，准备工作内容、程序和组织的规定，经过各单项工程的验收，符合设计要求，并具备竣工图表、竣工决算、工程总结等必要文件资料，由项目主管部门或建设单位向可行性研究报告的审批单位提出竣工验收申请报告。

负责竣工验收的单位，根据工程规模和技术复杂程度，组成验收委员会或验收组。验收委员会或验收组应由银行、物资、环保、劳动、统计及其他有关部门的专家组成。建设、接管、勘察设计、监理、施工单位参加验收工作。

验收委员会或验收组，负责审查工程建设的各个环节，审阅工程档案并实地查验建筑工程和设备安装工程质量，并对工程作出全面评价，不合格的工程不予验收。对遗留问题提出具体意见，限期落实完成。

竣工验收是建设过程的最后一环，是投资转入生产或服务成果的标志，对促进建设项目及时投产、发挥投资效益及总结建设经验都具有重要作用。

竣工和投产或交付使用的日期，是指经验收合格、达到竣工验收标准、正式移交生产或使用的时间。在正常情况下，建设项目的投产或投入使用的日期与竣工日期是一致的，但是实际上，有些项目的竣工日期往往晚于投产日期。这是因为建设项目的生产性工程全部建成，经试运转、验收鉴定合格、移交生产部门时，便可算为全部投产，而竣工则要求该项目的生产性、非生产性工程全部建成完工。

（八）建设项目后评价阶段

建设项目后评价是指项目竣工投产运营一段时间后，再对项目的立项决策、设计、施工、竣工投产、生产运营等全过程进行系统评价的一种技术经济活动，是固定资产投资管理的一项重要内容，也是固定资产投资管理的最后一个环节。通过建设项目后评价，可以达到肯定成绩，总结经验，研究问题，提出建议，改进工作，不断提高项目决策水平和投资效果的目的。

二、建设项目的组成

一个建设项目由若干个单项工程、单位工程、分部工程、分项工程组成。工程量和造价是由局部到整体的一个分部组合计算的过程。认识建设项目的组成，对研究工程计量与工程造价确定与控制，具有重要作用。

（一）建设项目

建设项目是指在一个场地或几个场地上，按照一个总体设计进行建设的各个单项工程的总和。

在我国通常把建设一个企业、事业单位或一个独立工程项目作为一个建设项目。凡属于一个总体设计中分期分批建设的主体工程、水电气供应工程、配套或综合利用工程都应合归作为一个建设项目。不能把不属于一个总体设计的工程，归算为一个建设项目；也不能把同一个总体设计内的工程，按地区或施工单位分为几个建设项目。

在《建设工程分类标准》中，建设项目是指有经过有关部门批准的立项文件和设计任务书，经济上实行独立核算，行政上实行统一管理的工程项目。

建设项目的名称一般是以这个建设单位的名称来命名的，一个建设单位就是一个建设项目。如××汽车修配厂、××水泥厂、××专科学校、××医院等均为建设项目。

一个建设项目由多个单项工程构成，有的建设项目如改扩建项目也可能由一个单项工程构成。

建设项目的投资额巨大，建设周期较长。建设项目一般在行政上实行统一管理，在经济上实行统一核算。管理者有权统一管理总体设计所规定的各项工程。建设项目的工程量是指建设的全部工程量，其造价一般指投资估算、设计总概算和竣工总决算的造价。

（二）单项工程

单项工程又称工程项目，是建设项目的组成部分。单项工程是具有独立的设计文件，建成后可以独立发挥生产能力和使用效益的工程。单项工程中一般包括建筑工程和安装工程，如工业建设中的一个车间或一幢住宅楼、配电房、食堂是构成该建设项目的单项工程；一所医院的门诊楼、办公楼、检验楼、住院部楼、食堂、住宅楼等均属单项工程。有时，一个建设项目只有一个单项工程，则此单项工程也就是建设项目。

单项工程的工程量与工程造价，分别由构成该单项工程的各单位工程的工程量和造价的总和组成。

（三）单位工程

单位工程是单项工程的组成部分。单位工程是指具有独立的设计文件，可以独立组织施工和单项核算，但不能独立发挥其生产能力和使用效益的工程项目。单位工程不具有独立存在的意义,它是单项工程的组成部分。

工业与民用建筑物工程中的一般土建工程、装饰装修工程、电气照明工程、设备安装工程等均属于单位工程。一个单位工程由多个分部工程构成。

单位工程一般是施工企业的产品。如车间的土建工程、电气工程、给排水工程、机械安装工程等。

工程量清单计价和施工图预算,往往针对单位工程进行编制。

(四)分部工程

分部工程是单位工程的组成部分。分部工程是指按工程的部位、结构形式的不同等划分的工程项目。如建筑工程中包括土(石)方工程、桩与地基基础工程、砌筑工程、混凝土及钢筋混凝土工程、厂库房大门、特种门木结构工程、金属结构工程、屋面及防水工程等多个分部工程。安装工程的分部工程是按工程的种类和部位划分的,如管道工程、电气工程、通风工程以及设备安装工程等。

(五)分项工程

分项工程是分部工程的组成部分。分项工程一般是根据工种、构件类别、使用材料不同,并能按某种计量单位计算,便于测定或统计工程基本构造要素和工程量来划分的。

土建工程的分项工程是按建筑工程的主要工程划分的。如混凝土及钢筋混凝土分部工程中的带形基础、独立基础、满堂基础、设备基础、矩形柱、有梁板、阳台、楼梯、雨篷、挑檐等均属分项工程。安装工程的分项工程是按用途或输送不同介质、物料以及材料、设备的组别划分的。如安装管、线(m、km)、安装设备(台、座、套)、刷油漆面积(m^2)等。工程计量就是按照工程量计算规则,计算的分项工程的工程量→分部工程的工程量→单位工程的工程量。

只有建设项目、单项工程、单位工程的施工才能称为施工项目。而分部、分项工程不能称为施工项目。因为前者是施工企业的产品,而后者不是完整的产品。但是它们是构成施工项目产品的组成部分,是计算工程量、编制工程量清单、实施工程量清单计价及定额计价的基础。

第二节　价格形成与工程造价的概念

价格是以货币形式表现的商品价值。工程造价本质上属于价格范畴,要掌握工程造价的基本理论和方法,必须首先了解商品价格和工程造价形成的基本原理。

一、价格的形成

(一)价格形成的基础是价值

商品的价值量是由社会平均必要劳动时间来计量的。商品生产中社会必要劳动时间消耗得越多,商品中所含的价值量就越大;反之,商品中凝结的社会必要劳动时间越少,商品的价值量就越低。

商品价值由两部分构成。一是商品生产中消耗的生产资料的价值 C,在价格形成中表现为物质资料消耗的货币支出;二是生产过程中劳动者所创造出的价值。劳动者所创造的价值又由两部分组成:补偿劳动力的价值 V 和剩余价值 m。劳动者创造的补偿劳动力的价值 V,表现为价格形成中的劳动报酬的货币支出;劳动者创造的剩余价值 m,表现为价格形成中的赢利。C 和 V 两部分的货币支出形成商品价格中的成本。成本在商品价格中占有很大的比例，所以，价格形成的基础是价值。

（二）价格形成中的成本

1.成本的经济性质

成本是指商品在生产和流通中所消耗的各种费用的总和，是价格形成中 C 和 V 的货币表现。生产领域的成本称为生产成本，流通领域的成本称为流通成本。

价格形成中的成本不同于个别成本。个别企业的成本取决于企业的技术装备和经营管理水平，也取决于劳动者的素质和其他因素。每个企业由于各自拥有的条件不同，成本支出自然也不会相同。因此，个别成本不能成为价格形成中的成本。价格形成中的成本是社会平均成本，但企业的个别成本却是形成社会平均成本的基础。社会成本是反映企业必要的物质消耗支出和工资报酬支出，是各个企业成本开支的加权平均数。企业只能以社会成本作为商品定价的基本依据，以社会成本作为衡量经营管理水平的指标。

2.成本在价格形成中的地位

①成本是价格形成的最重要的因素，在价格形成中占有很大的比例。

②成本是价格最低的经济界限。成本是维持商品简单再生产和满足企业补偿物质资料支出及劳动报酬支出的最起码的条件要求。

③成本的变动在很大程度上影响价格的变动。

3.价格形成中的成本是正常成本

所谓正常成本是指反映社会必要劳动时间消耗的成本，它是物质消耗支出和劳动报酬支出的货币价值。而社会必要劳动时间，是指“在现有社会正常的生产条件下，在社会平均的劳动熟练程度和劳动强度下制造某种使用价值所需要的劳动时间。”

在现实经济活动中，正常成本是指新产品正式投产成本，或是新老产品在生产能力正常、效率正常条件下的成本。非正常因素形成的企业成本开支属非正常成本。非正常成本一般是指新产品试制成本，小批量生产成本，其他非正常因素形成的成本。在价格形成中不能考虑非正常成本的影响。

（三）价格形成中的赢利

价格形成中的赢利是 m 的货币表现，它由企业利润和税金两部分组成。

赢利在价格形成中所占的份额虽然不大，远低于成本，但它是社会扩大再生产的资金来源，对社会经济的发展具有十分重要的意义。价格形成中没有赢利，再生产就不可能在扩大的规模上进行，社会也就不可能发展。

价格形成中赢利的多少在理论上取决于劳动者为社会创造的价值量，但要准确地计算是相当困难的。在市场经济条件下，赢利是通过竞争形成的，但从宏观调控和微观管理的角度出发，在制订地区工程造价水平基础时，可通过计算成本赢利率来计算价格。社会平均成本赢利率反映着商品价格中赢利和成本之间的数量关系。工程造价，即生产价格则可用平均成本加上平均利润求得。其计算公式为：

$$\text{社会平均成本赢利率}=\frac{\text{全社会产品年赢利总额}}{\text{全社会产品年成本总额}}\times 100\%$$

$$\text{工程造价}=\text{生产部门平均成本}(1+\text{社会平均成本赢利率})$$

成本赢利率比较全面地反映了商品价值中活劳动和物化劳动的耗费。特别是成本在价格中比重很大的情况下，它可以使价格不至于严重背离价值。同时计算比较简便。

【例 1.2.1】 某地区某种单位建设工程产品的平均成本为 1 300 元。该地区建设工程产品年成本总额为 200 亿元，年赢利总额为 15 亿元，试确定该地区此种单位产品的价格。

【解答】 计算社会平均成本赢利率和单位建设工程产品的价格为：

$$社会平均成本赢利率=\frac{15}{200}\times100\%=7.5\%$$

$$单位产品价格=1\ 300\times(1+7.5\%)元=1\ 397.5\ 元$$

（四）支配价格运动的规律

价格存在于不断运动之中，支配价格运动的经济规律主要是价值规律、供求规律和纸币流通规律。

1.价值规律

价值规律是商品经济的一般规律，是社会必要劳动时间决定商品价值量的规律。价值规律要求商品交换必须以等量价值为基础，商品价格必须以价值为基础。价格是价值的表现。但是，这并不是说，每一次商品交换都是等量价值的交换；也不是说商品价格总是和价值相一致。在现实的经济生活中，价格和价值往往是不一致的。价格通常是或高或低地偏离价值。价格总是通过围绕价值上下波动的形式来实现价值规律。因此，从个别商品和某个时点上看，价格和价值往往是背离的；但从商品总体上和一定时期看，价格是符合价值规律的。

2.供求规律

供求规律是商品供给和需求变化的规律。它是通过价格波动对生产的调节来实现的。如果某种商品供给大于需求，价格就会被迫下降；相反，在供不应求的情况下，价格就会提高。价格作为市场最主要也是最重要的信号，以其波动调节供需，然后供需影响价格，价格又影响供需。二者相互影响、相互制约，使供需趋于平衡。供求关系就是从不平衡到平衡，再到不平衡，也就是价格从偏离价值到趋于价值，再到偏离价值的运动过程。

3.纸币流通规律

纸币流通规律就是流通中所需纸币数量的规律。货币能够表现价值，是因为作为货币的黄金自身有价值。每单位货币的价值越大，商品的价格就越低；相反，每单位货币的价值越小，商品的价格就会越高。价格与货币价值是反比例关系。

流通中货币需要量，一是取决于商品价格总额，二是取决于货币平均周转次数。货币的平均周转次数，也就是货币的流通速度。货币的流通速度越快，货币需要量越小。其表达式为：

$$流通中货币需要量=\frac{商品价格总额}{货币平均周转次数}$$

纸币是由国家发行、强制通用的货币符号，本身没有价值，但可代替货币充当流通手段和支付手段。纸币作为金属货币的符号，它的流通量应等同于金币的流通量。但纸币没有储藏手段职能，如果纸币流通量超过需要量，纸币就会贬值。此时，它所代表的价值就会低于金属货币的价值量，商品价格就会随之提高。纸币流通量不能满足需要时，它所代表的价值就会高于金属货币的价值，此时价格就会下降。

$$单位纸币所代表的价值量=\frac{流通中货币需要量}{流通中纸币总量}$$

【例 1.2.2】 某地区商品价格总额为 200 亿元，货币年平均周转次数为 8 次。若流通中货币总量为250亿元,求单位纸币的价值量为多少。

【解答】 ①求流通中货币需要量

$$流通中货币需要量=\frac{200亿元}{8}=25亿元$$

②求单位纸币代表的价值量

$$单位纸币代表的价值量=\frac{25亿元}{250亿元}=0.1$$

二、工程造价的概念

(一)工程造价的含义

工程造价是指建设工程产品的建造价格。工程造价本质上属于价格范畴。由于所站的角度不同,工程造价有两种含义。

第一种含义:从投资者或业主的角度来定义——建设工程造价是指建设某项工程,预期开支或实际开支的全部固定资产投资费用。即有计划地进行某建设项目或工程项目的固定资产再生产建设,形成相应的固定资产投资费用。

固定资产是指在社会再生产过程中,能够在较长时期内,为生产或人民生活服务的物质财富和资料。财政部规定,列为固定资产的物质财富和资料,必须同时具备以下两个条件:一是使用年限在一年以上;二是单位价值在规定限额以上。

固定资产再生产是指其本身不断补偿、不断积累、不断更新和不断扩大的过程。固定资产再生产分简单再生产和扩大再生产两种类型。固定资产简单再生产是指在原有的规模上进行建设,建造出来的新增固定资产,只能补偿、替换被消耗掉的固定资产,不能扩大其规模。固定资产扩大再生产是指在扩大的规模上进行建设,建造出来的新增固定资产多于被消耗掉的固定资产。

工程建设的范围,不仅包括了固定资产扩大再生产的新建、改建、扩建、恢复工程及与之连带的工作,而且还包括整体或局部性固定资产的恢复、迁移、补充、维修、装饰装修等内容,后者实际上是固定资产简单再生产的内容。

固定资产投资所形成的固定资产价值的内容包括:建筑安装工程造价、设备、工器具的购置费用和工程建设其他费用等。

建筑安装工程造价是指建设单位支付给从事建筑安装工程施工单位的全部生产费用。包括用于建筑物的建造及有关的准备、清理工程的投资,用于需要安装设备的安置、装配工程的投资。它是以货币表现的建筑安装工程的价值。

设备、工器具费用是指按照项目设计文件要求,建设单位或其委托单位购置或自制的设备和首套工器具及生产家具所需的费用。它由设备、工器具原价和包括设备成套公司服务费在内的运杂费组成。

工程建设其他费用是指未纳入以上两项的,由项目投资支付的,为保证工程建设顺利完成和交付使用后能够正常发挥作用,而发生的各项费用总和。这些费用包括以下3类:第一类为土地使用费,由土地征用及迁移补偿费、土地使用权出让金等组成;第二类为与项目建设有关的费用,由建设单位管理费、勘察设计费等组成;第三类是与生产经营有关的费用,由联合试运转费,生产准备费等费用组成。

除以上费用之外,在进行投资估算和设计概算时,还应计入预备费、建设期贷款利息和应缴纳的固定资产投资方向调节税。对于经营性项目,还应计铺底流动资金。

铺底流动资金是指经营性项目投产后所需的流动资金的30%。根据国家现行规定要求,新建、扩建和技术改造项目,必须将项目建成投产后所需的铺底流动资金列入投资计划。铺底流动资金不落实的,国家不予批准立项,银行不予贷款。

工程造价的第一种含义表明,投资者选定一个投资项目,为了获得预期的效益,就要通过项目评估后进行决策,然后进行设计、工程施工,直至竣工验收等一系列投资管理活动。在投资管理活动中,要支付与工程建造有关的全部费用,才能形成固定资产。这些开支就构成了工程造价。从这个意义上说,工程造价就是建设工程项目固定资产的总投资。

第二种含义:从承包商、供应商、规划、设计市场供给主体来定义,从市场交易的角度分析——建设工程造价是指工程价格。即为建设某项工程,预计或实际在土地市场、设备市场、技术劳务市场、承包市场等交易活动中,所形成的工程承包合同价和建设工程总价格。

工程造价的第二种含义是以市场经济为前提的,是以工程、设备、技术等特定商品形式作为交易对象,通过招投标或其他交易方式,在各方进行反复测算的基础上,最终由市场形成的价格。其交易的对象,可以是一个建设项目,一个单项工程,也可以是建设的某一个阶段,如可行性研究报告阶段、设计工作阶段等。还可以是某个建设阶段的一个或几个组成部分。如建设前期的土地开发工程、安装工程、装饰工程、配套设施工程等。随着经济发展和技术进步,分工的细化和市场的完善,工程建设中的中间产品也会越来越多,商品交易会更加频繁,工程造价的种类和形式也会更为丰富。特别是投资体制的改革,投资主体多元化和资金来源的多渠道,使相当一部分建筑产品作为商品进入了流通。住宅作为商品已为人们所接受,普通工业厂房、仓库、写字楼、公寓、商业设施等建筑产品,一旦投资者推向市场就成为真实的商品而流通。无论是采取购买、抵押、拍卖、租赁,还是企业兼并形式,其性质都是相同的。

工程造价的第二种含义通常把工程造价认定为工程承发包价格。它是在建筑市场通过招标,由需求主体投资者和供给主体建设商共同认可的价格。建筑安装工程造价在项目固定资产投资中占有50%~60%的份额,是工程造价中最活跃的部分,也是建筑市场交易的主要对象之一。土地使用权拍卖或设计招标等所形成的承包合同价,也属于第二种含义的工程造价的范围。

(二)工程造价两种含义的意义

所谓工程造价的两种含义是以不同角度把握同一事物的本质。从建设工程的投资者来说,面对市场经济条件下的工程造价就是项目投资,是“购买”项目要付出的价格。对于承包商、供应商和规划、设计等机构来说,工程造价是他们作为市场供给主体,出售商品和劳务的价格的总和,或是特指范围的工程造价,如建筑安装工程造价。

工程造价的两种含义是对客观存在的概括。它们既是一个统一体,又是相互区别的。最主要的区别在于需求主体和供给主体,在市场中追求的经济利益不同。因而管理的性质和管理目标不同。从管理性质看,前者属于投资管理范畴,后者属于价格管理范畴。从管理目标看,作为项目投资费用,投资者在进行项目决策和项目实施中,首先追求的是决策的正确性。投资是一种为实现预期收益而垫付资金的经济行为。项目决策是重要一环。项目决策中投资数额大小、功能和成本价格比,是投资决策的最重要的依据。其次,在项目实施中,完善项目功能,提高工程质量,降低投资费用,按期或提前交付使用,是投资者始终关注的目标。因此,降低工程造价是投资者始终如一的追求。作为工程价格，承包商所关注的是利润和高额利润。为此，承包商追求的是较高的工程造价。不同的管理目标，反映它们不同的经济利益，但是它们都要受支配价格运动的那些经济规律的影响和调节。它们之间的矛盾正是市场的竞争机制和利益风险机制的必然反映。

区别工程造价的两种含义的理论意义在于：为投资者和以承包商为代表的供应商在工程建设领域的市场行为提供理论依据。当政府提出降低工程造价，是站在投资者的角度充当着市场需求主体的角色；当承包商提出要提高工程造价、提高利润率，并获得更多的实际利润时，是要实现一个市场供给主体的管理目标。这是市场运行机制的必然。区别两重含义的现实意义在于，为实现不同的管理目标，不断充实工程造价的管理内容，完善管理方法，更好地为实现各自的目标服务，从而有利于推动全面的经济增长。

三、工程造价的特点

由于工程建设产品和施工的特点，工程造价具有以下特点：

1.工程造价的大额性

能够发挥投资效益的任何一个建设项目或一个单项工程，不仅实物形体庞大，而且造价高昂。动辄数百万、数千万、数亿、数十亿，特大的工程项目造价可达百亿、千亿元人民币。工程造价的大额性，消耗资源多，使它关系到有关各方面的重大经济利益，同时也会对宏观经济产生重大影响。这就决定了工程造价的特殊地位，也说明了造价管理的重要意义。

2.工程造价的个别性、差异性

任何一项工程都有特定的用途、功能、规模。因此对每一项工程的结构、造型、空间分割、设备设置和内外装修都有具体的要求，所以工程内容和实物形态都具有个别性、差异性。产品的差异性决定了工程造价的个别性。工程所处地区、地段不相同，造价也会有所差别。

3.工程造价的动态性

任何一项工程从决策到竣工投产或交付使用，少则数月，多达数年，由于不可预计因素的影响，在计划工期内，存在许多影响工程造价的因素，如工程变更，设备、材料价格的涨跌，工资标准以及费率、利率、汇率等的变化。因此，工程造价具有动态性。建设周期长，资金的时间价值突出。

4.工程造价的广泛性和复杂性

工程造价的广泛性和复杂性，表现在构成工程造价的成本因素复杂，涉及人工、材料、施工机械的类型较多，协同配合的广泛性几乎涉及社会的各个方面。比如，获得建设工程用地支出的费用，既有征地、拆迁、安置补偿方面的费用，又有土地使用权出让金等方面的费用。这些费用与政府一定时期的产业政策和税收政策及地方性收费规定有直接的关系。以江西省南昌市国家安居工程多层住宅价格构成统计资料为例，在政府提供优惠政策，用地行政划拨及免缴有关地方性收费情况下，征地、拆迁及安置补偿费占造价的16.75%，工程建设其他费占造价的12.85%，住宅小区基础设施建设费占造价的7.82%，贷款利息占造价的4.97%，免缴部分税金后税金占造价的0.61%，免减有关地方性费用后建筑安装工程费占造价的57%。由此可见，工程造价构成的因素广泛、复杂。

工程造价的复杂性，还表现在构成建筑安装工程费的层次、内容复杂。一个建设项目往往由多个单项工程组成，一个单项工程由多个单位工程组成，一个单位工程由多个分部工程组成,一个分部工程由多个分项工程组成。可见建筑安装工程造价,根据建设项目组成的不同,具有5个不同的层次。在同一个层次中,又具有不同的形态,要求不同的专业人员去建造。以住宅单位工程为例,划分有基础、主体结构、楼地面、内外装修、屋面等分部工程,还有给排水、消防、电气照明、电视、电话、采暖、通风、空调等工程。一台住宅电梯的安装,不但有机械设备安装的内容,还有电气设备安装、仪表及调试等工作内容。可见工程造价中构成的内容和层次复杂,涉及建造人员较多,工程量和工程造价计算工作量大,工程管理复杂,赢利的构成复杂。

5.工程造价的阶段性

像人们认识事物,总是从远到近、从粗到细、从概略到具体、从计划到实际的过程一样,工程造价根据建设阶段的不同,同一工程的造价,在不同的建设阶段,有不同的名称、内容。如建设工程处于项目建议书阶段和可行性研究报告阶段,拟建工程的工程量还不具体,建设地点也尚未确定,工程造价不可能也没有必要做到十分准确,其名称为投资估算。在设计工作阶段,初期对应初步设计的是设计概算或设计总概算,当进行技术设计或扩大初步设计时,设计概算须作调整、修正,反映该工程的造价的名称为修正设计概算。进行施工图设计后,工程对象比初步设计时更为具体、明确,工程量可根据施工图和工程量计算规划计算出来,对应施工图的工程造价的名称为施工图预算。通过招投标由市场形成并经承发包方共同认可的工程造价是承包合同价。投资估算、设计概算、施工图预算、承包合同价,都是预期或计划的工程造价。工程施工是一个动态系统,在建设实施阶段,有可能存在设计变更、施工条件变更和工料机价格波动等影响,所以竣工时往往要对承包合同价作适当调整,局部工程竣工后的竣工结算和全部工程竣工合格后的竣工决算,分别是建设工程的局部或整体的实际造价。工程造价的阶段性十分明确,在不同建设阶段,工程造价名称、内容、作用是不同的,这是长期大量工程实践的总结,也是工程造价管理的规定。

四、工程造价的职能

工程造价除具有一般商品的价格职能外,还具有其特殊的职能。

1.预测职能

由于工程造价的大额性和动态性,无论是投资者还是建筑商,都要对拟建工程进行预先测算。投资者预先测算工程造价,不仅作为项目决策依据,同时也是筹集资金、控制造价的需要。承包商对工程造价的测算,既为投标决策提供依据,也为投标报价和成本管理提供依据。

2.控制职能

工程造价的控制职能表现在两个方面:一方面是它对投资的控制,即在投资的各个阶段,根据对造价的多次预估,对造价进行全过程多层次的控制;另一方面,是对以承包商为代表的商品和劳务供应企业的成本控制。在价格一定的条件下,企业实际成本开支决定企业的赢利水平。成本越高赢利越低,成本高于价格就危及企业的生存。所以企业要以工程造价来控制成本。

3.评价职能

工程造价是评价总投资和分项投资合理性和投资效益的主要依据之一。在评价土地价格、建筑安装工程产品和设备价格的合理性时,就必须利用工程造价资料;在评价建设项目偿贷能力、获利能力和宏观效益时,也可依据工程造价。工程造价也是评价建筑安装企业管理水平和经营成果的重要依据。

4.调控职能

工程建设直接关系到经济增长,也直接关系到资源分配和资金流向,对国计民生都产生重大影响。所以国家对建设规模、结构进行宏观调控是在任何条件下都不可缺的,对政府投资项目进行直接调控和管理也是非常必需的。这些都是要用工程造价作为经济杠杆,对工程建设中的物质消耗水平、建设规模、投资方向等进行调控和管理。

工程造价职能实现的条件,最主要的是市场竞争机制的形成。在现代市场经济中,要求市场主体要有自身独立的经济利益,并能根据市场价格信息和利益取向来决定其经济行为。无论是购买者还是出售者,在市场上都处于平等竞争的地位,他们都不可能单独地影响市场价格,更没有能力单方面决定价格,价格是按市场供需变化和价值规律运动的:需求大于供给,价格上扬;供给大于需求,价格下跌。作为买方的投资者和作为卖方的建筑安装工程企业,以及其他商品和劳务的提供者,要在市场竞争中根据价格变动,根据自己对市场走向的判断来调节自己的经济活动。这种不断调节使价格总是趋向价值基础,形成价格围绕价值上下波动的基本运动形态。也只有在这种条件下,价格才能实现它的基本职能和其他各项职能。所以,建立和完善市场机制,创造平等竞争的环境是十分迫切而重要的任务。具体来说,投资者和建筑安装工程企业等商品和劳务的提供者。首先,要从固有的体制束缚中摆脱出来,使自己真正成为具有独立经济利益的市场主体,能够了解并适应市场信息的变化,能够作出正确的判断和决策。其次,要给建筑安装工程企业创造出平等竞争的条件,使不同类型、不同所有制、不同规模、不同地区的企业,在同一项工程的投标竞争中,处于同样平等的地位。为此就要规范建筑市场和规范市场主体的经济行为。最后,要建立完善的、灵敏的价格信息系统。

建设工程价格职能的充分实现,在国民经济的发展中会起到多方面的良好作用。

五、工程造价的作用

工程造价涉及国民经济各部门、各行业,涉及社会再生产中的各个环节,也直接关系到人民群众的生活和城镇居民的居住条件,所以它的作用范围和影响程度都很大。其作用主要有以下 5 点:

①建设工程造价是项目决策的工具;

②建设工程造价是制订投资计划和控制投资的有效工具;

③建设工程造价是筹集建设资金的依据;

④建设工程造价是合理利益分配和调节产业结构的手段;

⑤建设工程造价是评价投资经济效果的重要指标。

第三节 工程造价的计价特征

一、工程造价的计价特征

建设工程造价的计价,除具有一般商品计价的共同特点外,由于建设产品本身的固定性、多样性、体积庞大、生产周期长等特征,直接导致其生产过程的流动性、单一性、资源消耗多、造价的时间价值突出等特点。工程造价的计价具有以下不同于一般商品计价的特点:

（一）单体性计价

建设工程的实物形态千差万别，尽管采用相同或相似的设计图纸，在不同地区、不同时间建造的产品，其构成投资费用的各种价值要素存在差别，最终导致工程造价千差万别。建设工程的计价不能像一般工业产品那样按品种、规格、质量等成批定价，只能是单件计价，即按照各个建设项目或其局部工程，通过一定程序，执行计价依据和规定，计算其工程造价。

（二）分部组合计价

建设工程的计价，特别是设计图纸出来以后，按照现行规定一般是按工程的构成，从局部到整体地先计算出工程量，再按计价依据分部组合计价。例如，在计算一个建设项目的设计总概算时，应先计算各单位工程的概算，再计算构成这个建设项目的各单项工程的综合概算，最后汇总成总概算。

建设项目是一个工程综合体。这个综合体可以分解为许多有内在联系的独立和不能独立的工程。从计量、计价和工程管理的角度看，分部分项工程还可以分解。建设项目的这种组合性决定了计价的过程是一个逐步组合的过程。这一特征在计算概算造价和预算造价时尤为明显，也反映到合同价和结算价的确定。工程量和造价的计算过程及计算顺序是：分部分项工程→单位工程→单项工程→建设项目。

图 1.3.1(a)是某钢厂建设项目构成的示意图。工程量、工程造价的计算顺序如图 1.3.1(b)所示。

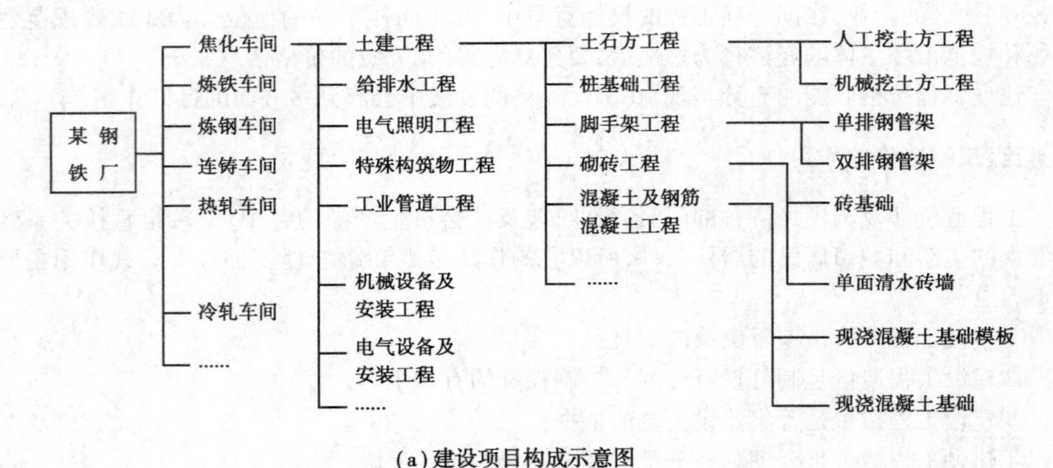

图 1.3.1　建设项目的构成和计量与计价顺序框图

工程造价构成复杂，计算工程造价必须首先弄清楚计算对象的工程数量，不研究工程量计算，工程造价是空中楼阁。初学工程造价的同志，特别要先从认识工程量入手，学会工程量的计算。没有正确的工程量作为依据,单价尽管是市场形成的单价,但工程造价是工程量和单价的乘积,最终确定的工程造价仍会偏离客观实际。工程造价管理的改革应该首先从工程量清单的编制入手,切实解决客观公正的工程量计算,才是工程造价管理改革的基础。

(三)多次性计价

建设工程生产过程是一个周期长,资源消耗数量大的生产消费过程。从建设项目可行性研究开始,到竣工验收交付生产或使用,建设是分阶段进行的。在建设的不同阶段,工程造价有着不同的名称,包含着不同的内容。也就是说,对于同一项工程,为了适应工程建设过程中各方经济关系的建立,适应项目的决策、控制和管理的要求,需要对其进行多次性计价。为了招标投标工作的需要,对于同一项工程在同一段时间内,还将由招标单位或其委托单位、投标单位等多家单位,面对同一工程内容,从不同的角度进行工程造价的计算。不同设计和建设阶段工程造价的名称和相互关系如图 1.3.2 所示。

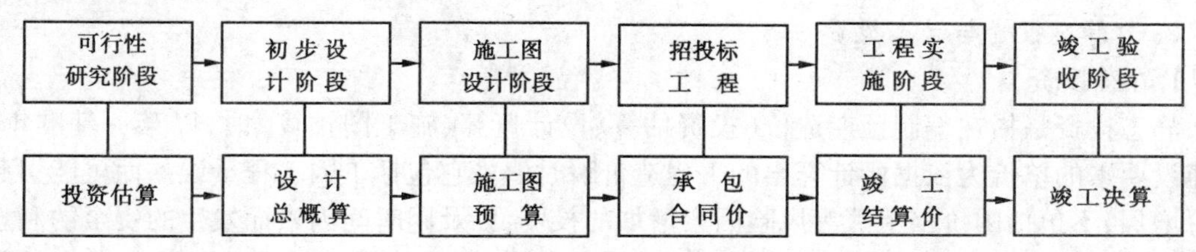

图 1.3.2　建设不同时期工程造价的相互关系框图

(四)方法多样性计价

任何计价方法的产生,均取决于研究对象的客观情况。当处于项目建议书阶段或可行性研究报告初期阶段,工程量仅仅是一个设想或规划,没有具体尺寸、数量,此时的工程造价,只能类比已建类似工程的造价来初步确定。具体方法有设备系数法、生产能力指数估算法等。当可行性研究达到相当程度,主要单项工程已经明确时,可采用估算指标进行投资估算。

在已完成初步设计,大的工程量能够确定的情况下,可采用概算定额,编制设计概算,也可采用类似工程法或概算指标法编制设计概算。当施工图设计完成后,工程量可据图确定,一般采用单价法来编制施工图预算。但不管采用哪种估算或计算工程造价的方法,均是以研究对象的特征、生产能力、工程数量、技术含量、工作内容等为前提的。计算的准确程度,均取决于工程量和单价是否正确、适用和可靠。实际计算时,采用哪种方法,应通过分析来确定。

(五)依据复杂性

影响工程造价的因素较多,计价依据复杂,种类繁多。计算工程造价时,一定要注重采用客观正确的计价依据,切记不要脱离实际。在采用以下计价依据时,注意:

①计算设备费依据:包括项目建议书、可行性研究报告、设计文件、国产设备和引进设备的询价、运杂费、进口设备关税、增值税的调查研究资料等。

②计算建筑安装工程的工程量依据:包括清单计价、工程计量国家规范及各地制定的配套规定、施工图纸、各专业的有关标准图、施工组织设计、施工准备工作项目、场外制备工作项目等。

③计算工料机实物消耗量的依据:包括企业工料机消耗量基础定额、类似工程资料等。

④计算分部分项工程单价的依据:包括工料机实物消耗量、人工、材料、机械台班单价、建

设工程取费定额、物价指数、工程造价指数、工程造价信息等。

⑤计算措施费、企业管理费、规费、工程建设其他费用、利润、税金等的依据:包括相关定额、指标、政府及建设管理部门的规定等。

工程造价的计价依据必须正确,不能脱离实际,采用过时的定额或不考虑工程的实际和市场已经变化了的情况而进行造价的计算。不结合实际的造价计算,不具有使用价值。

随着信息网络技术的迅速发展,在便于储存和使用大量已建成工程造价资料的情况下,工程造价更有效的计算方法的研究和使用,将促进工程造价管理改革不断发展。

二、工程造价的名词分类

由于工程造价的计价特点,反映建设投资或工程造价的名词种类较多,内容各异,一般可按以下方法分类:

(一)静态投资与动态投资

1.静态投资

静态投资是指在编制预期造价(投资估算、设计概算、施工图预算)时,以某一基准年、月的建设要素的单价为依据所计算出的工程造价瞬时值。它包括了因工程量误差而可能引起的造价增加,不包括因价格上涨等风险因素增加的投资,以及因时间因素而发生的资金的利息支出。静态投资由建筑安装工程费、设备费、工器具费用、工程建设其他费用和预备费中的基本预备费之和组成。

2.动态投资

动态投资是指为完成一个工程项目的建设,预计投资需要量的总和。它除了包括静态投资所含内容之外,还包括建设期贷款利息、投资方向调节税、涨价预备费,以及汇率变动部分引起的费用增加。动态投资适应了市场价格运动规律的要求,使投资的计划、估算、控制更加符合实际,符合经济运动的规律。

静态投资和动态投资虽然内容有所区别,但二者具有密切联系。动态投资包含静态投资,静态投资是动态投资最主要的组成部分,也是动态投资的计算基础。并且这两个概念的产生都与工程造价的确定直接相关。

(二)按建设的先后顺序分类

1.投资估算价

投资估算价是指编制项目建议书、进行可行性研究报告阶段编制的工程造价。一般可按规定的投资估算指标,类似工程的造价资料,现行的设备、材料价格并结合工程的实际情况进行投资估算。投资估算是对建设工程预期总造价所进行的优化、计算、核定及相应文件的编制,所预计和核定的工程造价称为估算造价。投资估算是进行建设项目经济评价的基础,是判断项目可行性和进行项目决策的重要依据,并作为以后建设阶段工程造价的控制目标限额。

2.设计总概算价

设计总概算价是指在初步设计阶段,总承包设计单位根据初步设计的总体布置、建设内容、各单项工程的主要结构的设计图纸和设计工程量清单,按照概算定额或概算指标及有关取费规定等,进行计算和编制的该建设项目,从开始筹建到交付生产或使用的全过程中,所发生的各项建设费用的总和。

经批准的设计总概算价是确定建设项目总造价、编制固定资产投资计划、签订建设项目承包总合同和贷款总合同的依据，也是控制基本建设拨款和施工图预算及考核设计经济合理性的依据。

3.施工图预算价

施工图预算价是指建设项目中的局部工程，一般是单位工程，在建设准备和建设实施阶段，由建设单位或委托的工程造价咨询单位，根据建筑安装工程的施工图纸计算的工程量、施工组织设计确定的施工方案、现行工程计量、计价规定，进行计算和编制的单位工程或单项工程建设费用的经济文件。业主或其委托单位编制的施工图预算，可作为工程建设招标的标底或控制价。对于施工承揽方来说，为了投标也必须进行施工图预算，但参与投标竞争的施工企业，由于施工方案存在差异，技术水平、企业工料机消耗的基础定额、工料机单价、所处地理位置等均有所不同，故所编制的施工图预算结果可能不同，投标报价会有差异。

4.承包合同价

承包合同价是指在招标、投标工作中，经组织开标、评标、定标后，根据中标价格由招标单位和承包单位，在工程承包合同中，按有关规定或协议条款约定的各种取费标准计算的用以支付给承包方按照合同要求完成工程内容的价款总额。

按照合同类型和计价方法，承包合同价有总价合同、单价合同、成本加酬金合同、交钥匙统包合同等不同类型。

5.竣工结算价

竣工结算价是指一个单位工程或单项工程完工后，经组织验收合格，由施工单位根据承包合同条款和计价的规定，结合工程施工中设计变更等引起工程建设费增加或减少的具体情况，编制并经建设或委托的监理单位签认的，用以表达该项工程最终实际造价为主要内容，作为结算工程价款依据的经济文件。竣工结算方式按工程承包合同规定办理，为维护建设单位和施工企业双方权益，应按完成多少工程，付多少款的方式结算工程价款。

6.竣工决算价

竣工决算价是指建设项目全部竣工验收合格后编制的实际造价的经济文件，以实物数量和货币指标为计量单位，综合反映竣工项目从筹建开始到项目竣工交付使用为止的全部建设费用。竣工决算价可以反映建设交付使用的固定资产及流动资产的详细情况，可以作为财产交接、考核交付使用的财产成本以及使用部门建立财产明细表和登记新增资产价值的依据。通过竣工决算所显示的完成一个建设项目所实际花费的总费用，是对该建设项目进行清产核资和后评估的依据。

工程竣工决算一般由建设单位编制。

从投资估算价、设计概算价、施工图预算价到承包合同价，再到各项工程的结算价和最后在结算价基础上编制竣工决算价，整个计价过程是一个由粗到细、由浅到深，最后确定工程实际造价的过程。计价过程中各个环节之间相互衔接，前者制约后者，后者补充前者。在这种情况下，实行技术与经济相结合，研究和建立工程造价“全过程一体化”管理，改变“铁路警察各管一段”的状况，对建设项目投资或成本控制，十分必要。

（三）按项目构成的层次分类

1.建设项目总投资和固定资产投资

建设项目总投资是指投资主体为获取预期收益，在选定的建设项目上投入所需全部资金的总和。它由组成建设项目的各个单项工程的投资和工程建设其他费用等所组成。建设项目按用途可分为生产性项目和非生产性项目。生产性建设项目总投资包括含铺底流动资金在内的流动资产投资和固定资产投资两部分。而非生产性建设项目总投资只有固定资产投资,不含上述流动资产投资。

固定资产投资是投资主体为了特定的目的,以达到预期收益或效益的资金垫付行为。在我国,固定资产投资包括基本建设投资、更新改造投资、房地产开发投资和其他固定资产投资等类型。在全社会固定资产投资总额中,基本建设投资占50%~60%;更新改造投资占20%~30%;房地产开发投资约占20%;其他固定资产投资占的比重较小。

基本建设投资是形成新增固定资产,扩大生产能力和工程效益的主要手段。在投资构成中建筑安装工程费用占50%~60%。在生产性基本建设投资中,设备及安装工程费则占有较大的份额,一般占70%左右。在非生产性基本建设投资中,随着经济发展、科技进步和消费水平的提高,设备及安装工程费也有增大的趋势。

非生产性建设项目的固定资产投资也就是建设项目的工程造价,二者在量上是等同的。其中建筑安装工程投资也就是建筑安装工程造价,二者在量上也是等同的。这也可以看出工程造价两种含义的同一性。

2.建筑安装工程造价

建筑安装工程造价是指建筑安装工程产品的价格。它是建筑安装工程产品价值的货币表现。建筑安装工程,由建筑工程和安装工程所组成。建筑类工程由土建工程、市政工程、装饰工程、园林绿化工程等组成。安装工程由通用安装工程、电气与通信安装工程、工业管道、静置设备及工艺金属结构安装工程、自动控制及仪表安装工程等组成。建筑安装工程造价是组成单项工程或建设项目中的各个单位建筑工程和设备及安装工程的造价的总和。

在建筑市场,各种建筑企业、安装工程企业所生产的产品,作为商品具有价格。所不同的只是由于这种商品所具有的技术经济特点,使它的交易方式、计价方法、价格的构成因素,以致付款方式都存在许多特点。

建筑安装工程造价是比较典型的生产领域价格。从投资的角度看,它是建设项目投资中的建筑安装工程投资,也是项目造价的组成部分。但这一点并不妨碍建筑业在国民经济中的支柱产业地位,也不影响建筑安装工程企业作为独立的商品生产者所承担的市场主体角色。在这里,投资者和承包商之间是完全平等的买者与卖者之间的商品交换关系,建筑安装工程实际造价是他们双方共同认可由市场形成的价格。

3.单项工程造价

单项工程造价是指构成该单项工程的各个单位建筑安装工程造价和设备及工器具费用的总和。当建设项目由多个单项工程组成时,单项工程造价不含工程建设其他费用。

4.单位工程造价

单位工程造价是指构成该单位工程的各个分部工程造价的总和。单位工程造价仅包括建筑安装工程费,不包括设备及工器具购置费。

需指出的是:施工图预算往往针对建筑或安装工程的某一个单位工程来编制,单位工程是施工企业的产品。所以在建筑市场往往以单位工程为对象,编制工程量清单,由投标人自主报价,通过招投标的方式进行交易。

第四节　投资和工程造价的管理

一、投资和工程造价管理的概念

工程造价有两种含义,工程造价管理也有两种管理。一是建设工程投资费用管理,二是工程价格管理。工程造价计价依据的管理和工程造价专业队伍建设的管理是为这两种管理服务的。

管理是为了实现一定的目标而进行的计划、预测、组织、指挥、监控等系统活动。

建设工程投资费用管理的含义是,为了实现投资的预期目标,在拟订的规划、设计方案的条件下,预测、计算、确定和监控工程造价及其变动的系统活动。它包括了合理确定和有效控制工程造价的一系列工作。合理确定工程造价,即在建设程序的各个阶段,采用科学的计算方法和切合实际的计价依据,合理确定投资估算、设计概算、施工图预算、承包合同价、竣工结算价和竣工决算。有效控制工程造价,即在投资决策阶段、设计阶段、建设项目发包阶段和建设实施阶段,把建设工程造价的发生控制在批准的造价限额以内,随时纠正发生的偏差,以保证项目投资控制目标的实现,以求在各个建设项目中能合理使用人力、物力、财力,取得较好的投资效益和社会效益。

工程价格属于价格管理范畴。价格管理分两个层次。在微观层次上,是生产企业在掌握市场价格信息的基础上,为实现管理目标而进行的成本控制、计价、定价和竞价的系统活动。它反映了微观主体按支配价格运动的经济规律,对商品价格进行能动的计划、预测、监控和调整,并接受价格对生产的调节。在宏观层次上,是政府根据社会经济发展的要求,利用法律手段、经济手段和行政手段对价格进行管理和调控,以及通过市场管理,规范市场主体价格行为的系统活动。工程建设关系国计民生,同时,政府投资公共、公益性项目今后仍然会有相当份额。所以国家对工程造价的管理,不仅承担一般商品价格的职能,而且在政府投资项目上也承担着微观主体的管理职能,这种双重角色的双重管理职能,是工程造价管理的一大特色。区分两种管理职能,进而制订不同的管理目标,采用不同的管理方法是必然的发展趋势。

二、工程造价管理体制的改革

(一)概述

随着我国经济发展水平的提高和经济结构的日益复杂,计划经济的内在弊端逐步暴露出来。传统的与计划经济相适应的概预算定额管理,实际上是用来对工程造价实行行政指令的直接管理,遏制了竞争,抑制了生产者和经营者的积极性与创造性。市场经济能适应不断变化的社会经济条件,而发挥优化资源配置的基础作用。

随着经济体制改革的深入和对外开放政策的实施,在工程造价管理方面,我国基本建设概预算定额管理的模式已逐步向市场经济条件下的工程造价管理模式转换。主要表现在:

①重视和加强项目决策阶段的投资估算工作,努力提高可行性研究报告投资估算的准确度,切实发挥其控制建设项目总造价的作用。

②明确概预算工作不仅要反映设计、计算工程造价,更要能动地影响设计、优化设计,并发

挥控制工程造价、促进合理使用建设资金的作用。工程技术与经济必须密切配合,做好多方案的技术经济比较,通过优化设计来保证设计的技术经济合理性。要明确规定设计单位逐级控制工程造价的责任制,并辅以必要的奖罚制度。

③从建筑产品也是商品的认识出发,以价值为基础,确定建设工程的造价和建筑安装工程的造价,使工程造价的构成合理化,逐渐与国际惯例接轨。

④把竞争机制引入工程造价管理体制,在相对平等的条件下进行招标承包,择优选择工程承包单位和设备材料供应单位,以促使这些单位改善经营管理,提高应变能力和竞争能力,降低工程造价。

⑤提出用"动态"方法研究和管理工程造价。研究如何体现项目投资额的时间价值,要求各地区各部门工程造价管理机构,定期公布各种设备、材料、工资、机械台班的价格指数以及各类工程造价指数,要求尽快建立地区、部门以及全国的工程造价管理信息系统。

⑥提出对工程造价的估算、概算、预算、承包合同价、结算价、竣工决算实行"一体化"管理,并研究如何建立一体化的管理制度,改变"铁路警察各管一段"的状况。

⑦工程造价咨询产生并逐渐发展。作为接受委托方委托,为建设项目的工程造价的合理确定和有效控制提供咨询服务的工程造价咨询单位在全国全面迅速发展。造价工程师执业资格制度正式建立,中国建设工程造价管理协会及各专业委员会和各省、市、自治区工程造价管理协会普遍建立。

为了适应建筑市场发展和国际市场竞争的需要,建设部修订了国家标准《建设工程工程量清单计价规范》(GB 50500—2013)。工程量清单计价是建设工程招标投标工作中,由招标人按照国家统一的工程量计算规则提供工程数量,由投标人自主报价。推行工程量清单计价,是工程造价管理工作面向建设市场,进行工程造价管理改革的一个新的里程碑,必将推动改革的深入和管理体制的创新,最终建立由政府宏观调控、市场有序竞争形成工程造价的新机制。推行工程量清单计价,有利于我国工程造价管理政府职能的转变;有利于规范市场计价行为,规范建设市场秩序,促进建设市场有序竞争;有利于控制建设项目投资,合理利用资源,促进技术进步,提高劳动生产率;有利于提高造价工程师素质,使其必须成为懂技术、懂经济、懂管理的全面复合型人才;有利于与国际惯例接轨,提高国内建设各方主体参与竞争的能力,全面提高我国工程造价管理水平。

(二)工程造价改革工作方案

工程造价管理坚持市场化改革方向,在工程发承包计价环节探索引入竞争机制,全面推行工程量清单计价,各项制度不断完善。

坚持市场在资源配置中起决定性作用,正确处理政府与市场的关系,通过改进工程计量和计价规则、完善工程计价依据发布机制、加强工程造价数据积累、强化建设单位造价管控责任、严格施工合同履约管理等措施,推行清单计量、市场询价、自主报价、竞争定价的工程计价方式,进一步完善工程造价市场形成机制。

(1)改进工程计量和计价规则。坚持从国情出发,借鉴国际通行做法,修订工程量计算规范,统一工程项目划分、特征描述、计量规则和计算口径。修订工程量清单计价规范,统一工程费用组成和计价规则。

(2)完善工程计价依据发布机制。加快转变政府职能,优化概算定额、估算指标编制发布和动态管理。搭建市场价格信息发布平台,统一信息发布标准和规则,鼓励企事业单位通过信息平台发布各自的人工、材料、机械台班市场价格信息，供市场主体选择。

(3)加强工程造价数据积累。加快建立国有资金投资的工程造价数据库，按地区、工程类型、建筑结构等分类发布人工、材料、项目等造价指标指数，利用大数据、人工智能等信息化技术为概预算编制提供依据。加快推进工程总承包和全过程工程咨询，综合运用造价指标指数和市场价格信息，控制设计限额、建造标准、合同价格，确保工程投资效益得到有效发挥。

(4)强化建设单位造价管控责任。引导建设单位根据工程造价数据库、造价指标指数和市场价格信息等编制和确定最高投标限价，按照现行招标投标有关规定，在满足设计要求和保证工程质量前提下，充分发挥市场竞争机制，提高投资效益。

(5)严格施工合同履约管理。加强工程施工合同履约和价款支付监管，引导发承包双方严格按照合同约定开展工程款支付和结算，全面推行施工过程价款结算和支付，探索工程造价纠纷的多元化解决途径和方法。

三、投资和工程造价管理的基本内容

工程造价管理的基本任务就是合理确定和有效地控制工程造价。具体包括以下内容：

(一)投资和工程造价的合理确定

所谓工程造价的合理确定，就是在建设程序的各个阶段，合理确定投资估算、概算造价、预算造价、承包合同价、结算价、竣工决算价。

①在项目建议书阶段，按照有关规定，应编制初步投资估算。经有权部门批准，作为拟建项目列入国家中长期计划和开展前期工作的控制造价。

②在可行性研究报告阶段，按照有关规定编制的投资估算，经有权部门批准，即为该项目控制造价。

③在初步设计阶段，按照有关规定编制的初步设计总概算，经有权部门批准，即作为拟建项目工程造价的最高限额。对初步设计阶段，实行建设项目招标承包制签订承包合同协议的，其合同价也应在最高限价相应的范围以内。

④在施工图设计阶段，按规定编制施工图预算，用以核实施工图预算造价是否超过批准的初步设计概算。

⑤对以施工图预算为基础的招标投标工程，承包合同价也是以经济合同形式确定的建筑安装工程造价。

⑥在工程实施阶段要按照承包方实际完成的工程量，以合同价为基础，同时考虑因物价上涨所引起的造价提高，考虑到设计中难以预计的而在实施阶段实际发生的工程和费用，合理确定结算价。

⑦在竣工验收阶段，全面汇集在工程建设过程中实际花费的全部费用，编制竣工决算，如实体现该建设工程的实际造价。

(二)投资和工程造价的有效控制

所谓工程造价的有效控制，就是在优化建设方案、设计方案的基础上，在建设程序的各个阶段，采用一定的方法和措施，把工程造价的发生控制在合理的范围和核定的造价限额以内。具体来说，就是要用投资估算价控制设计方案的选择和初步设计概算造价，用概算造价控制技术设计和修正概算造价，用概算造价或修正概算造价控制施工图设计和预算造价，以求合理使用人力、物力和财力，取得较好的投资效益。控制造价在这里强调的是控制项目投资。工程造

价有效控制的途径是：

1.以设计阶段为重点的建设全过程的造价控制

工程造价控制贯穿于项目建设全过程，但是必须重点突出。很显然，工程造价控制的关键在于施工前的投资决策和设计阶段，而在项目作出投资决策后，控制工程造价的关键就在于设计。建设工程全寿命费用，包括工程造价和工程交付使用后的经常开支费用，以及该项目使用期满后的报废拆除费用等。据西方一些国家分析，设计费一般只相当于建设工程全寿命费用的1%以下，但正是这少于1%的费用，对工程造价的影响程度占75%以上。由此可见，设计质量对整个工程建设的效益是至关重要的。

长期以来，我国普遍忽视工程建设项目前期工程阶段的造价控制，而往往把控制工程造价的主要精力放在施工阶段——审核施工图预算、结算建安工程价款，算细账。这样做尽管也有效果，但毕竟是"亡羊补牢"，事倍功半。要有效地控制建设工程造价，就要坚决地把控制的重点转到建设前期阶段上来。当前尤其应抓住设计这个关键阶段，以取得事半功倍的效果。

2.应由被动控制转为主动控制

长期以来，我国工程造价的控制是被动控制，往往是根据设计图纸上的工程量，套用概预算定额计算工程造价，而这样计算的造价是静态造价。当采用的定额过时，算出的造价与实际偏差较大时，起不到合理确定和有效控制工程造价的作用。工程造价必须主动控制，才能取得令人满意的效果。造价工程师在项目建设时的基本任务是对建设项目的建设工期、工程造价和工程质量进行有效的控制。为此，应根据业主的要求及建设的客观条件，进行综合研究，实事求是地确定一套切合实际的衡量准则。我们的工程造价控制，不仅要反映投资决策，反映设计、发包和施工，被动地控制工程造价，更要能动地影响投资决策，影响设计、发包和施工，主动地控制工程造价。为有效、主动控制施工图设计和工程预算造价，有的工程在初步设计方案确定后，通过招标确定施工图设计单位和施工单位，或采用"交钥匙"法，对控制工程造价起到了较好的作用。

3.技术与经济相结合是控制工程造价最有效的手段

要有效地控制工程造价，应从组织、技术、经济、合同与信息管理等多方面采取措施。从组织上采取的措施，包括明确项目组织结构，明确造价控制者及其任务以使造价控制有专人负责，明确管理职能分工。从技术上采取的措施，包括重视设计多方案选择，严格审查监督初步设计、技术设计、施工图设计、施工组织设计，深入技术领域研究节约投资的可能性。从经济上采取的措施，包括动态地比较造价的计划值和实际值，严格审核各项费用支出，采取对节约投资的有力奖励措施等。

应该看到，技术与经济相结合是控制工程造价最有效的手段。在工程建设过程中，把技术与经济有机地结合，通过技术比较、经济分析和效果评价，正确处理技术先进与经济合理两者之间的对立统一关系，力求在技术先进条件下的经济合理，在经济合理基础上的技术先进，把控制工程造价观念，渗透到各项设计和施工技术措施之中。

四、工程造价管理的组织

（一）政府行政管理系统

政府在工程造价管理中既是宏观管理主体，也是政府投资项目的微观管理主体。从宏观管理的角度，政府对工程造价管理有一个严密的组织系统，设置了多层管理机构，规定了管理权限和职责范围。国家建设行政主管部门的造价管理机构在全国范围内行使管理职能，它在工程造价管理工作方面承担的主要职责是：

①组织制订工程造价管理的有关法规、制度并组织贯彻实施；

②组织制订全国统一经济定额和部管行业经济定额的制订、修订计划；

③组织制订全国统一经济定额和部管行业经济定额；

④监督指导全国统一经济定额和部管行业经济定额；

⑤制订工程造价咨询单位的资质标准并监督执行，提出工程造价专业技术人员执业资格标准；

⑥管理全国工程造价咨询单位资质工作，负责全国甲级工程造价咨询单位的资质审定。

省、自治区、省辖市和行业主管部门的造价管理机构，是在其范围内行使管理职能；省辖市和地区的造价管理部门在所辖地区内行使管理职能。其职责大体和国家建设部的工程造价管理机构相对应。

（二）企事业机构管理系统

企事业机构对工程造价的管理，属微观管理的范畴。设计和工程造价咨询机构，按照业主或委托方的意图，在可行性研究和规划设计阶段，合理确定和有效控制建设项目的工程造价，通过限额设计手段，实现设定的造价管理目标；在招投标工作中编制标底，参加评标；在项目实施阶段，通过对设计变更、工期、索赔和结算等项管理进行造价控制。设计和造价咨询机构，通过在全过程造价管理中的业绩，赢得自己的信誉，提高市场竞争力。承包企业的工程造价管理是企业管理中的重要组成，设有专门的职能机构参与企业的投标决策，并通过对市场的调查研究，利用过去积累的经验，研究报价策略，提出报价；在施工过程中，进行工程造价的动态管理，注意各种调价因素的发生和工程价款的结算，避免收益的流失，以促进企业赢利目标的实现。承包企业在加强工程造价管理的同时，还要加强企业内部的各项管理，特别要加强成本控制，才能切实保证企业有较高的利润水平。

（三）行业协会管理系统

在全国各省、自治区、直辖市及一些大中城市，先后成立了工程造价管理协会，对工程造价咨询工作和造价工程师实行行业管理。

中国建设工程造价管理协会是我国建设工程造价管理的行业协会。

协会的宗旨：坚持党的基本路线，遵守国家宪法、法律、法规和国家政策，遵守社会道德风尚，遵循国际惯例，按照社会主义市场经济的要求，组织研究工程造价行业发展和管理体制改革的理论和实际问题，不断提高工程造价专业人员的素质和工程造价的业务水平，为维护各方的合法权益，遵守职业道德，合理确定工程造价，提高投资效益，以及为促进国际间工程造价机构的交流与合作服务。

协会的性质：由从事工程造价管理与工程造价咨询服务的单位及具有造价工程师注册资格和资深的专家、学者自愿组成的具有社会团体法人资格的全国性社会团体，是对外代表造价工程师和工程造价咨询服务机构的行业性组织。经住建部同意，民政部核准登记，协会属非营利性社会组织。

协会的业务范围包括：

①研究工程造价管理体制的改革，行业发展、行业政策、市场准入制度及行为规范等理论与实践问题；

②探讨提高政府和业主项目投资效益、科学预测和控制工程造价，促进现代化管理技术在工程造价咨询行业的运用，向国家行政部门提供建议；

③接受国家行政主管部门委托，承担工程造价咨询行业和造价工程师执业资格及职业教育等具体工作，研究提出与工程造价有关的规章制度及工程造价咨询行业的资质标准、合同范本、职业道德规范等行业标准，并推动实施；

④对外代表我国造价工程师组织和工程造价咨询行业与国际组织及各国同行组织建立联系与交往，签订有关协议，为会员开展国际交流与合作等对外服务；

⑤建立工程造价信息服务系统，编辑、出版有关工程造价方面刊物和参考资料，组织交流和推广先进工程造价咨询经验，举办有关职业培训和国际工程造价咨询业务研讨活动；

⑥在国内外工程造价咨询活动中，维护和增进会员的合法权益，协调解决会员和行业间的有关问题，受理关于工程造价咨询执业违规的投诉，配合行政主管部门进行处理，并向政府部门和有关方面反映会员单位和工程造价咨询人员的建议和意见；

⑦指导各专业委员会和地方造价协会的业务工作；

⑧组织完成政府有关部门和社会各界委托的业务工作。

五、国外工程造价管理简介

国外工程造价的管理，简要归纳为以下几点：

(一)政府的间接调控

在国外，按项目投资来源渠道的不同，一般可划分为政府投资项目和私人投资项目。政府对建设工程造价的管理，主要采用间接手段，对政府投资项目和私人投资项目实施不同力度和深度的管理，重点控制政府投资项目。如英国对政府投资工程采取集中管理的办法，按政府的有关面积标准、造价指标，在核定的投资范围内进行方案设计、施工设计，实行目标控制，不得突破。如遇非正常因素非突破不可时，宁可在保证使用功能的前提下降低标准，也要将投资控制在限额范围内。美国对政府的投资项目则采用两种方式：一是由政府设专门机构对工程进行直接管理；二是通过公开招标委托承包商进行管理。而对于私人投资项目，国外先进的工程造价管理一般都是对各项目的具体实施过程不加干预，只进行政策引导和信息指导，由市场经济规律调节，体现政府对造价的宏观管理和间接调控。

(二)有章可循的计价依据

从国外造价管理来看，一定的造价依据仍然是不可缺少的。美国对于工程造价计价的标准不由政府部门组织制订，没有统一的造价计价依据和标准。定额、指标、费用标准等，一般是由各个大型的工程咨询公司制订。各地的咨询机构，根据本地区的具体特点，制订单位建筑面积的消耗量和基价，作为所管辖项目的造价估算的标准。此外，美国联邦政府、州政府和地方政府也根据各自积累的工程造价资料，并参考各工程咨询公司有关造价的资料，对各自管辖的政府工程项目制订相应的计价标准，作为项目费用估算的依据。英国工程量计算规则是参与工程建设各方共同遵守的计量、计价的基本规则，现行的《建筑工程工程量计算规则》(SMM)是英国皇家测量师学会组织制订并为各方共同认可的，在英国使用最为广泛。此外，还有《土木工程工程量计算规则》等。英国政府投资的工程从确定投资和控制工程项目规模，均十分重视已完工数据资料的积累和数据库的建设。每个皇家测量师学会会员都有责任和义务将自己经办的已完工程的数据资料，按照规定的格式认真填报，收入学会数据库，同时也即取得利用数据库资料的权利。计算机实行全国联网,所有会员资料共享。

(三)多渠道的工程造价信息

及时、准确地捕捉建筑市场价格信息是业主和承包商保持竞争优势和取得赢利的关键。造价信息是建筑产品估价和结算的重要依据,是建筑市场价格变化的指示灯。在美国,建筑造价指数一般由咨询机构和新闻媒体来编制,并在每周的星期四计算并发布最近的造价指数。

(四)造价工程师的动态估价

在英国,业主对工程的估价一般要委托工料测量师行来完成。测量师行的估价大体上是按比较法和系数法进行。经过长期的估价实践,测量师行都拥有极为丰富的工程造价实例资料,甚至建立了工程造价数据库,对于标书中所列出每一项目价格的确定都有自己的标准。在估价时,工料测量师行将不同设计阶段提供的拟建工程项目资料与以往同类工程项目对比,结合当前建筑市场行情,确定项目单价,没有对比对象的项目,则以其他建筑物的造价分析得来的资料补充。承包商在投标时的估价一般要凭自己的经验来完成,往往把投标工程划分为各分部工程,根据本企业定额计算出所需人工、材料、机械等的耗用量,而人工单价主要根据各工头的报价,材料单价主要根据各材料供应商的报价加以比较确定,承包商根据建筑市场供求情况随行就市,自行确定管理费率,最后作出体现当时当地实际价格的工程报价。总之,工程任何一方估价,都是以市场状况为重要依据,是完全意义的动态的估价。

在美国,工程造价的估算主要由设计部门或专业估价公司来承担,造价估算师在具体编制工程造价估算时,除了考虑工程项目本身的特殊因素外,一般还要对项目进行较为详细的风险分析,以确定适度的预备费。但确定工程预备费的比例并不固定,因项目风险程度大小不同。对于风险较大的项目,预备费的比例较高,否则较小。造价估算师通过掌握不同的预备费率来调节造价估算的总体水平。

美国在编制造价估算方面的工作做得细致具体,而且考虑了动态因素对造价估算的影响。这种实事求是地确定工程造价的做法是值得我们借鉴和学习的。我国工程造价的确定和编制主要是由国家有关部门确定计价定额、规定费用构成和颁布价格及费率来完成的,工程设计部门在编制造价方面的主动性、创造性不高,责任感不强,他们只注重套定额指标,造价估算编制基本上属于静态管理,显然,造价估算的结果难以反映造价变化的客观实际。

(五)通用的合同文本

作为各方签订的契约,合同在国外工程造价管理中有着重要的地位,对双方都具有约束力,对于各方利益与义务的实现都有重要的意义。因此,国外都把严格按合同规定办事作为一项通用的准则来执行,并且有的国家还实行通用的合同文本。其内容由协议书条款、合同条件和附录3部分组成。

(六)重视实施过程中的造价控制

国外对工程造价的管理是以市场为中心的动态控制。造价工程师能对造价计划执行中所出现的问题及时分析研究,及时采取纠正措施。这种强调项目实施过程中的造价管理的做法,体现了造价控制的动态性,并且重视造价管理所具有的随环境、工作的进行以及价格等变化而调整造价控制标准和控制方法的动态特征。以美国为例,造价工程师十分重视工程项目具体实施过程中的控制和管理,对工程预算执行情况的检查和分析工作做得非常细致,对于建设工程的各分部分项工程都有详细的成本计划。美国的建筑承包商是以各分部分项工程的成本详细计划为依据,来检查工程造价计划的执行情况的。对于工程实施阶段实际成本与计划目标出现偏差的工程项目,首先按照一定标准筛选成本差异,然后进行重要成本差异分析,并填写成本差异分析报告表,由此反映造成此项差异的原因、此项成本差异对其他项目的影响、拟采取的纠正措施以及实施这些措施的时间、负责人及所需条件等。对于采取措施的成本项目,每月还应跟踪检查采取措施后费用的变化情况。如采取的措施不能消除成本差异,则须重新进行此项成本差异的分析,再提出新的纠正措施。如果仍不奏效,造价控制项目经理则有必要重新审定项目的施工方案。而且,美国一些大的工程公司重视工程变更的管理工作,建立了较为详细的工程变更制度,可随时根据各种变化了的情况及时提出变更,修改造价估算。美国工程造价的动态控制还体现在造价信息的反馈系统。各工程公司十分注意收集在造价管理各个阶段上的造价资料,并把向有关行业提出造价信息资料视为一种应尽的义务,不仅注意收集造价资料,也派出调查员实地调查,以事实为依据。这种造价控制反馈系统使动态控制以事实为依据,保证了造价管理的科学性。

第五节　造价工程师和工程造价咨询

造价工程师是经全国造价工程师执业资格统一考试合格,或通过资格认定、资格互认,并注册取得"造价工程师注册证",从事建设工程造价活动的人员。注册造价工程师分一级注册造价工程师和二级注册造价工程师。未经注册的人员,不得以造价工程师的名义从事建设工程造价活动。凡从事工程建设活动的建设、设计、施工、工程造价咨询等单位,必须在计价、评估、审查(核)、控制等岗位配备有造价工程师执业资格的专业技术人员。

工程造价咨询指面向社会接受委托,承担建设项目的可行性研究投资估算,项目经济评价,工程概算、预算、工程结算、竣工决算、工程招标标底,投标报价的编制和审核,对工程造价进行监控以及提供有关工程造价信息资料等业务工作。

咨询和工程造价咨询,是利用科学技术和管理人才已有的专门知识技能和经验,根据政府、企业以致个人的委托要求,提供解决有关决策、技术和管理等方面问题的优化方案的智力服务活动过程。它以智力劳动为特点,以特定问题为目标,以委托人为服务对象,按合同规定条件进行有偿的经营活动。可见,咨询是商品经济进一步发展和社会分工更加细密的产物,也是技术和知识商品化的具体形式。

一、我国造价工程师执业资格制度的建立

为了加强建设工程造价专业技术人员的执业准入控制和管理,确保建设工程造价管理工作质量,维护国家和社会公共利益,1996 年 8 月,国家人社部、住建部联合发布了《造价工程师执业资格制度暂行规定》,明确国家在工程造价领域实施造价工程师执业资格制度。造价工程师执业资格制度属于国家统一规划的专业技术人员执业资格制度范围。全国造价工程师执业资格制度的政策制订、组织协调、资格考试、注册登记和监督管理工作由国家人社部和住建部共同负责。目前,取得造价工程师执业资格的人员数万人,造价工程师执业资格制度的基本框架已经初步建立。

二、造价工程师的考试、注册和管理

一级造价工程师考试每年一次。二级造价工程师考试每年不少于一次，具体考试日期由各地确定。

一级造价工程师职业资格考试全国统一大纲、统一命题、统一组织。

二级造价工程师职业资格考试全国统一大纲，各省、自治区、直辖市自主命题并组织实施。

一级和二级造价工程师职业资格考试均设置基础科目和专业科目。

住房城乡建设部组织拟定一级造价工程师和二级造价工程师职业资格考试基础科目的考试大纲，组织一级造价工程师基础科目命审题工作。

住房城乡建设部、交通运输部、水利部按照职责分别负责拟定一级造价工程师和二级造价工程师职业资格考试专业科目的考试大纲，组织一级造价工程师专业科目命审题工作。

人力资源社会保障部负责审定一级造价工程师和二级造价工程师职业资格考试科目和考试大纲，负责一级造价工程师职业资格考试考务工作，并会同住房城乡建设部、交通运输部、水利部对造价工程师职业资格考试工作进行指导、监督、检查。

各省、自治区、直辖市住房城乡建设、交通运输、水利行政主管部门会同人力资源社会保障行政主管部门，按照全国统一的考试大纲和相关规定组织实施二级造价工程师职业资格考试。

人力资源社会保障部会同住房城乡建设部、交通运输部、水利部确定一级造价工程师职业资格考试合格标准。

各省、自治区、直辖市人力资源社会保障行政主管部门会同住房城乡建设、交通运输、水利行政主管部门确定二级造价工程师职业资格考试合格标准。

（一）一级造价工程师报考条件

（1）具有工程造价专业大学专科（或高等职业教育）学历，从事工程造价业务工作满 5 年；

具有土木建筑、水利、装备制造、交通运输、电子信息、财经商贸大类大学专科（或高等职业教育）学历，从事工程造价业务工作满 6 年。

（2）具有通过工程教育专业评估（认证）的工程管理、工程造价专业大学本科学历或学位，从事工程造价业务工作满 4 年；

具有工学、管理学、经济学门类大学本科学历或学位，从事工程造价业务工作满 5 年。

（3）具有工学、管理学、经济学门类硕士学位或者第二学士学位，从事工程造价业务工作满 3 年。

（4）具有工学、管理学、经济学门类博士学位，从事工程造价业务工作满 1 年。

（5）具有其他专业相应学历或者学位的人员，从事工程造价业务工作年限相应增加 1 年。

（二）二级造价工程师报考条件

（1）具有工程造价专业大学专科（或高等职业教育）学历，从事工程造价业务工作满 2 年；

具有土木建筑、水利、装备制造、交通运输、电子信息、财经商贸大类大学专科（或高等职业教育）学历，从事工程造价业务工作满 3 年。

（2）具有工程管理、工程造价专业大学本科及以上学历或学位，从事工程造价业务工作满 1 年；

具有工学、管理学、经济学门类大学本科及以上学历或学位，从事工程造价业务工作满 2 年。

(3)具有其他专业相应学历或学位的人员,从事工程造价业务工作年限相应增加1年。

一级造价工程师职业资格证书由人力资源社会保障部统一印制,住房城乡建设部、交通运输部、水利部按专业类别分别与人力资源社会保障部用印,在全国范围内有效。

二级造价工程师职业资格证书由各省、自治区、直辖市住房城乡建设、交通运输、水利行政主管部门按专业类别分别与人力资源社会保障行政主管部门用印,原则上在所在行政区域内有效。各地可根据实际情况制定跨区域认可办法。

(三)考试科目

一级造价工程师考试设《建设工程造价管理》《建设工程计价》《建设工程技术与计量》《建设工程造价案例分析》4个科目。其中,《建设工程造价管理》和《建设工程计价》为基础科目,《建设工程技术与计量》和《建设工程造价案例分析》为专业科目。

二级造价工程师考试设《建设工程造价管理基础知识》《建设工程计量与计价实务》2个科目。其中,《建设工程造价管理基础知识》为基础科目,《建设工程计量与计价实务》为专业科目。

造价工程师考试专业科目分为土木建筑工程、交通运输工程、水利工程和安装工程4个专业类别,土木建筑工程、安装工程专业由住房城乡建设部负责;交通运输工程专业由交通运输部负责;水利工程专业由水利部负责。

一级造价工程师考试成绩实行4年为一个周期的滚动管理办法,在连续的4个考试年度内通过全部考试科目,可取得一级造价工程师职业资格证书。

二级造价工程师考试成绩实行2年为一个周期的滚动管理办法,参加全部2个科目考试的人员必须在连续的2个考试年度内通过全部科目,方可取得二级造价工程师职业资格证书。

已取得造价工程师一种专业职业资格证书的人员,报名参加其他专业科目考试的,可免考基础科目。考试合格后,核发人力资源社会保障部门统一印制的相应专业考试合格证明。该证明作为注册时增加执业专业类别的依据。

(四)注册

注册造价工程师的初始、变更、延续注册,通过全国统一的注册造价工程师注册信息管理平台实行网上申报、受理和审批。

准予注册的,由国务院住房城乡建设主管部门或者省、自治区、直辖市人民政府住房城乡建设主管部门(以下简称"注册机关")核发注册造价工程师注册证书,注册造价工程师按照规定自行制作执业印章。

注册证书和执业印章是注册造价工程师的执业凭证,由注册造价工程师本人保管、使用。注册证书、执业印章的样式以及编码规则由国务院住房城乡建设主管部门统一制定。

一级注册造价工程师注册证书由国务院住房城乡建设主管部门印制;二级注册造价工程师注册证书由省、自治区、直辖市人民政府住房城乡建设主管部门按照规定分别印制。

(五)执业

一级注册造价工程师执业范围包括建设项目全过程的工程造价管理与工程造价咨询等,具体工作内容:

①项目建议书、可行性研究投资估算与审核,项目评价造价分析;

②建设工程设计概算、施工预算编制和审核;

③建设工程招标投标文件工程量和造价的编制与审核;

④建设工程合同价款、结算价款、竣工决算价款的编制与管理；

⑤建设工程审计、仲裁、诉讼、保险中的造价鉴定，工程造价纠纷调解；

⑥建设工程计价依据、造价指标的编制与管理；

⑦与工程造价管理有关的其他事项。

二级注册造价工程师协助一级注册造价工程师开展相关工作，并可以独立开展以下工作：

①建设工程工料分析、计划、组织与成本管理，施工图预算、设计概算编制；

②建设工程量清单、最高投标限价、投标报价编制；

③建设工程合同价款、结算价款和竣工决算价款的编制。

注册造价工程师应当根据执业范围，在本人形成的工程造价成果文件上签字并加盖执业印章，并承担相应的法律责任。最终出具的工程造价成果文件应当由一级注册造价工程师审核并签字盖章。

三、工程造价咨询单位

工程造价咨询单位是指接受委托，对建设项目工程造价的确定与控制提供专业服务，出具工程造价成果文件的中介组织或咨询服务机构。工程造价咨询单位应取得《工程造价咨询单位资质证书》，并在资质证书核定的范围内从事工程造价咨询业务。工程造价咨询单位从事工程造价咨询活动应遵循公开、公正、平等竞争的原则。不允许任何单位和个人分割、封锁和垄断工程造价咨询市场。

（一）工程造价咨询单位的资质等级和标准

工程造价咨询单位资质等级分为甲级和乙级。甲级工程造价咨询单位的资质标准比乙级在专职技术负责人、专业技术人员、注册资金、历史业绩和社会信誉等方面都有更高的要求，具体标准如下：

1.甲级工程造价咨询单位的资质标准

①已取得乙级工程造价咨询企业资质证书满 3 年；

②技术负责人已取得一级造价工程师注册证书，并具有工程或工程经济类高级专业技术职称，且从事工程造价专业工作 15 年以上；

③专职从事工程造价专业工作的人员（以下简称专职专业人员）不少于 12 人，其中，具有工程（或工程经济类）中级以上专业技术职称或者取得二级造价工程师注册证书的人员合计不少于 10 人；取得一级造价工程师注册证书的人员不少于 6 人，其他人员具有从事工程造价专业工作的经历；

④企业与专职专业人员签订劳动合同，且专职专业人员符合国家规定的职业年龄（出资人除外）；

⑤企业近 3 年工程造价咨询营业收入累计不低于人民币 500 万元；

⑥企业为本单位专职专业人员办理的社会基本养老保险手续齐全；

⑦在申请核定资质等级之日前 3 年内无禁止的行为。

2.乙级工程造价咨询单位资质标准

①技术负责人已取得一级造价工程师注册证书，并具有工程或工程经济类高级专业技术职称，且从事工程造价专业工作 10 年以上；

②专职专业人员不少于 6 人，其中，具有工程（或工程经济类）中级以上专业技术职称或

者取得二级造价工程师注册证书的人员合计不少于4人;取得一级造价工程师注册证书的人员不少于3人,其他人员具有从事工程造价专业工作的经历;

③企业与专职专业人员签订劳动合同,且专职专业人员符合国家规定的职业年龄(出资人除外);

④企业为本单位专职专业人员办理的社会基本养老保险手续齐全;

⑤暂定期内工程造价咨询营业收入累计不低于人民币50万元;

⑥申请核定资质等级之日前无禁止的行为。

(二)工程造价咨询单位的执业范围

工程造价咨询企业依法从事工程造价咨询活动,不受行政区域限制。

甲级工程造价咨询企业可以从事各类建设项目的工程造价咨询业务。

乙级工程造价咨询企业可以从事工程造价2亿元人民币以下各类建设项目的工程造价咨询业务。

工程造价咨询业务范围包括:

①建设项目建议书及可行性研究投资估算、项目经济评价报告的编制和审核;

②建设项目概预算的编制与审核,并配合设计方案比选、优化设计、限额设计等工作进行工程造价分析与控制;

③建设项目合同价款的确定(包括招标工程工程量清单和标底、投标报价的编制和审核);合同价款的签订与调整(包括工程变更、工程洽商和索赔费用的计算)及工程款支付,工程结算及竣工结(决)算报告的编制与审核等;

④工程造价经济纠纷的鉴定和仲裁的咨询;

⑤提供工程造价信息服务等。

工程造价咨询企业可以对建设项目的组织实施进行全过程或者若干阶段的管理和服务。

工程造价咨询企业跨省、自治区、直辖市承接工程造价咨询业务的,应当自承接业务之日起30日内到建设工程所在地省、自治区、直辖市人民政府住房城乡建设主管部门备案。

工程造价咨询单位承接工程造价咨询业务时,应当与委托单位签订工程造价咨询合同。工程造价咨询合同一般包括下列主要内容:

①当事人的名称、地址;

②咨询项目的名称、委托内容、要求、标准;

③履行期限;

④咨询费、支付方式和时间;

⑤违约责任和纠纷解决方式;

⑥当事人约定的其他内容。

工程造价咨询单位应当在工程造价成果文件上注明资质证书的等级和编号,加盖单位公章及造价工程师执业专用章。

工程造价咨询单位的执业,应遵循执业行为准则,并遵守我国工程造价咨询单位的管理制度。

思考与练习题

1.什么是建设程序?

2.项目建议书对工程建设的意义和作用是什么?

3.我国工程建设阶段如何划分?简述各阶段的主要工作内容和相互关系。

4.什么是二阶段设计?什么是三阶段设计?初步设计包括哪些主要内容?

5.什么是建设项目、单项工程、单位工程、分部工程和分项工程?举例说明。

6.什么是工程造价?工程造价两种含义的意义是什么?

7.工程造价是怎样形成的?影响价格的因素有哪些?

8.工程造价有哪些特点和职能?

9.工程造价的作用和影响其作用发挥的因素有哪些?

10.工程造价为什么要单件性计价?

11.简述分部组合计价的工作步骤。

12.绘出工程造价多次性计价和建设阶段的相互关系框图,并说明各阶段造价的含义和相互关系。

13.什么是静态投资?什么是动态投资?它们之间的区别是什么?

14.什么是建设项目总投资?它与固定资产投资的联系是什么?

15.单项工程造价和单位工程造价有何关系和区别?

16.什么是工程造价管理?

17.工程造价管理的任务是什么?包括了哪些基本内容?

18.怎样才能合理确定和有效控制工程造价?

19.什么是造价工程师?什么是工程造价咨询?工程造价咨询单位的资质等级和业务范围有哪些规定?

第二章 投资和工程造价的构成

生产性建设项目的总投资由固定资产投资和铺底流动资金所组成。非生产性建设项目的总投资由固定资产投资组成。不管是哪种性质的建设工程项目的总投资,均包括固定资产投资。本书的固定资产投资费用称为工程造价。一般工程造价由建筑工程费、安装工程费、设备及工器具费、工程建设其他费、预备费、建设期贷款利息和固定资产投资方向调节税组成。本章介绍这些费用的构成内容和计算方法。

第一节 概 述

一、工程造价的理论构成

工程造价是以货币形式表现的建设工程产品的价值。商品价格一般由生产成本、流通费用、利润和税金构成。但是,由于商品所处的流通环节和纳税环节不同,其构成因素也不完全相同。例如,工业产品出厂价是由生产成本、利润和税金构成;工业品批发价是由出厂价格、批发环节流通费用、利润和税金构成;工业品零售价格是由批发价、零售环节流通费用、利润和税金构成。

价格构成中的生产成本和流通费用,是价值中 $C+V$ 的货币表现;价格构成中的利润和税金,是价值中 m 的货币表现。

工程造价由以下 3 部分组成:

(一)建设物质消耗支出 C

建设物质消耗支出,主要包括:

1.建设材料的价格

建设材料的价格由一次性使用材料价格和周转性使用材料价格组成。

①一次性使用材料价格:构成产品实体的材料价格。包括建设过程中使用的建筑工程材料价格、安装工程材料价格、装饰装修工程材料价格、市政工程材料价格和园林绿化工程材料价格。以上材料价格,也称材料预算价格,由其购置原价和包装、装卸、运输、运输损耗和采购及保管费组成。

②周转性使用材料价格:提供建设条件,能在建设中多次使用的材料的价格。这些材料包括脚手架材料、混凝土钢模板、建设中使用的钢丝绳等。周转性使用材料价格由其摊销量乘以相应预算价格组成。

2.施工机械价格

施工机械价格主要由施工机械台班价格、其他机械价格、安装拆除价格、施工机械进出场价格等组成。

3.设备、工器具价格

设备、工器具价格,由其购置原价和运杂费构成。

建设物质消耗支出,还包括施工企业和相关单位投入工程除去人工工资以外的物质消耗支出。如施工企业在建筑安装工程费中计取的其他直接费、临时设施费、现场管理费和构成间接费的企业管理费、财务费用、其他费用中的物质消耗支出等。

(二)建设劳动工资报酬支出 V

建设劳动工资报酬是劳动者为自己的劳动所创造价值的货币表现。如建设单位、设计单位、施工企业、监理单位等建设参与单位的职工的工资、奖金、费用等。

(三)赢利 m

赢利是劳动者为社会劳动所创造价值的货币表现。如建设、设计、施工、监理等建设参与单位的利润和税金等。

$C+V$ 构成建设工程产品的生产成本,是价格形成的主要部分的货币表现。m 则表现为价格中所含的利润和税金,是社会扩大再生产的资金来源。

和一般工业品价格的构成不同,建设工程造价的构成具有某些特殊性,这是由产品的特点和生产过程的特征决定的。其主要表现:

第一,建设工程产品必须固定在一个地方,其价格构成中包含有土地使用的价格。

第二,建设工程产品的固定性,竣工后可直接移交用户进入生产消费或生活消费,在其价格构成中,不包括一般工业品的流通费用。但是,产品的固定性必然导致生产的人工、材料、机械和相关单位的流动。在产品物质消耗中,不仅仅指构成产品实体的物质消耗,还包括生产过程和参与单位的物质消耗。

第三,一般工业品的生产者是指生产厂家,而建设工程产品的生产者则是指由参加该项目筹划、勘察设计单位、相关施工企业、建设单位、监理单位等组成的总体劳动者。因此,工程造价中包含的劳动报酬和赢利均是指包括建设单位在内的总体劳动者的劳动报酬和赢利。

理论上工程造价的基本构成如图 2.1.1 所示。

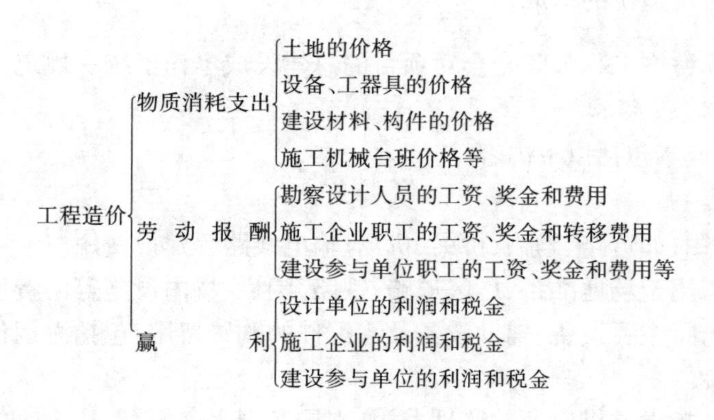

图 2.1.1　工程造价的基本构成

二、我国现行投资和工程造价的构成

我国现行投资和工程造价的构成,如图 2.1.2 所示。

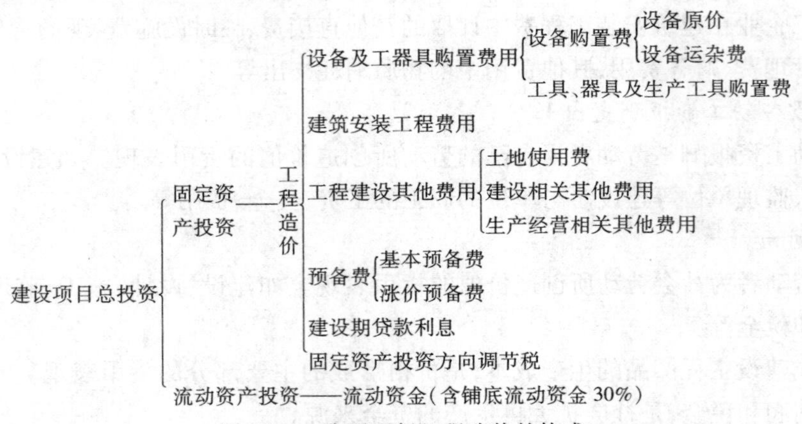

图 2.1.2　我国现行工程造价的构成

如果按照形成资产法分类(参见《建设项目经济评价方法与参数》(第三版)),建设工程项目投资构成一般包括以下内容,如图 2.1.3 所示。

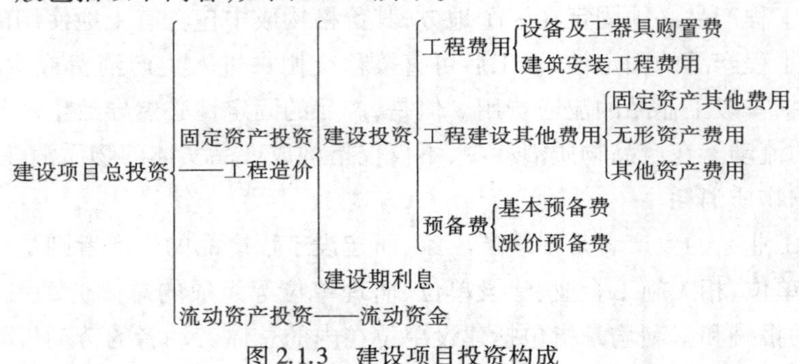

图 2.1.3　建设项目投资构成

三、世界银行工程造价的构成

世界银行、国际咨询工程师联合会对项目的总建设成本作了统一规定,其基本内容如下:

(一)项目直接建设成本

项目直接建设成本包括以下内容:

①土地征购费。

②场外设施费用,如道路、码头、桥梁、机场、输电线路等建设费用。

③场地费用,指用于场地准备、厂区道路、铁路、围栏、场内设施等的费用。

④工艺设备费,指主要设备、辅助设备及零配件的购置费用,包括海运包装费用、交货港离岸价,但不包括税金。

⑤设备安装费,指设备供应商的监理费用,本国劳务及工资费用,辅助材料、施工设备、消耗品和工具等费用,以及安装承包商的管理费和利润等。

⑥管道系统费用,指与系统的材料及劳务相关的全部费用。

⑦电气设备费,其内容与第④项相似。

⑧电气安装费，指设备供应商的监理费用，本国劳务与工资费用，辅助材料、电缆、管道和工器具费用，以及营造承包商的管理费和利润。

⑨仪器仪表费，指所有自动仪表、控制板、配线和辅助材料的费用以及供应商的监理费用、外国或本国劳务及工资费用、承包商的管理费和利润。

⑩机械的绝缘和油漆费，指与机械及管道的绝缘和油漆相关的全部费用。

⑪工艺建筑费，指原材料、劳务费以及与基础、建筑结构、屋顶、内外装修、公共设施有关的全部费用。

⑫服务性建筑费用，其内容与第⑪项相似。

⑬工厂普通公共设施费，包括材料和劳务以及与供水、燃料供应、通风、蒸汽发生及分配、下水道、污物处理等公共设施有关的费用。

⑭车辆费，指工艺操作必需的机动设备及零件费用，包括海运包装费用以及交货港的离岸价，但不包括税金。

⑮其他当地费用，是指那些不能归类于以上任何一个项目，不能计入项目间接成本，但在建设期间又是必不可少的当地费用。例如，临时设备、临时公共设施及场地的维持费，营地设施及其管理、建筑保险和债券、杂项开支等费用。

(二)项目间接建设成本

项目间接建设成本包括：

①项目管理费，包括：

a.总部人员的薪金和福利费，以及用于初步和详细工程设计、采购、时间和成本控制、行政和其他一般管理的费用；

b.施工管理现场人员的薪金、福利费和用于施工现场监督、质量保证、现场采购、时间及成本控制、行政及其他施工管理机构的费用；

c.零星杂项费用，如返工、旅行、生活津贴、业务支出等；

d.各种酬金。

②开工试车费，指工厂投料试车必需的劳务和材料费用。

③业主的行政性费用，指业主的项目管理人员费用及支出。

④生产前费用，指前期研究、勘测、建矿、采矿等费用。

⑤运费和保险费，指海运、国内运输、许可证及佣金、海洋保险、综合保险等费用。

⑥地方税，指地方关税、地方税及对特殊项目征收的税金。

(三)应急费

应急费用包括：

①未明确项目的准备金；

②不可预见准备金。

这两种准备金，前者指的是在项目执行中将要发生的一项不可少的费用，而后者只是一种储备，可能动用，也可能不动用。

(四)建设成本上升费

通常，估算中使用的构成工资费、材料和设备价格基础的截止日期就是估算日期。必须对该日期或已知成本基础进行调整，以补偿直至工程结束时的未知价格的增长。

第二节　建筑安装工程费用的构成

一、建筑安装工程的内容

建筑安装工程费用是指建设工程中,建筑工程费用和安装工程费用的总称。根据现行的工程量计算规范对建设工程类别划分和各类工程的分部分项工程的项目编码、项目名称的规定,建设工程由房屋建筑与装饰工程、仿古建筑工程、通用安装工程、市政工程、园林绿化工程、矿山工程、构筑物工程、城市轨道交通工程、爆破工程所组成。各类工程的构成内容如下:

(一)房屋建筑与装饰工程的内容

其工程量清单项目(不包括措施项目)共16个附录,509个项目。内容包括:

①土石方工程。由土方工程,石方工程,回填组成。

②地基处理与边坡支护工程。由地基处理,基坑与边坡支护组成。

③桩基工程。由打桩,灌注桩组成。

④砌筑工程。由砖砌体,砌块砌体,石砌体,垫层组成。

⑤混凝土与钢筋混凝土工程。由现浇混凝土基础,现浇混凝土柱,现浇混凝土梁,现浇混凝土墙,现浇混凝土板,现浇混凝土楼梯,现浇混凝土其他构件,后浇带,预制混凝土柱,预制混凝土梁,预制混凝土屋架,预制混凝土板,预制混凝土楼梯,其他预制构件,钢筋工程,螺栓,铁件组成。

⑥金属结构工程。由钢网架,钢屋架、钢托架、刚桁架、钢架桥,钢柱,钢梁,钢板楼板、墙板,钢构件,金属制品组成。

⑦木结构工程。由木屋架,木构件,屋面木基层组成。

⑧门窗工程。由木门,金属门,金属卷帘(闸)门,厂库房大门、特种门,其他门,木窗,金属窗,门窗套,窗台板,窗帘、窗帘盒、轨组成。

⑨屋面及防水工程。由瓦、型材及其他屋面,屋面防水及其他,墙面防水、防潮,楼(地)面防水、防潮组成。

⑩保温、隔热、防腐工程。由保温、隔热,防腐面层,其他防腐组成。

⑪楼地面装饰工程。由整体面层及找平层,块料面层,橡塑面层,其他材料面层,踢脚线,楼梯面层,台阶装饰,零星装饰项目组成。

⑫墙、柱面装饰与隔断、幕墙工程。由墙面抹灰,柱(梁)面抹灰,零星抹灰,墙面块料面层,柱(梁)面镶贴块料,镶贴零星块料,墙饰面,柱(梁)饰面,幕墙工程,隔断组成。

⑬天棚工程。由天棚抹灰,天棚吊顶,采光天棚,天棚其他装饰组成。

⑭油漆、涂料、裱糊工程。由门油漆,窗油漆,木扶手及其他板条、线条油漆,木材面油漆,金属面油漆,抹灰面油漆,喷刷涂料,裱糊组成。

⑮其他装饰工程。由柜类、货架,压条、装饰线,扶手、栏杆、栏板装饰,暖气罩,浴厕配件,雨篷、旗杆,招牌、灯箱,美术字组成。

⑯拆除工程。由砖砌体拆除,混凝土及钢筋混凝土构件拆除,木构件拆除,抹灰层拆除,块料面层拆除,龙骨及饰面拆除,屋面拆除,铲除油漆涂料裱糊面,栏杆栏板、轻质隔断隔墙拆除,

门窗拆除，金属构件拆除，管道及卫生洁具拆除，灯具、玻璃拆除，其他构件拆除，开孔（打洞）组成。

（二）仿古建筑工程的内容

仿古建筑工程是指仿照古建筑而运用现代结构、材料、技术建造的建筑物、构筑物和纪念性建筑工程。其工程量清单项目（不包括措施项目）共9个附录，494个项目。内容包括：

①砖作工程。由砖砌墙，贴砖，砖檐，墙帽，砖券（拱）、月洞、地穴及门窗套，漏窗，须弥座，影壁、看面墙、廊心墙，槛墙、槛栏杆，砖细构件，小构件及零星砌体，砖浮雕及碑镌字组成。

②石作工程。由台基及台阶，望柱、栏杆、蹬，柱、梁、枋，墙身石活及门窗石、槛垫石，石屋面、拱券石、拱眉门及石斗拱，石作配件，石浮雕及镌字组成。

③琉璃砌筑工程。由琉璃墙身，琉璃博风、挂落、滴珠板，琉璃须弥座、梁枋、垫板、柱子、斗拱等配件组成。

④混凝土及钢筋混凝土工程。由现浇混凝土柱，现浇混凝土梁，现浇混凝土桁、枋，现浇混凝土板，现浇混凝土其他构件，预制混凝土柱，预制混凝土梁，预制混凝土屋架，预制混凝土桁、枋，预制混凝土板，预制混凝土椽子，预制混凝土其他预制构件组成。

⑤木作工程。由柱，梁，桁（檩）、枋、替木，搁栅，椽，戗角，斗拱，木作配件，古式门窗，古式栏杆，鹅颈靠背、楣子、飞罩，墙、地板及天花，匾额、楹联（对联）及博古架（多宝格），木作防火处理组成。

⑥屋面工程。由小青瓦屋面，筒瓦屋面，琉璃屋面组成。

⑦地面工程。由细墁地面，糙墁地面，细墁散水，糙墁散水，墁石子地组成。

⑧抹灰工程。由墙面抹灰，柱梁面抹灰，其他仿古项目抹灰，墙，柱，梁及零星贴仿古砖片组成。

⑨油漆彩画工程。由山花板、博缝（风）板、挂檐（落）板油漆，连檐、瓦口、椽子、望板、天花、顶棚油漆，上下架构件油漆，斗拱、垫拱板、雀替、花活油漆，门窗扇油漆，木装修油漆，山花板、挂檐（落）板彩画，椽子、望板、天花、顶棚彩画，上下架构件彩画，斗拱、垫拱板、雀替、花活、楣子、墙边彩画，国画颜料、广告色彩画组成。

（三）通用安装工程的内容

安装工程是指各种设备、装置的安装工程，通常包括：工业、民用设备，电气、智能化控制设备，自动化控制仪表，通风空调，工业、消防、给排水、采暖燃气管道以及通信设备安装等。其工程量清单项目（不包括措施项目），共12个附录，1 119个项目。内容包括：

①机械设备安装工程。由切削设备安装，锻压设备安装，铸造设备安装，起重设备安装，起重机轨道安装，输送设备安装，电梯安装，风机安装，泵安装，压缩机安装，工业炉安装，煤气发生设备安装，其他机械设备安装组成。

②热力设备安装工程。由中压锅炉本体设备安装，中压锅炉分部试验及试运，中压锅炉风机安装，中压锅炉除尘装置安装，中压锅炉制粉系统安装，中压锅炉烟、风、煤管道安装，中压锅炉其他辅助设备安装，中压锅炉炉墙砌筑，汽轮发电机本体安装，汽轮发电机辅助设备安装，汽轮发电机附属设备安装，卸煤设备安装，煤场机械设备安装，碎煤设备安装，上煤设备安装，水力冲渣、冲灰设备安装，气力除灰设备安装，化学水预处理系统设备安装，锅炉补水除盐系统设备安装，凝结水处理系统设备安装，循环水处理系统设备安装，给水、炉水校正处理系统设备安装，脱硫设备安装，低压锅炉本体设备安装，低压锅炉附属及辅助设备安装组成。

③静置设备与工艺金属结构制作安装工程。由静置设备制作，静置设备安装，工业炉安装，金属油罐制作安装，球形罐组对安装，气柜制作安装，工艺金属结构制作安装，铝制、铸铁、非金属设备安装，撬块安装，无损检验组成。

④电气设备安装工程。由变电器安装，配电装置安装，母线安装，控制设备及低压电器安装，蓄电池安装，电机检查接线及调试，滑触线装置安装，电缆安装，防雷及接地装置，10 kV 以下架空配电线路，配管、配线，照明器具安装，附属工程，电气调整实验组成。

⑤建筑智能化工程。由计算机应用、网络系统工程，综合布线系统工程，建筑设备自动化系统工程，建筑信息综合管理系统工程，有线电视、卫星接收系统工程，音频、视频系统工程，安全防范系统工程组成。

⑥自动化控制仪表安装工程。由过程检测仪表，显示及调节控制仪表，执行仪表，机械量仪表，过程分析和物性检测仪表，仪表回路模拟实验，安全监测及报警装置，工业计算机安装与调试，仪表管路敷设，仪表盘、箱、柜及附件安装，仪表附件安装组成。

⑦通风空调工程。由通风及空调设备及部件制作安装，通风管道制作安装，通风管道部件制作安装，通风工程检查、调试组成。

⑧工业管道工程。由低压管道，中压管道，高压管道，低压管件，中压管件，高压管件，低压阀门，中压阀门，高压阀门，低压法兰，中压法兰，高压法兰，板卷管制作，管件制作，管架制作安装，无损探伤与热处理，其他项目制作安装组成。

⑨消防工程。由水灭火系统，气体灭火系统，泡沫灭火系统，火灾自动报警系统，消防系统调试组成。

⑩给排水、采暖、燃气工程。由给排水、采暖、燃气管道，支架及其他，管道附件，卫生器具，供暖器具，采暖、给排水设备，燃气器具及其他，医疗气体设备及附件，采暖、空调水工程系统调试组成。

⑪通信设备及线路工程。由通信设备，移动通信设备工程，通信线路工程组成。

⑫刷油、防腐蚀、绝热工程。由刷油工程，防腐蚀涂料工程，手工糊衬玻璃钢工程，橡胶板及塑料板衬里工程，衬铅及搪铅工程，喷镀（涂）工程，耐酸砖、板衬里工程，绝热工程，管道补口补伤工程，阴极保护及牺牲阳极组成。

（四）市政工程的内容

市政工程是指市政道路、桥梁、广（停车）场、隧道、管网、污水处理、生活垃圾处理、路灯等公用事业工程。其工程量清单项目（不包括措施项目）共 10 个附录，598 个项目。内容包括：

①土石方工程。由土方工程，石方工程，回填方及土石方运输组成。

②道路工程。由路基处理，道路基层，道路面层，人行道及其他，交通管理设施组成。

③桥涵工程。由桩基，基坑与边坡支护，现浇混凝土构件，预制混凝土构件，砌筑，立交箱涵，钢结构，装饰，其他组成。

④隧道工程。由隧道岩石开挖，岩石隧道衬砌，盾构掘进，管节顶升、旁通道，隧道沉井，混凝土结构，沉管隧道组成。

⑤管网工程。由管道铺设，管件、阀门及附件安装，支架制作及安装，管道附属构筑物组成。

⑥水处理工程。由水处理构筑物，水处理设备组成。

⑦生活垃圾处理工程。由垃圾卫生填埋，垃圾焚烧组成。

⑧路灯工程。由变配电设备工程、10 kV 以下架空线路工程,电缆工程,配管、配线工程,照明器具安装工程,防雷接地装置工程,电气调整试验组成。

⑨钢筋工程。

⑩拆除工程。

(五)园林绿化工程的内容

园林绿化工程是指绿化,园路,园桥,假山,园林景观等工程。其工程量清单项目(不包括措施项目)共 3 个附录, 111 个项目。内容包括:

①绿化工程。由绿地整理,栽植花木,绿地喷灌组成。

②园路、园桥工程。由园路、园桥工程,驳岸,护岸组成。

③园林景观工程。由堆塑假山,原木、竹构件,亭廊屋面,花架,园林桌椅,喷泉安装,杂项组成。

(六)矿山工程的内容

矿山工程是指以矿产资源为基础,在矿山进行资源开采作业的工程技术学。包括露天工程,井巷工程,硐室工程及其附属工程。不包括与其配套的地面建筑、安装和井下安装工程。其工程量清单项目(不包括措施项目)共 2 个附录,137 个项目。内容包括:

①露天工程。由爆破工程,采装运输工程,岩土排弃工程,道路及附属工程,坝体工程,窄轨铁路铺设工程组成。

②井巷工程。由冻结工程,钻井工程,地面预注浆工程,立井井筒工程,斜井井筒工程,斜巷工程,平硐及平巷工程,硐室工程,铺轨工程,斜坡道工程,天溜井工程,其他工程,铺助系统工程组成。

(七)构筑物工程的内容

构筑物工程是指为某种使用目的而建造的、人们一般不直接在其内部进行生产和生活活动的工程实体或附属建筑设施工程。其工程量清单项目(不包括措施项目)共 2 个附录,71 个项目。内容包括:

①混凝土构筑物工程。由池类,贮仓(库)类,水塔,机械通风冷却塔,双曲线自然通风冷却塔,烟囱,烟道,工业隧道,沟道(槽),造粒塔,输送栈桥,井类,电梯井组成。

②砌体构筑物工程。由烟囱,烟道,沟道(槽),井,井、沟盖板组成。

(八)城市轨道交通工程的内容

城市轨道交通工程是指在不同类型轨道上运行的大、中量城市公共交通工具工程,包括地铁、轻轨、单轨、自动导向、磁悬浮等工程。其工程量清单项目(不包括措施项目)共 12 个附录, 589 个项目。内容包括:

①路基、围护结构工程。由土方工程,石方工程,地基处理,基坑与边坡支护,基床,路基排水组成。

②高架桥工程。由桩基工程,现浇混凝土,预制混凝土,箱涵工程,砌筑,钢筋工程,钢结构,其他组成。

③地下区间工程。由区间支护,衬砌工程,盾构掘进组成。

④地下结构工程。由现浇混凝土,预制混凝土,防水组成。

⑤轨道工程。由铺轨工程,铺道岔工程,铺道床工程,轨道加强设备及护轮轨,线路有关工程组成。

⑥通信工程。由通信线路工程,传输系统,电话系统,无线通信系统,广播系统,闭路电视监控系统,时钟系统,电源系统,计算机网络及附属设备,联调联试、试运行组成。

⑦信号工程。由信号线路,室外设备,室内设备,车载设备,系统调试组成。

⑧供电工程。由变电所,接触网,接触轨,杂散电流,电力监控,动力照明,电缆及配管配线,综合接地,感应板安装组成。

⑨智能与控制系统安装工程。由综合监控系统,环境与机电设备监控系统,火灾报警系统,旅客信息系统,安全防范系统,不间断电源系统,自动售检票组成。

⑩机电设备安装工程。由自动扶梯及电梯,立转门,屏蔽门(或安全门),人防设备及防淹门组成。

⑪车辆基地工艺设备。由车辆段停车列检库工艺设备安装工程,车辆锻联合检修库设备安装工程,车辆段内燃机车库设备安装工程,车辆段洗车库、不落轮镟库设备安装工程,车辆段空压机站设备安装工程,车辆段蓄电池检修间设备安装工程,综合维修设备安装工程,物资总库设备安装工程组成。

⑫拆除工程。由拆除路面及砖石结构工程,拆除混凝土工程组成。

(九)爆破工程的内容

爆破工程是指利用炸药爆炸产生的巨大能量作为生产手段,进行工程建设或矿山开采的施工。其工程量清单项目(不包括措施项目)共6个附录。内容包括:

①露天爆破工程。由石方爆破工程,预裂爆破工程,光面爆破工程组成。

②地下爆破工程。由井巷掘进爆破工程,地下空间开挖爆破工程组成。

③硐室爆破工程。由导硐及药室开挖爆破工程,装药填塞工程组成。

④拆除爆破工程。由基础爆破拆除工程,楼房爆破拆除工程,构筑物拆除工程,桥梁爆破拆除工程,围堰爆破拆除工程,膨胀剂爆破拆除工程组成。

⑤水下爆破工程。由水下裸露药包爆破工程,水下钻孔爆破工程,爆破加固软基工程,水下岩塞爆破工程组成。

⑥挖装运工程。由岩土挖装运输工程,混凝土挖装运输工程,钢筋混凝土挖装运输工程组成。

二、建筑安装工程费用项目的构成

在建设工程中,建筑安装工程费用占有很大的比例。在国家标准《建设工程工程量计价规范》和各专业工程量计算规范对各类工程的分部分项工程量清单的项目编码、项目名称、项目特征、工程内容、计量单位和工程量计算规则,都作出统一规定的情况下,各类工程的费用构成和计算方法基本相同。

依据住建部、财政部的建标〔2013〕44号关于《建筑安装工程费用项目组成》的通知,我国现行建筑安装工程费用按费用构成要素划分为人工费、材料费、施工机具使用费、企业管理费、利润、规费和税金,如图2.2.1所示。按工程造价形成顺序划分为分部分项工程费、措施项目费、其他项目费、规费和税金,如图2.2.2所示。

(一)人工费

人工费是指按工资总额构成规定,支付给从事建筑安装工程施工的生产工人和附属生产单位工人的各项费用。内容包括:

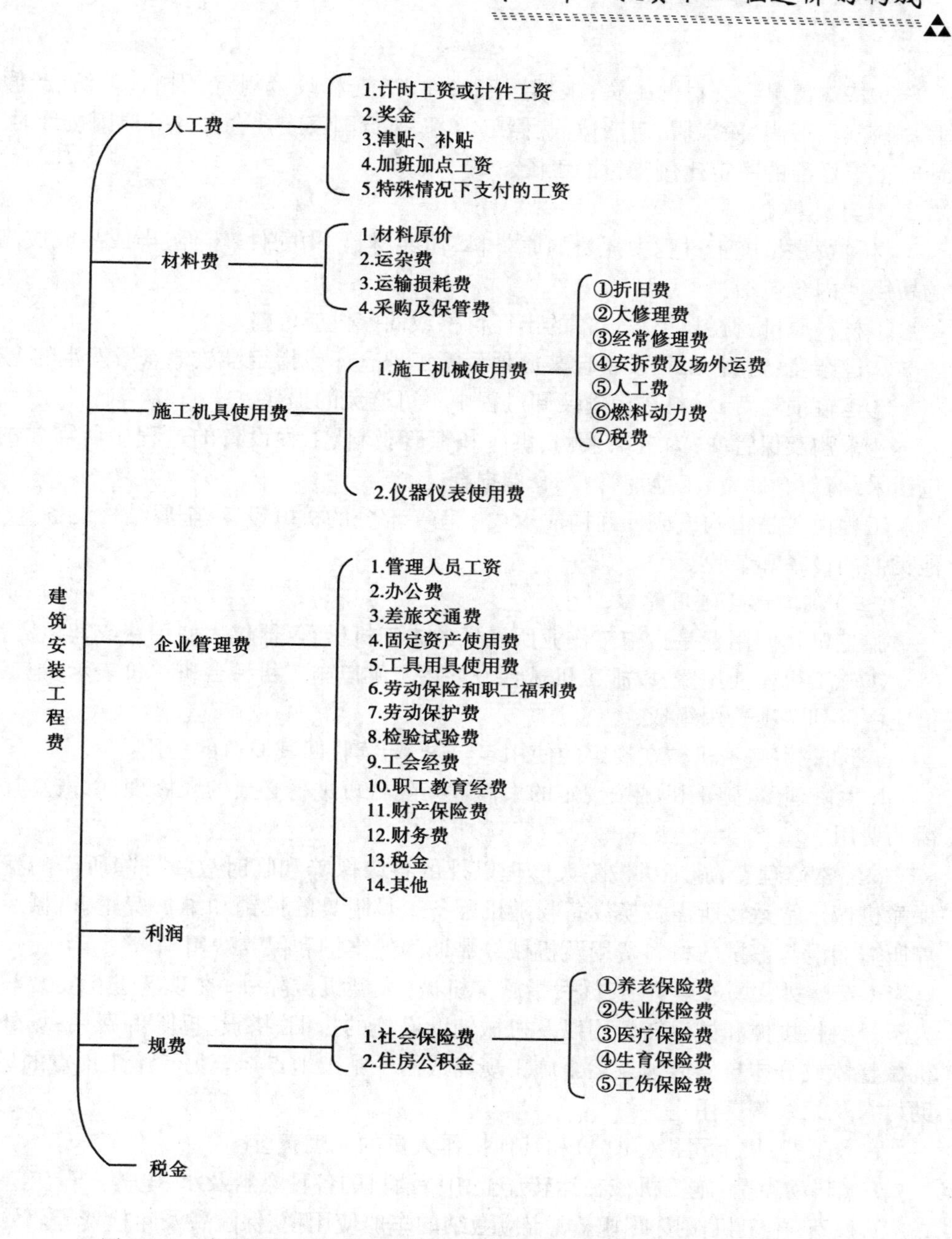

图 2.2.1　建筑安装工程费用的构成(按费用构成要素划分)

①计时工资或计件工资:按计时工资标准和工作时间或对已做工作按计件单价支付给个人的劳动报酬。

②奖金:对超额劳动和增收节支支付给个人的劳动报酬。如节约奖、劳动竞赛奖等。

③津贴补贴:为了补偿职工特殊或额外的劳动消耗和因其他特殊原因支付给个人的津贴,以及为了保证职工工资水平不受物价影响支付给个人的物价补贴。如流动施工津贴、特殊地区施工津贴、高温(寒)作业临时津贴、高空津贴等。

④加班加点工资:按规定支付的在法定节假日工作的加班工资和在法定日工作时间外延时工作的加点工资。

⑤特殊情况下支付的工资:根据国家法律、法规和政策规定,因病、工伤、产假、计划生育假、婚丧假、事假、探亲假、定期休假、停工学习、执行国家或社会义务等原因按计时工资标准或计时工资标准的一定比例支付的工资。

(二)材料费

材料费是指施工过程中耗费的原材料、辅助材料、构配件、零件、半成品或成品、工程设备的费用。内容包括:

①材料原价:材料、工程设备的出厂价格或商家供应价格。

②运杂费:材料、工程设备自来源地运至工地仓库或指定堆放地点所发生的全部费用。

③运输损耗费:材料在运输装卸过程中不可避免的损耗。

④采购及保管费:为组织采购、供应和保管材料、工程设备的过程中所需要的各项费用。包括采购费、仓储费、工地保管费、仓储损耗。

工程设备是指构成或计划构成永久工程一部分的机电设备、金属结构设备、仪器装置及其他类似的设备和装置。

(三)施工机具使用费

施工机具使用费是指施工作业所发生的施工机械、仪器仪表使用费或其租赁费。

①施工机械使用费:以施工机械台班耗用量乘以施工机械台班单价表示,施工机械台班单价应由下列7项费用组成:

a.折旧费:施工机械在规定的使用年限内,陆续收回其原值的费用。

b.大修理费:施工机械按规定的大修理间隔台班进行必要的大修理,以恢复其正常功能所需的费用。

c.经常修理费:施工机械除大修理以外的各级保养和临时故障排除所需的费用。包括为保障机械正常运转所需替换设备与随机配备工具附具的摊销和维护费用,机械运转中日常保养所需润滑与擦拭的材料费用及机械停滞期间的维护和保养费用等。

d.安拆费及场外运费:安拆费指施工机械(大型机械除外)在现场进行安装与拆卸所需的人工、材料、机械和试运转费用以及机械辅助设施的折旧、搭设、拆除等费用;场外运费指施工机械整体或分体自停放地点运至施工现场或由一施工地点运至另一施工地点的运输、装卸、辅助材料及架线等费用。

e.人工费:机上司机(司炉)和其他操作人员的人工费。

f.燃料动力费:施工机械在运转作业中所消耗的各种燃料及水、电等。

g.税费:施工机械按照国家规定应缴纳的车船使用税、保险费及年检费等。

②仪器仪表使用费:工程施工所需使用的仪器仪表的摊销及维修费用。

(四)企业管理费

企业管理费是指建筑安装企业组织施工生产和经营管理所需的费用。内容包括:

①管理人员工资:按规定支付给管理人员的计时工资、奖金、津贴补贴、加班加点工资及特殊情况下支付的工资等。

②办公费:企业管理办公用的文具、纸张、账表、印刷、邮电、书报、办公软件、现场监控、会议、水电、烧水和集体取暖降温(包括现场临时宿舍取暖降温)等费用。

③差旅交通费:职工因公出差、调动工作的差旅费、住勤补助费,市内交通费和误餐补助费,职工探亲路费,劳动力招募费,职工退休、退职一次性路费,工伤人员就医路费,工地转移费

以及管理部门使用的交通工具的油料、燃料等费用。

④固定资产使用费：管理和试验部门及附属生产单位使用的属于固定资产的房屋、设备、仪器等的折旧、大修、维修或租赁费。

⑤工具用具使用费：企业施工生产和管理使用的不属于固定资产的工具、器具、家具、交通工具和检验、试验、测绘、消防用具等的购置、维修和摊销费。

⑥劳动保险和职工福利费：由企业支付的职工退职金、按规定支付给离休干部的经费，集体福利费、夏季防暑降温、冬季取暖补贴、上下班交通补贴等。

⑦劳动保护费：企业按规定发放的劳动保护用品的支出。如工作服、手套、防暑降温饮料以及在有碍身体健康的环境中施工的保健费用等。

⑧检验试验费：施工企业按照有关标准规定，对建筑以及材料、构件和建筑安装物进行一般鉴定、检查所发生的费用，包括自设试验室进行试验所耗用的材料等费用。不包括新结构、新材料的试验费，对构件做破坏性试验及其他特殊要求检验试验的费用和建设单位委托检测机构进行检测的费用，对此类检测发生的费用，由建设单位在工程建设其他费用中列支。但对施工企业提供的具有合格证明的材料进行检测不合格的，该检测费用由施工企业支付。

⑨工会经费：企业按《工会法》规定的全部职工工资总额比例计提的工会经费。

⑩职工教育经费：按职工工资总额的规定比例计提，企业为职工进行专业技术和职业技能培训，专业技术人员继续教育、职工职业技能鉴定、职业资格认定以及根据需要对职工进行各类文化教育所发生的费用。

⑪财产保险费：施工管理用财产、车辆等的保险费用。

⑫财务费：企业为施工生产筹集资金或提供预付款担保、履约担保、职工工资支付担保等所发生的各种费用。

⑬税金：企业按规定缴纳的房产税、车船使用税、土地使用税、印花税等。

⑭其他：包括技术转让费、技术开发费、投标费、业务招待费、绿化费、广告费、公证费、法律顾问费、审计费、咨询费、保险费等。

（五）利润

利润是指施工企业完成所承包工程获得的盈利。

（六）规费

规费是指按国家法律、法规规定，由省级政府和省级有关权力部门规定必须缴纳或计取的费用。包括：

a.社会保险费。

养老保险费：企业按照规定标准为职工缴纳的基本养老保险费。

失业保险费：企业按照规定标准为职工缴纳的失业保险费。

医疗保险费：企业按照规定标准为职工缴纳的基本医疗保险费。

生育保险费：企业按照规定标准为职工缴纳的生育保险费。

工伤保险费：企业按照规定标准为职工缴纳的工伤保险费。

b.住房公积金：企业按规定标准为职工缴纳的住房公积金。

其他应列而未列入的规费，按实际发生计取。

（七）税金

税金是指国家税法规定的应计入建筑安装工程造价内的增值税、城市维护建设税、教育费附加、地方教育附加及环境保护税。在增值税下，附加税（城市维护建设税、教育费附加及地方教育附加）的计算是难点，大多数地方都将附加税放入企业管理费中。有一些地方将城市维护建设税、教育费附加及地方教育附加作为附加税，单独计算。环境保护税单独按实计算。

建筑安装工程费按照工程造价形成由分部分项工程费、措施项目费、其他项目费、规费、税金组成，分部分项工程费、措施项目费、其他项目费包含人工费、材料费、施工机具使用费、企业管理费和利润。

（八）分部分项工程费

分部分项工程费是指各专业工程的分部分项工程应予列支的各项费用。

①专业工程：按现行国家计量规范划分的房屋建筑与装饰工程、仿古建筑工程、通用安装工程、市政工程、园林绿化工程、矿山工程、构筑物工程、城市轨道交通工程、爆破工程等各类工程。

②分部分项工程：按现行国家计量规范对各专业工程划分的项目。如房屋建筑与装饰工程划分的土石方工程、地基处理与桩基工程、砌筑工程、钢筋及钢筋混凝土工程等。

各类专业工程的分部分项工程划分见现行国家或行业计量规范。

（九）措施项目费

措施项目费是指为完成建设工程施工，发生于该工程施工前和施工过程中的技术、生活、安全、环境保护等方面的费用。内容包括：

①安全文明施工费。

a.环境保护费：施工现场为达到环保部门要求所需要的各项费用。

b.文明施工费：施工现场文明施工所需要的各项费用。

c.安全施工费：施工现场安全施工所需要的各项费用。

d.临时设施费：施工企业为进行建设工程施工所必须搭设的生活和生产用的临时建筑物、构筑物和其他临时设施费用。包括临时设施的搭设、维修、拆除、清理费或摊销费等。

②夜间施工增加费：因夜间施工所发生的夜班补助费、夜间施工降效、夜间施工照明设备摊销及照明用电等费用。

③二次搬运费：因施工场地条件限制而发生的材料、构配件、半成品等一次运输不能到达堆放地点，必须进行二次或多次搬运所发生的费用。

④冬雨季施工增加费：在冬季或雨季施工需增加的临时设施、防滑、排除雨雪，人工及施工机械效率降低等费用。

⑤已完工程及设备保护费：竣工验收前，对已完工程及设备采取的必要保护措施所发生的费用。

⑥工程定位复测费：工程施工过程中进行全部施工测量放线和复测工作的费用。

⑦特殊地区施工增加费：工程在沙漠或其边缘地区、高海拔、高寒、原始森林等特殊地区施工增加的费用。

⑧大型机械设备进出场及安拆费：机械整体或分体自停放场地运至施工现场或由一个施工地点运至另一个施工地点，所发生的机械进出场运输及转移费用及机械在施工现场进行安

装、拆卸所需的人工费、材料费、机械费、试运转费和安装所需的辅助设施的费用。

⑨脚手架工程费:施工需要的各种脚手架搭、拆、运输费用以及脚手架购置费的摊销(或租赁)费用。

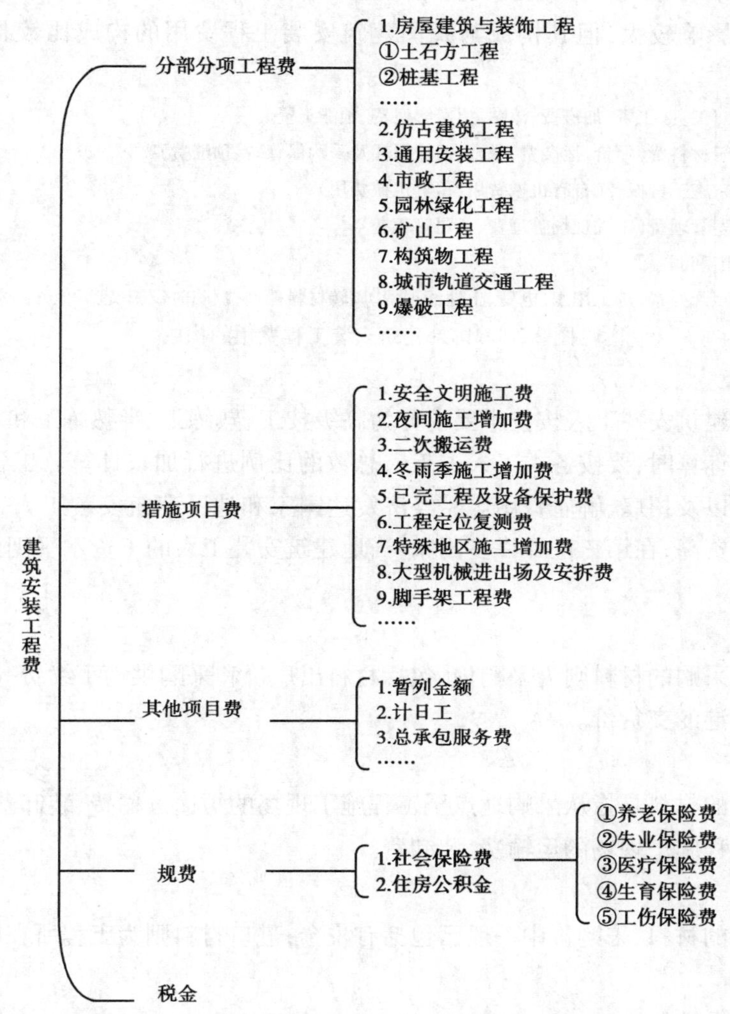

图 2.2.2 建筑安装工程费的构成(按照工程造价形成)

措施项目及其包含的内容详见各类专业工程的现行国家或行业计量规范。

(十)其他项目费

①暂列金额:建设单位在工程量清单中暂定并包括在工程合同价款中的一笔款项。用于施工合同签订时尚未确定或者不可预见的所需材料、工程设备、服务的采购,施工中可能发生的工程变更、合同约定调整因素出现时的工程价款调整以及发生的索赔、现场签证确认等的费用。

②计日工:在施工过程中,施工企业完成建设单位提出的施工图纸以外的零星项目或工作所需的费用。

③总承包服务费:总承包人为配合、协调建设单位进行的专业工程发包,对建设单位自行采购的材料、工程设备等进行保管以及施工现场管理、竣工资料汇总整理等服务所需的费用。

三、国外建筑安装工程费用的构成

在国际建筑市场上，建筑安装工程费用是通过招标投标方式确定的。工程费用高低受建筑产品供求关系影响较大，但其构成与我国建筑安装工程费用的构成比较相似，如图 2.2.3 所示。

建筑安装工程费用
- 工资（工资、加班费、津贴、招雇解雇费、预涨工资）
- 材料费（原价、运杂费、税金、运输损耗及采购保管费、预涨费）
- 施工机械费（自有机械费用、租赁机械费用）
- 管理费（工程现场管理费、公司管理费）
- 利润
- 开办费（施工用水、电费、土地清理费、周转材料摊销费、临时设施费、其他开办费）

图 2.2.3　国外建筑安装工程费用的构成

（一）工资

国外一般把建筑安装工人按技术要求分为高级技工、熟练工、半熟练工和壮工。当工程造价采用平均工资计算时，要按各类工人占工人总数的比例进行加权计算。工资应包括包工工资、加班费、津贴以及招雇、解雇费用等。经济发达国家和地区建筑安装工人工资一般比我国建筑安装工人工资高；在第三世界许多国家，当地建筑安装工人的工资水平则低于我国。

（二）材料费

1. 材料原价

在当地市场采购的材料则为采购价，包括材料出厂价和采购供销手续费等；进口材料一般是指到达当地海港的交货价。

2. 运杂费

在当地采购的材料是指从采购地点至工程施工现场的短途运输费、装卸费；进口材料则为从当地海港至工程施工现场的运输费、装卸费。

3. 税金

在当地采购的材料，采购价中一般已包括有税金；进口材料则为工程所在国的进口关税和手续费等。

4. 损耗及保管费

损耗及保管费主要涉及运输损耗及采购保管费。

5. 预涨费

根据当地材料价格年平均上涨和施工年数，按材料原价、运杂费和税金的一定百分率计算。

（三）施工机械费

大型自有机械台时单价，一般由每台时应摊折旧费、应摊维修费、台时消耗的能源和动力费、台时应摊的驾驶工人工资以及工程机械设备险投保费、第三者责任险投保费等组成。如使用租赁施工机械时，其费用则包括租赁费、租赁机械的进出场费等。

（四）管理费

管理费包括工程现场管理费（占整个管理费的 25%～30%），公司管理费（占整个管理费的

70%~75%)。管理费除了包括与我国管理费构成相似的工作人员工资、劳动保护费、办公费、差旅交通费、固定资产使用费、工具用具使用费外,还含有业务经营费。其具体内容包括:

①广告宣传费。

②交际费。如日常接待饮料、宴请及礼品费等。

③业务资料费。如购买投标文件费、文件及资料复制费等。

④业务所需手续费。施工企业参加工程投标时必须由银行开具预付款保函;在中标后必须由银行开具履约保函;在收业主的工程预付款以前必须由银行开具质量或维修保函。在开具以上保函时,银行要收取一定的担保费。

⑤代理人费和佣金。即施工企业为争取中标或为加速收取工程款,有时在工程所在地(所在国)寻找代理人或代理公司时付出的佣金和费用。

⑥保险费。如建筑安装工程一切险投保费、第三者责任险即公众责任险投保费等。

⑦税金。如许多国家向施工企业征收的印花税、转手税、公司所得税、个人所得税、营业税、社会安全税等。

⑧向银行借款的利息。

在许多国家,施工企业的业务经营费往往是管理费用中所占比重最大的一项,占整个管理费的30%~38%。

(五)开办费

在许多国家,开办费一般是在各分部分项工程造价的前面按单项工程单独列出。单项工程中建筑安装工程量越大,开办费在工程造价中所占比重就越小;单项工程建筑安装工程量越小,开办费在工程造价中所占比重就越大。一般开办费占建筑安装工程造价的10%~20%。开办费包括的内容因国家和工程不同而异,大致包括以下内容:

①施工用水、用电费。施工用水费,按实际打井、抽水、送水发生的费用估算,也可按占直接费的比率估计。施工用电费,按实际需要的电费或自行发电费估算,也可按占直接费的比率估计。

②工地清理费及完工后清理费、建筑物烘干费和临时围墙、安全信号、防护用品的费用以及恶劣气候条件下的工程防护费、噪声费、污染费及其他法定的防护费用。

③周转材料费。如脚手架、模板的摊销费等。

④临时设施费。包括生活用房、生产用房、临时通信、室外工程(包括道路、停车场、围墙、给排水管道、输电线路等)的费用,可按实际需要计算。

⑤驻工地工程师的现场办公室及所需设备的费用和现场材料实验室及所需设备的费用。一般在招标文件的技术规范中有明确的面积、质量标准及设备清单等要求。如要求配备一定的服务人员或试验助理人员,他们的工资费用也应列入。

⑥其他。包括工人现场福利费及安全费、职工交通费等。

(六)利润

国际建筑承包市场上,施工企业的利润过去一般占成本的10%~15%,也有的管理费与利润合取直接费的20%左右。具体工程的利润率,则要根据具体情况,如工程难易、现场的有利条件或不利条件、工期的长短、竞争对手的情况等随行就市确定。

第三节 设备及工器具费用的构成

一、设备及工器具费用的含义

设备及工器具费由设备购置费和工器具、生产家具购置费组成。它是固定资产投资中的积极部分。在生产性工程建设中,设备、工器具费用与资本的有机构成相联系。设备、工器具费用占工程造价比重的增大,意味着生产技术的进步和资本有机构成的提高。

设备购置费是指为工程建设项目购置或自制的达到固定资产标准的设备、工具、器具的费用。确定固定资产的标准是:使用年限在一年以上,单位价值在 1 000 元、1 500 元或 2 000 元等规定限额以上,具体标准由各主管部门规定。新建项目和扩建项目的新建车间购置或自制的全部设备、工具、器具,不论是否达到固定资产标准,均计入设备、工器具购置费中。

二、设备购置费的构成及计算

设备购置费是指为建设项目购置或自制的达到固定资产标准的各种国产或进口设备、工具、器具的购置费用。它由设备原价和设备运杂费构成:

$$设备购置费 = 设备原价 + 设备运杂费$$

上式中,设备原价是指国产设备的原价或进口设备的到岸价。设备运杂费是指除设备原价之外的有关设备采购、运输、途中包装及仓库保管等方面支出费用的总和。

(一)国产设备原价的构成计算

国产设备原价一般是指设备制造厂的交货价,即出厂价或订货合同价。它一般根据生产厂或供应商的询价、报价、合同价确定,或采用一定的方法计算确定。国产设备原价分为国产标准设备原价和国产非标准设备原价。

1. 国产标准设备原价

国产标准设备是指按照主管部门颁布的标准图纸和技术要求,由我国设备生产厂批量生产的,符合国家质量检测标准的设备。有的国产标准设备原价有两种,即带有备件的原价和不带有备件的原价。在计算时,一般采用带有备件的原价。国产设备估价如例 2.3.1 所示。

2. 国产非标准设备原价

国产非标准设备是指国家尚无定型标准,各设备生产厂不可能在工艺过程中采用批量生产,只能按一次订货,并根据具体的设计图纸制造的设备。非标准设备原价有多种不同的计算方法。如成本估价法、系列设备插入估价法、分部组合估价法、定额估价法等。但无论采用哪种方法,都应该使非标准设备计价接近实际出厂价,并且计算方法要简便。按成本估价法,非标准设备的原价由以下各项费用组成:

①材料费。其计算公式如下:

$$材料费 = 材料净重 \times (1 + 加工损耗系数) \times 每吨材料综合价$$

②加工费。加工费包括生产工人工资和工资附加费、燃料动力费、设备折旧费、车间经费

等。其计算公式如下：

$$加工费 = 设备总质量(t) \times 设备每吨加工费$$

③辅助材料费。包括焊条、焊丝、氧气、氩气、氮气、油漆、电石等费用。其计算公式如下：

$$辅助材料费 = 设备总质量 \times 辅助材料费指标$$

④专用工具费。按①~③项之和乘以一定百分比计算。

⑤废品损失费。按①~④项之和乘以一定百分比计算。

⑥外购配套件费。按设备设计图纸所列的外购配套件的名称、型号、规格、数量、重量，根据相应的价格加运杂费计算。

⑦包装费。按以上①~⑥项之和乘以一定百分比计算。

⑧利润。可按①~⑤项加第⑦项之和乘以一定利润率计算。

⑨税金。主要指增值税。计算公式为：

$$增值税 = 当期销项税额 - 进项税额$$

$$当期销项税额 = 销售额 \times 适用增值税率$$

⑩非标准设备设计费。该项费按国家规定的设计费收费标准计算。

综上所述，单台非标准设备原价可用下面的公式表达：

$$单台非标准设备原价 = \left\{\left[\left(材料费 + 加工费 + \begin{matrix}辅助\\材料费\end{matrix}\right) \times \left(1 + \begin{matrix}专用工具\\费率\end{matrix}\right) \times \left(1 + \begin{matrix}废品损失\\费率\end{matrix}\right) + \begin{matrix}外购配套\\件费\end{matrix}\right] \times \left(1 + \begin{matrix}包装\\费率\end{matrix}\right) - \begin{matrix}外购配\\套件费\end{matrix}\right\} \times (1 + 利润率) + 销项税金 + \begin{matrix}非标准设备\\设计费\end{matrix} + \begin{matrix}外购配\\套件费\end{matrix}$$

【例 2.3.1】 背景材料：

某市轻轨项目拟从长春购置国产轻轨机车，若有关资料如下：

①单台机车总重 25 t；

②设备生产厂家的交货价格(含软件费)为 780 万元/台；

③生产厂仓库到火车站 20 km 为汽车运输；

④长春火车站到使用城市火车站 2 000 km 为火车运输；

⑤使用城市火车站到施工现场指定地点 10 km 为汽车运输；

⑥汽车装、卸车费各为 50 元/t；

⑦汽车运费 1 元/(t · km)；

⑧火车装、卸车费各为 40 元/t；

⑨火车运费 0.08 元/(t · km)；

⑩采购保管费率为 25‰。

问题：

请列表计算国产轻轨机车 1 台自生产厂出库到安装现场的出库价格，计算结果保留 3 位小数。

【解答】 计算结果见表2.3.1。

表2.3.1 国产轻轨机车预算价格计算表

费用项目	单价或费率	计算式	金额/万元
1 原价	780万元/台	780万元/台×1台	780.000
2 生产厂到火车站运费			0.300
2.1 装车费	50元/t	50元/t×25 t/10 000	0.125
2.2 汽车运费	1元/(t·km)	1元/(t·km)×20 km×25 t/10 000	0.050
2.3 卸车费	50元/t	50元/t×25 t/10 000	0.125
3 长春火车站到使用城市火车站运费			0.600
3.1 装车费	40元/t	40元/t×25 t/10 000	0.100
3.2 火车运费	0.08元/(t·km)	0.08元/(t·km)×2 000 km×25 t/10 000	0.400
3.3 卸车费	40元/t	40元/t×25 t/10 000	0.100
4 使用城市火车站到施工现场指定地点运费			0.275
4.1 装车费	50元/t	50元/t×25 t/10 000	0.125
4.2 汽车运费	1元/(t·km)	1元/(t·km)×10 km×25 t/10 000	0.025
4.3 卸车费	50元/t	50元/t×25 t/10 000	0.125
5 采购保管费	2.5%	(780+0.300+0.600+0.275)×2.5%	19.529
预算价格		780+0.300+0.600+0.275+19.529	800.704

(二)进口设备原价的构成及计算

进口设备的原价是指进口设备的抵岸价,即抵达买方边境港口或边境车站,且交完关税等税费后形成的价格。

1.进口设备的交货类别

进口设备的交货类别可分为内陆交货、目的地交货、装运港船上交货3种类型。

内陆交货类,即卖方在出口国内陆的某个地点交货。在交货地点,卖方及时提交合同规定的货物和有关凭证,并负担交货前的一切费用和风险;买方按时接受货物,交付货款,承担接货后的一切费用和风险,并自行办理出口手续和装运出口。货物的所有权也在交货后由卖方转移给买方。

目的地交货类,即卖方在进口国的港口或出口国的内地交货,有目的港船上交货价、目的港船边交货价(FOS)和目的港码头交货价及完税后交货价等几种交货价。它们的特点是:买卖双方承担的责任、费用和风险是以目的地约定交货点为分界线,只有当卖方在交货点将货物置于买方控制下才算交货,才能向买方收取货款。这种交货类别对卖方来说承担的风险较大,在国际贸易中卖方一般不愿采用。

装运港交货类,即卖方在出口国装运港交货,主要有装运港船上交货价(FOB),习惯称离岸价格;运费在内价和运费、保险费在内价(CIF),习惯称到岸价格。它们的特点是:卖方按照约定的时间在装运港交货,只要卖方把合同规定的货物装船后提供货运单据,便完成交货任务,可凭单据收回货款。

装运港船上交货价(FOB)是我国进口设备采用最多的一种货价。采用船上交货价时卖方的责任是:在规定的期限内,负责在合同规定的装运港口将货物装上买方指定的船只,并及时通知买方;负担货物装船前的一切费用和风险;负责办理出口手续;提供出口国政府或有关方面签发的证件;负责提供有关装运单据。买方的责任是:负责租船或订舱,支付运费,并将船期、船名通知卖方;负担货物装船后的一切费用和风险;负责办理保险及支付保险费,办理在目的港的进口和收货手续;接受卖方提供的有关装运单据,并按合同规定支付货款。

2.进口设备到岸价、抵岸价的构成及计算

进口设备到岸价、抵岸价的构成可概括为:

$$\text{进口设备到岸价}(\text{CIF})=\text{货价}(\text{FOB})+\text{国际运费}+\text{运输保险费}$$

$$\text{进口设备抵岸价}=\text{货价}+\text{国际运费}+\text{运输保险费}+\text{银行财务费}+\text{外贸手续费}+\text{关税}+\text{增值税}+\text{消费税}+\text{海关监管手续费}+\text{车辆购置附加费}$$

①货价。一般指装运港船上交货价(FOB)。设备货价分为原币货价和人民币货价,原币货价一律折算为美元表示,人民币货价按原币货价乘以外汇市场美元兑换人民币中间价确定。进口设备货价按有关生产厂商询价、报价、订货合同价计算。

②国际运费。即从装运港(站)到达我国抵达港(站)的运费。我国进口设备大部分采用海洋运输,小部分采用铁路运输,个别采用航空运输。进口设备国际运费计算公式为:

$$\text{国际运费(海、陆、空)}=\text{原币货价}(\text{FOB 价})\times\text{运费率}$$

$$\text{国际运费(海、陆、空)}=\text{运量}\times\text{单位运价}$$

其中,运费率或单位运价,参照有关部门或进出口公司的规定执行。

③运输保险费。对外贸易货物运输保险是由保险人(保险公司)与被保险人(出口人或进口人)订立保险契约,在被保险人交付议定的保险费后,保险人根据保险契约的规定对货物在运输过程中发生的承保责任范围内的损失给予经济上的补偿。这是一种财产保险。计算公式为:

$$\text{运输保险费}=\frac{\text{原币货价}(\text{FOB 价})+\text{国外运费}}{1-\text{保险费率}}\times\text{保险费率}$$

其中,保险费率按保险公司规定的进口货物保险费率计算。

④银行财务费。一般是指中国银行手续费,可按下式简化计算:

$$\text{银行财务费}=\text{人民币货价}(\text{FOB 价})\times\text{银行财务费率}$$

⑤外贸手续费。外贸手续费指按对外经济贸易部规定的外贸手续费率计取的费用,外贸手续费率一般取 1.5%。计算公式为:

$$\text{外贸手续费}=\left(\text{装运港船上交货价}(\text{FOB 价})+\text{国际运费}+\text{运输保险费}\right)\times\text{外贸手续费率}$$

⑥关税。由海关对进出国境或关境的货物和物品征收的一种税。计算公式为:

$$关税 = 到岸价格(CIF价) \times 进口关税税率$$

其中，到岸价格(CIF 价)包括离岸价格(FOB 价)、国际运费、运输保险费等费用，它作为关税完税价格。进口关税税率分为优惠和普通两种。优惠税率适用于与我国签订有关税互惠条款的贸易条约或协定的国家的进口设备；普通税率适用于与我国未订有关税互惠条款的贸易条约或协定的国家的进口设备。进口关税税率按我国海关总署发布的进口关税税率计算。

⑦增值税。增值税是对从事进口贸易的单位和个人，在进口商品报关进口后征收的税种。我国增值税条例规定，进口应税产品均按组成计税价格和增值税税率直接计算应纳税额。即：

$$进口产品增值税额 = 组成计税价格 \times 增值税税率$$

$$组成计税价格 = 关税完税价格 + 关税 + 消费税$$

增值税税率根据规定的税率计算。

⑧消费税。对部分进口设备(如轿车、摩托车等)征收，一般计算公式为：

$$应纳消费税额 = \frac{到岸价 + 关税}{1 - 消费税税率} \times 消费税税率$$

其中，消费税税率根据规定的税率计算。

⑨海关监管手续费。海关监管手续费是指海关对进口减税、免税、保税货物实施监督、管理、提供服务的手续费。对于全额征收进口关税的货物不计本项费用。其公式如下：

$$海关监管手续费 = 到岸价 \times 海关监管手续费率(一般为0.3\%)$$

⑩车辆购置附加费。进口车辆需缴纳进口车辆购置附加费。其公式如下：

$$\begin{matrix}进口车辆\\购置附加费\end{matrix} = (到岸价 + 关税 + 消费税 + 增值税) \times \begin{matrix}进口车辆购置\\附加费率\end{matrix}$$

【例 2.3.2】 某项目进口一批生产设备。已知 FOB = 650 万元，CIF = 830 万元，银行财务费率为 5‰，外贸手续费率为 1.5%，关税税率为 15%，增值税率为 17%，该批设备无消费税和海关监管手续费。求抵岸价。

【解答】 根据抵岸价的计算公式，计算结果为：

$$\begin{aligned}抵岸价 &= FOB + \begin{matrix}国际\\运费\end{matrix} + \begin{matrix}运输\\保险费\end{matrix} + \begin{matrix}银行\\财务费\end{matrix} + \begin{matrix}外贸\\手续费\end{matrix} + 关税 + 增值税\\ &= 830万元 + 650 \times 0.5\%万元 + 830 \times (1.5\% + 15\%)万元 + \\ &\quad 830(1 + 15\%) \times 17\%万元\\ &= 1\ 132.47万元\end{aligned}$$

【例 2.3.3】 某进口设备 CIF = 1 000 万元，外贸手续费率为 1.5%，银行财务费率为0.5%，关税税率为 15%，增值税率为 17%。求增值税额。

【解答】 按公式计算结果为：

$$\begin{aligned}增值税额 &= (CIF + 关税) \times 增值税率\\ &= (1\ 000 + 1\ 000 \times 15\%) \times 17\%万元\\ &= 195.50万元\end{aligned}$$

(三)设备运杂费的构成及计算

1.设备运杂费的构成

设备运杂费通常由下列各项费用构成：

①运费和装卸费。国产设备的运输和装卸费是指由设备制造厂交货地点起至工地仓库或施工组织设计指定的需要安装设备的堆放地点为止,所发生的运费和装卸费。进口设备的运输和装卸费则由我国到岸港口或边境车站起至工地仓库或施工组织设计指定的需安装设备的堆放地点为止,所发生的运费和装卸费。

②包装费。在设备原价中没有包含的,为运输而进行的包装支出的各种费用。

③设备供销部门的手续费。按有关部门规定的统一费率计算。

④采购与仓库保管费。指采购、验收、保管和收发设备所发生的各种费用。包括设备采购人员、保管人员和管理人员的工资、工资附加费、办公费、差旅交通费,设备供应部门办公和仓库所占固定资产使用费、工具用具使用费、劳动保护费、检验试验费等。这些费用可按主管部门规定的采购与保管费率计算。

2.设备运杂费的计算

设备运杂费按设备原价乘以设备运杂费率计算,其公式为:

$$设备运杂费 = 设备原价 \times 设备运杂费率$$

其中,设备运杂费率按各部门及省、市等的规定计取。

三、工具、器具及生产家具购置费的构成及计算

工具、器具及生产家具购置费,是指新建或扩建项目初步设计规定的,保证初期正常生产必须购置的没有达到固定资产标准的设备、仪器、工卡模具、器具、生产家具和备品备件等的购置费用。一般以设备费为计算基数,按照部门或行业规定的工具、器具及生产家具费率计算。计算公式为:

$$工具、器具及生产家具购置费 = 设备购置费 \times 定额费率$$

四、进口设备与材料估价计算实例

【例 2.3.4】 某工业建设项目,需要生产用进口设备与材料 1 000 t,FOB 价为 150 万美元。国际运费费率为 350 美元/t,国内运杂费率是 2.5%,保险公司的海运水渍险费率是货价的 0.266%,银行财务费率为设备与材料离岸价的 0.5%,外贸手续费费率是 1.5%,关税税率为 22%,增值税税率为 17%。美元对人民币的外汇率为 1 : 6.34。试计算该批设备与材料到达建设现场的估价。

【解答】

①货价 = 150 万元×6.34 = 951 万元

②国际运费 = 1 000×350 元×6.34 = 221.90 万元

③运输保险费 = 951 万元×0.266% = 2.53 万元

④银行财务费 = 951 万元×0.5% = 4.76 万元

⑤外贸手续费 = (951+221.90+2.53)万元×1.5% = 17.63 万元

⑥关税 = (951+221.90+2.53)万元×22% = 258.59 万元

⑦消费税:该批设备与材料为生产用,无消费率。

⑧增值税 = (951+221.90+2.53+258.59)万元×17% = 243.78 万元

⑨加国内运杂费的总价

总价 =（951 + 221.90 + 2.53 + 4.76 + 17.63 + 258.59 + 243.78）万元 × 1.025 = 1 742.69 万元

所以该批进口设备与材料到达建设现场的价格为 1 742.69 万元。

【例 2.3.5】 背景材料：

某市轻轨项目拟从国外引进轻轨机车，若有关资料如下：

①单台机车总重 25 t，离岸价（FOB）每台 80 万美元（美元对人民币汇率按 1∶6.3 计算）；
②海运费率为 6%；
③海运保险费率为 2.80‰；
④关税率为 15%；
⑤增值税率为 17%；
⑥银行财务费率为 5‰；
⑦外贸手续费率为 1.5%；
⑧到货口岸至安装现场 800 km，运输费为 0.8 元/（t · km），装、卸费均为 60 元/t；
⑨国内运输保险费率为 1.32‰；
⑩现场保管费率为 25‰。

问题：

请列表计算进口轻轨机车自出口国口岸离岸到安装现场的出库价格，作答时计算结果保留两位小数。

【解答】 计算结果见表 2.3.2。

表 2.3.2 进口轻轨机车预算价格计算表

费用项目	计算式	金额/万元
1 离岸价（FOB）	80×6.3	504.00
2 进口设备从属费用		227.40
2.1 海运费	504×6%	30.24
2.2 海运保险费	（504+30.24）/（1−2.80‰）×2.80‰	1.50
2.3 关税	（504+30.24+1.50）×15%	80.36
2.4 增值税	（504+30.24+1.50+80.36）×17%	104.74
2.5 银行财务费	504×5‰	2.52
2.6 外贸手续费	（504+30.24+1.50）×1.5%	8.04
3 国内运杂费		2.87
3.1 运输及装卸费	（25×800×0.8+25×60×2）÷10 000	1.90
3.2 运输保险费	（504+227.40+1.90）×1.32‰	0.97
4 现场保管费	（504+227.40+2.87）×25‰	18.36
5 预算价格	504+227.40+2.87+18.36	752.63

第四节　工程建设其他费用的构成

工程建设其他费用，是指从工程筹建起到工程竣工验收交付生产或使用止的整个建设期间，除建筑安装工程费用和设备及工、器具购置费用以外的，为保证工程建设顺利完成和交付使用后能够正常发挥效益或效能而发生的各项费用。

工程建设其他费用，按其内容大体可分为3类：第一类指土地使用费；第二类指与工程建设有关的其他费用；第三类指与未来企业生产经营有关的其他费用。

一、土地使用费

任何一个建设项目都固定于一定地点与地面相连接，必须占用一定数量的土地，也就必然要发生为获得建设用地而支付的费用，这就是土地使用费。土地使用费由土地征用及迁移补偿费和土地使用权出让金组成。

（一）土地征用及迁移补偿费

土地征用及迁移补偿费，是指建设项目通过划拨方式取得无限期的土地使用权，依照《中华人民共和国土地管理法》等规定所支付的费用。

征收土地应当依法及时足额支付土地补偿费、安置补助费以及农村村民住宅、其他地上附着物和青苗等的补偿费用，并安排被征地农民的社会保障费用。

征收农用地的土地补偿费、安置补助费标准由省、自治区、直辖市通过制定公布区片综合地价确定。制定区片综合地价应当综合考虑土地原用途、土地资源条件、土地产值、土地区位、土地供求关系、人口以及经济社会发展水平等因素，并至少每三年调整或者重新公布一次。

征收农用地以外的其他土地、地上附着物和青苗等的补偿标准，由省、自治区、直辖市制定。对其中的农村村民住宅，应当按照先补偿后搬迁、居住条件有改善的原则，尊重农村村民意愿，采取重新安排宅基地建房、提供安置房或者货币补偿等方式给予公平、合理的补偿，并对因征收造成的搬迁、临时安置等费用予以补偿，保障农村村民居住的权利和合法的住房财产权益。

县级以上地方人民政府应当将被征地农民纳入相应的养老等社会保障体系。被征地农民的社会保障费用主要用于符合条件的被征地农民的养老保险等社会保险缴费补贴。被征地农民社会保障费用的筹集、管理和使用办法，由省、自治区、直辖市制定。

（二）土地使用权出让金

土地使用权出让金，指建设项目通过土地使用权出让方式，取得有限期的土地使用权，依照《中华人民共和国城镇国有土地使用权出让和转让暂行条例》规定，支付土地使用权出让金。

①国家是城市土地的唯一所有者，并分层次、有偿、有限期地出让、转让城市土地。第一层次是城市政府将国有土地使用权出让给用地者，该层次由城市政府垄断经营。出让对象可以是有法人资格的企事业单位，也可以是外商。第二层次及以下层次的转让则发生在使用者之间。

②城市土地的出让和转让可采用协议、招标、公开拍卖等方式。

a.协议方式是由用地单位申请,经市政府批准同意后双方洽谈具体地块及地价。该方式适用于市政工程、公益事业用地以及需要减免地价的机关、部队用地和需要重点扶持、优先发展的产业用地。

b.招标方式是在规定的期限内,由用地单位以书面形式投标,市政府根据投标报价、所提供的符合规划方案的建设用地。在多个单位竞争时,要根据企业信誉等综合考虑,择优而取。该方式适用于一般工程建设用地。

c.公开拍卖是指在指定的地点和时间,由申请用地者叫价应价,价高者得。这完全是由市场竞争决定,适用于赢利高的行业用地。

③在有偿出让和转让土地时,政府对地价不作统一规定,但应坚持以下原则:

a.地价对目前的投资环境不产生大的影响;

b.地价与当地的社会经济承受能力相适应;

c.地价要考虑已投入的土地开发费用、土地市场供求关系、土地用途和使用年限。

④关于政府有偿出让土地使用权的年限,各地可根据时间、区位等各种条件作不同的规定,一般可在30~99年。按照地面附属建筑物的折旧年限来看,以50年为宜。

⑤土地有偿出让和转让,土地使用者和所有者要签约,明确使用者对土地享有的权利和对土地所有者应承担的义务。

a.有偿出让和转让使用权,要向土地受让者征收契税;

b.转让土地如有增值,要向转让者征收土地增值税;

c.在土地转让期间,国家要区别不同地段、不同用途向土地使用者收取土地占用费。

二、建设相关其他费用

(一)建设单位管理费

建设单位管理费是指建设项目从立项、筹建、建设、联合试运转、竣工验收交付生产或使用及后评估等全过程管理所需费用。内容包括:

①建设单位开办费。指新建项目为保证筹建和建设工作正常进行所需办公设备、生活家具、用具、交通工具等购置费用。

②建设单位经费。包括工作人员的基本工资、工资性补贴、职工福利费、劳动保护费、劳动保险费、办公费、差旅交通费、工会经费、职工教育经费、固定资产使用费、工具用具使用费、技术图书资料费、生产人员招募费、工程招标费、合同契约公证费、工程质量监督检测费、工程咨询费、法律顾问费、审计费、业务招待费、排污费、竣工交付使用清理及竣工验收费、后评估等费用共23项。不包括应计入设备、材料预算价格的建设单位采购及保管设备材料所需的费用。

建设单位管理费按照单项工程费用之和(包括设备及工器具购置费和建筑安装工程费用)乘以建设单位管理费率计算。

建设单位管理费率按照不同性质、不同规模确定。一般按工程费的1.5%~3%计取。有的建设项目按照建设工期和规定的金额计算建设单位管理费。

(二)勘察设计费

勘察设计费是指为本建设项目提供项目建议书、可行性研究报告及设计文件等所需费用,内容包括:

①编制项目建议书、可行性研究报告及投资估算、工程咨询、评价以及为编制上述文件所进行勘察、设计、研究试验等所需费用；

②委托勘察、设计单位进行初步设计、施工图设计及概预算编制等所需费用；

③在规定范围内由建设单位自行完成的勘察、设计工作所需费用。

勘察设计费中，项目建议书、可行性研究报告按国家颁布的收费标准计算；设计费按国家颁布的工程设计收费标准计算；勘察费一般民用建筑6层以下的按3～5元/m^2计算，高层建筑按8～10元/m^2计算，工业建筑按10～12元/m^2计算。

施工图预算编制费，可按总设计费的10%计算，单独计列，单项工程可按预算总价的0.3%计取。

（三）研究试验费

研究试验费是指为建设项目提供和验证设计参数、数据、资料等，所进行的必要的试验费用以及设计规定在施工中必须进行试验、验证所需费用。包括自行或委托其他部门研究试验所需人工费、材料费、试验设备及仪器使用费等。这项费用按照设计单位根据本工程项目的需要提出的研究试验内容和要求计算。

（四）建设单位临时设施费

建设单位临时设施费是指建设期间建设单位所需临时设施的搭设、维修、摊销费用或租赁费用。

该项费用，新建工程按照建筑安装工程费的1%计算；改扩建工程项目可按小于建筑安装工程费的0.6%计算；三资项目可根据项目情况适当提高。

临时设施包括临时宿舍、文化福利及公用事业房屋与构筑物、仓库、办公室、加工厂以及规定范围内的道路、水、电、管线等临时设施和小型临时设施。

（五）工程监理费

工程监理费是指建设单位委托工程监理单位对工程实施监理工作所需费用。根据国家物价局、建设部《关于发布工程建设监理费用有关规定的通知》等文件规定，选择下列方法之一计算：

①一般情况应按工程建设监理收费标准计算，即占所监理工程概算或预算的0.03%～2.50%计算；中外合资、合作、外商独资的建设工程，工程建设监理费由双方参照国际标准协商确定。

②对于单工种或临时性项目可根据参与监理的年度平均人数按3～5万元/（人·年）计算。

（六）工程保险费

工程保险费是指建设项目在建设期间，根据需要实施工程保险所需的费用。包括以各种建筑工程及其在施工过程中的物料、机器设备为保险标的的建筑工程一切险，以安装工程中的各种机器、机械设备为保险标的的安装工程一切险，以及机器损坏保险等。根据不同的工程类别，分别以其建筑、安装工程费乘以建筑、安装工程保险费率计算。民用建筑（住宅楼、综合性大楼、商场、旅馆、医院、学校）占建筑工程费的0.2%～0.4%；其他建筑（工业厂房、仓库、道路、码头、水坝、隧道、桥梁、管道等）占建筑工程费的0.3%～0.6%；安装工程（农业、工业、机械、电子、电器、纺织、矿山、石油、化学及钢铁工业、钢结构桥梁）占建筑工程费的0.3%～0.6%。

(七)引进技术和进口设备其他费用

引进技术和进口设备其他费用,包括出国人员费用、国外工程技术人员来华费用、技术引进费、分期或延期付款利息、担保费以及进口设备检验鉴定费。

①出国人员费用。指为引进技术和进口设备派出人员在国外培训和进行设计联络、设备检验等的差旅费、制装费、生活费等。这项费用根据设计规定的出国培训和工作的人数、时间及派往国家,按财政部、外交部规定的临时出国人员费用开支标准及中国民用航空公司现行国际航线票价等进行计算。其中使用外汇部分应计算银行财务费用。

②国外工程技术人员来华费用。指为安装进口设备,引进国外技术等聘用外国工程技术人员进行技术指导工作所发生的费用。包括技术服务费、外国技术人员的在华工程、生活补贴、差旅费、医药费、住宿费、交通费、宴请费、参观游览费等招待费用。这项费用按每人每月4 500~8 000元费用指标计算。

③技术引进费。指为引进国外先进技术而支付的费用。包括专利费、专有技术费(技术保密费)、国外设计及技术资料费、计算机软件费等。这项费用根据合同或协议的价格计算。

④分期或延期付款利息。指利用出口信贷引进技术或进口设备采取分期或延期付款的办法所支付的利息。

⑤担保费。指国内金融机构为买方出具保函的担保费。这项费用按有关金融机构规定的担保费率计算(一般可按承保金额的0.5%计算)。

⑥进口设备检验鉴定费用。指进口设备按规定付给商品检验部门的进口设备检验鉴定费。这项费用按进口设备货价的0.3%~0.5%计算。

三、生产经营相关其他费用

(一)联合试运转费

联合试运转费是指新建企业或新增加生产工艺过程的扩建企业在竣工验收前,按照设计规定的工程质量标准,进行整个车间的负荷或无负荷联合试运转发生的费用支出大于试运转收入的亏损部分。费用内容包括:试运转所需的原料、燃料、油料和动力的费用,机械使用费用,低值易耗品及其他物品的购置费用和施工单位参加联合试运转人员的工资等。试运转收入包括试运转产品销售和其他收入。不包括应由设备安装工程费项目下开支的单台设备调试费及试车费用。联合试运转费,一般根据不同性质的项目,按需要试运转车间的工艺设备购置费的0.5%~1.5%计算。

(二)生产准备费

生产准备费是指新建企业或新增生产能力的企业,为保证竣工交付生产使用,进行必要的生产准备所发生的费用。费用内容包括:

①生产人员培训费。包括自行培训、委托其他单位培训的人员的工资、工资性补贴、职工福利费、差旅交通费、学习资料费、学习费、劳动保护费等。

②生产单位提前进厂参加施工、设备安装、调试等以及熟悉工艺流程及设备性能等人员的工资、工资性补贴、职工福利费、差旅交通费、劳动保护费等。

生产准备费一般根据需要培训和提前进厂人员的人数及培训时间,按生产准备费指标进行估算。内培按300~500元/(人·月),外培按600~1 000元/(人·月)计算。提前进厂费,按提前进厂人数计算,费用指标为 6 000~10 000 元/(人·年)。

应该指出,生产准备费在实际执行中是一笔在时间上、人数上、培训深度上很难划分的活口很大的支出,尤其要严格掌握。

(三)办公和生活家具购置费

办公和生活家具购置费是指为保证新建、改建、扩建项目初期正常生产、使用和管理所必须购置的办公和生活家具、用具的费用。改、扩建项目所需的办公和生活用具购置费,应低于新建项目。其范围包括办公室、会议室、资料档案室、阅览室、文娱室、食堂、浴室、理发室、单身宿舍和设计规定必须建设的托儿所、卫生所、招待所、中小学校等家具用具购置费。这项费用按照设计定员人数乘以综合指标计算,一般为 600~1 000 元/人。

(四)其他资产费用

1.生产准备及开办费

生产准备及开办费是指建设项目为保证正常生产(或营业、使用)而发生的人员培训费、提前进厂费以及投产使用必备的生产办公、生活家具用具及工器具等购置费用。包括:

①人员培训费及提前进厂费。包括自行组织培训或委托其他单位培训的人员工资、工资性补贴、职工福利费、差旅交通费、劳动保护费、学习资料费等;

②为保证初期正常生产(或营业、使用)所必需的生产办公、生活家具用具购置费;

③为保证初期正常生产(或营业、使用)必需的第一套不够固定资产标准的生产工具、器具、用具购置费。不包括备品备件费。

2.生产准备及开办费计算

①新建项目按设计定员为基数计算,改扩建项目按新增设计定员为基数计算:

$$生产准备费=设计定员\times生产准备费指标(元/人)$$

②可采用综合的生产准备费指标进行计算,也可以按费用内容的分类指标计算。

(五)无形资产费用

1.专利及专有技术使用费的主要内容

①国外设计及技术资料费、引进有效专利、专有技术使用费和技术保密费;

②国内有效专利、专有技术使用费用;

③商标权、商誉和特许经营权费等。

2.专利及专有技术使用费的计算

①按专利使用许可协议和专有技术使用合同的规定计算。

②专有技术的界定应以省、部级鉴定批准为依据。

③项目投资中只计需要在建设期支付的专利及专有技术使用费。协议或合同规定在生产期支付的使用费应在生产成本中核算。

④一次性支付的商标权、商誉及特许经营权费按协议或合同规定计列。协议或合同规定在生产期支付的商标权或特许经营权费应在生产成本中核算。

⑤为项目配套的专用设施投资,包括专用铁路线、专用公路、专用通信设施、变送电站、地下管道、专用码头等,如由项目建设单位负责投资但产权不归属本单位的,应作无形资产处理。

第五节　预备费、建设期贷款利息和固定资产投资方向调节税

除上节工程建设其他费用以外，在编制建设项目投资估算、设计总概算时，应计算预备费、建设期贷款利息和固定资产投资方向调节税。

一、预备费

按我国现行规定，预备费包括基本预备费和涨价预备费两种。

(一)基本预备费

基本预备费是指在设计概算内难以预料的工程费用，费用内容包括：

①在批准的初步设计范围内，技术设计、施工图设计及施工过程中所增加的工程费用；设计变更、局部地基处理等增加的费用。

②一般自然灾害造成的损失和预防自然灾害所采取的措施费用。实行工程保险的工程项目费用应适当降低。

③竣工验收时为鉴定工程质量，对隐蔽工程进行必要的挖掘和修复费用。

基本预备费是按设备及工器具购置费、建筑安装工程费用和工程建设其他费用三者之和为计取基础，乘以基本预备费率进行计算，即

基本预备费 = (设备工器具购置费 + 建筑安装工程费用 + 工程建设其他费用) × 基本预备费率

基本预备费率的取值应执行国家及部门的有关规定。引进技术和进口设备项目应按国内配套部分费用计算。项目建议书、可行性研究报告阶段，基本预备费费率为10%~15%。初步设计阶段的基本预备费费率为7%~10%。

(二)涨价预备费

涨价预备费是指建设项目在建设期间，由于价格等变化引起工程造价变化的预测预留费用。费用内容包括：人工、设备、材料、施工机械的价差费，建筑安装工程费及工程建设其他费用调整，利率、汇率调整等增加的费用。

涨价预备费的测算方法，一般根据国家规定的投资综合价格指数，按估算年份价格水平的投资额为基数，根据价格变动趋势，预测价格上涨率，采用复利方法计算。计算公式为：

$$PC = \sum_{t=1}^{n} I_t[(1+f)^t - 1]$$

式中　PC——涨价预备费；

n——建设期年份数；

I_t——建设期中第 t 年的投资额，包括设备及工器具购置费、建筑安装工程费、工程建设其他费用及基本预备费；

f——建设期价格上涨指数。

如果建设前有一段决策调研阶段，则涨价预备费为：

$$PC = \sum_{t=1}^{n} I_t[(1+f)^m(1+f)^{0.5}(1+f)^{t-1} - 1]$$

式中　PC——涨价预备费；

n——建设期年份数；

I_t——建设期中第 t 年的静态投资额，包括工程费用、工程建设其他费用及基本预备费；

f——年均价格上涨率；

m——建设前期年限。

【例 2.5.1】　某工程项目的静态投资为 22 310 万元，按项目实施进度规划，项目建设期为三年，三年的投资分年使用比例为第一年 20%，第二年 55%，第三年 25%。建设期内年平均价格变动率预测为 6%。求该项目建设期的涨价预备费。

【解答】　①计算年度投资计划使用额 PC_1、PC_2、PC_3

$$PC_1 = 22\,310 \text{ 万元} \times 20\% = 4\,462 \text{ 万元}$$

$$PC_2 = 22\,310 \text{ 万元} \times 55\% = 12\,270.5 \text{ 万元}$$

$$PC_3 = 22\,310 \text{ 万元} \times 25\% = 5\,577.5 \text{ 万元}$$

②计算项目建设期的涨价预备费

$$\begin{aligned} PC &= \sum_{t=1}^{3} I_t[(1+f)^t - 1] \\ &= 4\,462 \text{ 万元} \times 6\% + 12\,270.5 \text{ 万元} \times [(1+6\%)^2 - 1] + \\ &\quad 5\,577.5 \text{ 万元} \times [(1+6\%)^3 - 1] \\ &= 267.2 \text{ 万元} + 1516.63 \text{ 万元} + 1\,065.39 \text{ 万元} \\ &= 2\,849.22 \text{ 万元} \end{aligned}$$

所以，该项目建设期的涨价预备费为 2 849.22 万元。

二、建设期贷款利息

大多数的建设项目都会利用贷款来解决自有资金的不足，以完成项目的建设，从而达到项目运行获取利润的目的。然而，利用贷款必须支付利息，因此，在建设期支付的贷款利息，也构成了项目投资的一部分。

建设期利息通常按年度估算，因此，在估算建设期利息时，首先要确定年利率。在估算利息时所用的年利率是年实际利率。如果已知的是年名义利率，则必须先将名义利率转换成年实际利率之后再估算利息。设年名义利率为 $i_{名}$，每年计息次数为 m，年实际利率为 i，转换公式为：

$$i = \left(1 + \frac{i_{名}}{m}\right)^m - 1$$

在计算建设期每一年的贷款利息时，当年年初接转的以前年度的贷款本息累计，应在当年按一年计算利息，而当年的贷款额在估算时，如果贷款是按季度、月份平均发放，为了简化计算，通常假设年中支付。这样，到年底结息时，平均贷款时间长度为半年。由此可见，建设期每年应计利息的计算方法如下：

$$\text{每年应计利息} = \left(\text{年初贷款本息累计} + \frac{1}{2}\text{当年贷款额}\right) \times \text{年实际利率}$$

在上式计算中要特别注意括号中第一项是年初贷款本息累计，而不是年初贷款本金累计。因为估算建设期利息是按复利计息估算的，上年度未偿付的利息，在本年度要视为本金计算利息。

国外贷款利息的计算中,还应包括国外贷款银行根据贷款协议向贷款方以年利率的方式收取的手续费、管理费、承诺费以及国内代理机构经国家主管部门批准的以年利率的方式向贷款单位收取的转贷费、担保费、管理费等。

【例 2.5.2】 某新建项目,建设期为 3 年,每年均衡进行贷款。第一年贷款 300 万元,第二年 600 万元,第三年 400 万元,年利率为 12%,试计算建设期贷款利息。

【解答】 在建设期,各年利息计算如下:

$$第一年贷款利息=\frac{1}{2}\times 300\ 万元\times 12\%=18\ 万元$$

$$第二年贷款利息=\left(300+18+\frac{1}{2}\times 600\right)万元\times 12\%=74.16\ 万元$$

$$第三年贷款利息=\left(318+600+74.16+\frac{1}{2}\times 400\right)万元\times 12\%=143.06\ 万元$$

故该项目建设期贷款利息为:

$$18\ 万元+74.16\ 万元+143.06\ 万元=235.22\ 万元$$

三、固定资产投资方向调节税

为了贯彻国家产业政策,控制投资规模,引导投资方向,调整投资结构,加强重点建设,促进国民经济持续稳定协调发展,对在我国境内进行固定资产投资的单位和个人(不含中外合资经营企业、中外合作经营企业和外商独资企业)征收固定资产投资方向调节税(简称投资方向调节税)。

(一)税率

投资方向调节税的税率,根据国家产业政策和项目经济规模实行差别税率,税率为 0%,5%,10%,15%,30%共 5 个档次。差别税率按两大类设计:一是基本建设项目投资;二是改造项目投资。对前者设计了 4 档税率,即 0%,5%,15%,30%;对后者设计了两档税率,即 0%,10%。

1.基本建设项目投资适用的税率

①国家急需发展的项目投资,如农业、林业、水利、能源、交通、通信、原材料、科教、地质、勘探、矿山开采等基础产业和薄弱环节的部门项目投资,运用零税率。

②对国家鼓励发展但受能源、交通等制约的项目投资,如钢铁、化工、石油、水泥等部分重要原材料项目,以及一些重要机械、电子、轻工业和新型建材的项目,实行 5%的税率。

③为配合住房制度改革,对城乡个人修建、购买住宅的投资实行零税率;对单位修建、购买一般性住宅投资,实行 5%的低税率;对单位用公款修建、购买高标准独门独院、别墅式住宅投资,实行 30%的高税率。

④对楼堂馆所以及国家严格限制发展的项目投资,课以重税,税率为 30%。

⑤对不属于上述 4 类的其他项目投资,实行中等税负政策,税率为 15%。

2.更新改造项目投资适用的税率

①为了鼓励企事业单位进行设备更新和技术改造,促进技术进步,对国家急需发展的项目投资,予以扶持,适用零税率;对单纯工艺改造的设备更新的项目投资,适用零税率。

②对不属于上述提到的其他更新改造项目投资，一律按建筑工程投资适用10%的税率。

（二）计税依据

投资方向调节税以固定资产投资项目实际完成投资额为计税依据。实际完成投资额包括：设备及工器具购置费、建筑安装工程费、工程建设其他费用及预备费。但更新改造项目是以建筑工程实际完成的投资额为计税依据的。固定资产投资方向调节税的计算基础中不含贷款利息。

（三）计税方法

首先确定单位工程应税投资完成额；其次根据工程的性质及划分的单位工程情况，确定单位工程的适用税率；最后计算各个单位工程应纳的投资方向调节税税额，并且将各个单位工程应纳的税额汇总，即得出整个项目的应纳税额。

（四）缴纳方法

投资方向调节税按固定资产投资项目的单位工程年度计划投资额预缴，年度终了后，按年度实际完成投资额结算，多退少补。项目竣工后，按应征收投资方向调节税的项目及其单位工程的实际完成投资额进行清算，多退少补。

思考与练习题

1.什么是建设工程的成本价？它由哪些费用组成？

2.建设工程造价与一般工业产品的价格构成有哪些不同？举例说明。

3.建设项目总投资和固定资产投资有何区别和联系？

4.工程造价由哪些费用组成？

5.世界银行工程造价的构成与我国现阶段工程造价的构成有哪些不同？

6.什么是建筑工程造价？什么是安装工程造价？建筑安装工程造价由哪几部分费用组成？

7.某市一类建筑工程的分部分项工程费为120万元，措施费、企业管理费、规费的综合费率为20.21%，利润率为10%，税率为3.5%，试求该建筑工程材料费的工程造价。

8.人工费由哪几部分费用组成？

9.什么是材料费？它由哪些费用组成？

10.什么是措施费？它由哪几部分费用所组成？

11.设备购置费由哪些费用组成？应如何计算国产标准设备的购置费？

12.离岸价FOB和到岸价CIF有什么不同？如何计算外贸手续费？

13.某工业建设项目，需要生产用进口设备与材料500 t，FOB价为100万美元。国际运费费率是350美元/t，国内运杂费率是2.5%，保险公司的海运水渍险是货价的0.266%，银行财务费为设备与材料离岸价的0.5%，外贸手续费费率为1.5%，关税税率为15%，增值税税率为17%，人民币对美元的汇率为6.34∶1。试计算该批设备与材料到达目的地的估价。

14.什么是工程建设其他费？它由哪3类费用组成？

15.土地使用费包括哪些内容？

16.建设单位管理费包括哪些内容？应如何计算？

17.勘察设计费、研究试验费、工程监理费和工程保险费包括哪些内容？如何确定？

18.联合试运转费与单机试运转费有何不同？

19.预备费包括哪些内容？如何计算？写出基本预备费和涨价预备费的计算表达式。

20.某项目计划总投资为2 000万元，分3年均衡投放，第一年投资500万元，第二年投资1 000万元，第三年投资500万元，建设期内年投资价格上涨费为5%，贷款名义利率为12.48%，按季结息。试计算该项目的涨价预备费和贷款利息。

21.在不计固定资产投资方向调节税情况下，试计算题20项目的动态投资额。

22.某建设项目的工程费用构成为：主要生产项目7 400万元，辅助项目4 900万元，公用工程2 200万元，环境保护工程660万元，总图运输工程330万元，服务项目160万元，生活福利220万元，厂外工程110万元。工程建设其他费400万元。基本预备费为10%。建设期价格上涨率为6%。建设期为两年，每年投资相等。第一年贷款5 000万元，第二年贷款4 800万元。贷款年利率为6%（每半年计息一次）。固定资产投资方向调节税税率为5%。试求该项目基本预备费、涨价预备费、贷款利息、固定资产投资方向调节税和总投资，并求各项费用占固定资产投资的比重（计算时百分数取两位小数，其余取整数）。

23.某项目拟全套引进国外进口设备，设备总重100 t，离岸价（FOB）为200万美元（美元对人民币汇率按1∶6.3计算）；海运费率为6%，海外运输保险费率为2.66‰，关税税率为17%，增值税率为17%，银行财务费率为0.4%，外贸手续费率为1.5%；到货口岸至安装现场500 km，运输费为0.6元/(t·km)，装卸费均为50元/t；现场保管费率为0.2%。该工程附属项目投资分别按设备投资的一定比例计算，见表2.1。

表2.1

土建工程	36%	电气照明	1%
设备安装	12%	自动化仪表	11%
工艺管道	5%	附属工程	24%
给排水	10%	总体工程	12%
暖通	11%	其他投资	20%

若该项目基本预备费按5%计取；建设期为2年，投资按等比例投入，预计年平均涨价率为6%；固定资产投资方向调节税按5%计取；该项目自有资金为500万元，其余为银行贷款，年利率为10%，均按两年等比例投入。试列表计算设备购置费和该项目建设总投资。

第三章　工程造价的计价依据和方法

任何商品的价格都是通过商品的“数量×单价”求得。建设工程产品也是商品，由于其本身的特点和生产过程的特殊性，计价涉及的相关因素比一般工业产品的计价要复杂。但是，从本质上看，工程造价或工程价格也是通过工程的“数量×单价”求得。掌握工程造价的计价依据和方法，对合理确定和有效控制工程造价至关重要。本章介绍人工、材料、机械台班定额消耗量的确定方法、建筑安装工程费用的计算方法、预算定额和工程单价的编制方法、概算定额和概算指标的编制方法、工程造价指数和工程造价资料等内容。

第一节　概　述

一、计价依据的概念

工程造价的计价依据是指在投资经济活动中，为实现一定的投资目标或建设目的，按照建设先后顺序、主从关系和资金使用的时间、空间，根据国家标准《建设工程工程量清单计价规范》的规定及工程实际等要求，编制工程量和工程单价等内容，用以计算工程造价的基础资料的总称。

不管是采用哪种方法计算工程造价，都离不开工程数量和工程单价的研究。

（一）工程数量

工程数量是通过工程量清单来表达的。要编制出反映拟建工程的全部工程内容及为实现这些工程内容而进行的其他工作的完整、严谨的工程数量清单，是一项专业技术性强、内容复杂的重要工作。根据国家的有关规定，工程量清单应由具有编制招标文件能力的招标人或具有相应资质的中介机构进行编制。由于建设工程产品构成的特征和按专业组织生产等原因，反映工程数量的工程量清单的研究对象，往往首先定位于按专业划分、具有独立的设计文件、能够独立组织施工的单位工程。因为单位工程是单项工程的组成部分；单项工程是建设项目的组成部分。只有把组成各单位工程的分部分项工程清单、措施项目清单和其他项目清单编制出来，才能汇总得出单项工程的工程数量；只有把组成整个建设项目的各单项工程的工程数量清单编制出来，才能汇总得出建设项目的工程数量。

借鉴国外实行工程量计价的做法，结合我国当前的实际情况，我国的工程量清单由分部分项工程量清单、措施项目清单、其他项目清单以及规费和税金项目清单组成。

1.分部分项工程量清单

分部分项工程量清单的研究对象是“构成拟建工程全部实体工程的名称和相应数量”。编制分部分项工程量清单，应遵循国家标准的相关规定，达到项目编码统一、项目名称统一、计量单位统一、工程量计算规则统一的要求，一个分部分工程项目清单的 5 个要件——

项目编码、项目名称、项目特征、计量单位和工程量缺一不可。其编码以12位阿拉伯数字表示,前9位为全国统一编码,不得变动,后3位是清单项目名称编码,由清单编制人根据设置的清单项目编制;其项目名称以标准规定的项目名称为主体,结合拟建工程实际确定;其工程量计算规则,由于工程量清单项目一般是以一个"综合实体"考虑的,包括了多项工程内容,这与现行"预算定额"包括的工程内容一般是单一的,也不同。在编制工程量清单时对此要特别注意。

2.措施项目清单

措施项目是指为完成工程项目施工,发生于该工程施工准备和施工过程中的技术、生活、安全、环境保护等方面的项目。如房屋建筑与装饰工程可计算工程量的措施项目是脚手架工程、混凝土模板及支撑架、垂直运输、超高施工增加、大型机械设备进出场及安拆、施工排水降水;仿古建筑工程可计算工程量的措施项目是脚手架工程、混凝土模板及支撑架、垂直运输、超高施工增加、大型机械设备进出场及安拆、施工排水降水;通用安装工程可计算工程量的措施项目是吊装加固、金属抱杆安装拆除移位、平台铺设拆除、顶升提升装置、大型设备专用机具、焊接工艺评定、胎(模)具制作安装拆除、防护棚制作安装拆除、特殊地区施工增加、安装与生产同时进行施工增加、在有害环境中施工增加、工程系统检测检验、设备管道施工的安全防冻和焊接保护、焦炉烘炉热态工程、管道安拆后的充气保护、隧道施工的通风供水供气供电照明和通信设备、脚手架搭拆、其他措施;市政工程可计算工程量的措施项目是脚手架工程、混凝土模板及支撑架、围堰、便道及便桥洞内临时设施、大型机械设备进出场及安拆、施工排水降水、处理监测监控;园林绿化工程可计算工程量的措施项目是脚手架工程、模板工程、树木支撑架、草绳绕树干、搭设遮阴(防寒)棚工程、围堰排水工程;矿山工程可计算工程量的措施项目是临时支护措施项目、露天矿山措施项目、凿井措施项目、大型机械设备进出场及安拆;构筑物工程可计算工程量的措施项目是脚手架工程、现浇混凝土构筑物模板、垂直运输、大型机械设备进出场及安拆、施工排水降水;城市轨道交通工程可计算工程量的措施项目是围堰及筑岛、大型机械设备进出场及安拆、施工排水降水、便道及便桥、脚手架、支架、洞内临时设施、临时支撑、施工监测监控、大型机械设备进出场及安拆、施工排水降水、设施处理干扰及交通导行;爆破工程可计算工程量的措施项目是爆破安全措施、实验爆破措施项目、爆破现场警戒与实施措施项目。

不能计算工程量的措施项目,以"项"为计量单位。如安全文明施工(含环境保护、文明施工、安全施工、临时设施),夜间施工,二次搬运,冬雨季施工,地上、地下设施、建筑物的临时保护设施,已完工程及设备保护。

措施项目清单根据相对应的专业工程按国家计量规范的规定编制,具体列项时,应结合拟建工程实际情况进行。

3.其他项目清单

其他项目清单宜按照下列内容列项:

①暂列金额。招标人在工程量清单中暂定并包括在合同价款中的一笔款项。用于工程合同签订时尚未确定或者不可预见的所需材料、工程设备、服务的采购,施工中可能发生的工程变更、合同约定调整因素出现时的合同价款调整以及发生的索赔、现场签证确认等的费用。

②暂估价。招标人在工程量清单中提供的用于支付必然发生但暂时不能确定价格的材料、工程设备的单价以及专业工程的金额。

③计日工。在施工过程中,承包人完成发包人提出的工程合同范围以外的零星项目或工作,按合同中约定的单价计价的一种方式。

④总承包服务费。总承包人为配合协调发包人进行的工程分包,对发包人自行采购的工程设备、材料等进行保管以及施工现场管理、竣工资料汇总整理等服务所需的费用。

4.规费

规费项目清单应按照下列内容列项:

①社会保险费:包括养老保险费、失业保险费、医疗保险费、工伤保险费、生育保险费;②住房公积金。

5.税金

税金项目清单应包括下列内容:

①增值税;②城市维护建设税;③教育费附加;④地方教育附加;⑤环境保护税。

(二)工程单价

为了简化计算程序,实现与国际接轨,工程量清单计价采用综合单价计价。综合单价计价是有别于现行定额工料机单价计价的另一种单价的计价方式。综合单价应包括完成规定计量单位的合格产品所需的全部费用,考虑我国的实现情况,综合单价包括除规费和税金以外的全部费用。综合单价不但适用于分部分项工程量清单,也适用于措施项目清单、其他项目清单等。各省、直辖市、自治区工程造价管理机构,应制订具体办法,统一综合单价的计算和编制。

《房屋建筑与装饰工程工程量计算规范》《仿古建筑工程工程量计算规范》《通用安装工程工程量计算规范》《市政工程工程量计算规范》《园林绿化工程工程量计算规范》《矿山工程工程量计算规范》《构筑物工程工程量计算规范》《城市轨道交通工程量计算规范》《爆破工程工程量计算规范》等专业工程工程量计算规范规定了清单的编制内容和工程量计算规则,结合《建设工程工程量清单计价规范》,构成工程计价、计量标准体系。该标准体系对工程造价计算中的"工程数量,"即工程量清单的编制和计价采用"综合单价"包括的内容、计价格式及管理,到工程数量调整等各个主要环节都作了详细规定,该国家标准体系是我国工程量清单计价活动中应严格遵守的重要的计价依据。

二、我国现阶段的工程造价计价的两种方法

(一)定额计价法——工料机单价计价法

定额计价法是一种不完全单价的计价形式。传统的定额计价法是一种核算制,采用国家、部门或地区统一规定的预算定额、单位估价表,按费用定额规定的计价程序和取费标准进行工程造价计价的模式。这种模式实质是一种核算制,即国家、部门或地区按平均数据确定一个计价标准,核算工程项目固定资产投资造价。传统定额模式在确定计价标准时,从施工过程出发,按每一个施工工序确定一个单价。采用人、材、机消耗量×相应单价计算分部分项工程的单价。因此,传统定额模式如果从确定定额基价的方法考虑,可以作为一种组价模式,也是施工单位进行投标报价的一种基本方法和参考依据。采用定额计价模式时,一般有两种具体方法。

1.单位估价法

单位估价法的基础是存在国家、部门或地区统一的工料机单价,用工程量乘以对应的工料机单价得到工料机费,工料机费汇总后另加措施费、管理费、规费、利润、税金得到工程造价。

定额中除了有分部分项工程单价外,还包括一部分措施费单价,如模板、脚手架单价。

单位估价法是直接采用定额子项的工料机单价或其中的人工费,来作为计算其他各项费用的基础的。采用这种方法的计价过程是:首先根据施工图和定额子项划分的规定等计算工程数量;接着查套定额子项,用计算出来的各子项工程数量与对应定额子项的单位量相乘,可分别得出各子项的人工费、材料费、机械费;然后将上述费用分别对应相加,即可得出计算对象的人工费、材料费、机械费和合计;再后是按计价的规定,在以上合价或其中人工费合计的基础上,计算措施费、管理费、规费、利润和税金;最后是将人材机合价与上述计算的费用相加,即可得出单位工程造价。

采用单位估价法计算安装工程造价时,由于安装工程定额在总说明、册说明中规定了综合调整系数,在章说明中规定了子目调整系数,在不少定额子目中还规定了"未计价材料",因此,采用安装工程定额计算单位工程造价时,计价人员,首先,应根据施工图、施工组织设计和定额子项的划分规定等计算工程数量;接着,应根据各分部分项工程的特征、内容,查用全国或地区安装工程定额,并将选定的定额子目和子目系数的内容,与对应的分部分项工程数量相乘,即可得出各分部分项工程的人工费、材料费、机械费、基价;然后,将各分部分项工程上述计算的费用分别对应相加,并用定额规定的综合调整系数对上述相加结果的数据进行调整,即可得出单位工程定额单价费用;再后,是根据地区取费定额的规定,计算措施费、管理费、规费、利润和税金。当子目中有"未计价材料"时,应采用"未计价材料数量×材料预算价格"的方法,计算出来计价材料费;把各子目的未计价材料费相加可得出未计价材料费合计。最后是将以上计算的定额费用、无定额单价的其他措施费、管理费、规费、利润、税金、未计价材料费合计相加,即可得出单位安装工程造价。

2.实物估价法

实物估价法是采用定额子项的人工、材料、机械台班的消耗数量,分别与当时、当地的人工、材料、机械台班单价相乘,可得出定额子项人工费、材料费、机械使用费。再将人工费、材料费、机械使用费相加,即可得出定额子项人材机单价。实物估价法与单位估价法所不同的,仅仅是定额子项人材机单价的产生过程不同。实物估价法与单位估价法的工料机消耗数量是一样的。实物估价法采用的工料机单价是市场价,而单位估价法采用的工料机单价是定额编制发布时的单价。所以,用这两种方式计算的工程造价往往存在一定差异。除定额子项人材机单价产生过程不同以外,用实物估价法计算工程造价的过程与用单位估价法完全一样。当然为计算的简便,当采用实物估价法计算单位工程人材机单价时,在计算单位工程的各分部分项工程数量后,在套基础定额子项,计算人工、材料、机械台班消耗数量时,可将该单位工程所有分部分项工程定额子项的资源消耗数量进行归类汇总,再根据市场单价,计算并汇总人工费、材料费、机械使用费,得出该单位工程人材机单价。而人材机以外的一切费用的计算,与单位估价法完全相同。

(二)工程量清单的计价方法——综合单价方法

工程量清单计价方法是一种国际上通行的计价方法。工程量清单计价方法计算单位工程造价的基本思路是,将反映拟建工程的分部分项工程量清单、措施项目清单、其他项目清单的工程数量,分别乘以相应的综合单价,即可分别得出3种清单中各子项的价格;将3种清单中的各子项价格分别相加,即分别得出3种清单的合计价格。最后将3种清单的合计价格相加,再加上规费、税金,即可得出拟建工程造价。

工程量清单计价方法真正反映了工程造价是通过构成该工程的“工程数量×综合单价”来计算的思路。采用这种方式计价,在具备工程量清单的情况下,综合单价的产生是使用工程量清单计价方法的关键。投标报价中使用的综合单价,应由投标者按照反映本企业施工技术与管理水平的企业定额,结合当时、当地人工、材料、机械台班市场单价等工程造价信息资料制订。招标人编制标底或控制价的综合单价,应根据国家、地区或行业的定额资料和各种工程造价信息资料制订。为了参与市场竞争的需要,施工企业应编制适合本企业使用的企业定额和综合的工程单价。

三、工程造价计价依据的内容

(一)人工、材料、机械台班定额消耗量

人工、材料、机械是最基本的生产要素。只有人工、材料、机械、资金的投入,才能建成建筑安装工程产品。所以,各类定额均离不开人工、材料、机械或资金消耗的数量标准,并且都是以人工、材料、机械台班定额消耗量为基础的。

施工企业要组织生产、进行企业管理工作,必须研究人工、材料、机械台班的投入和建筑安装工程产品的产出关系,并制订反映企业技术和管理水平实际的施工定额。做好企业定额的制订并选择好企业定额的水平定位,是提高施工企业经营管理水平和增强企业社会竞争能力的基础性工作。施工定额是企业管理的基础,也是制订工程造价定额的基础。

建设工程定额是工程造价的计价依据。反映社会生产力投入和产出关系的定额,在建设管理中不可缺少。尽管建设管理科学在不断发展,但是建设科学管理仍然离不开建设工程定额。

建设工程定额是指在正常的施工条件和合理劳动组织、合理使用材料及机械的条件下,完成单位合格产品所必须消耗资源的数量标准。

定额的这个概念适用于建设工程的各种定额。定额概念中的“正常施工条件”,是界定研究对象的前提条件。一般在定额子目中,仅规定了完成单位合格产品,所必须消耗人工、材料、机械台班的数量标准,而定额的总说明、册说明、章说明中,则对定额编制的依据、定额子目包括的内容和未包括的内容、正常施工条件和特殊条件下,数量标准的调整系数等均作了说明和规定,所以了解正常施工条件,是学习使用定额的基础。

定额概念中“合理劳动组织、合理使用材料和机械”的含义,是指按定额规定的劳动组织、施工应符合国家现行的施工及验收规范、规程、标准等,施工条件完善;材料应符合质量标准,运距在规定的范围内;施工机械设备符合质量规定的要求,运输、运行正常等。

定额概念中“单位合格产品”的单位是指定额子目中的单位。合格产品的含义是施工生产提供的产品,必须符合国家或行业现行施工及验收规范和质量评定标准的要求。

定额概念中“资源”是指施工中人工、材料、机械、资金这些生产要素。

所以,定额不仅规定了建设工程投入产出的数量标准,而且还规定了具体工作内容、质量标准和安全要求。考察个别生产过程中的投入产出关系不能形成定额,只有进行大量科学分析、考察建设工程中投入和产出关系,并取其平均先进水平或社会平均水平,才能确定某一研

究对象的投入和产出的数量标准,从而制订定额。

(二)建筑安装工程费用的计算方法

计算建筑安装工程费用,包括人工费、材料费、施工机具使用费、企业管理费、利润、规费和税金的计算模式或方法应该有多种,在当前通用的定额计价模式和清单计价模式下,工程费用的计算方法或模式应按照工程所在地造价管理部门的具体规定进行。本章第三节建筑安装工程费用计算方法是按照《建筑安装工程费用项目组成》规定的一般意义的计算方法。

(三)预算定额和工程单价

预算定额是编制施工图预算,确定建筑安装工程定额人材机费或基价的依据。

工程单价是以定额为依据编制概预算时的一个特有概念,是通过定额量确定基本人材机费的基本计价依据。

(四)概算定额和估算指标

概算定额是指在初步设计或扩大初步设计阶段,编制设计概算或修正概算时所使用的计价依据。它包括概算定额和概算指标。估算指标是指在项目建议书和可行性研究报告阶段编制投资估算,以及国家综合部门、主管部门和地方编制计划,以便做好资源平衡与分配,或建设单位和施工企业为拟建工程和在建项目组织资源供应等所使用的定额或指标等。

概算定额和估算指标主要包括:

①概算定额;

②概算指标;

③估算指标;

④工程建设其他费用定额。

(五)工程造价指数和工程造价资料

工程造价指数是指不同时期工程造价的相对变化趋势和程度的指标。它是研究工程造价动态性的重要工具,也是调整工程价款和动态结算的计价依据。

工程造价资料是指已建成竣工的、有使用价值、有代表性的工程竣工结算或竣工决算、单位工程施工成本以及新材料、新结构、新设备、新施工工艺等分部分项工程单价等资料。

一切从实际出发是合理确定和有效控制工程造价的正确途径。工程造价资料的积累分析和运用,是制订修订各阶段工程造价的计价依据的基础,也是提高工程造价管理水平的必由之路。

四、定额计价依据的作用与特征

(一)定额计价依据的作用

定额反映的是一定时期的社会生产力水平。定额是建设管理科学化的产物,也是科学管理的基础。要改革现行的工程定额管理方式,实现量价分离,逐步建立起工程定额作为指导的通过市场竞争形成工程造价的机制,工程定额等计价依据,具有以下几方面的主要作用:

1.全国统一定额是国家对建设工程施工的人工、材料、机械等消耗量标准的宏观管理

由国务院建设行政主管部门统一制订的符合国家有关标准、规范,反映一定时期施工水平的全国统一定额、统一工程项目划分和工程量计算规则,为实现量价分离和逐步实现工程量清单报价创造了条件。全国统一定额为完善工程定额体系,进一步理顺和协调全国统一行业和地区定额的编制,改进现行定额编制原则、方法和表现形式,具有重要作用,是在全国范围内执

行的定额。

2.定额等计价依据是编制计划的基础

无论是国家建设计划、业主投资计划、资金计划、供给主体的年度产值计划、季、月度施工计划，都是以定额或指标等，来计算人工、材料、机械、资金需要数量的依据。所以，定额等计价依据是编制各种建设计划的基础。

3.定额等计价依据是确定工程造价和比较设计方案经济合理性的尺度

在工程建设中，确定工程造价的尺度是定额等计价依据。同时，同一产品采用不同的设计方案，其造价也不一样。这就需要对多个设计方案进行技术经济比较，选择最佳的经济合理的设计方案。因此，定额等计价依据也是比较和评价设计方案是否经济合理的尺度。

4.定额等计价依据是施工企业适应市场投标竞争和进行企业管理的重要工具

为适应量价分离和逐步实行工程量清单报价的需要，施工企业必须加强企业定额工作，应根据自身技术和管理水平，在国家统一定额的指导下，积累和编制适应投标报价需要的企业定额资料，对外参与投标竞争，增强市场竞争能力；对内加强企业管理，提高综合素质。在组织施工中，人工、材料、机械、资金的消耗数量，不得超过企业定额的规定；在企业管理中，计算、平衡资源需要数量，组织资源供应，编制施工进度计划，签发施工任务书，实行内部承包制，考核工料机消耗等一系列管理工作，均以定额为依据。因此，定额等计价依据是施工企业经营管理和内部生产管理的重要工具。

5.定额等计价依据有利于建筑市场公平竞争，是对市场行为的规范

定额等计价依据所提供的信息，为市场的需求主体和供给主体、供给主体和供给主体之间的公平竞争提供了有利条件。

定额等计价依据既是投资决策的依据，又是价格决策的依据。对于投资者来说，可以利用定额等计价依据权衡自己的财务状况和支付能力，预测资金投入和预期回报，有效提高决策的科学性，优化投资行为。对于施工企业等供给主体来说，在投标报价时，只有充分考虑和利用定额等计价依据，作出正确的价格决策，才能占有市场竞争的优势，才能获得更多的工程合同。可见，定额等计价依据在上述两个方面都起到规范市场经济行为的重要作用。

6.定额等计价依据有利于完善市场的信息系统

定额等计价依据的管理是对大量市场信息的加工、传递和反馈等一系列工作的总和。信息是市场不可缺少的要素，它的可靠性、完备性和灵敏性是市场成熟和市场效率的标志。加强定额等计价依据的管理，有利于完善市场信息系统和提高我国工程造价管理水平。

7.定额等计价依据有利于提高劳动生产率

定额等计价依据是实行按劳分配原则的依据，是总结先进施工方法的手段，可以调动学习科学技术的积极性。所以，定额等计价依据对推动技术进步，提高劳动生产率具有重要意义。

（二）定额计价依据的特征

1.科学性和权威性

定额等计价依据的科学性，主要表现在用科学的态度和方法，总结我国大量投入和产出关系中，资源消耗数量标准的客观规律，制订的定额符合国家有关标准、规范的规定，反映了一定时期我国生产力发展的水平。定额等计价依据是由国家授权部门，根据当时的实际生产力水平制订并颁发的，是一种具有经济法规性质的规定。各地区、部门和相关单位，都必须执行，以保证建设工程造价有统一的尺度。在施工企业以国家统一定额为指导所编制的直接与施工生

产相关的定额，在企业经营机制转换和经济增长的要求下，其权威性必须进一步强化。

2.统一性和宏观调控性

定额等计价依据的统一性，按照影响力度和执行范围来看，有全国统一定额、地区统一定额和行业统一定额等。按照制订、颁发和贯彻来看，有统一的程序、统一的原则、统一的要求和统一的用途。

定额等计价依据的宏观调控性，主要是由国家对经济发展有计划的宏观调控职能决定的。全国统一定额，实行量价分离，规定建设施工的人工、材料、机械等消耗量标准，就是国家对消耗量标准的宏观管理，而对人工、材料、机械等单价，由工程造价管理机构依据市场价格的变化发布工程造价相关信息和指数，通过市场竞争形成工程造价，体现了定额等计价依据的宏观调控性。

3.系统性和群众性

定额等计价依据的系统性，表现在它是一个相对独立的系统，它是由不同层次的多种定额等结合而成的一个有机的整体。定额等计价依据的群众性，表现在它的制订和执行，都离不开广大群众，也只有得到群众的支持和协助，定额才会定得合理，才能为群众所接受。

4.稳定性和时效性

定额反映了一定时期社会生产力水平。当生产力水平发生变化，原定额已不适用时，授权部门，应当根据新的情况制订出新的定额或修改、调整、补充原有的定额。但是，社会和市场的发展有其自身的规律，有一个从量变到质变的过程。而且定额的执行也有一个时间过程。所以，定额发布后，在5~10年表现出相对稳定性。保持定额的稳定性是维护定额的权威性所必需的。

在各种计价依据中，工程项目划分和工程量计算规则比较稳定，能保持几十年。工料机消耗定额，能相对稳定5~10年。人工单价、材料单价、机械台班单价、综合工程单价和工程造价指数稳定时间较短，它们随市场变化而上下波动。

五、定额计价依据的分类

定额计价依据的分类有多种表达形式。图3.1.1是常用定额计价依据的分类示意框图。

(一)按生产要素分类，有3种：

①人工消耗定额；

②材料消耗定额；

③机械台班消耗定额。

(二)按主编单位和管理权限分类，有5种：

①全国统一定额；

②行业统一定额；

③地区统一定额；

④企业定额；

⑤补充定额。

(三)按定额编制程序和用途分类，有5种：

①施工定额；

②预算定额；

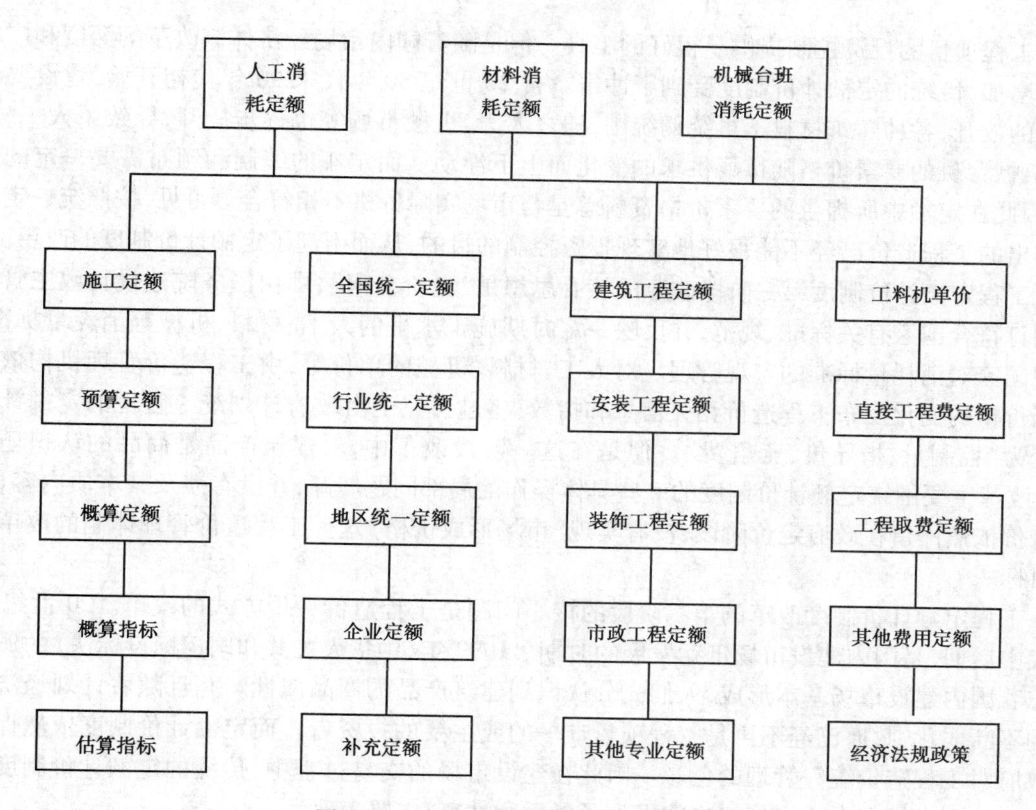

图 3.1.1　常用计价依据的分类示意框图

③概算定额；
④概算指标；
⑤估算指标。

(四)按专业和用途分类,有多种,常用的有：
①建筑工程定额；
②安装工程定额；
③装饰工程定额；
④市政工程定额；
⑤其他专业定额。

(五)按工程量清单计价、报价,计价依据有：
①工料机单价；
②预算定额；
③工程取费定额；
④其他费用定额；
⑤经济法规政策；
⑥综合工程单价。

六、我国定额计价制度的改革

定额计价制度从产生到完善的数十年中,对国内的工程造价管理发挥了巨大作用,为政府进行工程项目的投资控制提供了很好的工具。但是随着国内市场经济体制改革的深度和广度不断增加,传统的定额计价制度受到了冲击。自20世纪80年代末90年代初开始,建设要素市场的放开,各种建筑材料不再统购统销,随之人力、机械市场等也逐步放开,导致了人工、材料、机械台班的要素价格随市场供求的变化而上下浮动。而定额的编制和颁布需要一定的周期,因此在定额中所提供的要素价格资料总是与市场实际价格不相符合。可见,按照统一定额计算出的工程造价已经不能很好地实现投资控制的目的,从而引起了定额计价制度的改革。

工程定额计价制度第一阶段改革的核心思想是“量价分离”,即由国务院建设行政主管部门制订符合国家有关标准、规范,并反映一定时期施工水平的人工、材料、机械等消耗量标准,实现国家对消耗量标准的宏观管理。对人工、材料、机械的单价等,由工程造价管理机构依据市场价格的变化发布工程造价相关信息和指数,将过去完全由政府计划统一管理的定额计价改变为“控制量、指导价、竞争费”。但是在这一阶段改革中,对建筑产品是商品的认识还不够,改革主要围绕定额计价制度的一些具体操作的局部问题展开,并没有涉及其本质内容,工程造价依然停留在政府定价阶段,没有实现“市场形成价格”这一工程造价管理体制的改革最终目标。

工程定额计价制度改革的第二阶段的核心问题是工程造价计价方式的改革。20世纪90年代中后期,是国内建设市场迅猛发展的时期。1999年《中华人民共和国招标投标法》的颁布标志着国内建设市场基本形成,人们充分认识到建筑产品的商品属性。并且随着计划经济制度的不断弱化,政府已经不再是工程项目唯一的或主要的投资者。而定额计价制度依然保留着政府对工程造价统一管理的色彩。因此在建设市场的交易过程中,传统的定额计价制度与市场主体要求拥有自主定价权之间发生了矛盾和冲突,主要表现为:

①浪费了大量的人力、物力,招投标双方存在着大量的重复劳动。招标单位和投标单位按照同一定额、同一图纸、相同的施工方案、相同的技术规范重复工程量和工程造价的计算工作,没有反映出投标单位“价”的竞争和工程管理水平。

②投标单位的报价按统一定额计算,不能按照自己的具体施工条件、施工设备和技术专长来确定报价;不能按照自己的采购优势来确定材料预算价格;不能按照企业的管理水平来确定工程的费用开支;企业的优势体现不到投标报价中。

很显然,在招投标已经成为工程发包的主要方式之后,如果不对定额计价制度进行根本性的改革,将会使得市场主体之间的竞争演变为计算能力的比较,而不是企业生产和管理能力的竞争。工程项目需要新的、更适应市场经济发展的、更有利于建设项目通过市场竞争合理形成造价的计价方式来确定其建造价格。为此,政府主管部门推行了工程量清单计价制度,以适应市场定价的改革目标。在这种定价方式下,工程量清单报价由招标者给出工程清单,投标者填单价,单价完全依据企业技术、管理水平的整体实力而定,充分发挥工程建设市场主体的主动性和能动性,是一种与市场经济相适应的工程计价方式。

应该看到,在我国建设市场逐步放开的改革过程当中,虽然已经制订并推广了工程量清单计价制度,但是由于各地实际情况的差异,我国目前的工程造价计价方式又不可避免地出现了双轨并行的局面:即在保留了传统定额计价方式的基础上,又参照国际惯例引入了市场自主定价的工程量清单计价方式。目前,我国的建设工程定额还是工程造价管理的重要手段。随着我国工程造价管理体制改革的不断深入和对国际管理的进一步深入了解,市场自主定价模式将逐渐占主导地位。

第二节 人工、材料、机械台班定额消耗量的确定方法

人工、材料、机械台班定额消耗量和施工定额是施工企业组织生产、进行企业管理的基础性工作,也是制订工程造价定额的基础。研究和制订企业定额,对实行工程量清单报价,具有十分重要的作用。

一、施工过程的概念

施工过程是指在建设工地范围内,所进行的生产过程。施工过程包括生产力三要素。即劳动者、劳动对象、劳动工具。

劳动者是施工过程中最基本的因素。施工过程中的人工,必须是专业工种的工人,其技术等级应与工作对象的技术等级相适应,否则会影响施工过程正常的工时消耗。

劳动对象是指施工过程中所使用的材料、半成品、构件或配件等。施工过程中使用的材料,一般分为主材和辅材两类。主材是指构成产品实体的材料。辅材是指施工过程中消耗的材料,但它不是产品的主要组成部分,是指除主材以外的辅助性材料。施工过程中所使用的材料,必须是符合现行材料检验标准的合格材料。施工过程中需要另行加工制作者,应另计。

劳动工具是指施工过程中的工人用以改变劳动对象的手动工具、机具或机械等。

除了工具以外,在施工过程中,有时还要借助自然条件和人为的作用,使劳动对象发生变化。如混凝土的凝固、养护、预应力钢筋的时效、石灰砂浆的气硬过程等。

施工过程由一个或多个工序所组成。工序又可分解为许多操作,而操作本身又由若干个动作所组成。

工序是一个工人或工人小组,在一个工地上,对同一个或几个劳动对象所完成的一切连续活动的总和。工序的主要特征是劳动者、劳动对象和使用的劳动工具均不发生变化。如果其中一个发生变化,就意味着从一道工序转移到另一个工序。建筑安装工程的施工过程,一般要经过若干道工序。如钢筋工的施工过程,可分为调直、切断、弯曲成形、绑扎几道工序。由一个人完成的工序为个人工序。由工人小组完成的工序为小组工序。机械工序由人工操作机械完成。手工工序由人工操作简单工具完成。

人工、材料、机械台班定额消耗量的测定对象,往往是针对工序来测定的。操作是工序的组成部分。若干个操作构成一道工序。例如,弯曲钢筋工序,由把钢筋放在工作台上、对准位置、弯曲钢筋、把弯好的钢筋放置一定位置等操作组成。而把钢筋放在工作台上这一操作,又由走向存放钢筋处、拿起钢筋、返回工作台、把钢筋放在工作台上等动作组成。

研究工料机消耗量定额,就是研究施工过程中的各个工序的人工、材料、机械台班的消耗的数量标准。

二、人工消耗量定额

(一)人工消耗量定额的概念

人工消耗量定额是指在正常施工条件和合理劳动组织条件下,为完成一定计量单位的建筑安装工程合格产品,所必须消耗某种技术等级的人工工日的数量标准。

人工消耗定额也称劳动定额。其表达方式有时间定额和产量定额两种形式。

1.时间定额

时间定额是指在制订人工消耗定额条件下,完成一定计量单位的合格产品,所必须消耗某种技术等级的人工工日的数量标准。

时间定额以“工日”为计量单位,每个工日的工作时间,按现行制度规定为 8 h。其计算方法如下:

$$时间定额=\frac{消耗的总工日数}{产品数量}$$

2.产量定额

产量定额是指某种技术等级的工人或工人小组,在单位工日内,完成合格产品的数量标准。其计算方法如下:

$$产量定额=\frac{产品数量}{消耗的总工日数}$$

从两种定额的含义和计算表达式可以看出,时间定额和产量定额互为倒数关系,即

$$时间定额=\frac{1}{产量定额}$$

$$产量定额=\frac{1}{时间定额}$$

【例 3.2.1】 某劳动定额规定,不锈钢法兰电弧安装,DN80~DN100 的每副时间定额为 0.71 工日。求产量定额。

【解答】 $产量定额=\frac{1}{时间定额}=\frac{1}{0.71}副/工日=1.41 副/工日$

同理,已知产量定额,也可求得时间定额。

(二)工作时间的分类

建筑安装工人的工作时间的分类,如图 3.2.1 所示。

定额时间是指工人在正常施工条件下,为完成一定数量的合格产品所必须消耗的时间。它是编制劳动定额的主要依据,包括有效工作时间、休息时间和不可避免中断时间。

有效工作时间是指与产品生产直接相关的时间消耗,包括准备与结束工作时间、基本工作时间和辅助工作时间。

准备与结束工作时间分为班内和接受任务的准备与结束工作时间两种类型。前者主要包括每天班前领取工具设备、机械开动前观察和试车以及交接班的时间。后者主要包括接受工程任务单、研究施工详图、进行技术交底、竣工验收所消耗的时间。

基本工作时间是指完成一定产品的施工工艺过程所消耗的时间。

辅助工作时间是指为保证基本工作顺利完成的辅助性工作所消耗的时间。例如,工具的矫正和小修、机械的调整、施工过程中机械上油等消耗的时间。

休息时间是指工人在施工过程中,恢复体力所必需的短暂休息和生理需要的时间。休息时间的长短与劳动条件有关,劳动越繁重、越紧张,劳动条件越差,需要休息的时间越长。

不可避免的中断时间是指由施工工艺特点所引起的工作中断时间。例如,起重机在吊预制构件时,安装工等待的时间。它不包括由于劳动组织不合理因素引起的中断时间。在施工

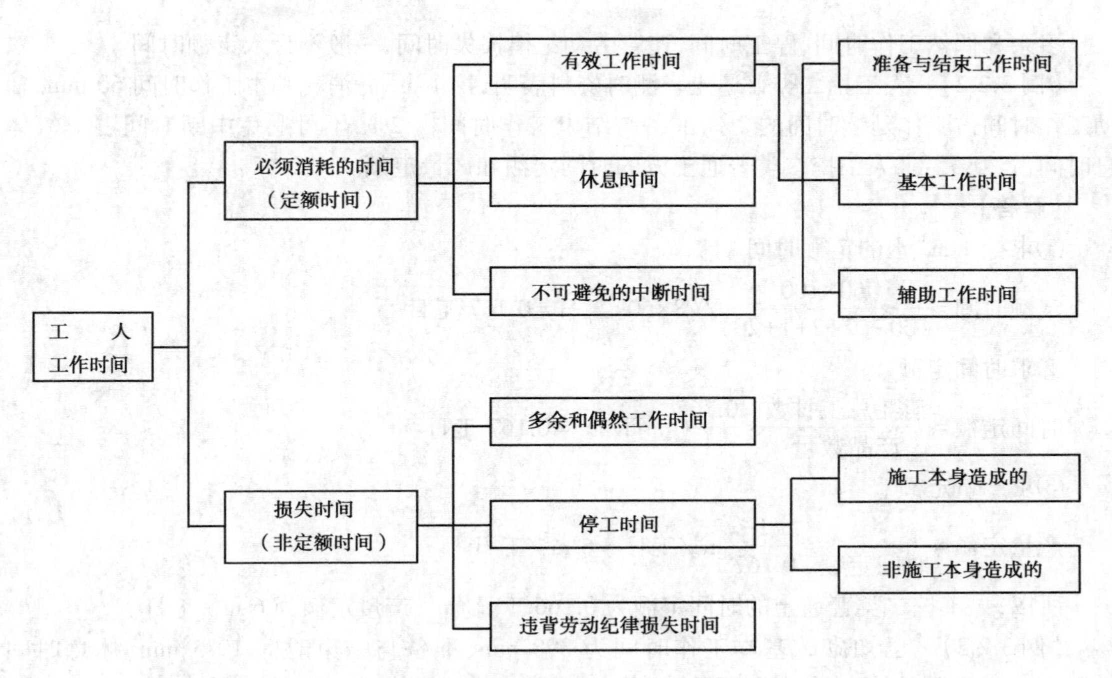

图 3.2.1 建筑安装工人工作时间分类

过程中，应尽量缩短此项时间。

损失时间包括多余和偶然工作、停工、违背劳动纪律 3 种情况所引起的工时损失。

多余工作时间是指工人进行任务以外，而又不能增加产品数量的工作时间。包括返工造成的时间损失。此类时间在定额中不予考虑。偶然工作时间是指工人进行任务以外，但能够获得一定产品的工作时间。例如，电工在铺设电线时，需临时在墙壁上凿洞的时间，抹灰工不得不补上砌墙时遗留的墙洞的时间等。在定额时间中，需适当考虑偶然工作时间的影响。

停工时间包括施工本身造成的停工时间和非施工本身造成的停工时间，前者包括由于施工组织不善、材料供应不及时、工作面准备做得不好引起的停工时间。后者包括由于气候条件影响、水源电源中断而引起的停工时间。后一类停工时间在定额中应予合理考虑。

违背劳动纪律损失的时间是指在工作时间内迟到、早退、擅离工作岗位、聊天等造成的工作时间损失。此类时间在定额中不予考虑。

建筑安装工人的工作时间分类，工种不同各部分时间所占的比重也不同。一般应尽量增加有效工作时间，才能提高劳动效率。在有效工作时间中，又要增大基本工作时间，缩短准备与结束工作时间和辅助工作时间。

定额时间＝工序作业时间＋规范时间

工序作业时间＝基本工作时间＋辅助工作时间

规范时间＝准备与结束工作时间＋不可避免的中断时间＋休息时间

（三）人工消耗量定额的测定和计算

人工消耗量定额的制订，主要采用工程量计时分析法，即对工人工作时间分类的各部分时间消耗进行实测，分析整理后，制订人工消耗定额。

确定的基本工作时间、辅助工作时间、准备与结束工作时间、不可避免中断时间和休息时间之和，就是劳动定额的时间定额。

多余和偶然工作时间、停工时间、违背劳动纪律损失时间，一般不计入定额时间。

【例 3.2.2】 人工挖二类普通土。测时资料表明，挖 1 m^3 需消耗基本工作时间 60 min，辅助工作时间占工作延续时间的 2%，准备与结束工作时间占 2%，不可避免中断时间占 1%，休息时间占 20%。求人工挖二类普通土方的时间定额和产量定额。

【解答】

①求挖 1 m^3 土的定额时间

$$\text{定额时间}=\frac{60\times 100}{100-(2+2+1+20)}/(8\times 60)\text{工日}=0.167\text{ 工日}$$

②求时间定额

$$\text{时间定额}=\frac{\text{消耗总工日数}}{\text{产品数量}}=\frac{0.167}{1}\text{工日}/m^3=0.167\text{ 工日}/m^3$$

③求产量定额

$$\text{产量定额}=\frac{1}{\text{时间定额}}=\frac{1}{0.167}\ m^3/\text{工日}\approx 6\ m^3/\text{工日}$$

所以，人工挖二类普通土的时间定额为 0.166 工日/m^3，产量定额为 6 m^3/工日。

【例 3.2.3】 已知砌砖基本工作时间为 390 min，准备与结束时间 19.5 min，休息时间 11.7 min，不可避免的中断时间 7.8 min，损失时间 78 min，共砌砖 1 000 块，并已知 520 块/m^3。试确定砌砖的劳动定额和产量定额。

【解答】

①求定额时间

$$\text{定额时间}=(390+19.5+11.7+7.8)\div(8\times 60)\text{工日}\approx 0.89\text{ 工日}$$

②计算 1 000 块砖的体积

$$1\,000\div 520\ m^3\approx 1.92\ m^3$$

③求时间定额

$$\text{时间定额}=\frac{\text{消耗总工日数}}{\text{产品数量}}=\frac{0.89}{1.92}\text{工日}/m^3\approx 0.46\text{ 工日}/m^3$$

④求产量定额

$$\text{产量定额}=\frac{1}{\text{时间定额}}=\frac{1}{0.46}\ m^3/\text{工日}\approx 2.17\ m^3/\text{工日}$$

所以，砌砖的时间定额为 0.46 工日/m^3，产量定额为 2.17 m^3/工日。

当确定出典型单位产品的人工消耗定额后，其相同类型的人工消耗定额，可以用比例数推算法。其工作步骤为：

第一步，确定典型单位产品的时间定额 t_0。其方法可按前面介绍的工程量计时测算法确定。

第二步，确定相邻定额子目之间的比例系数 p。其方法可采用在欲测范围内进行多个典型单位产品时间定额的测定后，确定其比例关系。

第三步，按下式确定相邻子目的时间定额 t，为

$$t=t_0\cdot p$$

【例 3.2.4】 已知挖地槽一类土的时间定额 t_0 如表 3.2.1 第 1 行所示。二、三、四类土和

一类土的时间定额的比例系数 p,如表 3.2.1 第 2 列所示。试按比例数推算法确定二、三、四类土的时间定额 t。

【解答】 按式 $t=t_0 \cdot p$ 计算二类土的时间定额 t。

上口宽为 0.8 m 以内时:

$t=t_0 \cdot p=(1.333\times1.43)$ 工日 $=1.906$ 工日

上口宽为 1.5 m 以内时:

$t=(0.115\times1.43)$ 工日 $=0.164$ 工日

上口宽为 3.0 m 以内时:

$t=(0.105\times1.43)$ 工日 $=0.150$ 工日

三、四类土的时间定额,按式 $t=t_0 \cdot p$ 类推计算,见表 3.2.1。

表 3.2.1 挖地槽时间定额比例类推计算表 单位:工日/m^3

项目	比例系数	挖地槽深 1.5 m 以内,上口宽		
		0.8 m 内	1.5 m 内	3.0 m 内
一类土	1.00	1.333	0.115	0.105
二类土	1.43	1.906	0.164	0.150
三类土	2.50	3.333	0.288	0.263
四类土	3.75	4.999	0.431	0.394

三、材料消耗量定额

(一)材料消耗量定额的概念

材料消耗量定额是指在合理和节约使用材料的条件下,生产单位合格的建筑安装工程产品所必须消耗的一定品种规格的材料、半成品、构配件等的数量标准。

工程建设中,所用材料品种繁多,耗用量大。在建筑安装工程中,材料费用占工程造价的60%~70%,因此,合理使用材料,降低材料消耗,对于降低工程成本具有重要意义。

工程建设中使用的材料有一次使用材料和周转性使用材料两种类型。一次性使用材料,如水泥、钢材、砂、碎石等材料,使用时直接被消耗而转入产品组成部分之中。而周转性使用的材料,是指施工中必须使用,但不是一次性被全部消耗掉的材料。如脚手架、挡土板、模板、路基板、可移式钢地锚等,它们可以多次使用,是逐渐被消耗掉的材料。

一次性使用材料的总耗量由材料净耗量和不可避免的损耗量构成。

材料的净耗量是指直接用到工程上、构成工程实体的材料消耗量。

材料不可避免损耗量包括:

①施工操作中的材料损耗量,包括操作过程中不可避免的废料和损耗量。

②领料时材料从工地仓库、现场堆放地点或施工现场内的加工地点运至施工操作地点不可避免的场内运输损耗量、装卸损耗量。

③材料在施工操作地点的不可避免的堆放损耗量。

材料净耗量与材料不可避免损耗量之和构成材料必需消耗量。材料不可避免损耗量与材料必需消耗量之比,称为材料损耗率。其计算公式为:

$$材料损耗率=\frac{材料不可避免损耗量}{材料必需消耗量}\times 100\%$$

材料必需消耗量,也称材料总耗量。所以

$$材料总耗量=材料净耗量+材料损耗量$$

产品中的材料净耗量,可以根据施工图纸计算求得。只要知道生产某种产品材料的净耗量和损耗率,就可以计算出材料的总耗量。

由于材料的损耗量毕竟是少数,在实际计算中,有时可把材料损耗量与材料净耗量之比,作为损耗率,即

$$材料损耗率=\frac{材料损耗量}{材料净耗量}\times 100\%$$

$$材料总耗量=材料净耗量\times(1+材料损耗率)$$

【例 3.2.5】 若完成某分项工程需要某种材料 0.95 t,材料损耗率为 5%,求材料消耗定额。

【解答】

材料消耗定额=材料净耗量×(1+材料损耗率)= 0.95 t×1.05≈1.0 t

与材料损耗率相对应的是材料利用率。材料的利用率与损耗率有如下关系:

$$材料利用率=1-材料损耗率$$

在非标设备制作过程,材料的利用率较低,知道材料利用率,也可计算出材料总耗量。

【例 3.2.6】 非标设备制作中,部件主材利用率为 40%,该部件损耗金属质量为 40 t,求该部件净重和加工所用材料总量。

【解答】

①求该部件净重,设部件净重为 x,则

$$\frac{x}{x+40}=40\% \qquad x=26.7\ \text{t}$$

②求加工所用材料总量

$$材料总量 = 净耗量 + 损耗量 = 40\ \text{t} + 26.7\ \text{t} = 66.7\ \text{t}$$

所以,该非标设备净重 26.7 t,加工耗材总量为 66.7 t。

(二)一次性使用材料的材料消耗量定额的测定方法

确定材料净用量和材料损耗量,可通过现场技术测定、实验室试验、现场统计和理论计算等方法求得。

①利用现场技术测定法,主要是编制材料损耗率,也可确定材料净用量。其优点是能通过现场观察、测定,取得产品产量和材料消耗量的相关数据,为编制材料消耗定额提供技术依据。

②利用实验室试验法,主要确定材料净用量。通过试验,能够对材料的结构、化学性能和物理性能以及按强度等级控制的混凝土、砂浆配合比,作出科学的结论,给编制材料消耗定额的编制提供依据。

③采用现场统计法,是通过对现场进料、用料的大量统计资料进行分析计算,获得材料消耗的数据。这种方法由于不能分清材料消耗的性质,只能作为确定材料净用量定额的参考。

上述 3 种方法所选择的材料,必须符合国家有关材料的产品标准,计量要使用标准容器和称量设备,产品质量应符合施工验收规范要求,以保证获得可靠的定额编制依据。

（三）周转性材料摊销量的测定

周转性材料是指在施工过程中多次使用的工具性材料，如脚手架、钢木模板、跳板、挡木板等。纳入定额的周转性材料消耗指标应当有两个：一是一次使用量，供申请备料和编制施工作业计划使用，一般是根据施工图纸进行计算；二是摊销量，即周转性材料使用一次摊销在单位工程产品上的消耗量。

$$摊销量=\frac{一次使用量\times(1+损耗率)}{周转次数}$$

在实际工作中，对周转性使用材料的摊销量，可测算摊销率，摊销率相当于一次性使用材料的损耗率，则

$$摊销量=一次使用量\times摊销率$$

要确定周转性使用材料的消耗定额，在施工企业中必须加强管理，注意这部分材料的跟踪分析研究，应注意确定：

①周转次数。周转次数是指新的周转性材料，从第一次使用，到这部分材料不能再提供使用的使用次数。影响周转性材料使用次数的因素，主要有材料的坚固程度，材料的形式和使用寿命；材料服务的工程对象特征、周期长短、自然或使用条件的好坏；对周转性使用材料的管理、保管和维护保养工作的进行情况等。

一般情况下，周转性使用的金属模板、脚手架，周转次数可达 10 次，木模板的周转次数在 5 次左右。

②损耗率或摊销率。损耗率或摊销率是指周转性使用材料，在某项工程中，根据使用的频繁程度、工程对象特征、工期长短等情况，制订的该部分周转性使用材料，在该项工程中应计取的材料摊销的数量。摊销率往往由业主或业主委托监理单位与施工企业协商确定。

【例 3.2.7】 某周转性使用材料一次使用量为 15 万元，周转次数为 10 次，损耗率为 10%。求该批周转性使用材料的摊销量。

【解答】

$$摊销量=\frac{一次使用量\times(1+损耗率)}{周转次数}=\frac{15\times(1+10\%)}{10}万元=1.65\ 万元$$

四、机械消耗量定额

（一）机械消耗量定额的概念

机械消耗量定额是指在正常施工条件和合理使用施工机械条件下，完成单位合格产品，所必须消耗的某种型号的施工机械台班的数量标准。

机械消耗量定额，也称机械台班消耗定额。机械台班是指一台机械工作 8 小时为一个台班。

机械消耗量定额与人工消耗量定额一样，也有时间定额和产量定额。只是这里指的是机械，前面指的是人工而已。这里以“台班”为计量单位，前者以“工日”为计量单位。

机械由工人操作，一般既要计算机械时间定额，又要计算操作机械的人工定额。人工消耗包括基本用工、辅助用工、其他用工和机上用工。

【例 3.2.8】 用一台 20 t 平板拖车运输钢结构，由 1 名司机和 5 名起重工组成的人工小组共同完成。已知调车 10 km 以内，运距 5 km，装载系数为 0.55，台班车次为 4.4 次/台班。试

计算：

①平板拖车台班运输量。

②运输 10 t 钢结构的时间定额。

③吊车司机和起重工的人工时间定额。

【解答】

①计算平板拖车的台班运输量

台班运输量＝台班车次×额定装载量×装载系数

＝4.4×20×0.55 t＝48.4 t

②计算运输 10 t 钢结构的时间定额

$$时间定额=\frac{1}{产量定额}=\frac{1}{48.4\div10}台班/10\ t=0.21\ 台班/10\ t$$

③计算司机和起重工的人工时间定额

司机时间定额＝1×0.21 工日/10 t＝0.21 工日/10 t

起重工时间定额＝5×0.21 工日/10 t＝1.05 工日/10 t

（二）机械工作时间的分类

施工机械工作时间的分类，如图 3.2.2 所示。

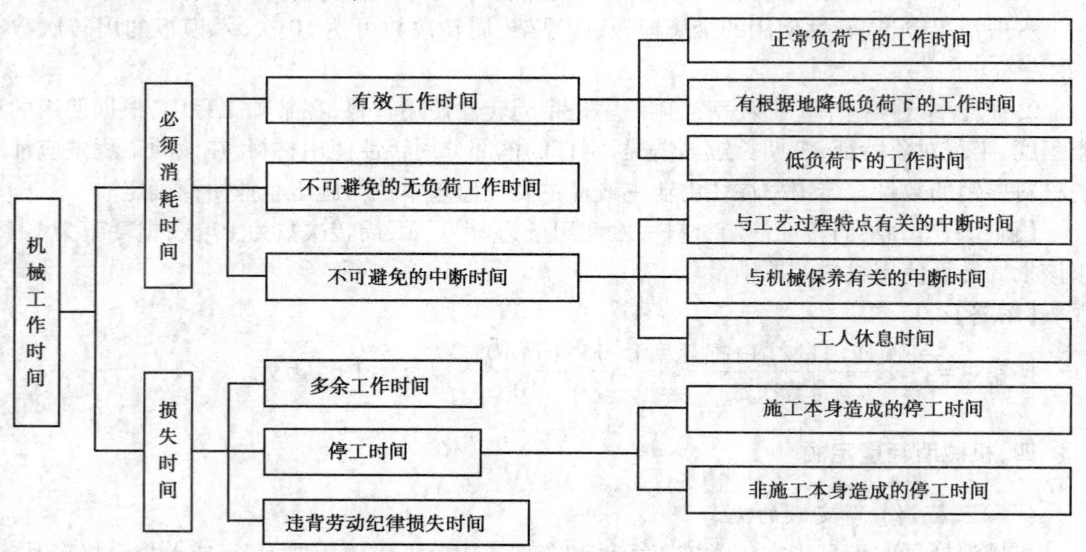

图 3.2.2　施工机械工作时间的分类

必须消耗的工作时间即定额时间，包括有效工作时间、不可避免的无负荷工作时间和不可避免的中断时间。

有效工作时间包括正常负荷下，有根据地降低负荷和低负荷下的工作时间。正常负荷下的工作时间，是指机械在技术说明书规定的正常载荷能力下进行工作的时间。有根据地降低负荷下的工作时间，是指在某些情况下，由于技术上的原因，机械在低于其正常负荷下的工作时间。例如，载重汽车拉重量轻而体积大的货物，未充分利用其载重能力的工作时间。低负荷下的工作时间，是指由于操作人员的原因，使机械在低负荷情况下进行工作的时间。如混凝土搅拌机在上料不足时低负荷工作的时间。

不可避免的无负荷工作时间，是指由施工过程特点或机械结构特性造成的机械无负荷工作时间。

不可避免的中断时间，是指由施工过程的技术操作和组织特性，而引起的机械工作中断时间。包括与工艺过程特点有关的中断时间、与机械使用保养有关的中断时间和工人休息引起的中断时间。与工艺过程特点有关的中断时间，是指机械循环的不可避免中断时间。如载重汽车在装卸货物时的停车时间。机械定期的不可避免中断时间，是指如塔吊在工作地点转移时的中断时间。与机械的使用保养有关的中断时间，是指由于操作人员进行准备工作、结束工作、保养机械等辅助工作，所引起的机械中断工作时间。工人休息引起的中断时间，是指在不可能利用机械不可避免的停转机会，并且组织轮班又不方便的时候，操作工人必需的休息，所引起的机械中断工作时间。

损失时间即非定额时间，包括多余或偶然工作时间、停工时间和违背劳动纪律损失时间。多余工作时间是指机械进行施工工艺过程内或施工任务内，未包括的工作而延续的时间。如搅拌机搅拌砂浆用了比规定更多的时间，操作人员没及时供料造成机械空运转的时间等。

停工时间按其性质可分为施工本身造成的停工时间和非施工本身造成的停工时间。前者是因施工组织施工不善引起停工的时间。如未及时给机械供水、电、燃料或机械没有工作面造成的机械停工。后者是因外部原因，如外部水源、电源中断、暴雨、冰冻引起的机械停工。

违背劳动纪律损失时间是指操作人员迟到、早退或擅离工作岗位等引起的机械停工时间。

(三)机械消耗定额的测定和计算

施工机械台班消耗定额的测定，主要测定施工机械 1 h 生产率 N_h 和其台班利用系数 K_B 两项基本数据。

1.施工机械 1 h 的生产率 N_h

$$N_h = m \cdot n$$

式中　N_h——施工机械 1 h 生产率；

n——施工机械 1 h 正常循环次数；

m——施工机械每循环一次所生产的产品数量。

对于连续运行的施工机械，N_h 可按下式计算：

$$N_h = \frac{m}{t}$$

式中　t——测定时间，h；

m——测定时间内完成的产品数量。

2.施工机械台班利用系数 K_B 的确定

施工机械台班利用系数 K_B，是指施工机械净工作时间与法定工作时间之比值。

【例 3.2.9】　已知某施工机械每班净工作时间为 7 h，求该施工机械的台班利用系数。

【解答】　由 K_B 定义，有：

$$K_B = \frac{7}{8} = 0.875 = 87.5\%$$

3.施工机械台班产量定额 N 的计算

$$N = N_h \cdot 8 \cdot K_B$$

施工机械消耗定额测定的基本思路，如上式所示。在具体测试中，要注意水平运输和垂直吊装的机械的具体特征和工作对象的特征，以及作业环境的特征等。不可能按其额定承载能力确定其台班产量，一定要在实测每次完成产品的数量和所消耗的时间，来编制机械台班消耗定额。

对于连续运行的施工机械，如搅拌机等，既要考虑搅拌材料提供的速率，又要考虑搅拌出来的产品运输和使用速度等。使用机械人为因素很大，一定要在施工及验收规范规定的质量标准前提下，按实测定机械的台班产量定额。

关于机械的时间利用系数 K_B，一般情况下，推土机为 0.80~0.85，铲土机和单斗挖土机为 0.75~0.80，自卸汽车为 0.80 左右，机械翻斗车为 0.85 左右，皮带运输机为 0.90 左右，打桩机、起重机为 0.80~0.90。

施工机械的台班产量定额，应采用多次测试，并将测试数据分析、整理后，按数理统计的方法计算求得。

【例 3.2.10】 已知用塔式起重机吊运混凝土。测定塔节需时 50 s，运行需时 60 s，卸料需时 40 s，返回需时 30 s，中断 20 s，每次装混凝土 0.50 m^3，机械利用系数 0.85。求该塔式起重机的时间定额和产量定额。

【解答】

①计算一次循环时间

$50\ s+60\ s+40\ s+30\ s+20\ s=200\ s$

②计算每小时循环次数

$\frac{60\times60}{200}$次/h = 18 次/h

③求塔式起重机产量定额

$18\times0.5\times8\times0.85\ m^3$/台班 = 61.20 m^3/台班

④求塔式起重机时间定额

$\frac{1}{61.20}$台班/m^3 ≈ 0.02 台班/m^3

五、施工定额

(一) 施工定额的概念

施工定额是指在全国统一定额指导下，以同一性质的施工过程为测算对象，以施工企业工料机消耗定额为基础，由施工企业编制的完成单位合格产品的人工、材料、机械台班等消耗量的数量标准。

施工定额由人工、材料、机械台班消耗定额组成。有的企业在编制施工定额时，在一个定额子目中，既规定了完成某种建筑安装工程产品所需人工、材料、机械台班的数量，又将这些数量分别与企业人工工资标准、材料价格、机械台班单价相乘，而计算出工料机的费用。这就给施工企业内部使用提供了方便。

但是，施工定额不同于工料机消耗定额，全国统一定额中的工料机等消耗量标准是采用社会平均水平，施工定额中的工料机消耗量标准，应根据本企业的技术和管理水平，采用平均先进水平。施工定额比企业工料机消耗定额的步距大些，工作内容有适当综合扩大。其分部分项工程名称、单位、工作内容更接近预算定额，但施工定额测算的对象是施工过程，预算定额的测算对象是分部分项工程。预算定额比施工定额更综合扩大,这两者不能混淆。

(二)施工定额的作用

施工定额是施工企业的生产定额,是企业管理工作的基础。在施工企业管理中有如下主要作用:

1.施工定额是企业编制施工预算的尺度

施工预算是指按照经施工图会审后的施工图纸和说明书计算的工程量,采用施工定额,并结合施工现场实际的施工方法和过程,编制的完成某一单位合格产品,所实际需要的人工、材料、机械台班消耗数量和生产成本的经济文件。没有施工定额,施工预算无法进行,企业管理缺乏基础。

2.施工定额是组织施工的有效工具

施工企业的内部施工组织设计,尤其是分部分项工程作业设计,要确定施工方法、进度安排、人工、材料、机械台班和资金的消耗数量等,这些都是采用施工定额规定的数量标准来确定。施工定额是施工企业下达施工任务单、劳动力安排、材料供应和限额领料、机械调度的依据。

3.施工定额是计算劳动报酬和按劳分配的依据

目前,施工企业内部推行多种形式的经济承包责任制,计算承包指标和考核劳动成果,计发劳动报酬和奖金,都是依据施工定额。

4.施工定额促进技术进步和降低工程成本

施工定额不仅可以计划、控制、降低工程成本,而且可以促进基层学习、采用新技术、新工艺、新材料和新设备,提高劳动生产率,达到快、好、省地完成施工任务的目的。

5.施工定额是编制预算定额的基础

预算定额以施工定额为基础编制,不仅可以减少测定等大量繁杂的工作,而且可以使预算定额符合施工生产的实际水平。由于新技术、新结构、新工艺等的采用,在预算定额或单位估价表中缺项时,要补充或测定新的预算定额及单位估价表,都是以施工定额为基础来制订的。

(三)施工定额的编制原则

1.平均先进水平原则

定额水平是编制订额的核心。平均先进水平是指在正常施工条件下,经过努力多数生产者或施工队组能够达到或超过、少数生产者或施工队组可以接近的水平。一般来说,它低于先进水平而略高于平均水平。这种水平使先进者感到一定压力,鼓励他们更上一层楼;使大多数中间水平的工人感到定额水平可望可及,增加达到和超过定额水平的信心;对于落后工人不迁就,使他们感到企业定额水平对他们的严格要求,认识到必须去学习和提高技术操作水平,改进操作方法或动作,珍惜劳动时间,节约材料消耗等,才能缩短差距,尽快达到定额水平。所以,平均先进水平是一种可以鼓励先进,勉励中间,鞭策后进的定额水平。只有采用平均先进水平才能促进劳动生产率的提高,才能增强企业的竞争能力。

要使定额在平均先进水平的原则下确定,第一,要处理好数量和质量的关系,要在生产合格产品的前提下,规定必要的资源消耗量标准,生产技术必须是成熟并得到广泛推广应用的,产品质量必须符合现行施工及验收规范、质量评定标准的规定。第二,对于原始资料和数据,要剔除个别、偶然、不合理的数据,尽可能使计算数据具有代表性、实践性和可靠性。第三,要选择正常施工条件、正确施工方案或方法,劳动组织要适合劳动者操作和提高劳动生产率。第四,要明确劳动手段和劳动对象,规定该施工过程使用的工人技术等级、机具、设备和操作方法,明确规定原材料和构件等的型号、规格、运距和质量要求等。第五,要从实际出发,做好施工定额子目之间水平的平衡,处理好自然条件带来的劳动生产率水平的不平衡因素。既要考虑本企业的实际,又要考虑市场竞争的环境等。

2.简明适用原则

为便于施工定额内容能满足组织施工生产和计算工人劳动报酬等多种需要,施工定额应简单明了,容易掌握,便于查阅、便于计算、便于携带。

施工定额要适应劳动组织和劳动分工的要求,要满足班组核算和经济责任制、考核班组或个人生产成果、计算劳动报酬和简化计算工作等要求。施工定额的工程项目划分、计量单位、工程量计算规则,应在全国统一定额的指导下进行。工料机等消耗量标准按企业实际标准确定。

3.专业人员和群众结合,以专业人员为主编制订额原则

编制施工定额是一项政策性和技术性很强的技术经济工作,需要专门的机构来进行大量的测定、分析、总结和综合,必须有专门机构和专职人员,掌握国家方针政策和市场的变化情况,做好经常性资料的收集、测定、整理和分析工作。群众是执行定额的主体,他们对施工中实际人工、材料、机械台班的消耗量最了解,对定额执行情况和问题也最清楚,所以在编制订额过程中,要注意征求工人群众的意见,取得他们的密切配合和支持。

贯彻专家和群众结合,以专家为主编制订额的原则,有利于提高定额的编制质量和水平,有利于定额的贯彻执行。

4.独立自主的原则

施工企业是具有法人地位的经济实体,应根据企业的具体情况和要求,结合政府的技术经济政策和产业导向,以企业赢利为目的,自主地编制企业生产定额和对外投标报价的定额。贯彻这一原则有利于企业自主经营;有利于执行现代企业制度;有利于企业摆脱过多的行政干预,更好地面对建筑市场竞争的环境,提高管理水平和竞争能力。

第三节　建筑安装工程费用的计算方法

一、人工费

$$人工费 = \sum(工日消耗量 \times 日工资单价) \tag{3.1}$$

$$日工资单价 = \frac{生产工人平均月工资(计时、计件) + 平均月(奖金 + 津贴补贴 + 特殊情况下支付的工资)}{年平均每月法定工作日}$$

注:式(3.1)主要适用于施工企业投标报价时自主确定人工费,也是工程造价管理机构编制计价定额确定定额人工单价或发布人工成本信息的参考依据。

$$人工费 = \sum(工程工日消耗量 \times 日工资单价) \tag{3.2}$$

日工资单价是指施工企业平均技术熟练程度的生产工人在每工作日(国家法定工作时间内)按规定从事施工作业应得的日工资总额。

注:式(3.2)适用于工程造价管理机构编制计价定额时确定定额人工费,是施工企业投标报价的参考依据。

二、材料费

1.材料费

$$材料费 = \sum(材料消耗量 \times 材料单价)$$

材料单价 = {(材料原价 + 运杂费) × [1 + 运输损耗率(%)]} × [1 + 采购[illegible](%)] (3.3)

2.工程设备费

$$工程设备费 = \sum(工程设备量 \times 工程设备单[illegible]$$

工程设备单价 = (设备原价 + 运杂费) × [1 + 采购保管[illegible]

三、施工机具使用费

1.施工机具使用费

$$施工机具使用费 = \sum(施工机械台班消耗量 \times 机械台班单价[illegible] \quad (3.5)$$

机械台班单价 = 台班折旧费 + 台班大修费 + 台班经常修理费 + 台班安拆费[illegible]外运费 + 台班人工费 + 台班燃料动力费 + 台班车船税费 (3.6)

注:工程造价管理机构在确定计价定额中的施工机械使用费时,应根据《建筑施工机械台班费用计算规则》结合市场调查编制施工机械台班单价。施工企业可以参考工程造价管理机构发布的台班单价,自主确定施工机械使用费的报价,如租赁施工机械,公式为:施工机械使用费= $\sum$(施工机械台班消耗量×机械台班租赁单价)。

2.仪器仪表使用费

$$仪器仪表使用费 = 工程使用的仪器仪表摊销费 + 维修费$$

四、企业管理费

①以分部分项工程费为计算基础

$$企业管理费费率 = \frac{生产工人年平均管理费}{年有效施工天数 \times 人工单价} \times 人工费占分部分项工程费比例(\%) \quad (3.7)$$

②以人工费和机械费合计为计算基础

$$企业管理费费率 = \frac{生产工人年平均管理费}{年有效施工天数 \times (人工单价 + 每一工日机械使用费)} \times 100\% \quad (3.8)$$

③以人工费为计算基础

$$企业管理费费率 = \frac{生产工人年平均管理费}{年有效施工天数 \times 人工单价} \times 100\% \quad (3.9)$$

注:式(3.7),式(3.8),式(3.9)适用于施工企业投标报价时自主确定管理费,是工程造价管理机构编制计价定额确定企业管理费的参考依据。

工程造价管理机构在确定计价定额中企业管理费时，应以定额人工费或（定额人工费+定额机械费）作为计算基数，其费率根据历年工程造价积累的资料，辅以调查数据确定，列入分部分项工程和措施项目中。

五、利润

①施工企业根据企业自身需求并结合建筑市场实际自主确定，列入报价中。

②工程造价管理机构在确定计价定额中的利润时，应以定额人工费或（定额人工费+定额机械费）作为计算基数，其费率根据历年工程造价积累的资料，并结合建筑市场实际确定，以单位（单项）工程测算，利润在税前建筑安装工程费的比重可按不低于5%且不高于7%的费率计算。利润应列入分部分项工程和措施项目中。

六、规费

社会保险费和住房公积金应以定额人工费为计算基础，根据工程所在地省、自治区、直辖市或行业建设主管部门规定费率计算。

$$\text{社会保险费和住房公积金} = \sum(\text{工程定额人工费} \times \text{社会保险费和住房公积金费率}) \tag{3.10}$$

式（3.10）中，社会保险费和住房公积金费率可以每万元发承包价的生产工人人工费和管理人员工资含量与工程所在地规定的缴纳标准综合分析取定。

七、税金

$$\text{增值税金} = \text{税前造价} \times \text{增值税率}(\%)$$

增值税是对在我国境内销售货物或者提供加工、修理修配劳务，以及进口货物的单位和个人，就其取得的货物或应税劳务的销售额，以及进口货物的金额计算税款，并实行税款抵扣制的流转税。从计税原理而言，增值税是对商品生产、流通、劳务服务中各环节的新增价值或者商品附加值进行征税，是以商品（含应税劳务）在流转过程中产生的增值额作为计税依据而征收的一种流转税。增值税实行价外税，也就是由消费者负担，有增值才征税，没增值不征税。

企业购进材料取得增值税专用发票就有进项税额，销售货物就会有销项税额，增值税=销项税额−进项税额。

$$\text{销项税额} = (\text{未含税})\text{销售额} \times \text{税率} = \frac{\text{含税销售额}}{1+\text{税率}} \times \text{税率}$$

当期进项税额为纳税人当期购进货物或者接受应税劳务支付或者负担的增值税额。当期销项税额小于当期进项税额不足抵扣时，其不足部分可以结转下期继续抵扣。

$$\text{工程造价} = \text{税前工程造价} \times (1+\text{建筑业增值税税率}\ 11\%)$$

其中，税前工程造价为人工费、材料费、施工机械（具）使用费、企业管理费、利润和规费之和，各费用项目均以不包含增值税可抵扣进项税额的价格计算。

八、分部分项工程费

$$\text{分部分项工程费} = \sum(\text{分部分项工程量} \times \text{综合单价}) \tag{3.11}$$

式（3.11）中，综合单价包括人工费、材料费、施工机具使用费、企业管理费和利润以及一定范围的风险费用(下同)。

九、措施项目费

(1)国家计量规范规定应予计量的措施项目,其计算公式为:

$$措施项目费 = \sum(措施项目工程量 \times 综合单价)$$

(2)国家计量规范规定不宜计量的措施项目计算方法如下:

①安全文明施工费

$$安全文明施工费 = 计算基数 \times 安全文明施工费费率(\%)$$

计算基数应为定额基价(定额分部分项工程费+定额中可以计量的措施项目费)、定额人工费或定额人工费+定额机械费,其费率由工程造价管理机构根据各专业工程的特点综合确定。

②夜间施工增加费

$$夜间施工增加费 = 计算基数 \times 夜间施工增加费费率$$

③二次搬运费

$$二次搬运费 = 计算基数 \times 二次搬运费费率$$

④冬雨季施工增加费

$$冬雨季施工增加费 = 计算基数 \times 冬雨季施工增加费费率$$

⑤已完工程及设备保护费

$$已完工程及设备保护费 = 计算基数 \times 已完工程及设备保护费费率$$

上述②~⑤项措施项目的计费基数应为定额人工费或(定额人工费+定额机械费),其费率由工程造价管理机构根据各专业工程特点和调查资料综合分析后确定。

十、其他项目费

①暂列金额由建设单位根据工程特点,按有关计价规定估算,施工过程中由建设单位掌握使用、扣除合同价款调整后如有余额,归建设单位。

②计日工由建设单位和施工企业按施工过程中的签证计价。

③总承包服务费由建设单位在招标控制价中根据总包服务范围和有关计价规定编制,施工企业投标时自主报价,施工过程中按签约合同价执行。

第四节　预算定额和工程单价的编制方法

一、预算定额

(一)预算定额的概念

预算定额是以分部分项工程为研究对象。规定完成单位合格产品,需要消耗人工、材料、机械台班的数量标准。预算定额是编制施工图预算,确定建筑安装工程定额人材机费或基价的依据。

从管理权限和执行范围分,预算定额可分为全国统一定额、行业统一定额和地区统一定额。

全国统一定额由国务院建设行政主管部门组织制订发布，行业统一定额由国务院行业主管部门制订发布，地区统一定额由省、自治区、直辖市建设行政主管部门制订发布。

按专业性质分，预算定额有建筑工程定额和安装工程定额两大类。

建筑工程预算定额按适用对象，又分建筑工程预算定额、市政工程预算定额、铁路工程预算定额、公路工程预算定额、房屋修缮工程预算定额、矿山井巷预算定额等。

安装工程预算定额按适用对象又分为电气设备安装工程预算定额、机械设备安装工程预算定额、电气设备安装工程预算定额、热力设备安装工程预算定额、工业管道安装工程预算定额、给排水、采暖、燃气工程预算定额、自动化控制装置及仪表安装工程预算定额等。

全国统一定额，以全国的施工定额为基础，由国务院建设行政主管部门统一制订的在全国范围内执行的定额。地区定额是由省、自治区、直辖市建设行政主管部门，根据全国统一定额规定的完成单位合格产品的人工、材料、施工机械台班等消耗量标准，按照本地区的人工工资单价、材料预算价格和施工机械台班单价，计算出的以货币形式表示的完成该单位合格产品的基价或单位价格。

人材机基价或单价，由人工费、材料费、机械费组成。其中，材料费由计价材料费和未计价材料费组成。计价材料费是指进入定额基价的材料费，未计价材料及费用是指未进入子目基价的材料和费用。地区计价定额、基价表或单位估价表中，定额子目的费用组成如下：

$$人材机基价=人工费+计价材料费+机械费+未计价材料费$$

其中：

$$人工费=人工工日数\times人工单价$$

$$计价材料费=\sum(材料消耗用量\times材料预算价格)$$

$$机械费=\sum(机械台班用量\times机械台班单价)$$

$$未计价材料费=\sum(子目规定材料耗用量\times材料预算价格)$$

需注意的是：在地区基价表中，有的定额子目规定了该子目的分部分项工程，除执行基价外，还规定了未计价材料的名称、型号规格、单位和含合理损耗量的材料消耗量标准。在执行时，应按规定计算未计价材料费。但是，不少定额子目在未计价材料栏，未作任何规定。此时表示该定额子目的计价材料费中，已包括全部材料费，不能再出现未计价材料费的内容。

(二)预算定额的作用

1.预算定额是编制施工图预算，确定和控制建筑安装工程造价的依据

在定额计价模式下，预算定额是确定工程预算的主要依据，在清单模式下，预算定额是编制预算的参考依据。

2.预算定额是对设计方案进行技术经济比较、技术经济分析的依据

对设计方案进行比较，主要是通过预算定额对不同方案所需人工、材料和机械台班消耗量，材料重量、材料资源等进行比较。这种比较可以判明不同方案对工程造价的影响；材料重量对荷载、基础工程量、材料运输量的影响和对工程造价的影响。从而，选择经济合理的设计方案。

对于新结构、新材料的应用和推广，也需要借助于预算定额进行技术经济分析和比较，从技术与经济的结合上考虑普遍采用的可能性和效益。

3.预算定额是施工企业进行经济活动分析的依据

在目前预算定额仍决定着企业的收入,企业必须以预算定额作为评价企业工作的重要标准。企业可根据预算定额,对施工中的劳动、材料、机械的消耗情况进行具体的分析,以便找出低工效、高消耗的薄弱环节及其原因。为实现经济效益的增长由粗放型向集约型转变,提供对比数据,促进企业提高在市场上竞争的能力。

4.预算定额是编制标底、投标报价的基础

在深化改革中,在市场经济体制下预算定额作为编制标底的依据和施工企业报价的基础性的作用仍将存在,这是由于它本身的科学性和权威性决定的。

5.预算定额是编制概算定额和概算指标的基础

概算定额和概算指标是在预算定额基础上经综合扩大编制的。可使概算定额和概率指标在水平上与预算定额一致。

(三)预算定额与施工定额的联系和区别

1.预算定额与施工定额的联系

预算定额以施工定额为基础编制,都规定了完成单位合格产品,所需人工、材料、机械台班消耗的数量标准。但这两种定额是不同的。

2.预算定额与施工定额的区别

①研究对象不同。预算定额以分部分项工程为研究对象,施工定额以施工过程为研究对象。前者在后者的基础上,在研究对象上进行了科学的综合扩大。

②编制单位和使用范围不同。预算定额由国家、行业或地区建设行政主管部门编制,是国家、行业或地区建设工程造价计价的法规性标准。施工定额是由施工企业编制,是企业内部使用的定额。

③编制时考虑的因素不同。预算定额编制时考虑的是一般情况,考虑了施工过程施工中,对前面施工工序的检验,对后继施工工序的准备,以及相互搭接中的技术间歇、零星用工及停工损失等人工、材料和机械台班消耗数量的增加等因素。施工定额考虑的是企业施工的特殊情况。所以,预算定额比施工定额考虑的因素更多、更复杂。

④编制水平不同。预算定额采用社会平均水平编制,施工定额采用企业平均先进水平编制。一般情况是,在人工消耗数量方面,预算定额比施工定额多10%~15%。

(四)预算定额的编制原则

为保证预算定额的质量,充分发挥预算定额的作用,使之在实际使用中简便、合理、有效,在编制中应遵循以下原则:

1.按社会平均水平的原则确定预算定额

预算定额是确定和控制建筑安装工程造价的主要依据。因此,它必须遵照价值规律的客观要求,即按生产过程中所消耗的社会必要劳动时间确定定额水平。预算定额的水平以施工定额水平为基础。二者有着密切的联系。但是,预算定额绝不是简单地套用施工定额的水平。预算定额是社会平均水平,施工定额是企业平均先进水平。两者相比预算定额水平要相对低一些。

2.简明适用原则

贯彻简明适用原则是对执行定额的可操作性便于掌握而言的。为此,编制预算定额时,对于那些主要的、常用的、价值量大的项目,分项工程划分宜细。次要的、不常用的、价值量相对较小的项目则可以放粗一些。

要注意补充那些因采用新技术、新结构、新材料和先进经验而出现的新的定额项目。项目不全,缺漏项多,就使建筑安装工程价格缺少依据。补充定额很有必要,它可使造价计算少留活口,减少换算工作量。

3.坚持统一性和差别性相结合原则

所谓统一性,就是从培育全国统一市场规范计价行为出发,预算定额的制订规划和组织实施由国务院建设行政主管部门归口,并负责全国统一定额制订或修订,颁发有关工程造价管理的规章制度和办法等。这样就有利于通过定额和工程造价的管理实现建筑安装工程价格的宏观调控。

所谓差别性,就是在统一性的基础上,各部门和省、自治区、直辖市建设主管部门可以在自己的管辖范围内,根据本部门和地区的具体情况,制订部门和地区性定额、补充性制度和管理办法,以适应我国幅员辽阔,地区、部门间发展不平衡和差异大的实际情况。

(五)预算定额的编制方法

1.人工消耗量的计算方法

预算定额中的人工消耗量包括人工消耗定额中的基本用工和预算定额应考虑的其他用工两种类型。其他用工包括辅助用工、超运距用工和人工幅度差 3 部分内容。其计算公式如下:

预算定额人工时间消耗量=(基本用工+辅助用工+超运距用工)×(1+人工幅度差系数)

(1)基本用工

基本用工指完成单位合格产品所必需消耗的技术工种用工。按技术工种相应劳动定额人工定额计算,以不同工种列出定额工日。

基本用工包括:

①完成定额计量单位的主要用工;

$$基本用工=\sum(综合取定的工程量×劳动定额)$$

②按劳动定额规定应增加计算的用工量;

③由于预算定额是以劳动定额子目综合扩大的,包括的工作内容较多,需要另外增加用工,列入基本用工内。

(2)其他用工

①超运距用工。超运距是指劳动定额中已包括的材料、半成品场内水平搬运距离与预算定额所考虑的现场材料、半成品堆放地点到操作地点的水平运输距离之差。

超运距=预算定额取定运距-劳动定额已包括的运距

②辅助用工。指技术工种劳动定额内不包括而在预算定额内又必须考虑的用工。如机械土方工程配合用工、材料加工(筛砂、洗石)、电焊点火用工等。

$$辅助用工=\sum(材料加工数量×相应的加工劳动定额)$$

③人工幅度差。即预算定额与劳动定额的差额,主要是指在劳动定额中未包括而在正常施工情况下不可避免但又很难准确计量的用工和各种工时损失。包括各工种间的工序搭接及交叉作业相互配合或影响所发生的停歇用工;施工机械在单位工程之间转移及临时水电线路移动所造成的停工;质量检查和隐蔽工程验收工作的影响;班组操作地点转移用工;工序交接

时对前一工序不可避免的修整用工;施工中不可避免的其他零星用工。

人工幅度差=(基本用工+辅助用工+超运距用工)×人工幅度差系数

人工幅度差系数一般为10%~15%。

在预算定额中,人工幅度差的用工量列入其他用工量中。

2.材料消耗量的计算方法

预算定额材料消耗量包括主要材料、辅助材料、周转性材料和其他材料;其计算公式如下:

预算定额材料消耗量=材料净耗量×(1+损耗率)

其他材料是指难以计量的零星用料。如棉纱、编号用的油漆等施工中用量较少的材料。

3.机械消耗量的计算方法

预算定额中的施工机械台班消耗量,根据机械台班消耗定额的基本消耗量,加上机械消耗幅度差计算。其计算公式如下:

预算定额机械台班消耗量=基本消耗量(1+机械幅度差系数)

机械台班幅度差指正常施工组织条件下不可避免的机械空转时间,施工技术原因的中断及合理停滞时间,因供电供水故障及水电线路移动检修而发生的运转中断时间,因气候变化或机械本身故障影响工时利用的时间,施工机械转移及配套机械相互影响损失的时间,配合机械施工的工人因与其他工种交叉造成的间歇时间,因检查工程质量造成的机械停歇的时间,工程收尾和工作量不饱满造成的机械停歇时间等。

大型机械幅度差系数为:土方机械25%,打桩机械33%,吊装机械30%,砂浆、混凝土搅拌机由于按小组配用,以小组产量计算机械台班产量,不另增加机械幅度差。其他分部工程中如钢筋加工、木材、水磨石等各项专用机械的幅度差为10%。

预算定额由总说明、册(篇)、章说明、分项工程表头说明、定额项目(子目)、章、附录和总附录组成。使用时,应掌握其编制依据、内容。特别是章、册或总说明中规定的定额子目包括的内容和未包括的内容,以及在不同情况下的各种调整系数的应用等。不全面、完整地学习和掌握定额,谈不上定额的正确应用。

二、建设工程取费定额

建设工程取费定额是指在采用定额计价方法进行施工图预算时,按预算定额计算建筑安装工程基价或定额人材机费后,应计取的措施费、管理费、规费、利润、税金等的取费标准。

(一)措施费定额

措施费定额是指预算定额分项内容以外,与建筑安装施工生产直接有关的各项费用开支标准。措施费具有较大的弹性,对于某一个具体工程来说,有可能发生,需要根据具体的情况加以确定。一部分措施费通常可以按定额费或定额人工费的一定比例,即费率的形式计取此项费用。另外一部分措施费,由于在定额中有单价,可以按工程量×定额单价计算,这部分措施费已包括在定额费中。

(二)管理费、规费定额

管理费、规费定额是与建筑安装生产的个别产品无关,而为企业生产全部产品所必需,为维持企业的经营管理活动所必需发生的各项费用开支的标准。计取时,土建工程:定额费×取费费率;安装工程定额:人工费×取费费率。

（三）利润率

利润率是指建筑安装工程造价中，建筑安装企业应计取的利润标准。此项费用实行差别利润率。

（四）税金

建筑安装工程税金是指按国家税法规定，应计入工程造价的增值税销项税额。

建设工程取费定额和施工图预算程序，各省、自治区、直辖市都有具体规定，计算建筑安装工程造价时，应执行当地的规定。

三、工程单价

（一）工程单价的含义

工程单价是以概预算定额量为依据编制概预算时的一个特有的概念术语，是传统概预算编制制度中采用单位估价法编制工程概预算的重要文件，也是计算程序中的一个重要环节。我国建设工程概预算制度中长期采用单位估价法编制概预算，因为在价格比较稳定，或价格指数比较完整、准确的情况下，有可能编制出地区的统一工程单价，以简化概预算编制工作。

所谓工程单价，一般是指单位假定建筑安装产品的不完全价格。通常是指建筑安装工程的预算单价和概算单价。

工程单价与完整的建筑产品（如单位产品、最终产品）价值在概念上是完全不同的一种单价。完整的建筑产品价值，是建筑物或构筑物在真实意义上的全部价值，即完全成本加利税。单位假定建筑安装产品单价，不仅不是可以独立发挥建筑物或构筑物价值的价格，甚至也不是单位假定建筑产品的完整价格，因为这种工程单价仅仅是由某一单位工程中的人工、材料和机械使用费构成。

在确立社会主义市场经济体制之后，为了适应改革、开放形势发展的需要，为了与国际接轨，在一些部门和地区出现了建筑安装产品的综合单价，也可称为全费用单价。这种单价与传统的工程单价有所不同。它不仅含有人工、材料、机械台班费，而且包括措施费、管理费、规费等工程的全部费用。这也就是全费用单价名称的来由。但由于这种单价尚未形成制度化，因此综合程度并不一致，所包括的费用项目或多或少。尽管如此，这种分部分项工程单价仍然是建筑安装产品的不完全价格。完全单价是指在单价中，既包含全部成本，也含利润和税金的单价。

国家标准《建设工程工程量清单计价规范》规定“工程量清单应采用综合单价计价”，这里的“综合单价”是指除规费和税金以外的全部费用，应由人工费、材料和工程设备费、施工机械费、企业管理费、利润等组成，并考虑一定范围风险因素而增加的费用。

（二）工程单价与市场价

工程单价是编制概预算的特有概念，是通过定额量确定建筑安装概预算要素人材机费的基本计价依据。它属于计划价格，是国家或地方价格管理部门有计划地制订和调整的价格。市场价格则是市场经济规律作用下的市场成交价，是完整商品意义上的商品价值的货币表现。它属于自由价格，是受市场调节价制约的一种市场价。

在建筑安装工程的概预算编制中，工程定额单价与市场价既有联系又有区别。它们的区别就在于：工程定额单价比较稳定，便于按照规定的编制程序进行概预算造价或价格的确定，有利于投资预测和企业经济核算即“两算对比”，但是它管得过严、过死，不适应市场竞争和企业自主定价的要求,不能及时反映建筑产品价值变化和供求变化;而市场价与工程定额价相比,则比较灵活,能及时反映建筑市场行情,商品价值量和市场供求价格变化,符合以市场形成价格为主的价格机制要求,有利于要素资源的合理配置和企业竞争,但是它往往带有一定的自发性和盲目性。为克服市场价的消极影响,需以价格手段,如发布建筑材料价格信息、市场指导价等来调控市场价。它们的联系主要表现在:作为两种不同的价格形式,它们在国民经济中的功能、作用是一致的,都具有表价、经济核算和经济调节职能。

四、分部分项工程单价的编制方法

(一)工程单价的编制依据

1.预算定额和概算定额

编制预算单价或概算单价,主要依据之一是预算定额或概算定额。首先,工程单价的分项是根据定额的分项划分的,所以工程单价的编号、名称、计量单位的确定均以相应的定额为依据。其次,分部分项工程的人工、材料和机械台班消耗的种类和数量,也是依据相应的定额。

2.人工单价、材料预算价格和机械台班单价

工程单价除了要依据概、预算定额确定分部分项工程的工、料、机的消耗数量外,还必须依据上述3项"价"的因素,才能计算出分部分项工程的人工费、材料费和机械费,进而计算出工程单价。

3.措施费、间接费的取费标准

这是计算综合单价的必要依据。

(二)工程单价的编制方法

工程单价的编制方法,简单地说就是工、料、机的消耗量和工、料、机单价的结合过程。计算公式:

1.分部分项工程人材机单价(基价)

$$\text{分部分项工程人材机单价(基价)} = \text{人工费} + \text{材料费} + \text{机械使用费}$$

式中

$$\text{人工费} = \sum(\text{人工工日用量} \times \text{人工日工资单价})$$

$$\text{材料费} = \sum(\text{各种材料耗用量} \times \text{材料预算价格})$$

$$\text{机械使用费} = \sum(\text{机械台班用量} \times \text{机械台班单价})$$

2.分部分项工程全费用单价

$$\text{分部分项工程全费用单价} = \text{单位分部分项工程人材机费} + \text{措施费} + \text{规费} + \text{企业管理费} + \text{利润} + \text{税金}$$

具体的计算程序和费率,一般按省、直辖市、自治区工程造价管理机构规定的费率及其计算基础计算,或按综合费率计算。

【例3.4.1】 某土方工程的施工方案为:采用反铲挖土机挖土,液压推土机推土,平均推土距离50 m。为防止超挖和扰动地基土,按开挖总土方量的20%作为人工清底和修边坡工程量。为确定投标报价,采用实测的方法对人工及机械台班的消耗量进行确定,实测的有关数据如下:

①反铲挖土机纯工作1 h的生产率为56 m^3,机械利用系数为0.8,机械幅度差系数

为25%。

②液压推土机纯工作1 h的生产率为92 m^3，机械利用系数为0.85，机械幅度差系数为20%。

③人工连续作业挖1 m^3 土方需要基本工作时间为90 min，辅助工作时间、准备与结束工作时间、不可避免中断时间、休息时间分别占工作延续时间的2%，2%，1.5%和20.5%，人工幅度差系数为10%。

④挖土机、推土机作业时，需要人工进行配合，其标准为每个台班配合一个工日。

⑤根据有关资料，当地人工工资标准为20.5元/工日，挖土机单价789.20元/台班，推土机单价473.40元/台班。

若当地综合费率为4.39%，利润率为4%，税率为3.49%。试确定该土方工程每1 000 m^3 的投标报价。假设所给数据中均未含进项税额。

【解答】

（一）计算1 000 m^3 土方工程人材机费单价

（1）计算1 000 m^3 土方工程挖土机台班数

①挖土机施工时间定额 $=\dfrac{1}{56\times8\times0.8}$ 台班/m^3

②挖土机预算时间定额 $=\dfrac{1}{56\times8\times0.8}\times(1+25\%)$ 台班/m^3

③挖土机预算产量定额 $=\dfrac{56\times8\times0.8}{1+25\%}$ m^3/台班

④挖1 000 m^3 需用台班数 $=\dfrac{1\ 000\times80\%}{(56\times8\times0.8)/(1+25\%)}$ 台班 $=2.79$ 台班

（2）计算1 000 m^3 土方工程推土机台班数 $=\dfrac{1\ 000}{(92\times8\times0.85)/(1+20\%)}$ 台班 $=1.92$ 台班

（3）计算挖1 000 m^3 的20%的人工工日数

①施工时间定额 $=\dfrac{90}{1-(2\%+2\%+1.5\%+20.5\%)}/(8\times60)$ 工日/m^3 $=0.25$ 工日/m^3

②预算时间定额 $=0.25\times(1+10\%)$

③人工挖1 000 m^3 的20%工日数 $=1\ 000\times20\%\times0.25\times(1+10\%)$ 工日 $=55$ 工日

（4）计算1 000 m^3 土方工程人材机费单价

①人工费 $=[55+1\times(2.79+1.92)]\times20.5$ 元 $=1\ 224.06$ 元

②机械费 $=2.79\times789.20$ 元 $+1.92\times473.40$ 元 $=3\ 110.80$ 元

③1 000 m^3 土方工程人材机费单价 $=1\ 224.06$ 元 $+3\ 110.80$ 元 $=4\ 334.86$ 元

（二）综合费 $=4\ 334.86$ 元 $\times4.39\%=109.30$ 元

（三）利润 $=(4\ 334.86+109.30)$ 元 $\times4\%=177.77$ 元

（四）税金 $=(4\ 334.86+109.30+177.77)$ 元 $\times3.49\%=164.13$ 元

（五）计算每1 000 m^3 土方工程的投标报价

每1 000 m^3 土方工程投标报价 $=(4\ 334.86+109.30+177.77+164.13)$ 元

$=4\ 867.06$ 元

第五节　概算定额和估算指标

一、概算定额

(一)概算定额的概念

概算定额以扩大结构构件、分部工程或扩大分项工程为研究对象,以预算定额为基础,根据通用设计或标准图等资料,经过适当综合扩大,规定完成一定计量单位的合格产品,所需人工、材料、机械台班等消耗量的数量标准。

由于概算定额综合了若干预算定额子目,因此使概算工程项目划分、工程量计算和设计概算书的编制,都比编制施工图预算简化了许多。

建筑安装工程概算定额基价又称扩大单位估价表,是确定概算定额单位产品所需全部材料费、人工费、施工机械使用费之和的文件,是概算定额在各地区以价格表现的具体形式。计算公式为:

$$概算定额基价=概算定额材料费+概算定额人工费+概算定额施工机械使用费$$

$$概算定额材料费=\sum(材料概算定额消耗量\times材料预算价格)$$

$$概算定额人工费=\sum(人工概算定额消耗量\times人工工资单价)$$

$$概算定额机械费=\sum(施工机械概算定额消耗量\times机械台班单价)$$

概算定额基价的制订依据与预算定额基价相同,即全国统一概算定额基价,应按北京地区的工资标准、材料预算价格和机械台班单价计算基价;地区统一定额和通用性强的全国统一概算定额,以省会所在地的工资标准、材料预算价格和机械台班单价计算基价。在定额表中一般应列出基价所依据的单价并在附录中列出材料预算价格取定表。

(二)概算定额的作用

1.概算定额是初步设计阶段编制建设项目设计概算的依据

建设程序规定,采用两阶段设计时,其初步设计必须编制概算;采用三阶段设计时,其技术设计必须编制修正概算,对拟建项目进行总估价。

2.概算定额是设计方案比较的依据

所谓设计方案比较,目的是选择出技术先进可靠、经济合理的方案,在满足使用功能的条件下,达到降低造价和资源消耗的目的。

3.概算定额是编制主要材料需要量的计算基础

根据概算定额所列材料消耗指标,计算工程用料数量,可在施工图设计之前提出供应计划,为材料的采购、供应做好施工准备和提供前提条件。

(三)概算定额的编制原则和依据

1.概算定额的编制原则

概算定额应该贯彻社会平均水平和简明适用的原则。

由于概算定额和预算定额都是工程计价的依据,因此,应符合价值规律和反映现阶段生产力水平。在概预算定额水平之间应保留必要的5%~8%幅度差,并在概算定额的编制过程中严格控制。为控制项目投资,概算定额要不留活口或少留活口。

2.概算定额的编制依据

由于概算定额的适用范围不同,其编制依据也有区别。编制依据一般有以下几种:

①现行的设计标准规范;

②现行建筑和安装工程预算定额;

③国务院各有关部门和各省、自治区、直辖市批准颁发的标准设计图集和有代表性的设计图纸等;

④现行的概算定额及其编制资料;

⑤编制期人工工资标准、材料预算价格、机械台班单价等。

(四)概算定额的编制

概算定额的编制一般分为3个阶段:准备阶段、编制阶段、审查报批阶段。

准备阶段:主要是确定编制机构和人员组成,进行调查研究,了解现行概算定额执行情况与存在问题、编制范围。在此基础上制订概算定额的编制细则和概算定额项目划分。

编制阶段:根据已制订的编制细则、定额项目划分和工程量计算规则,调查研究,对收集到的设计图纸、资料进行细致的测算和分析,编出概算定额初稿。并将概算定额的分项定额总水平与预算水平相比较,控制在允许的幅度之内,以保证二者在水平上的一致性。如果概算定额与预算定额水平差距较大时,则需对概算定额水平进行必要的调整。

审查报批阶段:在征求意见修改之后形成报批稿,经批准之后交付印刷发布。

(五)概算定额的组成内容

按专业特点和地区特点编制的概算定额由文字说明、定额项目表格和附录3个部分组成。

概算定额的文字说明中有总说明、分章说明,有的还有分册说明。在总说明中,要说明编制的目的和依据,使用的范围和应遵守的规定,建筑面积的计算规则。分章说明应规定分部分项工程的工程量计算规则等。

二、概算指标

(一)概算指标的概念

建筑安装工程概算指标通常是以整个建筑物和构筑物为对象,以建筑面积、体积或成套设备的台或组为计量单位而规定的人工、材料和机械台班的消耗量标准和造价指标。建筑安装工程概算指标比概算定额具有更加概括与扩大的特点。

(二)概算指标的作用

①概算指标可以作为编制投资估算的参考;

②概算指标中的主要材料指标可作为计算主要材料用量的依据;

③概算指标是设计单位进行设计方案比较和优选的依据;

④概算指标是编制固定资产投资计划、确定投资额的主要依据。

(三)概算指标的编制原则

1.按平均水平确定概算指标的原则

在我国社会主义市场经济条件下,概算指标作为确定工程造价的依据,应贯彻平均水平的编制原则。

2.概算指标的内容和表现形式,要贯彻简明适用的原则

为适应市场经济的客观要求,概算指标的项目划分应根据用途的不同,确定其项目的综合

范围。遵循粗而不漏、适用面广的原则，体现综合扩大的性质。概算指标从形式到内容应简明易懂，要便于在采用时根据拟建工程的具体情况进行必要的调整换算，能在较大范围内满足不同用途的需要。

3.概算指标的编制依据，必须具有代表性

编制概算指标所依据的工程设计资料，应具有代表性、技术先进性和经济合理性。

（四）概算指标的组成

概算指标由文字说明和列表形式的指标以及必要的附录组成。

1.总说明和分册说明

其内容一般包括：概算指标的编制范围、编制依据、分册情况、指标包括的内容、指标未包括的内容、指标的使用方法、指标允许调整的范围及调整方法等。

2.列表形式的指标

（1）建筑工程指标

包括房屋建筑、构筑物，一般是以"建筑面积""建筑体积""座""个"等为计算单位，附以必要的示意图或单线平面图，列出综合指标：元/m^2 或元/m^3。说明自然条件、建筑物的类型、结构形式及各部位中结构主要特点、主要工程量等。

（2）安装工程指标

设备以"t"或"台"为计算单位，也有以设备购置费或设备原价的百分比表示；工艺管道一般以"t"为计算单位；通信电话站安装以"站"为计算单位。列出指标编号、项目名称、规格、综合指标之后，一般还要列出其中的人工费，必要时还要列出主材费、辅材费。

（五）概算指标的分类

概算指标可分为两大类：一类是建筑工程概算指标，另一类是安装工程概算指标。

三、投资估算指标

（一）投资估算指标及其作用

工程建设投资估算指标是编制建设项目建议书、可行性研究报告等前期工作阶段投资估算的依据，也可以作为编制固定资产长远规划投资额的参考。估算指标的正确制订对于提高投资估算的准确度、对建设项目的合理评估、正确决策具有重要的意义。

（二）投资估算指标编制原则

由于投资估算指标属于项目建设前期进行估算投资的技术经济指标，它不但要反映实施阶段的静态投资，还必须反映项目建设前期和交付使用期内发生的动态投资，以投资估算指标为依据编制的投资估算，包含项目建设的全部投资额。这就要求投资估算指标比其他各种计价定额具有更大的综合性和概括性。因此，投资估算指标的编制工作，除了应遵循一般定额的编制原则外，还必须坚持下述原则：

①投资估算指标项目的确定，应考虑以后几年编制建设项目建议书和可行性研究报告投资估算的需要。

②投资估算指标的分类、项目划分、项目内容、表现形式等，要结合各专业的特点，并且要与项目建议书、可行性研究报告的编制深度相适应。

③投资估算指标的编制内容，典型工程的选择，必须遵循国家的有关建设方针政策，符合国家技术发展方向，贯彻国家高科技政策和发展方向的原则，使指标的编制既能反映现实的高

科技成果，反映正常建设条件下的造价水平，也能适应今后若干年的科技发展水平。

④投资估算指标的编制要反映不同行业、不同项目和不同工程的特点，投资估算指标要适应项目前期工作深度的需要，而且具有更大的综合性。

⑤投资估算指标的编制要体现国家对固定资产投资实施间接控制作用的特点。要贯彻能分能合、有粗有细、细算粗编的原则。

⑥投资估算指标的编制要贯彻静态和动态相结合的原则。

(三)投资估算指标的内容

投资估算指标可分为建设项目综合指标、单项工程指标和单位工程指标3个层次。

1.建设项目综合指标

建设项目综合指标一般以项目的综合生产能力以单位投资表示，如元/t、元/kW或以使用功能表示，如医院床位：元/床。包括单项工程投资、工程建设其他费用和预备费等。

2.单项工程指标

单项工程指标一般以单项工程生产能力以单位投资，如元/t或其他单位表示。如变配电站：元/(kV·A)；锅炉房：元/蒸汽吨；供水站：元/m^3；办公室、仓库、宿舍、住宅等房屋则区别不同结构形式，以元/m^2表示。单项工程估算指标，包括构成该单项工程全部费用的估算费用。

3.单位工程指标

单位工程指标包括构成该单位工程的全部建筑安装工程费用，不包括工程建设其他费用。

四、工程建设其他费用定额

(一)工程建设其他费用定额及其作用

工程建设其他费用定额是指从工程筹建到工程竣工验收交付生产或使用整个建设期间，除了建筑安装工程费用和设备、工器具购置费以外的，为保证工程建设顺利完成和交付使用后能够正常发挥效用而发生的各项费用开支的标准。工程建设其他费用的构成内容，如本书第二章第四节所示。工程建设其他费的取费标准，长期以来，一直采用定性与定量相结合的方式，由主管部门制订工程建设其他费用标准的编制方法，作为合理确定工程造价的依据。工程建设其他费用定额经批准后，是计算工程建设其他费用的依据。

(二)工程建设其他费用定额的编制原则

工程建设其他费用定额的编制应贯彻细算粗编、不留活口的原则，以利于实行费用包干。

各省、自治区、直辖市和国务院各有关部门应根据规定编制各项费用的具体标准，一般不应增加新的费用项目。对项目所包含的内容也不要随意增加。对其中个别费用项目在本地区、本部门不发生的不计列。

为合理确定工程建设其他费，如确定勘察设计费、工程监理费、工程保险费等，往往通过招标投标的方式，择优选择能保证质量、工期和报价合理的单位承担规定的任务。在这种市场竞争环境中，勘察设计等单位，也应编制适合本单位使用的取费标准，做好优化设计和限额设计工作，参与投标竞争，不断提高市场竞争能力。

第六节 工程造价指数和工程造价资料

一、工程造价指数及其意义

随着我国经济体制改革,特别是市场价格体制改革的不断深化,设备、材料价格和人工费的变化对工程造价的影响日益增大。在建设市场供求和价格水平发生经常性波动的情况下,建设工程造价及其各组成部分,也处于不断变化之中。这不仅使不同时期的工程在“量”与“价”两方面都失去可比性,也给合理确定和有效控制造价造成了困难。根据工程建设的特点,编制工程造价指数是解决这些问题的最佳途径。正确编制的工程造价指数,不仅能够较好地反映工程造价的变动趋势和变化幅度,而且可用以剔除价格水平变化对造价的影响,客观反映建设市场的供求关系和生产力发展水平。

工程造价指数是反映一定时期由于价格变化对工程造价影响程度的一种指标。根据已建成工程竣工结算或竣工决算的造价资料和利用工程造价指数,可以编制拟建工程投资估算、工程概算、工程预算,也可编制招标工程标底价、投标报价和调整工程造价价差,合理进行工程价款动态控制、动态结算等。工程造价指数反映了报告期与基期相比的价格变动程度和趋势,在工程造价管理中,工程造价指数具有以下作用:

①分析价格变动趋势及其原因;

②估计工程造价变化对宏观经济的影响;

③合理进行工程估价、编制标底价、投标报价,调整价差,合理进行工程价款动态控制与结算的重要依据。

二、工程造价指数的分类

(一)按照工程范围、类别、用途分类

1.单项价格指数

单项价格指数是分别反映各类工程的人工、材料、施工机械及主要设备报告期价格对基期价格的变化程度的指标。可利用它研究主要单项价格变化的情况及趋势。如人工费价格指数、主要材料价格指数、施工机械台班价格指数、主要设备价格指数等。

2.综合造价指数

综合造价指数是综合反映分部分项工程、单位工程、单项工程和建设项目的人工费、材料费、施工机械使用费和设备费等报告期价格对基期价格变化而影响工程造价程度的指标,是研究造价总水平变动趋势和程度的主要依据。如分部分项工程直接工程费造价指数、措施费造价指数、间接费(规费、企业管理费)造价指数、单位建筑安装工程造价指数、设备工器具购置费造价指数、工程建设其他费造价指数、单项工程和建设项目综合造价指数等。

(二)按造价资料期限长短分类

①时点造价指数是不同时点价格对基期计算的相对数;

②月指数是不同月份价格对基期价格计算的相对数;

③季指数是不同季度价格对基期价格计算的相对数;

④年指数是不同年度价格对基期价格计算的相对数。

(三)按不同基期分类

①定基指数。是各时期价格与某固定时期的价格对比计算后编制的指数。

②环比指数。是各时期价格都以其前一时期价格为基础计算的造价指数。例如,与上月对比计算的指数,为月环比指数。

三、工程造价指数的编制

工程造价指数一般应按各主要构成要素和层次结构分别编制价格指数,然后按统计学有关工程造价指数的计算公式及变形公式进行汇总计算得到工程造价指数。

(一)人工费、材料费、施工机械使用费指数的编制

1.单位价格指数的编制

人工、材料、施工机械台班单位价格指数的编制是编制分部分项工程人材机费价格指数及各类建筑安装工程造价指数的基础。这种价格指数的编制可以直接采用单位要素报告期价格与基期价格相比后得到。其计算公式如下:

$$\text{人工(材料、施工机械台班)单位价格指数 } K_i = \frac{P_i}{P_o}$$

式中 i——人工、材料、施工机械台班的种类,$i=1,2,3,\cdots,n$;

K_i——单位人工、材料、施工机械台班价格指数;

P_i——报告期人工、材料、施工机械台班单价;

P_o——基期人工、材料、施工机械台班单价。

2.费用指数的编制

建筑安装工程的施工,尽管是一项分部分项工程,也要消耗多工种的人工,要使用多种材料、多种施工机械台班等。仅有单位价格指数,没有人工费、材料费、施工机械使用费等费用指数,其他工程造价指数均不能编制。

根据统计学的一般原理,在编制人工费、材料费、施工机械使用费综合价格指数时,可采用拉氏公式或派氏变形公式来编制。其计算公式可以分别表示为:

$$\text{拉氏公式} \quad K_p = \frac{\sum q_o p_i}{\sum q_o p_o} \qquad \text{派氏变形公式 } K_p = \frac{\sum q_i p_i}{\sum \frac{1}{k_i} q_i p_i}$$

式中 K_p——综合费用或价格指数;

p_o 和 p_i——基期与报告期价格;

q_o 和 q_i——基期与报告期数量;

K_i——构成综合指数的子项价格指数或价格,$K_i = \frac{p_i}{p_o}$。

(二)分部分项工程价格指数的编制

1.分部分项工程人材机费价格指数的编制

根据工程造价指数计算公式,可按工程费价格指数的计算公式进行计算。

【例 3.6.1】 某分部工程工、料、机消耗量、基期、报告期价格见表 3.6.1,求该工程人材机费价格指数。

表 3.6.1　某分部工程人材机费资料表

序　号	项　目		消耗量	基　价	报告期价
1	人工		1 000 工日	23 元/工日	30 元/工日
2	材料	A	300 t	320 元/t	360 元/t
		B	100 t	3 000 元/t	4 000 元/t
3	施工机械		50 台班	300 元/台班	360 元/台班

【解答】　按照工程造价指数的计算公式，该分部工程人材机费价格指数计算时，其子项比重的计算应以报告期的量价为依据。

人材机费 =（1 000×30+300×360+100×4 000+50×360）元 = 556 000 元

人工费占人材机费比重 = 1 000×30/556 000

A 材料占人材机费比重 = 300×360/556 000

B 材料占人材机费比重 = 100×4 000/556 000

机械费占人材机费比重 = 50×360/556 000

该工程人材机费价格指数 K_p 为：

$$K_p = \frac{1\ 000 \times 30}{556\ 000} \times \frac{30}{23} + \frac{300 \times 360}{556\ 000} \times \frac{360}{320} + \frac{100 \times 4\ 000}{556\ 000} \times \frac{4\ 000}{3\ 000} + \frac{50 \times 360}{556\ 000} \times \frac{360}{300}$$

$$= 0.07 + 0.22 + 0.96 + 0.04$$

$$= 1.29$$

2. 措施费价格指数的编制

措施费内容较多，比重相对不大，不同工程的差别却较大。编制时，可采用每万元分部分项工程费中的措施费支出金额或费率来进行计算。计算公式可以表式为：

$$措施费价格指数 = \frac{报告期每万元分部分项工程费支出措施费金额}{基期每万元分部分项工程费支出措施费金额}$$

或

$$措施费价格指数 = \frac{报告期措施费费率}{基期措施费费率}$$

（三）建筑安装工程造价指数的编制

从分部组合计价的方法来看，单位建筑安装工程造价由若干个分部分项工程的费用之和组成。从单位建筑安装造价的构成来看，单位建筑安装工程造价由分部分项工程费、管理费、规费、利润和税金组成。单位建筑安装工程价格指数，可按其构成要素或组成该单位建筑安装工程的分部分项价格指数，采用工程造价指数的计算公式进行计算。用同样方法，在求得单位建筑安装工程造价指数后，可求得单项工程和建设项目的建筑安装工程造价指数。

【例 3.6.2】　某综合楼工程分部分项工程费为 90 万元，零星工程和措施费合计为 9 万元，管理费、规费为 7.92 万元，利润为 4.28 万元，税金为 3.78 万元。并已知分部分项工程费价格指数为 1.08，管理费、规费费价格指数为 1.10，利润、税金价格指数不变，均为 1，求该工程造价指数。

【解答】　按照工程造价指数的计算公式，计算构成该工程造价的各子项占总造价的比重，分别为：

该工程造价=(90+9+7.92+4.28+3.78)万元=114.98 万元

分部分项工程费占造价比重=(90+9)/114.98

管理费、规费与造价比重=7.92/114.98

利润和税金占造价比重=(4.28+3.78)/114.98

按照工程造价指数的计算公式,计算该工程造价指数 K_p 为:

$$K_p = (90+9)/114.98 \times 1.08 + 7.92/114.98 \times 1.10 + (4.28+3.78)/114.98 \times 1$$
$$= 0.93 + 0.08 + 0.07$$
$$= 1.08$$

(四)设备工器具和工程建设其他费用价格指数的编制

1.设备工器具价格指数

设备工器具的种类、品种和规格很多,其指数一般可选择其中用量大、价格高、变动多的主要设备工器具的购置数量和单价进行登记,按照下面的公式进行计算:

$$\text{设备、工器具价格指数} = \frac{\sum(\text{报告期设备工器具单价} \times \text{报告期购置数量})}{\sum(\text{基期设备工器具单价} \times \text{报告期购置数量})}$$

2.工程建设其他费用指数

工程建设其他费用指数可以按照每万元投资额中的其他费用支出定额计算,计算公式如下:

$$\text{工程建设其他费用指数} = \frac{\text{报告期每万元投资支出中其他费用}}{\text{基期每万元投资支出中其他费用}}$$

(五)建设项目或单项工程造价指数的编制

编制建设项目或单项工程造价指数的公式如下:

建设项目或单项工程造价指数 = 建筑安装工程造价指数 × 基期建筑安装工程费占总造价的比例 + $\sum$(单项设备价格指数 × 基期该项设备费占总造价的比例) + 工程建设其他费用指数 × 基期工程建设其他费用占总造价的比例

【例 3.6.3】 某建设项目投资额及分项价格指数资料见表 3.6.2。求该工程造价指数。

表 3.6.2 某建设项目的投资额和价格指数

费用项目	投资额/万元	价格指数/%
投资额合计	5 600	
1.建筑安装工程投资	2 400	107.4
2.设备工器具投资	2 360	105.6
3.工程建设其他投资	840	105

【解答】 建设工程造价指数$=\frac{2\,400}{5\,600}\times 107.4\%+\frac{2\,360}{5\,600}\times 105.6\%+\frac{840}{5\,600}\times 105\%$

$=106.28\%$

说明报告期投资价格比对比的基期上升 6.28%。

四、工程造价资料及其分类

(一)工程造价资料的含义和作用

工程造价资料是指已建成竣工和在建的有使用价值的有代表性的工程设计概算、施工图预算、工程竣工结算、竣工决算、单位工程施工成本以及新材料、新结构、新设备、新施工工艺等建筑安装工程分部分项的单价资料等。特别是已建成工程的竣工结算、竣工决算资料,累积分析和运用,对计算类似工程造价和编制有关定额等具有重要作用。

工程造价资料是工程造价宏观管理、决策的基础;是制订修订投资估算指标,概预算定额和其他技术经济指标以及研究工程造价变化规律的基础;是编制、审查、评估项目建议书、可行性研究报告投资估算,进行设计方案比较,编制设计概算,投标报价的重要参考;也可作为核定固定资产价值,考核投资效果的参考。工程造价资料积累的目的是为了使不同的用户都可以使用这些资料,从而达到控制工程造价的目的。工程造价资料积累的范围,一方面要包括工程建设各阶段的造价资料,反映建设工程造价的全过程;另一方面要体现建设项目组成的特点。

笔者在收集、分析、研究近年来设计概算、施工图概算、竣工结算、竣工决算之间的相互关系时发现:某单位的5个已建成工程,总建筑面积21 158 m^2,工程造价资料齐全。其总的施工图预算价比设计概算价少16.05%,但竣工结算价比预算价高59%,而竣工决算价比预算价高80.96%。有的个别工程,实际造价比预算价高出100%以上。这一典型案例表明,传统概预算定额管理模式必须改革。必须注重一切从实际出发的工程造价管理模式的研究。必须实现技术与经济相结合,转变保守和落后的设计指导思想,科学地优选经济合理的设计方案,并严格控制设计变更,使建设按批准的设计方案进行。同时,工程造价的计价依据必须反映实际。工程造价构成必须反映建设的先后顺序、建设的主从关系、建设资金使用的时间、空间。必须坚持全过程的工程造价管理形式,改变"铁路警察各管一段"的工程造价管理形式。只有根据市场经济规律,不断推进工程造价管理的改革,才能合理确定和有效控制工程造价。

(二)工程造价资料的分类

1.按工程类型分类

工程造价资料可按照其不同工程类型进行分类,并分别列出其包含的单项工程和单位工程。

2.按不同阶段分类

工程造价资料按照其不同阶段,一般可分为投资估算、初步设计概算、施工图预算、承包合同价、竣工结算、竣工决算。

3.按组成特点分类

工程造价资料按照其组成特点,一般分为建设项目、单项工程和单位工程造价资料,同时也包括有关新材料、新工艺、新设备、新技术的分部分项工程造价资料等。

五、工程造价资料积累的内容

工程造价资料积累的内容应包括主要工程量、材料数量、设备数量和价格,还要包括对造价确实有重要影响的技术经济条件,如工程的概况、建设条件等。

(一)建设项目和单项工程造价资料

①对造价有主要影响的技术经济条件。如项目建设标准、建设工期、建设地点等。

②主要的工程量、主要的材料量和主要设备的名称、型号、规格、数量及价格等。

③投资估算、概算、预算、竣工结算、决算及造价指数等。

(二)单位工程造价资料

单位工程造价资料包括工程的内容、建筑结构特征、主要工程量、主要材料的用量和单位、人工工日和人工费以及相应的造价。

(三)其他

有关新材料、新工艺、新设备、新技术分部分项工程的人工工日,主要材料用量,机械台班用量。

六、工程造价资料的管理

(一)建立造价资料积累制度

国家建设部曾印发了关于《建立工程造价资料积累制度的几点意见》的文件,标志着我国的工程造价资料积累制度正式建立和正式开展。建立工程造价资料积累制度,是工程造价管理的基础性工作。在国外不同阶段的投资估算,以及编制标底、投标报价的主要依据是单位和个人所经常积累的工程造价资料。全面系统地积累和利用工程造价资料,建立稳定的造价资料积累制度,对于我国加强工程造价管理,合理确定和有效管理工程造价具有十分重要的作用。

工程造价资料积累的工作量大,牵涉面也非常广,主要依靠国务院各有关部门和各省、自治区、直辖市建设主管部门做好组织工作。各地区、各部门可根据具体情况,利用信息时代计算机广泛使用,便于工程造价资料传输、储存和使用方便、迅速等特点,建立起切实可行的工程造价资料积累和共享制度。如建立执业造价工程师必须定期提供已建成工程造价资料,才能准予续期注册,并实现资料联网和共享制度等。

(二)资料数据库的建立

积极推广使用计算机建立工程造价资料的资料数据库,开发通用的工程造价资料管理系统,可以提高工程造价资料的适用性和可靠性。要建立造价资料数据库,首要的问题是工程的分类与编码。由于不同的工程在技术参数和工程造价组成方面有较大的差异,必须把同类型工程合并在一个数据库文件中,而把另一类型工程合并到另一数据库文件中。为了便于进行数据的统一管理和信息交流,必须按照国家标准《建设工程工程量清单计价规范》规定的我国建设工程的分类与编码,来收集和分类整理工程造价资料。

有了统一的工程分类与相应的编码之后,可由各部门、各省、自治区、直辖市工程造价管理部门负责数据的搜集、整理和输入工作,从而得到不同层次的造价资料数据库。按规定格式积累工程造价资料,建立工程造价资料数据库,其主要作用是:

①编制概算指标、投资估算指标的重要基础资料;

②编制投资估算、设计概算的类似工程造价资料;

③审查施工图预算的基础资料;

④研究分析工程造价变化规律的基础;

⑤编制固定资产投资计划的参考;

⑥编制标底和投标报价的参考;

⑦编制预算定额、概算定额的基础资料。

（三）工程造价资料的网络化管理

对工程造价资料数据库的网络化管理有以下明显的优越性：

①便于对价值进行宏观上的科学管理，减少各地重复搜集同样的造价资料的工作。

②便于对不同地区的造价水平进行比较，从而为投资决策提供信息。

③便于各地造价管理部门的相互协作，信息资料的相互交流，有利于成果共享。

④便于原始价格数据的搜集。这项工作涉及许多部门、单位，如果建立一个可行的造价资料信息网，则可以大大减少工作量。

⑤便于对价格的变化进行预测，使建设、设计、咨询、施工单位都可以通过网络尽早了解工程造价的变化趋势。

思考与练习题

1.什么是建设工程定额？主要作用有哪些？

2.计价依据有哪些类型？试述其主要特点。

3.我国现行的计价方法主要有哪两种？试述它们的计价过程。

4.什么是工序？什么是施工过程？

5.已知浇筑混凝土的基本工作时间为 300 min，准备与结束时间 17.5 min，休息时间 11.2 min，不可避免的中断时间 8.8 min，损失时间 85 min，共浇筑混凝土 2.5 m^3。求浇筑混凝土的时间定额和产量定额。

6.已知用塔式起重机吊运混凝土。测定塔节需时 50 s，运行需时 80 s，卸料需时 40 s，返回需时 30 s，中断 40 s。每次装运混凝土 0.5 m^3，机械利用系数 0.85。求塔式起重机的产量定额和时间定额。

7.什么是施工定额？企业为什么要编制施工定额？施工定额为什么要采用平均先进水平进行编制？

8.什么是材料预算价格？如何确定？

9.某工程购置袋装水泥 80 t，市场价 330 元/t，厂供价 300 元/t；运输费厂供价为 15 元/t，市场购置的运输费为 10 元/t；损耗率厂供为 1%，市场购置损耗为 0.5%；采购及保管费率，厂供为 2.5%，市场购为 2%。试确定拟选用的采购方案，并计算该批水泥的材料价格。

10.什么是机械台班单价？应如何计算？

11.预算定额与施工定额有哪些联系和区别？试列表比较说明。

12.工程量清单中的单价应如何确定？请列出计算表达式。

13.概算定额与预算定额有哪些联系和区别？请列表比较说明。

14.建设单位管理费、设计费、工程监理费、保险费应如何确定？

15.某建设项目建筑安装投资 2 000 万元，价格指数 110%，设备及工器具投资 3 000 万元，价格指数 105%，工程建设其他费用投资 800 万元，价格指数 106%。求该项目的工程造价指数，并说明其含义。

16.某分项工程人工、材料、机械消耗量、基期、报告期价格见表 3.1。求该工程人材机费价格指数。

表3.1

序号	项目		消耗量	基期价	报告期价
1	人工		1 000 工日	20 元/工日	23 元/工日
2	材料	甲	100 t	2 500 元/t	2 600 元/t
		乙	200 t	2 600 元/t	2 700 元/t
3	机械		100 台班	200 元/台班	250 元/台班

17.影响人工、材料、机械价格变化有哪些因素？试举例说明。

18.什么是工程造价资料？它有哪些用途？

19.应如何来搜集和利用工程造价资料？

20.某工业架空热力管道工程，由型钢支架工程和管道工程组成。由于现行定额中没有适用的定额子目，需要根据现场实测数据，结合工程所在地的人工、材料、机械台班单价，编制每10 t型钢支架和每10 m管道工程单价。并测算50 t型钢支架工程和300 m管道安装工程的投标报价。

(1)型钢支架工程

①若实测得每焊接1 t型钢支架需要基本工作时间54 h，辅助工作时间、准备与结束时间、不可避免的中断时间、休息时间分别占工作持续时间的3%，2%，2%，18%。试计算每焊接1 t型钢支架的人工时间定额和产量定额。

②若除焊接外，每吨型钢支架的安装、防腐、油漆等时间定额为12工日。在作投标报价时，各项作业人工幅度差取10%，试计算每吨型钢支架工程的预算定额人工消耗量。

③若工程所在地综合人工工资标准为22.50元/工日，每吨型钢支架工程钢材的损耗率为6%，钢材单价为3 600元/t，消耗其他材料费3 800元/t，消耗各种机械台班费490元/t。试计算每10 t型钢支架工程的单价。

(2)管道工程

①若测得完成每米管道保温需要基本工作时间5.2 h，辅助工作时间、准备与结束时间、不可避免的中断时间、休息时间分别占工作延续时间的2%，2%，2%，16%。试计算每米管道保温的人工时间定额和产量定额。

②若除保温外，每米管道安装工程、防腐、包铝箔等作业的人工时间定额为8工日。在作投标报价时，各项作业人工幅度差取12%。试计算每米管道工程的预算定额人工消耗量。

③若工程所在地综合人工工资标准为23.00元/工日。每米管道工程消耗ϕ325碳素钢管道56 kg(钢管价3 100元/t)，保温材料0.085 m^3(保温材料综合价290元/m^3)，消耗其他材料费230元/m，消耗各种机械台班费360元/m。试计算每10 m管道工程的单价。

(3)投标报价

若该工程所在地区的其他措施费、企业管理费、规费的综合费费率为128.01%，利润率为52.16%，税率为3.49%。试计算50 t型钢支架工程和300 m管道安装工程的投标报价。

第四章　投资估算与财务评价

投资估算和财务评价是建设项目投资决策阶段的重要内容。投资估算是建设项目设计方案的选择依据和初步设计的工程造价的控制目标。建设项目财务评价是投资决策阶段可行性研究的核心内容。它通过重点考察项目的赢利能力,从而判断其财务可行性。本章介绍投资估算的编制方法、财务报表的编制、建设项目财务评价和财务评价案例分析。

第一节　概　述

一、投资估算的概念

投资估算是指在整个投资决策过程中。依据现有的资料和一定的方法,对建设项目未来发生的全部费用进行预测和估算。估算值与建设期末实际投资总额的差异大小,反映了总投资估算的精确度。而这一精确度的保证又取决于投资估算的阶段要求。因为投资估算是项目决策的重要依据之一,所以正确估算总投资额是预测项目财务效益和经济效益的基础,也是保证项目顺利完成筹资和有效使用资金的关键。

二、投资估算的阶段划分

投资估算贯穿于整个投资决策过程中,投资决策过程可划分为投资机会研究及项目建议书阶段、初步可行性研究阶段、详细可行性研究阶段,因此投资估算工作也相应分为三个阶段。不同阶段所具备的条件、掌握的资料和投资估算的要求不同,因而投资估算的准确程度在不同阶段也不同,进而每个阶段投资估算所起的作用也不同。

(一)项目建议书阶段的投资估算

这一阶段主要是选择有利的投资机会,明确投资方向,提出项目投资建议,并编制项目建议书。该阶段工作比较粗略,投资额的估计一般是通过与已建类似项目的对比等快捷方法得来的,因而投资的误差率可在±30%。

这一阶段的投资估算是作为管理部门审批项目建议书、初步选择投资项目的主要依据之一,对初步可行性研究及其投资估算起指导作用。在这个阶段可否定一个项目,但不能完全肯定一个项目是否真正可行。

(二)初步可行性研究阶段的投资估算

这一阶段主要是在投资机会研究结论的基础上,进一步研究项目的投资规模、原材料来源、工艺技术、厂址、组织机构和建设进度等情况,进行经济效益评价,判断项目的可行性,作出初步投资评价。该阶段是介于投资机会研究和详细可行性研究的中间阶段,投资估算的误差率一般要求控制在±20%。

这一阶段的投资估算是作为决定是否进行详细可行性研究的依据之一,同时也是确定哪些关键问题需要进行辅助性专题研究的依据之一。在这个阶段可对项目是否真正可行作出初步的决定。

(三)详细可行性研究阶段的投资估算

详细可行性研究阶段的投资估算可称为最终可行性研究报告阶段,主要是对项目进行全面、详细、深入的技术经济分析论证,评价选择拟建项目的最佳投资方案,对项目的可行性提出结论性意见。该阶段研究内容详尽、深入,投资估算的误差率应控制在±10%以内。

这一阶段的投资估算是对项目进行详细的经济评价,对拟建项目是否真正可行进行最后决定,是选择最佳投资方案的主要依据,也是编制设计文件、控制初步设计及概算的主要依据。

三、投资估算的内容

根据工程造价的构成,建设项目投资的估算包括固定资产投资估算和流动资金估算。

固定资产投资估算的内容按照费用的性质划分,包括设备及工器具购置费、建筑安装工程费用、工程建设其他费用、建设期贷款利息、预备费及固定资产投资方向调节税。

固定资产投资可分为静态部分和动态部分。涨价预备费、建设期利息和固定资产投资方向调节税构成动态投资部分;其余部分为静态投资部分。

流动资金是指生产经营性项目投产后,用于购买原材料、燃料、支付工资及其他经营费用等所需的周转资金。它是伴随着固定资产投资而发生的长期占用的流动资产投资,流动资金=流动资产-流动负债。其中,流动资产主要考虑现金、应收账款和存货;流动负债主要考虑应付账款。因此,流动资金的概念,实际上就是财务中的营运资金。

第二节　投资估算的编制方法

一、固定资产投资估算方法

常用的投资估算方法,有的适用于整个项目的投资估算,有的适用于一套装置的投资估算,有的适用于项目分部的投资估算。为提高投资估算的科学性和精确性,应按项目的性质、技术资料和已占有的已建类似项目资料、技术经济指标的具体情况,有针对性地选用适宜的方法。

(一)静态投资部分的估算方法

1.资金周转率法

这是一种用资金周转率来推测投资额的简便方法,其公式如下:

$$资金周转率=\frac{年销售总额}{总投资}=\frac{产品的年产量\times 产品单价}{总投资}$$

$$投资额=\frac{产品的年产量\times 产品单价}{资金周转率}$$

拟建项目的资金周转率可以先根据已建类似项目的有关数据进行估计,然后再根据拟建项目的预计产品的年产量及单价,估算拟建项目的投资额。

这种方法比较简便快捷,但精确度较低,可用于投资机会研究及项目建议书阶段的投资估算。

2.生产能力指数法

这种方法根据已建成的、性质类似的建设项目(或生产装置)的投资额和生产能力,以及拟建项目(或生产装置)的生产能力,估算拟建项目的投资额。计算公式为:

$$C_2 = C_1\left(\frac{Q_2}{Q_1}\right)^n \cdot f$$

式中　C_1——已建类似项目或装置的投资额;

C_2——拟建项目或装置的投资额;

Q_1——已建类似项目或装置的生产能力;

Q_2——拟建项目或装置的生产能力;

f——不同时期、不同地点的定额、单价、费用变更等的综合调整系数;

n——生产能力指数,$0 \leqslant n \leqslant 1$。

若已建类似项目或装置的规模和拟建项目或装置的规模相差不大,生产规模比值在0.5~2,则指数 n 的取值近似为1。

若已建类似项目或装置与拟建项目或装置的规模相差不大于50倍,且拟建项目规模的扩大仅靠增大设备规模来达到时,则 n 取值在0.6~0.7;若是靠增加相同规格设备的数量达到时,n 的取值在0.8~0.9。

采用这种方法,计算简单、速度快,但要求类似工程的资料可靠,条件基本相同,否则误差就会较大。

【例4.2.1】　建设一座年产量50万吨的某生产装置的投资额为10亿元,现拟建一座年产100万吨的类似生产装置,试用生产能力指数法估算拟建生产装置的投资额是多少?(已知:$n=0.5$,$f=1$)

【解答】　根据上述公式计算为:

$$C_2 = C_1\left(\frac{Q_2}{Q_1}\right)^n \cdot f$$

$$= 10 \times \left(\frac{100}{50}\right)^{0.5} \times 1\text{亿元} = 14.14\text{亿元}$$

3.比例估算法

比例估算法又分为两种:

①以拟建项目或装置的设备费为基数,根据已建成的类似项目或装置的建筑安装费和其他工程费用等占设备价值的百分比,求出拟建项目或装置相应的建筑安装费及其他工程费用等,再加上拟建项目的其他有关费用,其总和即为拟建项目或装置的投资。公式如下:

$$C = E(1 + f_1P_1 + f_2P_2 + f_3P_3 + \cdots) + I$$

式中　C——拟建项目或装置的投资额;

E——根据拟建项目或装置的设备清单按当时当地价格计算的设备费(包括运杂费)的总和;

$P_1, P_2, P_3\cdots$——已建项目中建筑、安装及其他工程费用等占设备费的百分比;

$f_1, f_2, f_3\cdots$——由于时间因素引起的定额、价格、费用标准等变化的综合调整系数;

I——拟建项目的其他费用。

②以拟建项目中的最主要、投资比重较大并与生产能力直接相关的工艺设备的投资(包括运杂费及安装费)为基数,根据同类型的已建项目的有关统计资料,计算出拟建项目的各专

业工程(总图、土建、暖通、给排水、管道、电气及电信、自控及其他工程费用等)占工艺设备的百分比,据此求出各专业工程的投资,然后把各部分投资费用(包括工艺设备费)相加求和,再加上工程其他有关费用,即为项目的总费用。其表达式为:

$$C = E(1 + f_1 P'_1 + f_2 P'_2 + f_3 P'_3 + \cdots) + I$$

式中 $P'_1, P'_2, P'_3 \cdots$——已建项目中各专业工程费用占工艺设备费用的百分比。

其他符号同前。

4.系数估算法

(1)朗格系数法

这种方法是以设备费为基数,乘以适当系数来推算项目的建设费用,基本公式为:

$$C = E \cdot (1 + \sum K_i) \cdot K_c$$

式中 C——总建设费用;

E——主要设备费用;

K_i——管线、仪表、建筑物等项费用的估算系数;

K_c——管理费、合同费、应急费等间接费在内的总估算系数。

总建设费用与设备费用之比为朗格系数 K_L,即

$$K_L = (1 + \sum K_i) \cdot K_c$$

表 4.2.1 是国外的流体加工系统的典型经验系数值。

这种方法比较简单,但没有考虑设备规格、材质的差异,所以精确度不高。

表 4.2.1 流体加工系统的典型经验系数

项目	系数
主设备交货费用	C
附属其他直接费用与 E 之比(K_i)	
主设备安装人工费	0.10~0.20
保温费	0.10~0.25
管线(碳钢)费	0.50~1.00
基础	0.03~0.13
建筑物	0.07
构架	0.05
防火	0.06~0.10
电气	0.07~0.15
油漆粉刷	0.06~0.10
$\sum K_i$	1.04~1.93
直接费用之和 $[(1 + \sum K_i)E]$	
通过直接费表示的间接费	
日常管理费、合同费和利息	0.30
工程费	0.13
不可预见费	0.13
K_c	1+0.56=1.56
总费用 $C = E(1 + \sum K_i) \cdot K_c = E(3.18 \sim 4.57)$	

(2)设备与厂房系数法

对于一个生产性项目,如果设计方案已确定了生产工艺,且初步选定了工艺设备并进行了工艺布置,就有了工艺设备的重量及厂房的高度和面积,则工艺设备投资和厂房土建的投资就可分别估算出来。项目的其他费用,与设备关系较大的按设备投资系数计算,与厂房土建关系较大的则以厂房土建投资系数计算。这两类投资加起来就得出整个项目的投资。

【例 4.2.2】 650 mm 中型轧钢车间的工艺设备投资和厂房土建投资已经估算出来,其各专业工程的投资系数如下:

a.与设备有关的专业投资系数为:

工艺设备	1
起重运输设备	0.09
加热炉及烟囱烟道	0.12
汽化冷却	0.01
余热锅炉	0.04
供电及传动	0.18
自动化仪表	0.02
系数合计	1.46

b.与厂房土建有关的专业投资系数为:

厂房土建(包括设备基础)	1
给排水工程	0.04
采暖通风	0.03
工业管道	0.01
电气照明	0.01
系数合计	1.09

整个车间投资=设备及安装费×1.46+厂房土建(包括设备基础)×1.09

(3)主要车间系数法

对于在设计中重点考虑了主要生产车间的产品方案和生产规模的生产项目,可先采用合适的方法计算出主要车间的投资,然后利用已建类似项目的投资比例计算出辅助设施等占主要生产车间投资的系数,估算出总的投资。

【例 4.2.3】 某 10 万 t 炼钢厂已估计出了主要生产车间的投资,辅助设施费用占主要生产车间投资的系数为:

主要生产车间	1
辅助及公用系统	0.67
其中:机修	0.14
动力	0.32
总图运输	0.21
行政及生活福利设施	0.26
其他	0.38
总系数	2.31

10 万 t 炼钢厂投资额=主要生产车间投资×2.31

5.指标估算法

估算指标是一种比概算指标更为扩大的单位工程指标或单项工程指标。投资估算指标的表示形式较多,如以元/m、元/m^2、元/m^3、元/座(个)、元/t、元/kV·A 等表示。根据这些投资估算指标,乘以拟建房屋、建筑物所需的面积、体积、座(个)、容量等,就可以求出相应的土建工程、室内给排水工程、电气照明工程、采暖工程、变配电工程等各单位工程的投资。在此基础上,可汇总成某一单项工程的投资。另外再估算工程建设其他费用及预备费等,即可求得一个建设项目总投资。

对于房屋、建筑物等投资的估算,经常采用指标估算法,以元/m^2 或元/m^3 表示。

采用这种方法时,要根据国家有关规定、投资主管部门或地区颁布的估算指标,结合工程的具体情况编制。一方面要注意,若套用的指标与具体工程之间的标准或条件有差异时,应加以必要的换算或调整;另一方面要注意,使用的指标单位应密切结合每个单位工程的特点,能正确反映其设计参数,切勿盲目地单纯套用一种单位指标。

需要指出的是静态投资的估算,要按某一确定的时间来进行,一般以开工的前一年为基准年,以这一年的价格为依据计算,否则就会失去基准作用,影响投资估算的准确性。

(二)动态投资部分的估算方法

动态投资估算是指在估算过程中考虑了时间因素的计算方法。动态投资部分主要包括价格变动增加的投资额、建设期贷款利息和固定资产投资方向调节税等内容。如果是涉外项目,还应计算汇率的影响。动态投资部分的估算应以基准年静态投资的资金使用计划额为基础来计算各种变动因素,即价、利、税。以下分别介绍涨价预备费、建设期贷款利息及固定资产投资方向调节税的估算方法。

1.涨价预备费的计算方法

对于价格变动可能增加的投资额的估算,见本书第二章第五节的介绍。

2.汇率变化对涉外建设项目动态投资的影响及其计算方法

汇率是两种不同货币之间的兑换比率,或者说是以一种货币表示的另一种货币的价格。汇率的变化意味着一种货币相对于另一种货币的升值或贬值。在我国,人民币和外币之间的汇率采取以人民币表示外币价格的形式表示,如 1 美元=6.1 元人民币。由于涉外项目的投资中包含人民币以外的币种,需要按照相应的汇率把外币投资额换算为人民币投资额,所以汇率变化就会对涉外项目的投资额产生影响。

外币对人民币升值,则项目从国外市场购买设备材料所支付的外币金额不变,但换算成人民币的金额增加;从国外借款,本息所支付的货币金额不变,但换算成人民币的金额增加。反之则为外币对人民币贬值。

估计汇率变化对建设项目投资的影响大小,是通过预测汇率在项目建设期内的变动程度,以估算年份的投资额为基数而计算求得的。

3.建设期贷款利息的计算方法

建设期贷款利息的估算方法见第二章第五节。

4.固定资产投资方向调节税的计算方法

固定资产投资方向调节税的计税方法,详见第二章第五节。固定资产投资方向调节税估算时，计税基数为年度固定资产投资计划额，按分年的单位工程投资额乘以相应税率。

二、流动资金的估算方法

流动资金是指建设项目投产后维持正常生产经营所需购买原材料、燃料、支付工资及其他生产经营费用等必不可少的周转资金。它是伴随着固定资产而发生的永久性流动资产投资，其等于项目投产运营后所需全部流动资产扣除流动负债后的余额。其中，流动资金主要考虑应收账款、现金和存货；流动负债主要考虑应付和预收款。由此看出，这里所解释的流动资金的概念，实际上就是财务中的营运资金。流动资金的估算一般采用两种方法。

（一）扩大指标估算法

扩大指标估算法是按照流动资金占某种基数的比率估算流动资金。一般常用的基数有销售收入、经营成本、总成本费用和固定资产投资等。究竟采用何种基数依行业习惯而定。所采用的比率根据经验确定，或根据现有同类企业的实际资料确定，或依行业、部门给定的参考值确定。扩大指标估算法简便易行，但准确度不高，适用于项目建议书阶段的估算。

1.产值（或销售收入）资金率估算法

$$流动资金额=年产值（年销售收入额）\times 产值（销售收入）资金率$$

【例 4.2.4】 某项目投产后的年产值为 1.5 亿元，其同类企业的百元产值流动资金占用额为 17.5 元，试求该项目的流动资金估算额。

【解答】 该项目的流动资金估算额为：

$$15\,000 \times 17.5/100\ 万元 = 2\,625\ 万元$$

2.经营成本（或总成本）资金率估算法

经营成本是一种反映物质、劳动消耗和技术水平、生产管理水平的综合指标。一些工业项目，尤其是采掘工业项目常用经营成本（或总成本）资金率估算流动资金。

$$流动资金额=\frac{年经营成本}{（年总成本）}\times\frac{经营成本资金率}{（总成本资金率）}$$

3.固定资产投资资金率估算法

固定资产投资资金率是流动资金占固定资产投资的百分比。如化工项目流动资金占固定资产投资的 15%~20%，一般工业项目流动资金占固定资产投资的 5%~12%。

$$流动资金额=固定资产投资\times 固定资产投资资金率$$

4.单位产量资金率估算法

单位产量资金率，即单位产量占用流动资金的数额，如每吨原煤 4.50 元。

$$流动资金额=年生产能力\times 单位产量资金率$$

（二）分项详细估算法

分项详细估算法，也称分项定额估算法。它是国际上通行的流动资金估算方法。

流动资金的显著特点是在生产过程中不断周转，其周转额的大小与生产规模及周转速度直接相关。分项详细估算法是根据周转额与周转速度之间的关系，对构成流动资金的各项流动资产和流动负债分别进行估算。在可行性研究中，为简化计算，仅对存货、现金、应收账款和应付账款四项内容进行估算，计算公式为：

$$流动资金=流动资产-流动负债$$

流动资产=应收账款+存货+现金

流动负债=应付账款

流动资金本年增加额=本年流动资金-上年流动资金

估算的具体步骤,首先计算各类流动资产和流动负债的年周转次数,然后再分项估算占用资金额。

1.周转次数计算

周转次数是指流动资金的各个构成项目在一年内完成多少个生产过程。

周转次数=360 d÷最低周转天数

存货、现金、应收账款和应付账款的最低周转天数,可参照同类企业的平均周转天数并结合项目特点确定。又因为:

周转次数=周转额/各项流动资金平均占用额

如果周转次数已知,则:

各项流动资金平均占用额=周转额/周转次数

2.应收账款估算

应收账款是指企业对外赊销商品、劳务而占用的资金。应收账款的周转额应为全年赊销销售收入。在可行性研究时,用销售收入代替赊销收入。计算公式为:

应收账款=年销售收入/应收账款周转次数

3.存货估算

存货是企业为销售或者生产耗用而储备的各种物资,主要有原材料、辅助材料、燃料、低值易耗品、维修备件、包装物、在产品、自制半成品和产成品等。为简化计算,仅考虑外购原材料、外购燃料、在产品和产成品,并分项进行计算。计算公式为:

存货=外购原材料+外购燃料+在产品+产成品

外购原材料占用资金=年外购原材料总成本/原材料周转次数

外购燃料=年外购燃料/按种类分项周转次数

$$在产品=\frac{年外购原材料、燃料+年工资及福利费+年修理费+年其他制造费}{在产品周转次数}$$

产成品=年经营成本/产成品周转次数

4.现金需要量估算

项目流动资金中的现金是指货币资金,即企业生产运营活动中停留于货币形态的那部分资金,包括企业库存现金和银行存款。计算公式为:

现金需要量=(年工资及福利费+年其他费用)/现金周转次数

年其他费用=制造费用+管理费用+销售费用-(以上三项费用中所含的工资及福利费、折旧费、维简费、摊销费、修理费)

5.流动负债估算

流动负债是指在一年或者超过一年的一个营业周期内,需要偿还的各种债务。在可行性研究中,流动负债的估算只考虑应付账款一项。计算公式为:

应付账款=(年外购原材料+年外购燃料)/应付账款周转次数

根据流动资金各项估算结果,编制流动资金估算表见表4.2.2。

表 4.2.2　流动资金估算表

序　号	项　目	最低周转天数	周转次数	投产期		达产期			
				3	4	5	6	…	n
1	流动资产								
1.1	应收账款								
1.2	存货								
1.2.1	原材料								
1.2.2	燃料								
1.2.3	在产品								
1.2.4	产成品								
1.3	现金								
2	流动负债								
2.1	应付账款								
3	流动资金(1-2)								
4	流动资金本年增加额								

流动资金估算应注意以下问题：

①在采用分项详细估算法时，需要分别确定现金、应收账款、存货和应付账款的最低周转天数。在确定周转天数时要根据实际情况，并考虑一定的保险系数。对于存货中的外购原材料、燃料要根据不同品种和来源，考虑运输方式和运输距离等因素确定。

②不同生产负荷下的流动资金是按照相应负荷时的各项费用金额和给定的公式计算出来的，而不能按 100%负荷下的流动资金乘以负荷百分数求得。

③流动资金属于长期性(永久性)资金，流动资金的筹措可通过长期负债和资本金(权益融资)方式解决。流动资金借款部分的利息应计入财务费用。项目计算期末收回全部流动资金。

第三节　财务报表的编制

建设项目财务评价与分析需要编制一套基本的财务报表，根据新的财务会计制度，并考虑与国际惯例接轨，一般可编制以下 5 种基本财务报表，即财务现金流量表、损益表、资金来源与运用表、资产负债表、财务外汇平衡表。

一、现金流量表的编制

现金流量表是对建设项目现金流量系统的表格式反映，用以计算各项静态和动态评价指标，进行项目财务赢利能力分析。按投资计算基础的不同，现金流量表分为全部投资现金流量表和自有资金现金流量表。

(一)项目投资现金流量表的编制

全部投资现金流量表是站在项目全部投资的角度来编制的。报表格式见表4.3.1。表中计算期的年序为1,2,…,n,建设开始年作为计算期的第一年,年序为1。当项目建设期以前所发生的费用占总费用的比例不大时,为简化计算,这部分费用可列入年序1。

表4.3.1 项目投资现金流量表

万元

序号	年份 / 项目	建设期		投产期		达到设计能力生产期				合计
		1	2	3	4	5	6	…	n	
	生产负荷/%									
1	现金流入									
1.1	营业收入									
1.2	补贴收入									
1.3	回收固定资产余值									
1.4	回收流动资金									
2	现金流出									
2.1	建设投资									
2.2	流动资金									
2.3	经营成本									
2.4	税金及附加									
2.5	维持运营投资									
3	所得税前净现金流量(1-2)									
4	累计所得税前净现金流量									
5	调整所得税									
6	所得税后净现金流量(3-5)									
7	累计所得税后净现金流量									
计算指标:财务内部收益率 财务净现值 静态投资回收期和动态投资回收期										

注:根据需要可在现金流入和现金流出栏里增减项目。

①现金流入(CI)为产品销售收入、回收固定资产余值、回收流动资金3项之和。其中,产品销售收入是项目建成投产后对外销售产品或提供劳务所取得的收入,是项目生产经营成果的货币表现。计算销售收入时,假设生产出来的产品全部售出,则销售量等于生产量,即:

$$销售收入=销售量\times销售单价=生产量\times销售单价$$

销售价格一般采用出厂价格,也可根据需要采用送达用户的价格或离岸价格。产品销售收入的各年数据取自产品销售收入和销售税金及附加估算表。固定资产余值和流动资金均在计算期最后一年回收。固定资产余值回收额为固定资产折旧费估算表中固定资产期末净值合计,流动资金回收额为项目全部流动资金。

②现金流出(CO)包含有建设投资、流动资金、经营成本及税金等。建设投资和流动资金的数额分别取自建设投资估算表及流动资金估算表。固定资产投资中包含固定资产投资方向调节税,但不包含建设期利息。流动资金投资为各年流动资金增加额。经营成本与其他费用

的关系是：

经营成本＝总成本费用－折旧费－摊销费－利息支出

或　经营成本＝外购原材料费、燃料和动力费＋工资及福利费＋修理费＋其他费用

其他费用指从制造费用、管理费用和营业费用中扣除了折旧费、摊销费、修理费、工资及福利费以后的其余部分。

总成本费用指在运营期内为生产产品或提供服务所发生的全部费用，等于经营成本与折旧费、摊销费和财务费用之和。

总成本费用可按生产成本加期间费用估算法和生产要素估算法进行估算。

a.生产成本加期间费用估算法

总成本费用＝生产成本+期间费用

生产成本＝直接材料费+直接燃料和动力费+直接工资+其他直接支出+制造费用

期间费用＝管理费用+营业费用+财务费用

b.生产要素估算法

总成本费用＝外购原材料、燃料和动力费+工资及福利费+折旧费+摊销费+修理费+财务费用（利息支出）+其他费用

经营成本与总成本费用的关系如下：

经营成本＝总成本费用－折旧费－摊销费－利息支出

经营成本取自总成本费用估算表。销售税金及附加包含增值税、消费税、资源税、城乡维护建设税和教育费附加。它们取自产品销售收入和销售税金及附加估算表。

③项目计算期各年的净现金流量为各年现金流入量减对应年份的现金流出量，各年累计净现金流量为本年及以前各年净现金流量之和。

④所得税前净现金流量为上述净现金流量加所得税之和，也即在现金流出中不计入所得税时的净现金流量。所得税前累计净现金流量的计算方法与上述累计净现金流量相同。

（二）项目资本金现金流量表的编制

项目资本金现金流量表是站在项目资本金出资者整体的角度考虑项目的现金流入流出情况的，报表格式见表4.3.2。从项目投资主体的角度看，建设项目投资借款是现金流入，但将借款用于项目投资则构成同一时点、相同数额的现金流出，二者相抵，对净现金流量的计算实无影响，因此表中投资只计项目资本金。由于现金流入是因项目全部投资所获得，故应将借款本金的偿还及利息支付计入现金流出。

表4.3.2　自有资金现金流量表　万元

序号	年份 项目	建设期		投产期		达到设计能力生产期				合计
		1	2	3	4	5	6	…	n	
	生产负荷/%									
1	现金流入									
1.1	营业收入									
1.2	补贴收入									
1.3	回收固定资产余值									

续表

序号	年份 / 项目	建设期		投产期		达到设计能力生产期				合计
		1	2	3	4	5	6	…	n	
1.4	回收流动资金									
2	现金流出									
2.1	项目资本金									
2.2	借款本金偿还									
2.3	借款利息支付									
2.4	经营成本									
2.5	税金及附加									
2.6	所得税									
2.7	维持运营投资									
3	净现金流量(1-2)									
计算指标:财务内部收益率 财务净现值 (i_c= %)										

注:1.同表4.3.1的注。

2.自有资金是指项目投资者的出资额。

①现金流入各项的数据来源与全部投资现金流量表相同。

②现金流出项目包括项目资本金、借款本金偿还、借款利息支出、经营成本及税金。其中自有资金数额取自投资计划与资金筹措表中资金筹措的自有资金分项。借款本金偿还由两部分组成:一部分为借款还本付息计算表中本年还本额;一部分为流动资金借款本金偿还,一般发生在计算期最后一年。借款利息支付数额来自总成本费用估算表中的利息支出项。现金流出中其他各项与全部投资现金流量表中相同。

二、利润与利润分配表的编制

利润与利润分配表是反映项目计算期内各年的企业经营成果、利润形成过程、利润总额、所得税及税后利润的分配情况的一种静态报表。利润与利润分配表的格式见表4.3.3。

①营业收入、税金及附加、总成本费用的各年度数据分别取自相应的辅助报表。

②利润总额=营业收入-税金及附加-总成本费用+补贴收入。

③所得税=应纳税所得额×所得税税率。应纳税所得额为利润总额根据国家有关规定进行调整后的数额。在建设项目财务评价中,主要是按减免所得税及用税前利润弥补上年度亏损的有关规定进行的调整。按现行工业企业财务制度规定,企业发生的年度亏损,可以用下一年度的税前利润等弥补,下一年度利润不足弥补的,可以在5年内延续弥补;5年内不足弥补的,用税后利润等弥补。

表 4.3.3 利润与利润分配表

万元

序号	项目	合计	计算期					
			1	2	3	4	…	n
1	营业收入							
2	税金及附加							
3	总成本费用							
4	补贴收入							
5	利润总额(1-2-3+4)							
6	弥补以前年度亏损							
7	应纳税所得额(5-6)							
8	所得税							
9	净利润(5-8)							
10	期初未分配利润							
11	可供分配的利润(9+10)							
12	提取法定盈余公积金							
13	可供投资者分配的利润(11-12)							
14	应付优先股股利							
15	提取任意盈余公积金							
16	应付普通股股利(13-14-15)							
17	各投资方利润分配:							
	其中:××方							
	××方							
18	未分配利润(13-14-15-17)							
19	息税前利润(利润总额+利息支出)							
20	息税折旧摊销前利润(息税前利润+折旧+摊销)							

注:1.对于外商出资项目由第 11 项减去储备基金、职工奖励与福利基金和企业发展基金后,得出可供投资者分配的利润。

2.第 14~16 项根据企业性质和具体情况选择填列。

3.法定盈余公积金按净利润计提。

④税后利润=利润总额-所得税。

⑤弥补损失主要是指支付被没收的财物损失,支付各项税收的滞纳金及罚款,弥补以前年度亏损。

⑥可供分配的利润按盈余公积金、应付利润及未分配利润等项进行分配。

a.表中法定盈余公积金按照税后利润扣除用于弥补以前年度亏损额后的10%提取,盈余公积金已达注册资金50%时可以不再提取。公益金主要用于企业的职工集体福利设施支出。

b.应付利润为向投资者分配的利润或向股东支付的股利。

c.未分配利润主要指用于偿还固定资产投资借款及弥补以前年度亏损的可供分配利润。

三、资产负债表的编制

资产负债表综合反映项目计算期内各年末资产、负债和所有者权益的增减变化及对应关系,用以考察项目资产、负债、所有者权益的结构是否合理,进行清偿能力分析。资产负债表按"资产=负债+所有者权益"的关系式进行编制。资产负债表格式见表4.3.4。

表4.3.4　资产负债表

万元

序　号	项　目	计算期					
		1	2	3	4	…	*n*
1	资产						
1.1	流动资产总额						
1.1.1	货币资金						
1.1.2	应收账款						
1.1.3	预付账款						
1.1.4	存货						
1.1.5	其他						
1.2	在建工程						
1.3	固定资产净值						
1.4	无形及其他资产净值						
2	负债及所有者权益(2.4+2.5)						
2.1	流动负债总额						
2.1.1	短期借款						
2.1.2	应付账款						
2.1.3	预收账款						
2.1.4	其他						
2.2	建设投资借款						
2.3	流动资金借款						
2.4	负债小计(2.1+2.2+2.3)						
2.5	所有者权益						
2.5.1	资本金						
2.5.2	资本公积金						
2.5.3	累计盈余公积金						
2.5.4	累计未分配利润						
计算指标: 资产负债率(%)							

注:1.对外商投资项目,第2.5.3项改为累计储备基金和企业发展基金。

2.对既有法人项目,一般只针对法人编制,可按需要增加科目,此时表中资本金是指企业全部实收资本,包括原有和新增的实收资本。必要时,也可针对"有项目"范围编制。此时表中资本金仅指"有项目"范围的对应数值。

3.货币资金包括现金和累计盈余资金。

①资产由流动资产、在建工程、固定资产净值、无形及其他资产净值4项组成。其中：

a.流动资产总额为货币资金、应收账款、预付账款、存货、其他之和。前3项数据来自流动资金估算表；累计盈余资金数额则取自资金来源与运用表，但应扣除其中包含的回收固定资产余值及自有流动资金。

b.在建工程是指投资计划与资金筹措表中的年固定资产投资额，其中包括固定资产投资方向调节税和建设期利息。

c.固定资产净值和无形及递延资产净值分别从固定资产折旧费估算表和无形及递延资产摊销估算表取得。

②负债包括流动负债和长期负债。流动负债中的应付账款数据可由流动资金估算表直接取得。流动资金借款和其他短期借款两项流动负债及长期借款均指借款余额，需根据资金来源与运用表中的对应项及相应的本金偿还项进行计算。

③所有者权益包括资本金、资本公积金、累计盈余公积金及累计未分配利润。其中，累计未分配利润可直接得自损益表；累计盈余公积金也可由损益表中盈余公积金项计算各年份的累计值，但应根据有无用盈余公积金弥补亏损或转增资本金的情况进行相应调整。资本金为项目投资中累计自有资金（扣除资本溢价），当存在由资本公积金或盈余公积金转增资本金的情况时应进行相应调整。资本公积金为累计资本溢价及赠款，转增资本金时进行相应调整，资产负债表满足等式：

$$资产 = 负债 + 所有者权益$$

四、财务外汇平衡表的编制

财务外汇平衡表主要适用于有外汇收支的项目，用以反映项目计算期内各年外汇余额程度，进行外汇平衡分析。

表4.3.5　财务外汇平衡表　　万美元

序号	项目＼年份	建设期		投产期		达到设计能力生产期				合计
		1	2	3	4	5	6	…	n	
	生产负荷/%									
1	外汇来源									
1.1	产品销售外汇收入									
1.2	外汇借款									
1.3	其他外汇收入									
2	外汇运用									
2.1	固定资产投资中外汇支出									
2.2	进口原材料									
2.3	进口零部件									
2.4	技术转让费									
2.5	偿付外汇借款本息									
2.6	其他外汇支出									
2.7	外汇余缺									

注：1.其他外汇收入包括自筹外汇等。

2.技术转让费是指生产期支付的技术转让费。

财务外汇平衡表格式见表4.3.5。外汇余缺可由表中其他各项数据按照外汇来源等于外汇运用的等式直接推算。其他各项数据分别来自与收入、投资、资金筹措、成本费用、借款偿还等相关的估算表或估算资料。

第四节　项目的财务评价

一、建设项目财务评价的概念

财务评价是根据国家现行财税制度和价格体系,分析、计算项目直接发生的财务效益和费用,编制财务报表,计算评价指标,考察项目的赢利能力、清偿能力以及外汇平衡等财务状况,进行不确定分析,据以判别项目的财务可行性。它是项目可行性研究的核心内容,其评价结论是决定项目取舍的重要决策依据。

二、资金时间价值

建设项目经济评价理论是建立在资金时间价值的概念之上的。资金的时间价值,是指资金投入生产经营中产生的增值。货币没有时间价值,只有资金才具有时间价值。一般而言,资金时间价值应按复利方式计算。同等单位的资金,其现在价值高于未来价值。资金时间价值是进行项目经济分析的出发点,无论是借款、投资、工程价款支付以及方案的比较都要考虑它。资金时间价值的习惯表示方式是利率。几种实际工作中常用的资金时间价值计算公式如下:

(一)一次支付终值公式(一次整付本利和公式)

若已知一次投入的现值为 P,求 n 期末的终值 F,即 n 期末的本利和,也就是已知 P,n,i,求 F,其计算公式为:

$$F = P(1+i)^n$$

式中　i——利率(%);

$(1+i)^n$——终值系数,亦称"复利因数",记为 $(F/P,i,n)$。

【例4.4.1】　设某工程向建设银行贷款100万元,年利率5.98%,贷款期限为2年,到第2年末一次偿清,试计算应付本利和为多少元。

【解答】　依据已知条件和上列计算公式,应付本利和数额为:

$$F = 100 \times (1 + 5.98\%)^2 \text{ 万元} = 112.317 \text{ 万元}$$

(二)一次付现值公式(一次整付现值公式)

已知未来某一时点上投入资金 F,年利率为 i,投放资金的时期数为 n,求其折现值 P。则

$$P = F\frac{1}{(1+i)^n} \text{ 或 } P = F(1+i)^{-n}$$

式中　$(1+i)^{-n}$——现值系数,记为 $(P/F,i,n)$。

将未来时刻资金的价值换算为现在时刻的价值,称为折现或贴现。在项目经济分析时常用此法。

【例4.4.2】　设某房地产开发公司两年后拟从银行取出100万元,若银行存款年利率为2.32%,现应存入多少元钱?

【解答】　依据已知条件和上列公式，计算存入银行的现值为：

$$P=F\cdot(1+i)^{-n}=100\times(1+2.32\%)^{-2}=94.516\ 6\text{万元}$$

（三）等额年金终值公式（等额分付本利和公式）

已知 n 年内每年年末投入 A，年利率为 i，求到 n 年末的终值 F。F 等于每年等额年金 A 的本利和，即：

$$F=A(1+i)^{n-1}+A(1+i)^{n-2}+\cdots+A=A\cdot\frac{(1+i)^n-1}{i}$$

式中 $\frac{(1+i)^n-1}{i}$ 为年金终值系数，记为 $(F/A,i,n)$。

【例 4.4.3】　如果从一月开始每月月末储蓄 100 元，月利率为 8%，12 月后的本利和为多少？

【解答】　依据已知条件和上列公式，计算本利和为：

$$F=A\cdot\frac{(1+i)^n-1}{i}=100\times18.977\ 1\text{元}=1\ 897.71\text{元}$$

（四）等额存储偿债基金公式

已知一笔未来 n 期末的债款 F，拟在 $1\sim n$ 的每期期末等额存储一笔资金 A，以便到 n 期末偿清 F，问 A 应为多少？

$$A=F\cdot\frac{i}{(1+i)^n-1}$$

式中 $\frac{i}{(1-i)^n-1}$ 为偿债资金系数，记为 $(A/F,i,n)$。

【例 4.4.4】　设某建设公司第 5 年末应偿还一笔 20 万元的债务，设年利率为 8%，那么该公司每年年末应向银行存入多少钱，才能使其本利在第 5 年年末正好偿清这笔债务？

【解答】　依据已知条件和上列公式，计算每年年末存入银行的年金为：

$$A=F\cdot\frac{i}{(1+i)^n-1}=20\times0.175\ 0\text{万元}=3.41\text{万元}$$

（五）等额资金回收公式

若第一年年末借贷一笔资金，若年利率为 i，规定从第 1 年末起至 n 年末止，每年年末等额还本付息，每年末应偿还多少？即已知 P,i,n，求 A。

$$A=P\cdot\frac{i(1+i)^n}{(1+i)^n-1}$$

式中 $\frac{i(1+i)^n}{(1+i)^n-1}$ 为资金回收系数，记为 $(A/P,i,n)$。

【例 4.4.5】　若现在投资 100 万元，预计利率为年 10%，分 5 年等额回收，每年可回收多少资金？

【解答】　依据已知条件和上列公式，计算每年年金为：

$$A=P\cdot\frac{i(1+i)^n}{(1+i)^n-1}=100\frac{10\%(1+10\%)^5}{(1+10\%)^5-1}\text{万元}=26.38\text{万元}$$

（六）等额年金现值公式（等额分付现值公式）

已知 n 年内，每年年末有等额的一笔收入（或支出），求其现值。也就是在已知 A,i,n 的条件下,求 P。

$$P = A \cdot \frac{(1+i)^n - 1}{i(1+i)^n}$$

式中 $\frac{(1+i)^n-1}{i(1+i)^n}$ 为年金现值系数,记为 $(P/A,i,n)$。

【例 4.4.6】 设某开发公司拟投资一个项目,预计建成后每年能获利 10 万元,能在 3 年内收回全部贷款的本利和(贷款年利率为 5.98%),问该项目总投资应控制在多少万元的范围内?

【解答】 依据已知条件和上列公式,计算该等额年金的现值为:

$$P=A \cdot \frac{(1+i)^n-1}{(1+i)^n \cdot i}=10 \cdot \frac{(1+5.98)^3-1}{5.98\% \cdot (1+5.98\%)^3}\text{万元}=26.7398\text{ 万元}$$

三、建设项目财务评价的原理

财务评价的基本原理是从基本财务报表中取得数据,计算财务评价指标,然后与基准参数或目标值作比较,根据一定的评价标准,决定项目的取舍。因此财务评价是一种规范化的体系。该体系由 3 部分组成:财务报表、财务评价指标和用于财务评价的行业或国家参数。其作用原理如图 4.4.1 所示 。建设项目在财务上的生存能力取决于项目的财务效益和费用的大小及其在时间上的分布情况。建设项目的财务收益主要表现为生产经营的产品销售(营业)收入。建设项目的财务支出费用主要表现为建设项目总投资、经营成本和税金等各项支出。此外,项目得到的各种补贴、项目寿命期末回收的固定资产余值和流动资金等,在财务评价中视作收益处理。建设项目财务评价使用财务价格,即以现行价格体系为基础的预测价格,且根据不同情况考虑价格的变动因素。

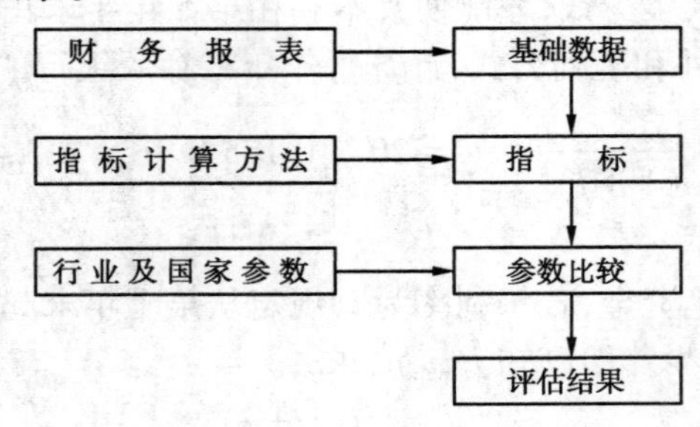

图 4.4.1 财务评价作用原理图

四、财务评价指标体系

财务评价效果的好坏,除了要明确项目评价范围,准确地估计基础数据,编制完整、可行的财务报表之外,还要采用合理的评价指标体系。只有选取正确的评价指标体系,财务评价结果才能与客观实际情况相吻合,才具有实际意义。一般地,根据不同的评价深度要求和可获得资料的多少,以及项目本身所处条件的不同,可选用不同的指标。这些指标有主次,可以从不同侧面反映项目的经济效果。

建设项目财务评价指标体系根据不同的标准,可作不同的分类。

①根据项目财务评价指标体系是否考虑资金时间价值,可分为静态评价指标和动态评价

指标，如图 4.4.2 所示。

②按指标的性质，可以分为时间性指标、价值性指标、比率性指标，如图 4.4.3 所示。

一般而言，项目财务评价包括以下 3 方面的内容：财务赢利能力分析、清偿能力分析、外汇平衡分析。此外，还可根据项目特点和实际需要进行资金构成分析、资金平衡分析和其他比率分析。这些评价指标与基本报表的关系见表 4.4.1。

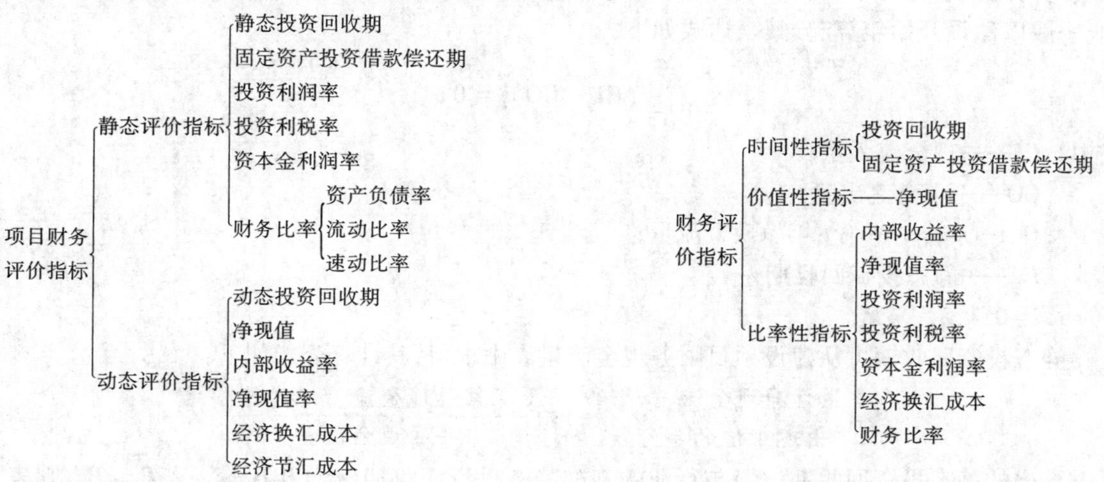

图 4.4.2 财务评价指标分类之一

图 4.4.3 财务评价指标分类之二

表 4.4.1 财务评价指标与基本报表关系

评价内容	基本报表	静态指标	动态指标
赢利能力分析	全部投资现金流量表	全部投资回收期	财务内部收益率 财务净现值
	自有资金现金流量表		财务内部收益率 财务净现值
	损益表	投资利润率 投资利税率 资本金税率	
清偿能力分析	资金来源与运用表	借款偿还期	
	资产负债表	资产负债率 流动比率 速动比率	
外汇平衡能力分析	财务外汇平衡表		
评价内容	基本报表	静态指标	动态指标
其他		价值指标或实际指标	

五、项目财务评价方法

(一)财务赢利能力评价

财务赢利能力分析是站在项目投资者角度，通过对反映项目赢利能力的评价指标的计算，来分析评价项目投资的赢利水平。反映项目赢利能力的主要指标有财务内部收益率、投资回收期、财务净现值、投资利润率、投资利税率、资本金利润率等。

1.静态投资回收期 P_t

静态投资回收期是在不考虑资金时间价值的条件下,以项目净收益抵偿项目全部投资所需要的时间。它是考察项目在财务上的投资回收能力的主要静态指标。投资回收期以年表示,一般以建设开始年算起,其表达式如下:

$$\sum_{t=1}^{P_t}(CI-CO)_t=0$$

式中 CI——现金流入量;

CO——现金流出量;

$(CI-CO)_t$——第 t 年净现金流量;

P_t——静态投资回收期;

$i=0,1,2,\cdots,P_t$。

静态投资回收期可从建设项目财务现金流量表中求得,其计算公式如下:

$$P_t=\frac{\text{累计净现金流量开始}}{\text{出现正值的年份数}}-1+\frac{\text{上年累计现金流量绝对值}}{\text{当年净现金流量}}$$

求出的静态投资回收期(P_t)与行业的基准静态投资回收期(P_c)相比较。若$P_t \leqslant P_c$,则表明该项目投资能在规定的时间内收回,则项目在财务上可以被接受。静态投资回收期 P_t,可以从项目寿命期内净现金流量和累计净现金流量项中的相关数据求得。

【例 4.4.7】 某建设项目的现金流量表如表 4.4.2 所示,求该建设项目的静态投资回收期。

表 4.4.2 某建设项目现金流量表 万元

年 份	1	2	3	4	5	6
净现金流量	-100	-200	100	250	200	200
累计净现金流量	-100	-300	-200	50	250	450

【解答】 根据静态投资回收期 P_t的计算公式,计算为:

$$P_t=\frac{\text{累计净现金流量开}}{\text{始出现正值的年份数}}-1+\frac{\text{上年累计净现金流量绝对值}}{\text{当年净现金流量}}$$

$$=4-1+\frac{|-200|}{250}=3.80\text{ 年}$$

静态投资回收期作为项目财务评价指标之一,其优点是经济意义明确、直观、简单,便于投资者衡量建设项目承担的风险,同时在一定程度上反映了投资效果的优劣。但投资回收期只考虑投资回收之前的效果,不能反映回收之后的情况,更不能反映赢利水平,难免有片面性;该指标不考虑时间价值,无法用以正确地辨识项目的优劣,故一般只作为辅助评价指标使用。

2.动态投资回收期 P_t'

动态投资回收期是在考虑资金时间价值的条件下,以项目净收益抵偿项目全部投资所需的时间。其计算公式为:

$$\sum_{t=1}^{P'_t}(CI-CO)_t \times (1+i_c)^{-t}=0$$

式中　i_c——行业基准折现率；也称财务基准收益率，由行业或专业公司发布，或由评价者根据行业平均收益率、银行贷款利率、资本金的资金成本等因素自行确定；

P'_t——项目动态投资回收期。

与静态投资回收期相似。动态投资回收期也可以从项目寿命期内折现净现金流量和累计净现金流量的相关数据求得。其计算公式为：

$$P'_t=\frac{\text{累计折现净现金流量开}}{\text{始出现正值的年份数}}-1+\frac{\text{上年累计折现净现金流量绝对值}}{\text{当年折现净现金流量}}$$

【例 4.4.8】　项目的现金流量如例 4.4.7 所示，求该项目的动态投资回收期（$i_c=10\%$）。

【解答】　将例 4.4.7 中的现金流量折现，得到表 4.4.3。动态投资回收期为：

表 4.4.3　某建设项目现金流量表　　万元

年　份	1	2	3	4	5	6
净现金流量	-100	-200	100	250	200	200
折现系数（$i_c=10\%$）	0.909	0.826	0.751	0.683	0.621	0.564
折现净现金流量	-90.90	-165.20	75.10	170.75	124.20	112.80
累计折现净现金流量	-90.90	-256.10	-181.00	-10.25	113.95	226.75

$$P'_t=5-1+\frac{|-10.25|}{124.20}=4.08\text{ 年}$$

计算得出的动态投资回收期（P'_t）也要与行业基准动态投资回收期 P'_c 比较，以判别项目的投资回收能力。

3.财务净现值和财务净现值率

（1）财务净现值 FNPV

它指建设项目按基准收益率或设定的折现率 i_c 将各年的净现金流量折现到建设起点的现值之和。它是考察项目在计算期内赢利能力的动态评价的绝对指标，其计算公式为：

$$FNPV=\sum_{t=0}^{n}(CI-CO)_t \cdot (1+i_c)^{-t}$$

式中　i_c——基准收益率或设定的折现率；

n——计算期。

当财务净现值大于等于零时，表示项目在计算期内可获得大于或等于基准收益水平的收益额。因此，当 FNPV≥0，则项目在财务上可以考虑被接受。

财务净现值法的主要优点有：考虑了资金的时间价值并全面考虑了项目整个计算期的经营情况，指标直接用货币金额来表示，经济意义明确直观。

【例 4.4.9】　某建设项目的现金流量如例 4.4.8 中表所示，求其 $i_c=10\%$ 的财务净现值。

【解答】　根据该题现金流量的特点，有两种方法计算 FNPV：

①利用现金流量表（见例 4.4.7 现金流量表）计算 FNPV。从累计净现流量现值可以得到项目 FNPV＝226.75 万元>0，所以该项目可接受。

②该项目的 FNPV 指标也可直接利用公式求解。

$$\begin{aligned} FNPV &= \sum_{t=0}^{n}(CI-CO)_t \cdot (1+i_c)^{-t} \\ &= [-100\times(1+10\%)^{-1}-200\times(1+10\%)^{-2}+100\times(1+10\%)^{-3}+ \\ &\quad 250\times(1+10\%)^{-4}+200\times(1+10\%)^{-5}+200\times(1+10\%)^{-6}]\text{万元} \\ &= 226.75\text{万元} \end{aligned}$$

(2)财务净年值 FNAV

它又称年度等值,是把项目财务净现值以基准收益率或设定的折现率折算为各年年金等额的净现金流量。其计算公式为:

$$FNAV(i_c)=FNPV(i_c)\times(A/P,i_c,n)=FNPV(i_c)\times\frac{i_c\cdot(1+i_c)^n}{(1+i_c)^n-1}$$

对于一个项目或方案的评价而言,FNAV 与 FNPV 的评价结论是完全一致的。但财务净年值法在不同寿命的多方案比选中,较财务净现值法而言有独到简便之处。

【例 4.4.10】 求例 4.4.8 中建设项目的净年值。

【解答】 $FNAV(i_c)=FNPV(i_c)\times(A/P,i_c,n)$

$$=226.75\times\frac{10\%\times(1+10\%)^6}{(1+10\%)^6-1}\text{万元}=52.06\text{万元}$$

(3)财务净现值率 FNPVR

它是建设项目财务净现值与该建设项目投资现值的比率,它表明了项目单位投资的获利能力。其计算公式为:

$$FNPVR(i_c)=\frac{FNPV(i_c)}{I_p}$$

式中 I_p——投资现值;

$FNPVR(i_c)$——常用来确定一组独立型项目的优劣排序。

【例 4.4.11】 求例 4.4.9 中建设项目的财务净现值率。

【解答】 $FNPVR(i_c)=\frac{FNPV(i_c)}{I_p}=\frac{226.75}{100\times(1+10\%)^{-1}+200\times(1+10\%)^{-2}}=0.885$

4.财务内部收益率 FIRR

(1)财务内部收益率的含义

财务内部收益率又称内部报酬率或“折现现金流收益率”,是使项目在计算期内财务净现值为零时的折现率。它反映项目所占用资金的能够达到的最大收益率,是考察项目赢利能力的首要的动态评价指标,它是使净现值为零的收益率,其表达公式为:

$$\sum_{t=0}^{n}(CI-CO)_t\cdot(1+i_c)^{-t}=0$$

从折现率隐式函数中求出的 i 即是建设项目的 FIRR。

(2)财务内部收益率的求法

求解财务内部收益率的公式是一个 n 次多项式,一般难于求得解析解,需通过试算法求得解析解的近似解。即首先假定一初值 r_0,代入财务净现值公式,如果财务净现值为正,则增加 r 的值,直到财务净现值近似为零,这时的 r 即为所求的财务内部收益率。

在实际计算中,r 的值通常是在试算时,使 FNPV 在零值附近左右摆动的先后两次试算出的 r 值。为了控制误差,要求 $(i_2-i_1)\leqslant 5\%$,可用线性内插法近似求得 r。

内插公式为:

$$r = r_1 + (r_2 - r_1) \times \frac{\mathrm{FNPV}(i_1)}{\mathrm{FNPV}(i_1) - \mathrm{FNPV}(i_2)}$$

式中 r——财务内部收益率;

r_1——较低的试算折现,使 $\mathrm{FNPV}(i_1)\geqslant 0$;

r_2——较高的试算折现,使 $\mathrm{FNPV}(i_2)\leqslant 0$。

全部投资现金流量表计算的全部投资所得税前及所得税后的财务内部收益率,是反映项目在设定的计算期内全部投资的赢利能力指标。将求出的全部投资财务内部收益率(所得税前、所得税后)与行业的基准收益率或设定的折现率(i_c)比较,当 $\mathrm{FIRR}\geqslant i_c$,则认为从全部投资角度,项目赢利能力已满足最低要求,在财务上可以考虑被接受。

自有资金现金流量表计算的自有资金财务内部收益率(所得税后),是反映项目自有资金赢利能力的指标,如果 $\mathrm{FIRR}\geqslant i_c$ 时,则项目赢利能力已满足最低要求,在财务上可以考虑被接受。

【例 4.4.12】 某项目拟建一化工容器设备分厂,初建投资为 5 000 万元,预计寿命期 10 年中每年可得净收益 800 万元,第 10 年末可得残值 2 000 万元,试求该项目的内部收益率为多少。

【解答】 列出公式:

$$\mathrm{FNPV} = \sum_{t=0}^{n} (\mathrm{CI} - \mathrm{CO})_t \cdot (1 + \mathrm{FIRR})^{-t}$$

$$= -5\,000 + 800 \times \frac{(1 + \mathrm{FIRR})^{10} - 1}{\mathrm{FIRR} \cdot (1 + \mathrm{FIRR})^{10}} + 2\,000 \times (1 + \mathrm{FIRR})^{-10} = 0$$

下面求财务内部收益率 FIRR:

①先找出 i 的大致范围:

假设 $i=0, P=5\,000, S=800\times 10+2\,000=10\,000$,利用 $P=S(P/S,i,n)$ 公式,近似地确定 i 的范围:

$$5\,000=10\,000(P/S,i,10)$$

$$(P/S,i,10)=0.5$$

i 在 7%左右,可见 FIRR 应大于 7%。

②试算 FIRR:

假设 $i_1=11\%$

$$\mathrm{FNPV} = -5\,000+800\times\frac{(1+11\%)^{10}-1}{11\%\cdot(1+11\%)^{10}}+2\,000\times(1+11\%)^{-10}$$

$$=-5\,000+800\times 6.206\,5+2\,000\times 0.352\,0=699.2>0$$

假设 $i_2=12\%$

$$\mathrm{FNPV} = -5\,000+800\times\frac{(1+12\%)^{10}-1}{12\%\cdot(1+12\%)^{10}}+2\,000\times(1+12\%)^{-10}$$

$$=-5\,000+800\times 5.650\,2+2\,000\times 0.322\,9=164.2>0$$

假设 $i_3=13\%$

$$FNPV=-5\ 000+800\times\frac{(1+13\%)^{10}-1}{13\%\cdot(1+13\%)^{10}}+2\ 000\times(1+13\%)^{-10}$$

$$=-5\ 000+800\times5.426\ 2+2\ 000\times0.294\ 6=-69.8<0$$

③内插求 FIRR：

$$FIRR=12\%+(13\%-12\%)\times\frac{164.2}{164.2+69.8}=12.7\%$$

所以项目财务内部收益率为12.7%。

5.投资利润率、投资利税率和资本金利润率

(1)投资利润率

它是指项目达到设计生产能力后的一个正常年份的年利润总额或项目生产期内的年平均利润总额与项目总投资的比率。它是反映单位投资赢利能力的静态指标，计算公式为：

$$投资利润率=\frac{年利润总额或年平均利润总额}{总投资}\times100\%$$

式中 年利润总额=年产品销售收入-年总成本费用-年销售税金及附加；

年销售税金及附加=年增值税+年资源税+年城市维护建设税+年教育费附加；

总投资=固定资产投资(固定资产+无形资产+开办费)+投资方向调节税+建设期利息+铺底流动资金

投资利润率是贷款项目评价的重要评价指标之一。投资利润率高，则表明该项目投资效果好，企业有较强的清偿债务能力。其比较标准是行业平均投资利润率，即当投资利润率≥行业平均投资利润率时，则财务上可考虑被接受。

(2)投资利税率

它是指项目达到设计生产能力后的一个正常生产年份的利润和税金总额或项目生产期内的平均利税总额与总投资的比率。其计算公式为：

$$投资利税率=\frac{年利税总额或年平均利税总额}{总投资}\times100\%$$

式中：年利税率是衡量项目占用投资后，为社会提供的剩余产品和对国家财政所作贡献的大小。其值越大，表明项目为社会提供的利润和向国家缴纳的税金就越多。同样，投资利税率的比较标准是同行业企业的平均投资利税率，即当投资利税率≥行业平均投资利税率时，则项目在财务上可以考虑被接受。

【例 4.4.13】 某建设项目预计建成投产后，在达产期内年产品销售收入 2 500 万元，年总成本 1 800 万元，年销售税金及附加 272.5 万元，总投资 1 500 万元，求：该项目的投资利润率和投资利税率。

【解答】 年利润总额=年产品销售收入-年总成本费用-年销售税金及附加

=2 500 万元-1 800 万元-272.5 万元=427.5 万元

$$投资利润率=\frac{年利润总额或年均利润总额}{总投资}\times100\%$$

$$=\frac{427.5}{1\ 500}=28.5\%$$

$$年利税总额=年销售收入-年总成本费用$$
$$=2\ 500\ 万元-1\ 800\ 万元=700\ 万元$$

$$投资利税率=\frac{年利税总额或年均利税总额}{总投资}\times 100\%$$
$$=\frac{700}{1\ 500}\times 100\%=36.67\%$$

(3)资本金利润率

它是指项目达到设计生产能力后的一个正常生产年份的利润总额或项目生产期内的平均利润总额与资本金的比率。它反映投入项目资本金的赢利能力。其计算公式为:

$$资本金利润率=\frac{年利润总额或年均利润率总额}{资本金}\times 100\%$$

所谓资本金是指企业在工商行政部门注册登记的资金。资本金利润率的判别标准也是同行业的平均资本金利润率。若高于行业平均水平,则证明项目赢利能力较好。反之,则证明项目赢利能力较差。

(二)清偿能力分析

项目清偿能力分析主要是考察计算期内各年的财务状况及偿债能力。主要评价指标有固定资产投资借款偿还期、资产负债率、流动比率、速动比率等。

1.固定资产投资借款偿还期

固定资产投资借款偿还期是分析建设项目清偿债务能力的一项指标。其含义是指在国家财政规定及项目的具体财务条件下,项目投产后用可以还款的资金偿还固定资产投资借款本金和建设期利息所需要的时间。借款偿还期的计算需要与各年借款还本付息表相结合,通过借款还本付息计划表、总成本费用表以及利润和利润分配表的计算求得。借款偿还期的计算公式如下:

$$借款偿还期=\frac{借款偿还后开始}{出现盈余的年份数}-1+\frac{当年应还借款额}{当年可用于还款的收益额}$$

固定资产投资借款偿还期满足贷款机构的要求期限时,即认为项目是有清偿能力的。

2.财务比率

财务比率是指反映企业财务状况的比率指标,以分析项目的清偿能力,包括资产负债率、流动比率、速动比率,均通过资产的负债表计算得出。

(1)资产负债率

资产负债率是企业负债与资产之间的比率,是一个反映项目所面临的财务风险程度的指标。其计算公式为:

$$资产负债率=\frac{负债}{总资产}\times 100\%$$

资产负债率旨在分析资产结构中负债的比重,用以反映债权人所提供的资金占企业总资产的百分比,从债务比重上说明债权人所得到的保障程度。该指标比例越低,对债权人就越有利。这是因为,根据债权人的观点,他们考虑的是借出资本的安全,希望债务比率越低越好。这样,在资产价格不跌时,债权人也能得到可靠的保护。

负债与资产比率过高或过低都不好。该比率过高,财务风险随之也变得很大;该比率过低，则降低了股本收益率。在一般大中型项目中，倾向于采用理想负债与资本的比率为50:50。但这并不是一个标准模式。建设项目的财务分析，应当充分考虑资金的性质和需要量，以规定一个适当的资金供应安排。在许多国家，负债与资本实际采用了67:33或75:25甚至更高的比率，但因为每个项目都应根据其各自的优缺点加以估测，所以不可能作出一个普遍适用的结论。

(2)流动比率

流动比率是流动资产与流动负债的比率。它是衡量项目清偿其短期负债能力的一个非常粗略的指标。其计算公式为：

$$流动比率=\frac{流动资产}{流动负债}\times 100\%$$

流动比率旨在分析企业资产流动性的大小，判断短期债权人的债权在到期前，偿债企业用现金及预期在该一期中能变为现金的资产偿还的限度。根据经验判断，流动比率应维持在2:1左右。但是，由于行业经营性质不同，对资产流动性的要求也不同，流动比率还与企业本身的经营方针和管理水平有关。因此，在分析流动比率时，要以同行业平均水平或平均先进水平以及企业历史水平作为参考。从债权人角度看，一般地说，流动比率越高，短期偿债能力越强；流动比率越低，短期偿债能力越差。

(3)速动比率

流动比率是一个粗略的指标，以其判断短期偿债能力，可能会将决策者引入歧途。因为流动资产中存货很难保证在本期内顺利变现。如发生困难，则会将企业财力状况置于困境。为了克服这一缺点而引入速动比率衡量企业偿付短期负债的能力。速动比率是速动资产与流动负债的比率，是反映项目快速清偿流动负债能力的指标。其计算公式为：

$$速动比率=\frac{速动资产(流动资产-存货)}{流动负债}\times 100\%$$

根据经验判定，速动比率一般应维持在1:1以上。但是这个比率也不是绝对的，不同的行业和企业一般都有差别，在分析时，应参考同行业的平均水平、企业的历史水平进行评价。从债权人角度看，速动比率越高，说明短期偿债能力越强；反之，就越差。

以上介绍了拟建项目财务评价的赢利能力分析及清偿能力分析的方法。对于一些涉及外汇收支的项目还应进行外汇平衡能力分析。外汇平衡能力分析就是通过编制财务外汇平衡表(见表4.3.5)，考察各年外汇余缺程度，对外汇不能平衡的项目，应提出具体的解决办法或建议。

六、不确定性分析

为了提高建设项目财务评价的可信度和稳健性，必须对影响项目建设和运行的不确定性因素进行分析，测定其影响程度和对项目带来的风险大小，尽量避免和控制不利因素的影响，充分发挥和利用有利因素的作用，提高建设项目运行的环境适应能力和抗风险能力。这方面常用的方法有盈亏平衡分析、敏感性分析、概率分析。下面重点介绍前两种方法。

(一)盈亏平衡分析

盈亏平衡分析的前提条件是产量等于销售量、单位可变成本不变、产品售价不变。盈亏平衡分析是研究建设项目投产后正常年份的产量、成本、利润三者之间的平衡关系，以利润为零时的收益与成本的平衡为基础，测算项目的生产负荷状况，度量项目承受风险的能力。盈亏平衡点越低，表明项目适应市场变化的能力越强，抗风险能力越大。

1.盈亏平衡点计算

设建设项目投产后正常年份中，Q 为年产量，P 为单位产品的价格，W 为单位产品的成本，F 为年固定成本，则：

年总收益　　$TR=P\cdot Q$

总成本　　$TC=W\cdot Q+F$

年利润为　　$H=TR-TC=(P-W)Q-F$

盈亏平衡点定义为：$H=0$，即 $TR-TC=0$ 时的产量 Q 和价格 P。由这个定义，可得（参见图4.4.4）：

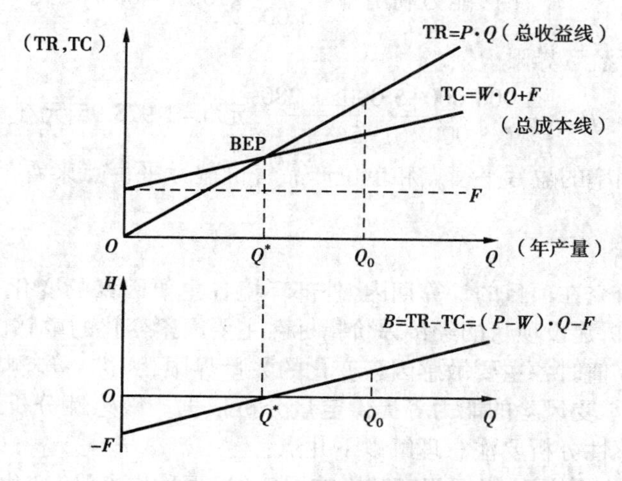

图 4.4.4　产量盈亏平衡界限

产量盈亏界限 $Q^*=\dfrac{F}{P-W}$　（基本公式）

单位产品售价盈亏界限 $P^*=\dfrac{F+W\cdot Q}{Q}$

单位产品变动成本盈亏界限 $W^*=\dfrac{P\cdot Q-F}{Q}$

固定成本盈亏界限 $F^*=(P-W)\cdot Q$

2.生产负荷率计算

设项目的年设计能力为 Q_0，盈亏平衡产量为 Q^*，则项目的生产负荷率定义为：

$$BEP(Q)=\frac{Q^*}{Q_0}\times 100\%$$

生产负荷率是度量项目生产负荷状况的重要指标。一般认为，生产负荷率 $BEP(Q)\leqslant 70\%$ 时，建设项目可以承受较大风险。在方案比较中，生产负荷率越低越好。

【例 4.4.14】　某新建年生产能力 5 000 t 啤酒生产线，计划固定资产投资 2 000 万元，建设期 1 年，项目经营寿命期为 6 年，残值率为 10%。根据资料分析，估计该种啤酒市场售价为 2 400 元/t，可变成本为 1 280 元/t，销售税金及附加的合并税率为 5%。试用产量、生产能力利用率、产品单位售价分别表示该项目的盈亏平衡点。

【解答】 由于本项目的年固定成本主要是折旧,故先求出年固定成本:

$$年固定成本\ F=\frac{2\ 000\times(1-10\%)}{6}万元=300\ 万元$$

①产量盈亏平衡界限 Q^*:

$$Q^*\times2\ 400\times(1-5\%)=3\ 000\ 000+Q^*\times1\ 280$$

$$Q^*=\frac{3\ 000\ 000}{2\ 280-1\ 280}\ \text{t}=3\ 000\ \text{t}$$

②生产能力利用率:

$$生产能力利用率=\frac{3\ 000}{5\ 000}\times100\%=60\%$$

③单位产品售价盈亏界限 P^*:

$$P^*=\frac{3\ 000\ 000+5\ 000\times1\ 280}{5\ 000\times(1-5\%)}\ 元/\text{t}=1\ 978.95\ 元/\text{t}$$

从生产能力利用率的盈亏平衡点和单位产品售价盈亏平衡点来看,该项目的抗风险能力较强。

(二)敏感性分析

敏感性分析是研究在项目的计算期内,外部环境各主要因素的变化对建设项目的建设与运行造成的影响,分析建设项目的经济评价指标对主要因素变化的敏感性与敏感方向,确定经济评价指标出现临界值时各主要敏感因素变化的数量界限,为进一步测定项目评价决策的总体安全性、项目运行承受风险的能力等提供定量分析依据。敏感性分析最基本的分析指标是内部收益率。对敏感性分析要注意理解以下几点:

1.敏感性指的是经济评价指标相对其影响因素(以下称作参量)变化的反映

①用敏感程度可说明参量发生单位变化时引起评价指标变化的大小,并以此确定关键参量。

②用敏感方向反映参量的变化会引起评价指标同向变化还是反向变化,并以此确定参量的变化给项目带来有利影响还是有害影响。

2.一般常用的是单参量敏感性分析,即在诸多因素影响的建设项目中,研究某一参量的变化对评价指标的影响,而令其他量不变

用这种方法对每个主要因素进行敏感性分析,比较其影响程度,从而确定关键因素,并进行风险性估计、方案比较。

3.敏感程度的测算

敏感程度的大小用敏感系数给出。敏感系数定义为单位参量相对变化 ΔX_K 引起的评价指标 ΔV_K,记作 S_K,S_K 的符号(正或负)反映评价指标对参量的敏感方向。表达式为:

$$S_K=\frac{\Delta V_K}{\Delta X_K}$$

4.参量盈亏界限的确定

当评价指标与其评价准则相等时,对应的参量值称为参量的盈亏界限,即:

$$V(X_K^*)=V_0$$

解出的 X_K^* 称为参量相对变化 X_K 的盈亏界限。式中 V_0 为评价指标 V 的评价准则。评价指标为 FNPV 时,则 $V_0=0$;评价指标为 FIRR 时,则 V_0 取基准收益率 i,等等。

5.风险估计

参量的变化给评价指标带来的风险取决于两方面,即评价指标对参量变化的敏感性与参量的盈亏界限。

①建设项目的风险性与敏感性成正比;

②建设项目的风险性与参量的盈亏界限成反比。

因此,参量的相对变化 X_K 对建设项目带来的风险可用下式估计:

$$R=\frac{|S_K|}{|X_K^*|}$$

式中,$|S_K|$为评价指标 V 对参量的相对变化 X_K 的敏感系数的绝对值,$|X_K^*|$为参量的相对变化 X_K 的盈亏界限的绝对值。

【例 4.4.15】　某企业为研究一项投资方案的敏感性,提出了如表 4.4.4 所示的参数估计。

表 4.4.4

项　目	投资 I	寿命 n	残值 L	年收入 R	年支出 C	贴现率 i
参 数 值	10 000 元	5 年	2 000 元	5 000 元	2 200 元	8%

试分析项目 NPV 指标关于 n,i 和 C 的单参数敏感性。

【解答】　首先计算出基本方案的 FNPV,应有

FNPV=-10 000 元+500(P/A,8%,5)元-2 200(P/A,8%,5)元+2 000(P/F,8%,5)元=2 541 元

然后一次改变一个参数,例如 C,每次±5%,±10%,…,±100%,这样可计算出相应的 FNPV 和 FNPV 变化的百分数。仿此,再计算关于 i 和 n 单独变化的 FNPV 变化值及其变化百分数。最后可将所有这些 FNPV 及其变化绘制出图 4.4.5。由图可知,若参数变化在-20%~20%,则项目对年支出和寿命的变化是敏感的;对贴现率 i 的变化来说,相对不敏感。而且可进一步得出结论,只要项目寿命不低于原估计值的 35%,或 i 不高于原估计值的 2 倍,或年支出的增加不至于超过原估计值的 28%,该方案至少可以达到基准收益率这一赢利水平。

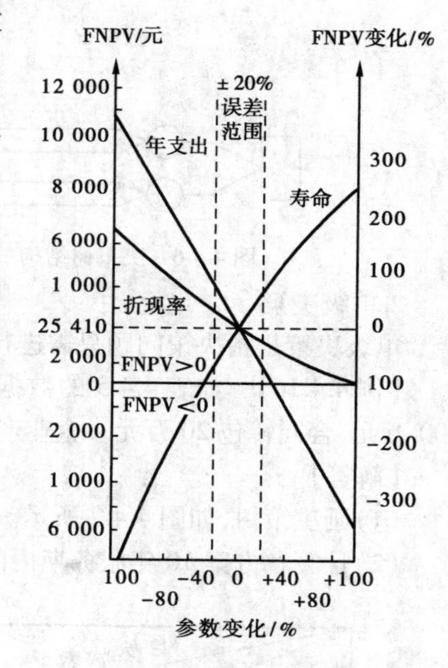

图 4.4.5　FNPV 的敏感性分析

(三)概率分析

主要是分析项目净现值的期望值及净现值大于或等于零时的累计概率。另外,也可以通过模拟法测算项目的内部收益率等评价指标的概率分布,根据概率分析结果,提出项目评价的决定性意见。

决策树法是项目决策中应用概率分析的一种方法。这种方法的形状如树枝,所以称为决策树法。这种方法不仅可以解决单级决策问题,而且可以解决决策收益表中不易表达的多级决策问题。尤其对多级决策问题,决策树法更为方便明了。

1.决策树结构

决策树又称为决策图,是一种反映决策问题有关方案损益值、概率等关系的树状图。其结

构如图 4.4.6 所示。图中符号说明如下：

“□”为决策结点，由它引出若干条树枝，每枝代表一个方案（方案枝）。

“○”为状态结点，由它引出若干条树枝，表示不同的自然状态（状态枝），在每条状态枝上写明自然状态及其概率值。

“△”为每种自然状态相应的益损值。

一般决策问题通常有多个方案，每个方案可能有多种状态。因此，决策图形从左至右，由简到繁组成为一个树枝网状图。

应用决策图进行决策的过程是：由右向左，逐步后退。根据右端的益损值和状态枝上的概率，计算出同一方案不同状态下的期望益损值，然后根据不同方案的期望益损值的大小进行选择。方案的舍弃称为修枝，舍弃的方案只需在枝上画以“#”的符号，即表示修枝的意思。最后决策结点只留下一条树枝，就是决策的最优方案。

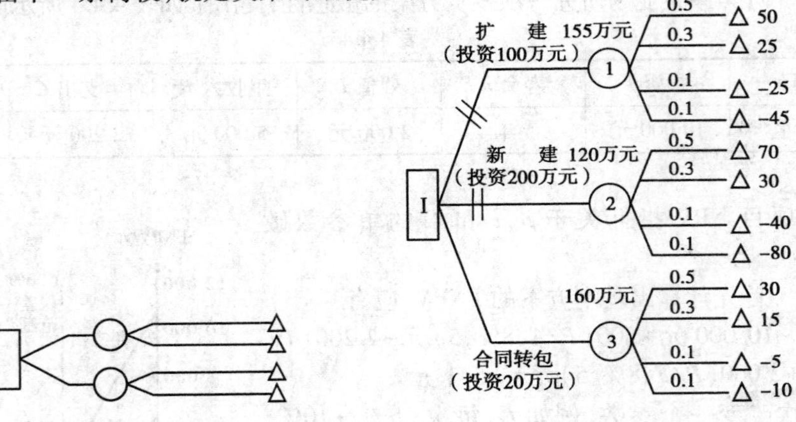

图 4.4.6 决策树结构　　　　图 4.4.7 单级决策

2. 单级决策

单级决策是指决策问题只需进行一项的决策，又称单阶段决策，如下例所示：

【例 4.4.16】 如表 4.4.5 的数据，假设 3 个可行方案投资额分别为：扩建 100 万元，新建 200 万元，合同转包 20 万元。企业产品经营期限为 10 年。试用决策树法选择最优方案。

【解答】

（1）画决策树，如图 4.4.7 所示。

（2）计算各方案 10 年服务期内的期望收益值。

表 4.4.5 收益表

自然状态 / 收益值 / 概率 / 方案	销路好	销路一般	销路差	销路极差
概率	0.5	0.3	0.1	0.1
扩建/万元	50	25	-25	-45
新建/万元	70	30	-40	-80
合同转包/万元	30	15	-5	-10

扩建方案

结点①：$[50\times0.5+25\times0.3+(-25)\times0.1+(-45)\times0.1]\times10$ 万元-100 万元$=155$ 万元

新建方案

结点②：[70×0.5+30×0.3+(−40)×0.1+(−80)×0.1]×10 万元−200 万元＝120 万元

合同转包方案

结点③：[30×0.5+15×0.3+(−5)×0.1+(−10)×0.1]×10 万元−20 万元＝160 万元

将计算结果写在图中结点上。

(3)选择最优方案

在产品经营 10 年中，期望收益值最大的方案为合同转包方案，投资 20 万元，获得收益 160 万元。其余的方案应舍弃。此例在整个服务期间只需决策一次，故称之为单级决策。

3.多级决策

多级决策是指当决策问题包括两项以上的决策，又称多阶段决策，如下例所示：

【例 4.4.17】 某地区为满足某种产品的市场需求，拟规划建厂，在可行性研究中，提出了 3 个方案：

A.新建大厂，需投资 300 万元，据初步估算，销路好时每年获利润 100 万元，销路不好时每年亏损 20 万元，服务期限 10 年。

B.新建小厂，需投资 140 万元，销路好时每年可获利润 40 万元，销路不好时仍可获利润 30 万元。

C.先建小厂，3 年后若销路好再扩建，投资 200 万元，服务期限 7 年，每年可获得利润 95 万元。

根据市场销售形势预测，产品销路好的概率为 0.7，销路不好的概率为 0.3。根据上述情况，试用决策树法选择最优方案。

【解答】

(1)根据题意画决策树，如图 4.4.8 所示

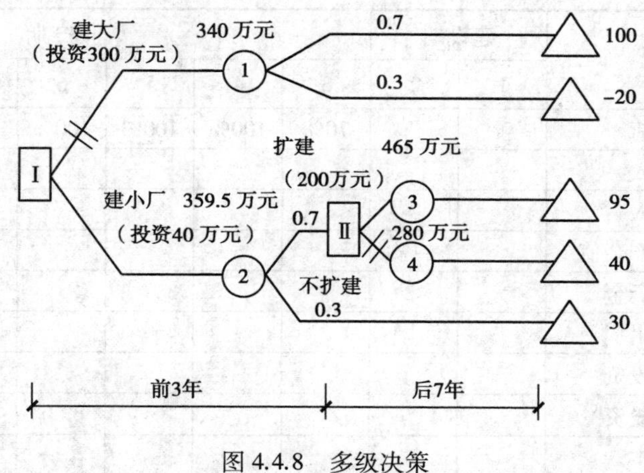

图 4.4.8 多级决策

点①：[0.7×100+0.3(−20)]×10 万元−300 万元＝340 万元

点③：[1.0×95×7−200]万元＝465 万元

点④：[1.0×40×7]万元＝280 万元

决策点Ⅱ：点③与点④比较，点③期望收益值较大，因此新建小厂应采用 3 年后再扩建的方案，3 年后仍维持小厂的方案则应予舍弃。

点②有两个方案，即前3年建小厂，后7年扩建和小厂共同持续到10年。

[(0.7×40×3+465×0.7)+0.3×30×10]万元-140万元=359.5万元

(2)选择最优方案

从结点①与结点②比较，应选择先建小厂，3年后销路好扩建，再经营7年，整个10年期间共计获得利润395.5万元。

第五节 财务评价案例分析

【例4.5.1】 某企业拟建设一个生产国内某种急需产品的项目。该项目的建设期为2年，运营期为7年。预计建设期投资800万元(含建设期贷款利息20万元)，并全部形成固定资产。固定资产使用年限10年，运营期末残值50万元，按照直线法折旧。

该企业于建设期第1年投入项目资本金为380万元，建设期第2年向当地建设银行贷款400万元(不含贷款利息)，贷款利率10%，项目第3年投产。投产当年又投入资本金200万元，作为流动资金。

运营期，正常年份每年的销售收入为700万元(不含税)，经营成本300万元(不含税)，产品销售增值税税率为9%，所得税税率为25%，年总成本400万元(不含利息)，行业基准收益率10%。经营成本中的进项税率为6%。增值税附加不考虑。

投产的第1年生产能力仅为设计生产能力的70%，为简化计算这一年的销售收入，经营成本和总成本费用增多按照正常年份的70%估算。投产的第2年及其以后的各年生产均达到设计生产能力。

表4.5.1 某拟建项目的全部现金流量数据表 万元

序 号	项 目	建设期		投产期						
		1	2	3	4	5	6	7	8	9
	生产负荷			70%	100%	100%	100%	100%	100%	100%
1	现金流入									
1.1	销售收入									
1.2	回收固定资产余值									
1.3	回收流动资金									
2	现金流出									
2.1	固定资产投资									
2.2	流动资金投资									
2.3	经营成本									
2.4	税金									
2.5	调整所得税									
3	净现金流量									
4	折现系数 $i_c=10\%$	0.909 1	0.826 4	0.751 3	0.683 0	0.620 9	0.564 5	0.513 2	0.466 5	0.424 1
5	折现净现金流量									
6	累计折现净现金流量									

问题：

①资料计算销售税金及附加和所得税。

②依照表4.5.1格式，编制全部投资现金流量表。

③计算项目的动态投资回收期和财务净现值。

④计算项目的财务内部收益表。

⑤从财务评价的角度，分析说明拟建项目的可行性。

【解答】 (1)计算销售税金及附加，计算所得税：

①运营期销售税金及附加

销项税=销售收入×销售增值税税率

第3年税金=(700×70%×9%-300×6%×70%)万元=31.50万元

第4~9年税金=(700×100%×9%-300×6%)万元=45.00万元

②运营期所得税

调整所得税=(销售收入-税金-总成本(不含利息))×所得税率

第3年所得税=(490-31.50-280)×25%万元=44.63万元

第4~9年所得税=(700-45-400)×25%万元=63.75万元

(2)根据表4.5.1格式和以下计算数据，编制全部投资现金流量表4.5.2。

表4.5.2 某拟建项目的全部现金投资流量数据表 万元

序号	项 目	建设期		投产期						
		1	2	3	4	5	6	7	8	9
	生产负荷			70%	100%	100%	100%	100%	100%	100%
1	现金流入			490.00	700.00	700.00	700.00	700.00	700.00	1 175
1.1	销售收入			490.00	700.00	700.00	700.00	700.00	700.00	700.00
1.2	回收固定资产余值									275.00
1.3	回收流动资金									200.00
2	现金流出	380	400	486.13	408.75	408.75	408.75	408.75	408.75	408.75
2.1	固定资产投资	380	400							
2.2	流动资金投资			200.00						
2.3	经营成本			210.00	300.00	300.00	300.00	300.00	300.00	300.00
2.4	税金			31.50	45.00	45.00	45.00	45.00	45.00	45.00
2.5	调整所得税			44.63	63.75	63.75	63.75	63.75	63.75	63.75
3	净现金流量	-380	-400	-3.87	291.25	291.25	291.25	291.25	291.25	766.25
4	折现系数 $i_c=10\%$	0.909 1	0.826 4	0.751 3	0.683 0	0.620 9	0.564 5	0.513 2	0.466 5	0.424 1
5	折现净现金流量	-345.46	-330.56	-2.91	198.92	180.84	164.41	149.47	135.87	324.97
6	累计折现净现金流量	-345.46	-676.02	-678.93	-480.01	-299.17	-134.76	14.71	150.58	475.55

调整所得税=(营业收入-经营成本-折旧-增值税金)×25%

①项目的使用年限10年，营运期7年。所以，固定资产余值按以下公式计算：

年折旧费=(固定资产原值-残值)÷折旧年限=(800-50)万元÷10=75万元

固定资产余值=75×(10-7)万元+50万元=275万元

②建设期贷款利息计算：建设期第1年没有贷款，建设期第2年贷款400万元。

贷款利息＝(0+400÷2)×10%万元＝20 万元

(3)根据表 4.5.2 中的数据,按以下公式计算项目的动态投资回收期和财务净现值。

动态投资回收期＝(累计折现净现金流量出现正值的年份－1)+(出现正值年份上年累计折现净现金流量绝对值÷出现正值年份当年折现净现金流量)

＝(8－1)年+(|－32.94|÷127.29)年＝7.26 年

由此 4.5.2 可知:项目财务净现值 FNPV＝475.55 万元。

(4)编制现金流量延长表,见表 4.5.3。采用试算法求出拟建项目的内部收益表。具体做法和计算过程如下:

表 4.5.3　某拟建项目现金流量延长表　　万元

序号	项　目	建设期		投产期						
		1	2	3	4	5	6	7	8	9
	生产负荷			70%	100%	100%	100%	100%	100%	100%
1	现金流入			490.00	700.00	700.00	700.00	700.00	700.00	1 175.00
2	现金流出	380	400	486.13	408.75	408.75	408.75	408.75	408.75	408.75
3	净现金流量	−380	−400	3.87	291.25	291.25	291.25	291.25	291.25	766.25
4	折现系数 $i_c=10\%$	0.909 1	0.826 4	0.751 3	0.683	0.620 9	0.564 5	0.513 2	0.466 5	0.424 1
5	折现净现金流量	−345.46	−330.56	2.91	198.92	180.84	164.41	149.47	135.87	324.97
6	累计折现净现金流量	−345.46	−676.02	−673.11	−474.19	−293.35	−128.94	20.53	156.4	481.37
7	折现系数 $i_1=22\%$	0.819 7	0.671 9	0.550 7	0.451 4	0.37	0.303 3	0.248 6	0.203 8	0.167
8	折现净现金流量	−311.49	−268.76	2.13	131.47	107.76	88.34	72.4	59.36	127.96
9	累计折现净现金流量	−311.49	−580.25	−578.12	−446.65	−338.89	−250.55	−178.15	−118.79	9.17
10	折现系数 $i_2=23\%$	0.813	0.661	0.537 4	0.436 9	0.355 2	0.288 8	0.234 8	0.190 9	0.155 2
11	折现净现金流量	−308.94	−264.4	2.08	127.25	103.45	84.11	68.39	55.6	118.92
12	累计折现净现金流量	−308.94	−573.34	−571.26	−444.01	−340.56	−256.45	−188.06	−132.46	−13.54

①首先设定 $i_1=22\%$,以 i_1 作为设定的折现率,计算出各年的折现系数。利用现金流量延长表,计算出各年的折现净现金流量和累计折现净现金流量,从而得到财务净现值 $FNPV_1$,见表 4.5.3。

②再设定 $i_2=23\%$,以 i_2 作为设定的折现率,计算出各年的折现系数。同样,利用现金流量延长表,计算各年的折现净现金流量和累计折现净现金流量,从而得到财务净现值$FNPV_2$,见表 4.5.3。

③如果试算结果满足:$FNPV_1>0$,$FNPV_2<0$,且满足精度要求,可采用插值法计算出拟建项目的财务内部收益率 FIRR。

由表 4.5.3 可知:$i_1=2\%$时,$FNPV_1=9.17$

$i_2=23\%$时,$FNPV_2=-13.54$

可以采用插值法计算拟建项目的内部收益率 FIRR。即:

$$FIRR = i_1 + (i_2 - i_1) \times [FNPV_1 \div (FNPV_1 + |FNPV_2|)]$$

$$= 22\% + (23\% - 22\%) \times [9.17 \div (9.17 + |-13.54|)] = 22.40\%$$

(5)从财务评价角度评价该项目的可行性：

根据计算结果，项目财务净现值=411.52 万元>0，内部收益率=20.74%>行业基准收益率10%，超过行业基准收益水平，所以该项目是可行的。

【例 4.5.2】　某项目建设期为 2 年，生产期为 8 年，项目建设投资(含工程费、其他费用、预备费用)3 100 万元，预计全部形成固定资产。固定资产折旧年限为 8 年，按平均年限法计算折旧，残值率为 5%。在生产期末回收固定资产残值。

建设期第一年投入建设资金的 60%，第二年投入 40%，其中每年投资的 50%为自有资金，50%为银行贷款，贷款年利率为 7%，建设期只计息不还款。生产期第一年投入流动资金 300 万元，全部为自有资金。流动资金在计算期末全部回收。

建设单位与银行约定：从生产期开始的 6 年间，按照每年等额本金偿还进行偿还，同时偿还当年发生的利息。

预计生产期各年的经营成本为 2 600 万元，销售收入在计算期第三年为 3 800 万元，第四年为 4 320 万元，第五至十年均为 5 400 万元，以上数据均不含税。假定增值税销项税率为11%，进项税率为 9%，所得税率为 25%，行业基准投资回收期(P_c)为 8 年。

问题：

①计算期第三年初的累计借款是多少(要求列出计算式)。

②编制项目还本付息表(将计算结果填入表 4.5.4)。

③计算固定资产残值及各年固定资产折旧额(要求列出计算式)。

④编制项目资本金(自有资金)现金流量表(将现金流量有关数据填入表 4.5.5)。

⑤计算投资回收期(要求列出计算式)，并评价本项目是否可行。

(注：计算结果保留小数点后 2 位)

【解答】

问题 1：

第一年应计利息：$(0+\frac{1}{2}\times 3\ 100\times 60\%\times 50\%)\times 7\%$ 万元=32.55 万元

第二年应计利息：$(3\ 100\times 60\%\times 50\%+32.55+\frac{1}{2}\times 3\ 100\times 40\%\times 50\%)$ 万元×7%

=89.08 万元

第三年初累计借款：$(3\ 100\times 60\%\times 50\%+3\ 100\times 40\%\times 50\%+32.55+89.08)$ 万元

=1 671.63 万元

问题 2：解答见表 4.5.4。

表 4.5.4　某项目还本付息表　　万元

序号	项目＼年份	1	2	3	4	5	6	7	8	9	10
1	年初累计借款		962.55	1671.63	1 393.02	1 114.41	835.80	557.19	278.58		
2	本年新增借款	930	620								
3	本年应计利息	32.55	89.08	117.01	97.51	78.01	58.51	39.00	19.50		
4	本年应还本金			278.61	278.61	278.61	278.61	278.61	278.58 或 278.61		
5	本年应还利息			117.01	97.51	78.01	58.51	39.00	19.50		

问题 3：

固定资产投资：3 100 万元+（32.55+89.08）万元＝3 221.63 万元

残值：3 221.63 万元×5%＝161.08 万元

各年固定资产折旧：（3 221.63−161.08）万元÷8＝382.57 万元

问题 4：解答见表 4.5.5。

表 4.5.5　某项目资本金现金流量表　　万元

序号	项目＼年份	1	2	3	4	5	6	7	8	9	10
1	现金流入			3 800	4 320	5 400	5 400	5 400	5 400	5 400	5 861.08
1.1	销售收入			3 800	4 320	5 400	5 400	5 400	5 400	5 400	5 400
1.2	回收固定资产残值										161.08
1.3	回收流动资金										300
2	现金流出	930	620	3 608.73	3 467	3 816.35	3 811.48	3 782.22	3 767.56 或 3 767.59	3 114.36	3 114.36
2.1	自有资金	930	620	300							
2.2	经营成本			2 600	2 600	2 600	2 600	2 600	2 600	2 600	2 600
2.3	偿还借款			395.62	376.12	356.62	356.62	317.61	298.08 或 298.11		
2.3.1	长期借款本金偿还			278.61	278.61	278.61	278.61	278.61	278.58 或 278.61		
2.3.2	长期借款利息偿还			117.01	97.51	58.51	78.01	39.00	19.50		
2.4	税金及附加			184	241.20	360	360	360	360	360	360
2.5	所得税			129.11	249.68	499.73	494.86	504.61	509.48	514.36	514.36
3	净现金流量	−930	−620	191.27	853	1 583.65	1 588.52	1 617.78	1 632.44 或 1 632.41	2 285.64	2 746.72
4	累计净现金流量	−930	−1 550	−1 358.73	−505.73	1 077.92	2 666.44	4 284.22	5 916.66 或 5 916.63	8 202.3 或 8 202.27	10 949.02 或 10 948.99

第 3 年所得税＝（3 800−2 600−117.01−184−382.57）万元×25%＝129.11 万元

问题 5：

投资回收期：$P_t = 5 - 1 + \frac{|-505.73|}{1\ 583.65} = 4.32$ 年

因为 $P_t < P_c$，所以本项目可行。

【例4.5.3】　某建设项目有关资料如下：

①项目计算期10年，其中建设期2年。项目第3年投产，第5年开始达到100%设计生产能力。

②项目资产投资9 000万元（不含建设期贷款利息和固定资产投资方向调节税），预计8 500万元形成固定资产，500万元形成无形资产。固定资产年折旧费为673万元，固定资产余值在项目运营期末收回，固定资产投资方向调节税税率为0。

③无形资产在运营期8年中，均匀摊入成本。

④流动资金为1 000万元，在项目计算期末收回。

⑤项目的设计生产能力为年产量1.1万吨，预计每吨销售价为6 000元，销项税率为11%，所得税率为25%。

⑥项目的资金投入、收益、成本等基础数据，见表4.5.6。

表4.5.6　建设项目资金投入、收益及成本表　　万元

序号	项目＼年份		1	2	3	4	5~10
1	建设投资	自有资金部分	3 000	1 000			
		贷款（不含贷款利息）		4 500			
2	流动资金	自有资金部分			400		
		贷　款			100	500	
3	年销售量/万吨				0.8	1.0	1.1
4	年经营成本				4 200	4 600	5 000

经营成本进项税率为7%。

⑦还款方式：在项目运营期间（即从第3年至第10年）按等额本金法偿还，流动资金贷款每年付息。长期贷款利率为6.22%（按年付息），流动资金贷款利率为3%。

⑧经营成本的80%作为固定成本。

问题：

①计算无形资产摊销费。

②编制借款还本付息表，把计算结果填入表4.5.7中（表中数字按四舍五入取整，表4.5.8、表4.5.9同）。

③编制总成本费用估算表，把计算结果填入表4.5.8中。

④编制项目损益表，把计算结果填入表4.5.9中。盈余公积金提取比例为10%。

⑤计算第7年的产量盈亏平衡点（保留两位小数）和单价盈亏平衡点（取整），分析项目赢利能力和抗风险能力。假设第7年单位可变成本中含可抵扣进项税为412元。

【解答】　①无形资产摊销费＝500万元÷8＝62.5万元

②长期借款利息

建设期贷款利息$=\frac{1}{2}\times 4\ 500\times 6.22\%$ 万元＝140万元

每年应还本金＝（4 500+140）万元÷8＝580万元

表 4.5.7　项目还本付息表　万元

序号	年份 项目	1	2	3	4	5	6	7	8	9	10
1	年初累计借款			4 640	4 060	3 480	2 900	2 320	1 740	1 160	580
2	本年新增借款		4 500								
3	本年应计利息		140	289	253	216	180	144	108	72	36
4	本年应还本金			580	580	580	580	580	580	580	580
5	本年应还利息			289	253	216	180	144	108	72	36

③总成本费用估算见表 4.5.8

表 4.5.8　总成本费用估算表　万元

序号	年份 项目	3	4	5	6	7	8	9	10
1	经营成本	4 200	4 600	5 000	5 000	5 000	5 000	5 000	5 000
2	折旧费	673	673	673	673	673	673	673	673
3	摊销费	63	63	63	63	63	63	63	63
4	财务费	292	271	234	198	162	126	90	54
4.1	长期借款利息	289	253	216	180	144	108	72	36
4.2	流动资金借款利息	3	18	18	18	18	18	18	18
5	总成本费用	5 228	5 607	5 970	5 934	5 898	5 862	5 862	5 790
5.1	固定成本	3 360	3 680	4 000	4 000	4 000	4 000	4 000	4 000
5.2	可变成本	1 868	1 927	1 970	1 934	1 898	1 862	1 862	1 790

④项目损益见表 4.5.9

表 4.5.9　项目损益表　万元

序号	年份 项目	3	4	5	6	7	8	9	10
1	销售收入	4 800	6 000	6 600	6 600	6 600	6 600	6 600	6 600
2	总成本费用	5 228	5 607	5 970	5 934	5 898	5 862	5 862	5 790
3	税金及附加	234	338	376	376	376	376	376	376
4	利润总额(1)-(2)-(3)	-662	-607	-353	-63	263	362	362	434
5	所得税(4)×25%	0	0	0	0	65.75	90.5	90.5	108.5
6	税后利润(4)-(5)	-662	-607	-353	-63	197.25	271.50	271.50	325.50
7	盈余公积金(6)×10%	0	0	0	0	19.73	27.15	27.15	32.55
8	可供分配利润(6)-(7)	0	0	0	-63	177.52	244.35	244.35	292.95

第 3 年销售税金及附加 = 4 800×11% - 4 200×7% = 234 万元

⑤产量盈亏及单价盈亏平衡点计算

$$产量盈亏平衡点 = \frac{固定成本}{产品单价-销售税金及附加-单位产品可变成本}$$

$$= \frac{4\ 000}{6\ 000-(6\ 000\times 11\%-412)-\dfrac{1\ 898}{1.1}} 万\ t = 9\ 934\ t$$

$$单价盈亏平衡点 = \frac{固定成本+设计生产能力\times(单位产品可变成本进项税额)}{设计生产能力\times(1-销项税率)}$$

$$= \frac{4\ 000+1\ 898-1.1\times 412}{1.1\times(1-11\%)} 元/t = 5\ 562\ 元/t$$

本项目产量盈亏平衡点 9 934 t，设计生产能力为 1.1 万 t；单价盈亏平衡点为5 562 元/t，项目的预计单价为 6 000 元/t。

可见，项目赢利能力和抗风险能力差。

思考与练习题

1. 什么叫投资估算？投资估算在工程造价管理工作的地位和作用是什么？

2. 试述投资估算和财务评价对建设项目的成败有何意义。

3. 投资估算的阶段是如何划分的？其要求精度是怎样规定的？

4. 投资估算包括哪些内容？

5. 简述投资估算的方法各自的运用范围和使用特点。

6. 试述财务基础数据估算表的内容。

7. 试述生产成本费用的估算方法。以制造成本法和费用要素法估算成本费用有何不同？

8. 试述财务基础数据估算表和财务评价报表之间的联系，并详细说明其对应关系。

9. 试述财务评价内容和指标体系，它们之间有何联系？项目财务赢利能力应由哪些指标来判别？

10. 全部投资财务现金流量表和自有资金财务现金流量表在“现金流出”项目的分项表达上有何不同？造成这种差异的原因是什么？

11. 试述财务评价的方法和准则，静态指标和动态指标的区别是什么？

12. 什么叫不确定性分析？不确定性分析包括哪些内容？

13. 盈亏平衡分析法的原理是什么？如何根据盈亏平衡点来判断项目的抗风险能力？

14. 已知年产 120 万吨的某产品生产系统的投资额为 85 万元，用生产能力指数法估算年产 360 万吨该产品的生产系统的投资额（$n=0.5$，$f=1$）。若估算生产能力提高两倍的投资额，则其投资额增加的百分比是多少？

15. 某建设项目设备购置费为 1 400 万元，在进行投资估算时，可利用类似工程决算的造价资料，见表 4.1。

表 4.1

费用名称	合计/万元	其中:设备费/万元	占总投资额/%
建设工程	2 652.41		43.26
设备及安装	1 878.64	1 496.33	30.65
临时工程	1 013.89		16.54
其他项目	585.80		9.56

若该拟建项目比类似工程增加的工程费用为 250 万元,目前相应于类似工程,由于时间因素引起的工程定额、价格、取费标准等变化的综合调整系数均为 1.25。试估算该拟建项目的总投资。

16.用试算插值法计算财务内部收益率时,已知 $i_1=15\%$,$FNPV_1=1\ 000$,$i_2=16\%$,$FNPV_2=500$,则 FIRR=?

17.某拟建项目年经营成本估算为 14 000 万元,存货资金占用估算为 4 700 万元,全部职工人数为 1 000 人,每年工资及福利费估算为 9 600 万元,年其他费用估算为 3 500 万元,年外购原材料、燃料及动力费为 15 000 万元。各项资金的周转天数为:应收账款为 30 天,现金为 15 天,应付账款为 30 天。

试估算该建设项目的流动资金额。

18.某项目固定资产投资为 61 488 万元,流动资金为 7 266 万元,项目投产期年利润总额为 2 112 万元,正常生产期年利润总额为 8 518 万元,求正常年份的投资利润率。

19.某建设项目建设期为 2 年,正常运营期为 6 年,基础数据如下:

①建设期投 1 000 万元,等比例投入,全部形成固定资产,固定资产余值回收 500 万元。

②第三年注入流动资金 200 万元,运营期末一次全部回收。

③正常生产年份的销售收入为 800 万元,经营成本为 300 万元,年总成本费用为 400 万元,增值税税率均为 6%,增值税附加按 6%的税率计算,所得税税率为 25%。

④行业的基准动态回收期为 7 年,折现系数 $i_c=10\%$。

试列出现金流量表,计算该项目的静态投资回收期、动态投资回收期、净现值和内部收益率,并对其可行性进行评述。

20.某投资者用分期付款的方式购买一个写字楼单元用于出租经营,如果付款和收入的现金流量如表 4.2 所示,则该项投资的净现值、内部收益率为多少?如果贷款利率为 6%(每半年结息一次),试说明该项投资有无赢利能力,为什么?

表 4.2 某工程现金流量表

万元

年 份	1	2	3	4	5	6	7	8	9	10	11
购房投资	50	50	220								
装修投资			20				40				40
转售收入										400	
净租金收入				40	40	40	50	50	50	50	50
净现金流量	-50	-50	-240	40	40	40	10	50	50	450	10

21.某建设项目建设期2年,生产期8年,项目建设投资3 100万元,预计全部形成固定资产。固定资产折旧年限为8年,按平均年限法提取折旧,残值率为5%,在生产期末回收固定资产残值。建设项目发生的资金投入、收益及成本情况见表4.3。建设投资贷款年利率为10%,按季计息。建设期只计利息不还款,银行要求建设单位从生产期开始的6年间,等额分期回收全部贷款。

假定增值税税率为6%,增值税附加的税率为6%,所得税税率为25%,行业基准投资收益率为12%。试做出:

①计算各年固定资产折旧额;

②编制建设期借款还本付息表;

③编制总成本费用估算表;

④编制损益表(盈余公积金按10%的比率提取);

⑤计算项目的自有资金利润率,并对项目的财务杠杆效益加以分析。

表4.3　建设项目资金投入、收益及成本表　　万元

序　号	项　目 \ 年　份		1	2	3	4~10
1	建设投资	自有资金	980	570		
		贷款	980	570		
2	流动资金(自有资金)				300	
3	年销售收入				3 420	4 200
4	年经营成本				2 340	2 900

22.某企业因某种产品在市场上供不应求,决定投资扩建新厂。经调查研究分析,该产品10年后将升级换代,目前的主要竞争对手也可能扩大生产规模,现提出3种扩建方案:

①大规模扩建,投资约3亿元。据估计,该产品销售好,每年净现金流量为9 000万元;销售差时,每年的净现金流量为3 000万元。

②小规模扩建,投资约1.4亿元。据估计,该产品销售好时,每年净现金流量为4 000万元;销售差时,每年的净现金流量为3 000万元。

③先小规模扩建,3年后,根据市场情况决定是否扩建。若再次扩建,投资约2亿元,其生产能力与方案(1)相同。

据预测,今后10年内,该产品销路好的概率为0.7,差的概率为0.3(基准投现率 $i_c=10\%$,不考虑建设期所持续的时间)。

问题:

①画出决策树;

②试决定采用哪个方案扩建。

第五章　建设工程技术经济分析

工程项目建设过程是一个周期长,投入大的生产过程。在工程实践中,特别是设计、施工阶段,不仅要重视技术上的先进性,还要重视经济上的合理性,要求工程技术人员,在懂得技术的同时,还应懂得工程造价,做好设计、施工方案优化工作,把确定和控制工程造价的措施贯穿工程全过程中。本章介绍建设工程技术经济分析概述,工程设计、施工方案的技术经济分析,技术经济分析的基本方法,技术经济分析案例等内容。

第一节　技术经济分析概述

一、技术经济分析的含义

技术是指人们用以生产商品和劳动的手段与方法的总称。技术经济分析是对技术方案进行经济效果分析,寻求技术先进、经济合理(或费用最小)的技术方案。设计、施工方案的经济分析和方案优选是工程设计、施工阶段的重要内容,是控制工程造价的有效途径。设计、施工方案选优的目的在于通过竞争和运用技术经济评价的方法,选出技术上的先进,功能满足需要,经济上合理,使用安全可靠的方案。

二、技术经济分析的作用

在设计阶段进行工程造价的经济分析可以使造价构成更合理,提高资金利用效率。设计阶段工程造价的控制工作是编制设计概算,通过设计概算可以了解工程造价的构成,分析资金分配的合理性。并可以利用价值工程理论分析项目各个组成部分功能与成本的匹配程度,调整项目功能与成本使其更趋于合理。

在设计阶段进行工程造价的分析可以提高投资控制效率。编制设计概算并进行分析,可以了解工程各组成部分的投资比例。对投资比例比较大的部分应作为投资控制的重点,提高投资控制效率。

在设计阶段控制工程造价会使控制工作更主动。通常控制是指将目标值与实际值的比较,当实际值偏离目标值时分析原因,确定下一步对策。对于批量性生产的制造业而言,是一种有效的管理方法。但是对于建筑业而言,由于建筑产品具有单件性,价值昂贵的特点,这种管理方法只能发现差异,不能消除差异,也不能预防差异的发生,而且差异一旦发生,损失往往很大。这是一种被动的控制方法。如果在设计阶段先按一定的质量标准,开列新建建筑物每一部分或分项的计划支出费用的报表,即造价计划。然后当详细设计制订出来以后,对工程的每一部分或分项的估算造价,对照造价计划中所列的指标进行审核,预先发现差异,主动采取一些控制方法消除差异,使设计更经济,达到造价控制的目的。

在设计阶段控制工程造价便于技术与经济相结合。建筑师等专业技术人员在设计过程中往往更关注工程的使用功能,力求采用比较先进的技术方法实现项目所需功能,而对经济因素考虑较少。如果在设计阶段吸收造价工程师参与全过程设计,使设计从一开始就建立在健全的经济基础之上,在做出重要决定时能充分认识其经济后果。同时,有利于建筑师发挥个人创造力,选择一种最经济的方式实现技术目标。从而确保设计方案能较好地体现技术与经济的结合。

在设计阶段控制工程造价效果最显著。工程造价控制贯穿于项目建设全过程,这一点是毫无疑问的。但是进行全过程控制还必须突出重点。图 5.1.1 是国外描述的各阶段影响工程项目投资的规律。

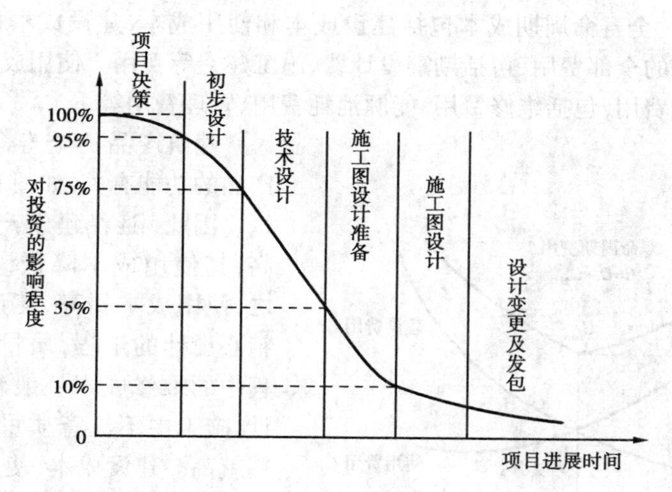

图 5.1.1 建设过程各阶段对投资的影响

从图 5.1.1 可以看出,项目决策和设计阶段的工作,对投资的影响最大。在初步设计阶段,对投资的影响度为 75%~95%;在技术设计阶段,影响项目投资的可能性为 35%~75%;在施工图设计阶段,影响项目投资的可能性为 5%~35%,很显然,项目投资控制的重点在于施工前的投资决策和设计阶段,而作出投资决策后,控制项目投资的关键就在于设计。因此,设计方案和施工方案的选择,通过技术经济分析,对整个工程的效益是十分重要的。

三、技术经济分析的基本内容

工程设计与施工方案的技术经济分析是根据技术与经济的对立统一关系,从理论和方法上研究如何将技术与经济最佳地结合起来,达到技术先进、经济合理的目的。同时,通过技术经济分析,寻找如何用最低的寿命周期成本实现产品、作业或服务的必要功能,通过对物质环境的功能分析、功能评价和功能创新,寻求提高经济效果的途径与方法。

具体来说,工程设计与施工方案的技术经济分析主要对设计、施工方案进行指标评价、综合评价法、网络进度计划等方法,应用价值工程优化设计、施工方案,对设计、施工方案进行技术经济评价,实现技术与经济的统一,达到工程造价方面对设计和施工的主动控制。

第二节　工程设计、施工方案的技术经济分析

一、全寿命周期成本的概念

任何事物都有其产生、发展和消亡的过程。事物从产生到其结束为止,即为事物的寿命周期。对于建筑产品来说,寿命周期是指从规划、勘察、设计、施工建设、使用、维修,直至报废为止的整个时期。建筑产品在整个寿命周期过程中所发生的全部费用,称为寿命周期费用(或全寿命周期成本)。全寿命周期成本包括建设成本和使用成本,建设成本指建筑产品从筹建直到竣工验收为止的全部费用,包括勘察设计费、施工建造等费用。使用成本指用户在使用过程中所发生的各种费用,包括维修费用、能源消耗费用、管理费用等。

建筑产品的全寿命周期成本与建筑产品的功能有关,如图 5.2.1 所示。

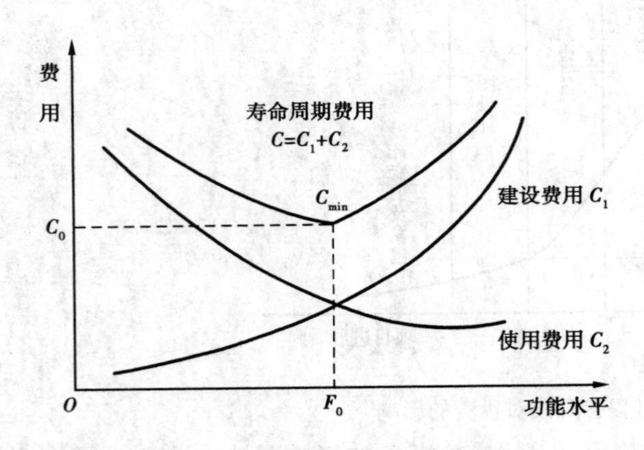

图 5.2.1　寿命周期费用与功能水平的关系

因此,随着建筑产品的功能水平提高,其使用成本降低,建设成本提高;反之,使用成本提高,建设成本降低。一个精心设计的工程,质量得到保证,使用过程中的维修成本一般较低,反之,粗心设计,施工中不注意质量,使用中的维修费用就高。建设成本、使用成本与功能水平的变化规律显示全寿命周期成本呈马鞍形变化,存在最低值。因此,工程建设需要考虑功能与费用的关系,追求最适宜的功能水平和最低的费用。

二、工程设计与工程造价的关系

(一)工程设计与工程造价的关系

工程设计是具体实现技术与经济对立统一的过程。拟建项目一经决策确定后,设计就成了工程建设和控制工程造价的关键。初步设计基本上决定了工程建设的规模、产品方案、结构形式和建筑标准及使用功能,形成了设计概算,确定了投资的最高限额。施工图设计完成后,编制出了施工图预算,准确地计算出工程造价。可见,工程设计是影响和控制工程造价的关键环节。

设计质量、深度是否达到国家标准、功能是否满足使用要求,不仅关系到建设项目一次性投资的多少,而且影响到建成交付使用后经济效益的良好发挥,如产品成本、经营费、日常维修费、使用年限内的大修费和部分更新费用的高低,还关系到国家有限资源的合理利用和国家财产以及人民群众生命财产安全等重大问题。

国外一些专家研究指出:设计费虽然只占工程全寿命费用不到 1%,但在决策正确的条件下,它对工程造价的影响程度达 75%以上。显然,设计是有效控制工程造价的关键。重施工

轻设计的传统观念必须克服。重设计轻造价的观点更不为时代所需要。

工程造价对设计也有很大的制约作用,在市场经济条件下,归根结底应该说还是经济决定技术,还是财力决定工程规模和建设标准、技术水平。在一定经济约束条件下,就一个建设项目而言,应尽可能减少次要辅助项目的投资,以保证和提高主要项目的设计标准或适用程度。总之,要加强工程设计与工程造价的关系的认真研究分析和比选,正确处理好两者的相互制约关系,从而使设计产品技术先进、稳妥可靠、经济合理,使工程造价得到合理确定和有效控制。

(二)工业建设设计与工程造价的关系

1.厂区总平面图设计

厂区总平面图设计是指按照工艺流程和防火安全距离、运输道路的曲率等要求,结合厂区的地形、地质、气象、外部运输等自然条件,把要兴建的各种建筑物、构筑物或设施有机地、紧密地、因地制宜地在平面上和空间竖向合理组合、配置起来的工作。

厂区总平面图设计是否经济合理,对整个工业项目设计和施工以及投产后的生产、经营都有重大的影响。正确合理的总平面设计可以大大减少建筑工程量,节约建设用地,节省建设投资,降低工程造价和生产后的使用成本,加快建设速度,并为企业创造良好的生产组织、经营条件和生产环境以及企业形象,还可以增添优美的艺术整体效果。据此,总平面图设计必须遵循以下原则:

(1)节约用地,少占或不占农田

一般来讲,生产规模大的建设项目的单位生产能力占地面积比生产规模小的建设项目要小得多,为此要合理确定拟建项目的生产规模,妥善处理好建设项目长远规划与近期建设的关系,坚决杜绝多留少用,留而不用。设计中除高温材料、高温成品外,一般应优先考虑无轨运输,减少占地指标,降低造价;在符合防火、卫生和安全距离要求并满足工艺要求和使用功能的条件下,应尽量减少建筑物、生产区之间距离,尽可能地设计外形规整的建筑,以提高场地的有效使用面积,降低造价。

(2)按功能分区,结合地形地质,因地制宜合理布置车间及设施

总平面图设计在满足生产工艺要求和使用功能的条件下,应利用厂区道路将厂区按功能划分为生产区、辅助生产区、动力区、仓库区、厂前区等,并充分结合地形地貌、地质条件,因地制宜、依山就势地布置各功能区的建筑物、构筑物,力求工艺流程顺畅、生产系统完整;力求物料运输简便、线路短捷,总平面布置紧凑、安全、卫生、美观;避免大填大挖,防止滑坡与塌方,减少土石方量和节约用地,降低工程造价。

(3)合理布置厂内运输和选择运输方式

运输设计应根据生产工艺和各功能区的要求以及建设场地等具体情况,合理布置线路,力求缩短运输和管线输送距离;力求选用无交叉、无反复、投资少、运费低、载运量大、运输迅速灵活的运输方式。

(4)合理组织建筑群体

工业建筑群体的组合设计,在满足生产功能的前提下,应力求使厂区建筑物、构筑物组合设计整齐、简洁、美观,并与同一工业区相邻厂房的体型、色彩等方面相互协调。在城镇区的厂房应与城镇建设规划相一致,注意建筑群体的整体艺术和环境空间的统一安排,美化城市。

评价总图设计的主要技术经济指标:

①建筑系数(即建筑密度)。是指厂区内(一般指厂区围墙内)建筑物、构筑物和各种露天

仓库及堆场、操作场地等的占地面积与整个厂区建设用地面积之比。它是反映总平面图设计用地是否经济合理的指标，建筑系数大，表明布置紧凑，节约用地，减少土石方量，又可缩短管线距离，降低工程造价。

②土地利用系数。是指厂区内建筑物、构筑物、露天仓库及堆场、操作场地、铁路、道路、广场、排水设施及地上地下管线等所占面积与整个厂区建设用地面积之比，它综合反映出总平面布置的经济合理性和土地利用效率。

③工程量指标。它是反映企业总图运输投资的经济指标，包括场地平整土石方量、铁路道路和广场铺砌面积、排水工程、围墙长度及绿化面积。

④运营费用指标。它是反映企业运输设计是否经济合理的指标，包括铁路、无轨道路每吨货物的运输费用及其经营费用等。

2.工业建筑的空间平面设计

空间平面设计主要包括布置形式、厂房与房屋的层数和层高、厂房的柱网、跨距、面积和体积的设计与选择等。空间平面设计是否合理，不仅影响建筑工程造价和使用费用的高低，而且还直接影响到节约用地和建筑工业化水平的提高。

(1)合理确定厂房建筑的平面布置

平面布置满足生产工艺的要求，力求为工人创造良好的工作条件和采用最经济合理的建造方案，其主要任务是合理确定厂房的平面与组合形式，各车间、各工段的位置和柱网、走道、门窗等。如单层厂房的平面形式最好是方形，其次是矩形，长：宽=(2~3)：1为好，并尽量避免设置纵横跨，以便采用统一的结构方案，尽量减少构件类型和简化构造，使厂房面积得到最有效的利用。

(2)厂房层数尽量采用经济层

①单层厂房。对于工艺上要求跨度大和层度高，拥有重型生产设备和起重设备，生产时常有较大振动和散发大量热与气体的重工业厂房，采用单层厂房是经济合理的。

②多层厂房。对于工艺紧凑、可采用垂直工艺流程和利用重力运输方式、设备与产品重量不大，并要求恒温条件的各种轻型车间，采用多层厂房。多层厂房具有占地少、可减少基础工程量、缩短运输线路以及厂区的围墙的长度等，可以降低屋盖和基础的单方造价，经济效果良好。层数多少应根据地质条件、建筑材料性能、建筑结构形式、建筑面积、施工方法和自然条件(地震、强风)等因素以及工艺要求等具体情况确定。

多层厂房经济层的确定主要考虑两个因素：一是厂房展开面积大小，展开面积越大，经济层数越可增加；二是厂房的长度和宽度，长度和宽度越大，经济层数越可增加，造价也随之降低。如厂房长度为120 m，宽度为30 m时，经济层数为3~4层；而当厂房长度为150 m，宽度为37.5 m时，经济层数为4~5层。多层工业厂房的经济层数为3~5层。

(3)合理确定厂房高度和层高

相同建筑面积的厂房，高度和层高增加，工程造价也随之增加。决定厂房高度的因素是厂房内的运输方式、设备高和加工尺寸以及操作高度，其中以运输方式选择较灵活。因此，为降低厂房高度，常选用悬挂式吊车、架空运输、皮带输送、落地式龙门吊以及地面上的无轨运输方式。层高和单位面积造价是成正比例的。因此在满足工艺流程和设计正常运转与操作方便以及工作环境良好的条件下，总是力求降低层高。这是因为，层高增加，墙与隔墙的建造费用、粉刷费用、装饰费用都要增加；水电、暖通的空间体积与线路增加，使造价增加；楼梯间与电梯间及其设备费用也会增加;起重运输设备有关费用都会提高;还会增加顶棚施工费等。有关资料表明:单层厂房层高每增加 1 m,单位面积造价增加1.8%~3.6%;多层建筑厂房的层高每增加0.6 m,单位面积造价增加 8.3%左右。

(4)柱网选择要经济合理

柱网的布置是确定柱子的跨度和每行柱子中间两个柱间的距离的依据。柱网布置是否合理,对工程造价和厂房面积的利用都有较大的影响。对单跨厂房当柱距不变时,跨度越大则单位面积造价越小,这是因为除屋架外,其他结构分摊在单位面积上的平均造价随跨度增大而减少;对于多跨厂房,当跨度不变时,中跨数量越多越经济,这是因为柱子和基础分摊在单位面积上的造价减少。

在工艺生产线长度不变的情况下,柱距不变跨度加大,或跨度不变柱距加大,则生产占用厂房面积有所减少。这是因为跨度或柱距增大,扩大了节间范围内的面积、减少了柱子所占面积,有利于紧凑而灵活地布置工艺设备,从而相对地减少了设备占用厂房面积,降低了总造价。

(5)尽量减少厂房的体积和面积

在满足工艺要求和生产能力的前提下,尽量减少厂房体积和面积以减少工程量和降低工程造价。为此,要求设计者尽可能地选用先进生产工艺和高效能设备,合理而紧凑地布置总平面图和设备流程图以及运输路线;尽可能把可以露天作业的设备露天放置而不占用厂房,如冶金、化工的炉窑、反应塔类设备等;尽可能将小跨度、小柱距的分建小厂房合并为大跨度、大柱距的大厂房,以提高平面利用率,减少工程量,降低工程造价。如某设计方案将原 16 个 100 m×125 m 的车间合并为一个 400 m×500 m 的大车间后,总建筑面积仍为 20 万 m^2 不变,但用地面积减少了 36.48 万 m^2,建筑物墙体长度减少了5 400 m。

3.建筑结构与建筑材料的选择

建筑结构与建筑材料选择是否合理,直接影响建筑工程的造价,这是因为材料费一般占直接工程费的 70%左右,而较高的直接工程费必会导致较高的间接费。设计中采用先进实用的结构形式和高强度轻质材料,能更好地满足功能要求,减轻建筑物的自重,简化和减轻基础工程,减少建筑材料和构配件的费用及运输费,提高劳动生产率和缩短工期,经济效果明显。因此,工业建筑结构正在向轻型、大跨度、大空间、薄壁的方向发展。

(1)建筑结构的选择

建筑结构是指建筑工程中由基础、梁、板、柱、墙、屋架等构件所组成的起骨架作用的、能承受直接和间接“作用”的体系。这里所指的直接作用是指直接作用在结构上的恒载(如结构自重、土压力等永久荷载)和活载(如楼面活荷载,吊车、风雪等可变荷载);间接作用是指引起建筑结构外加变形或约束变形(如地震、基础沉降、温度变化等)的作用。

1)建筑结构按所用的材料可分为:钢筋混凝土结构、砌体结构、钢结构和木结构 4 类。

①钢筋混凝土结构。它是由混凝土和钢筋两种材料构成的,具有坚固耐久、强度高、刚度大、抗震性好、耐酸碱耐火性能好、可模性好等优点,根据工程需要可制成各种形状的结构构件和结构,也便于工业化施工,在大中型工业厂房中广泛采用。但它的缺点是自重大,抗裂性能差,现浇时耗费模板多,工期较长等。随着科学技术的发展,上述缺点正在被克服,如采用轻质骨料可减轻自重,采用预应力混凝土可提高构件抗裂性,以预制方法施工可克服现浇模板耗量大和工期长等缺点。

②砌体结构。它是由普通黏土砖、承重黏土空心砖(简称空心砖)、硅酸盐砖、中小型混凝

土砌块、中小型粉煤灰砌块或料石和毛石等块材通过砂浆砌筑而成的结构。砌体结构适用于多层建筑外，在特种结构中如烟囱、水塔、小型水池和重力式挡土墙等，仍广泛采用。但它存在着自重大、强度低、抗震性能差等缺点。

③钢结构。它是由钢板和型钢等钢材，通过铆、焊、螺栓等连接而成的结构。它的优点是强度高，抗震性能好，构件截面积小、重量轻、制作简便、质地均匀、可靠性高、运输方便等。适用于大跨度厂房桁架，重吨位吊车梁及震动大的厂房，高耸结构的广播电视发射塔架等。采用钢筋混凝土结构满足不了使用要求的一些建筑物可采用钢结构。钢结构的主要缺点是容易锈蚀、维修费高、耐火性能差等。

④木结构。它是指全部或大部分采用木材制成的结构。由于木结构具有就地取材、制作简单、容易加工等优点，所以过去在房屋建筑中应用广泛。但由于木材用量与日俱增，其产量又受自然条件限制，因此，国务院颁布了《节约木材暂行条例》，阐述了节约木材的重要意义，并规定在基本建设方面应尽量少采用木结构。这样，木结构只在林区和农村的房屋建筑中应用，而在大中城市房屋建筑中很少采用。木结构的主要缺点是易燃、易腐蚀和结构变形大等，因此，在火灾危险性大或周围环境温度高以及经常潮湿且不宜通风的条件下，均不宜采用。

2）建筑结构按承重类型可分为混合结构、框架结构、框架-剪力墙结构、剪力墙结构、筒体结构和大跨结构 6 大类。

①混合结构。它是由砌体结构件和其他材料制成的构件所组成的结构。如垂直承重构件用砖墙、砖柱，水平承重构件用钢筋混凝土梁、板所建造的结构就属于混合结构。它的优点是取材容易、构造简单、施工方便、造价便宜等；缺点是抗震、抗拉强度较差。这类结构一般只适用于跨度小、吊车吨位不大的单层工业厂房建筑和普通的多层民用建筑。

②框架结构。它是由纵梁、横梁和柱组成的结构。目前，我国多采用钢筋混凝土建造，也有采用钢框架的。框架结构布置灵活，容易满足生产和使用要求，并且较混合结构强度高、延性好、整体性和抗震性能好。因此，在单层和多层工业与民用建筑中广泛应用。但钢筋混凝土框架结构超过一定高度后，其侧向刚度将大大降低，在风荷载或地震作用下，其侧向位移会超过允许值，因此多用于 10 层以下的建筑。

③框架-剪力墙结构。它是在框架纵、横方向的适当位置和柱与柱之间设置几道厚度大于 12 cm 的钢筋混凝土墙体而制成的结构。在这种结构中框架主要承受竖向荷载，也承受部分水平荷载产生的剪力，剪力墙承受水平荷载（风荷载或地震荷载）产生的剪力，使剪力墙和框架充分发挥各自的作用，因此广泛应用于高层建筑中。

④剪力墙结构。它是由纵、横向的钢筋混凝土墙所组成的结构。这种墙体除抵抗水平荷载和竖向荷载外，还对房屋起围护和分割作用。由于剪力墙结构的墙体较多，房屋侧向刚度大，因此常用于 12~30 层的高层建筑中。

⑤筒体结构。筒体结构是用钢筋混凝土墙围成侧向刚度很大的筒体，其受力特点与一个固定于基础上的筒形悬臂构件相似。为了满足采光要求，在筒壁上开有孔洞，这种筒称为空腹筒或框筒。当建筑高度更高，要求侧向刚度更大时，可采用筒中筒结构，它是由空腹外筒和实腹内筒组成，内外筒之间有在自身平面内刚度很大的楼板相联系，使之共同工作，形成一个空间结构。筒体结构多用于高层或超高层（高度 $H \geq 100$ m）的公共建筑中。

⑥大跨结构。大跨结构中，竖向承重结构件多采用钢筋混凝土柱，屋盖采用钢网架、薄壳或悬索结构等。这种结构常用于体育馆、大型火车站、航空港等公共建筑中和特大型厂房

建筑。

(2)建筑材料的选择

建筑材料的选择十分重要,它不仅直接影响工程质量、使用寿命、耐火抗震性能,而且对工程造价高低关系极大,这是由于材料费所占比重大,一般占直接费的70%左右。在满足生产技术和工艺要求条件下,一方面要尽量运用轻质高强材料,以减轻建筑自重,提高保温防火和抗震性能;另一方面要就地取材,减少运输费用,降低造价。因此,设计工程师和造价工程师应通过调查研究,掌握第一手资料,选择各项性能好、经济合理的建筑材料。

4.工艺技术方案的选择

按照建设程序,在可行性研究阶段对生产规模、产品方案和工艺流程已经确定。设计阶段的任务是严格按照批准的可行性研究报告的内容进行工艺技术方案的具体选择和设计,确定从原料到产品的整个生产过程的具体工艺流程和生产技术。

选择工艺技术方案时,应从我国实际出发,以提高投资的经济效益和企业投产后的运营效益为前提,积极而稳妥地采用先进的技术方案和成熟的新技术、新工艺。一般来说,先进的技术方案所需投资较大(含软件与硬件)、劳动生产率高、产品质量好。因此,要认真进行经济分析,根据我国国情和企业经济与技术实力,确定先进适度、经济合理、切实可行的工艺技术方案。

5.设备的选型与设计

设备的选型与设计是根据所确定的生产规模、产品方案和工艺流程的要求,选择先进适用、经济合理、经久耐用、稳妥可靠、立足国内配套、能耗低、高效率的设备、机械和装置,并按上述要求对非标准设备进行设计。在工业建设项目中,设备投资比重大,常占总投资的40%~50%。因此,设备的选型与设计对控制工程造价具有重要的意义。

设备选型与设计应满足以下要求:

①设备选型应尽量采用标准化、通用化和系列化生产的设备。

②选用高效低能耗的先进设备时,要按照先进适用、稳妥可靠、经济合理的原则进行。

③设备选择应立足国内,对于需要进口的设备应注意与工艺流程相适应和与有关设备配套,不要重复引进。

④设备选型与设计应结合企业所在地区的实际情况,包括动力、运输、资源、能源等具体情况确定。

(三)民用建筑设计与工程造价的关系

1.住宅小区规划设计

住宅小区规划设计必须满足人们居住和日常生活的基本需要,因此,应合理安排住宅建筑、公共建筑、管网、道路及绿地,确定合理的人口与建筑密度、房屋间距和建筑层数、公共设施项目、规模及其服务半径,以及水、电、热、燃气的供应等。一般建筑场地“三通一平”,公共建筑,管网、道路及绿地建设,大约占小区建设投资的20%。住宅建设占小区建设投资的80%左右。

2.住宅建筑的平面布置

建筑面积相同的住宅,由于平面形状不同,住宅的建筑周长系数$K_{周}$也不相同。圆形、正方形、矩形、T形、L形等,其周长系数依次增大,即外墙面积、墙身基础、墙内外表面装修面依次增长。由于圆形建筑施工复杂,施工费用较矩形建筑增加20%~30%,墙体工程量的减少不能使建筑工程造价降低。因此，一般来讲，正方形和矩形的住宅既有利于施工，又能降低工程造价，而在矩形住宅建筑中，又以长宽比为 1∶2 最佳。当房屋增加到一定程度时，就要设置带有两层隔墙的变温伸缩缝；当长度超过 90 m 时，就必须有贯通式过道。这些都要增加工程造价，所以一般住宅以 3~4 个住宅单元、房屋长度 60~80 m 较为经济。在满足住宅的基本功能，保证居住质量的前提下，加大住宅的进深(宽度)对降低造价也有明显的效果。

3.住宅的层高和净高

住宅层高和净高增加，墙体面积增加，柱体的体积增加，并带来基础、管线、采暖工程材料和费用的增加。据湖南一个小区测算，当住宅层高从 3 m 降到 2.8 m，平均每套住宅综合造价下降 4%~4.5%，并可节省材料、能源和有利于抗震。层高降低还可提高住宅区的建筑密度，节约征地费、拆迁费和市政设施费。因此，住宅层高不应超过 2.8 m。

4.住宅的层数

民用建筑按层数划分为低层住宅(1~3 层)、多层住宅(4~6 层)、中层住宅(7~9 层)和高层住宅(10 层以上)。在民用建筑中，多层住宅具有降低造价和使用费用以及节约用地的优点。

6 层以内住宅的层数越多，造价越低，而且相邻层次间造价差值也越小。这是因为多层住宅在一定范围内层数增加，则房间内部和外部的设施费、供水管道、煤气管道、电力照明和交通道路等费用是随层数增加而降低的。所以多层住宅以采用 5~6 层为好。

由于目前黏土砖的标号的限制，建 7 层以上的住宅须改变承重结构，使造价增加。同时，住宅超过 7 层，要设置价格较高的电梯，需要较多的交通面积(过道、走廊需要加宽)和补充设备(垃圾道、供水设备、供电设备等)。特别是高层住宅，要经受较强的风力荷载和抗震能力，需要提高结构强度，改变结构形式，使工程造价大幅度增加。因此，一般来讲，在中小城市以建造多层住宅较为经济，在大城市可沿主要街道建设一部分中、高层住宅，以合理利用空间，美化市容。对于地皮特别昂贵的地区来讲，如香港和内陆大城市，以高层住宅为主也是经济的。

5.住宅单元组成、户型和住户面积

住宅的建设，有商场、写字楼和住宅相结合的形式，这种形式往往是临近城市中心而建设的房屋或超高层工程；有商场和住宅结合的形式，这种形式是临街住宅的建设形式；也有不临街建设的纯住宅形式。

户型即户室数，是指用户有几个居室，居室如何组合以及厨房、卫生间的合理布置。户型分为一居室户、二居室户、三居室户和多居室户。

衡量单元组成、户型设计的指标是结构面积系数，这个系数越小设计方案越经济。因为结构面积小，有效面积就增加。结构面积系数除与房屋结构有关外，还与房屋外形及其长度和宽度有关，同时也与房间平均面积大小和户型组成有关。房屋平均面积越大，内墙、隔墙所占建筑面积的比重就越小。

6.住宅建筑结构的选择

随着我国住宅工业化水平的提高，住宅工业化建筑体系的结构形式多种多样，主要有全装配式(预制装配式)结构，它包括砌体建筑、大板建筑，框架板建筑和盒子结构建筑；工具式模板机械化现浇结构，它包括大模板建筑、滑模建筑、升板建筑和隧道建筑等；装配整体式结构，它包括内浇外砌建筑、内浇外挂建筑和一模三板结构等。这些结构形式各有利弊，各地区各部门应根据实际情况，因地制宜、就地取材，采用适合本地区本部门经济合理的结构形式。像北京地区，大力推广内浇外砌大模板住宅建筑体系代替传统砖混结构住宅体系，取得了良好的经济效益。据报道，按1997年价格水平计算，内浇外砌大模板结构住宅比传统式砖混结构住宅，每平方米造价可降低3.28%。

三、限额设计

(一)限额设计的概念

所谓限额设计就是按照批准的可行性研究报告及投资结算控制初步设计，按照批准的初步设计总概算控制技术设计和施工图设计，同时各专业在保证达到使用功能的前提下，按分配的投资限额控制设计，严格控制不合理变更，保证总投资限额不被突破。投资分解和工程量控制是实行限额设计的有效途径和主要方法。限额设计是将上阶段设计审定的投资额和工程量先分解到各专业，然后再分解到各单位工程和分部工程。限额设计体现了设计标准、规模、原则的合理确定及有关概预算基础资料的合理取定，通过层层限额设计，实现了对投资限额的控制与管理，也就同时实现了对设计规模、设计标准、工程数量与概预算指标等各方面的控制。

为保证限额设计的工作能顺利发展，防止设计概算本身的失控现象，在设计单位内部，首先要使设计与概算形成有机的整体，克服相互脱节的缺点。设计人员必须加强经济观念，在整个设计过程中，要经常检查本专业的工程费用，切实做好控制造价工作，把技术经济统一起来，改变目前设计过程中不算账，设计完了概算见分晓的现象，由“画了算”变为“算着画”。

(二)限额设计的主要内容

1.投资决策阶段要提高投资估算的准确性，合理确定设计限额目标

可行性研究报告是国家主管部门核准投资总额的重要依据，一经批准，投资总额是下阶段进行限额设计控制投资的目标。为适应开展限额设计的要求，应加深可行性研究的深度，认真进行多方案的技术经济分析和论证，择优确定最佳方案，认真地、实事求是地编制投资估算，使整个工作从可行性研究开始就树立限额设计的观念。

2.初步设计阶段要重视设计方案比选，把设计概算造价控制在批准的投资估算限额内

在初步设计开始时，项目总设计师应将可行性研究报告的设计原则、建设方针和各项控制经济指标向设计人员交底，对关键设备、工艺流程、主要建筑和各种费用指标要提出技术经济的方案比选；要研究实现可行性研究报告中投资限额的可行性，特别要注意对投资有较大影响的因素，并将任务与规定的投资限额分专业下达到设计人员，促使设计人员进行多方案比选。如果发现重大设计方案或某项费用指标超出限额，应及时反映并提出解决的办法。不能等到概算编出后，发觉超投资再压造价和减项目或设备，以致影响设计进度，造成设计上的不合理，给施工图设计埋下超投资的隐患。为鼓励、促使设计人员做好方案选择，要把竞争机制引入设计部门，实行设计招标，促进设计人员增强竞争意识，增强危机感和紧迫感，克服方案比选的片面性和局限性；要鼓励设计人员解放思想，开拓思路，激发创作灵感，使功能好、造价低、效益高、技术经济合理的设计方案脱颖而出。

3.施工图设计阶段要认真进行技术经济分析，使施工图设计预算控制在设计概算造价内

施工图设计是设计单位的最终产品，是指导工程建设的文件，是施工企业实施施工的依据。设计单位发出的施工图及其预算造价要严格控制在批准的概算造价内，并有所节约。为此，在施工图设计阶段必须注意以下几点：

①施工图设计必须严格按批准的初步设计所确定的原则范围、内容、项目和投资额进行。

②由于初步设计深度不同和外部条件的变化，可以在已确认的设计概算造价允许的范围

内进行调整，但必须经认真核算，并经设计院主管院长和建设单位认可。

③当建设规模、产品方案、工艺流程或设计方案发生重大变更时，必需重新编制或修改初步设计及其概算，并报原审查主管部门审批。限额设计的投资控制额以批准的修改或新编的初步设计的概算造价为准。

4.加强设计变更管理

对非发生不可的变更，应尽量提前实现。变更发生得越早，损失越小，反之，损失就越大，见图5.2.2。如果在设计阶段变更，只需修改图纸，其他费用尚未发生，损失有限；如果在采购阶段变更，则不仅要修改图纸，还必须重新采购设备材料；若在施工中变更，除上述费用外，已施工的工程还需拆除，势必造成重大损失。为此，要建立相应的设计管理制度，尽可能把设计变更控制在设计阶段，对影响工程造价的重大设计变更，更要用先算账后变更的办法解决，使工程造价得到有效控制。

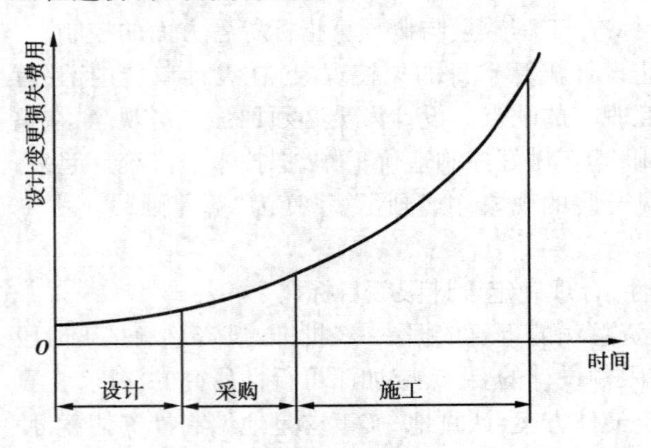

图5.2.2 设计变更损失费随时间变化图

5.限额设计中树立动态管理的观念

为了在工程建设过程中体现物价指数变化引起的价差因素影响，在设计概预算中引入“原值”“现值”“终值”3个不同的概念。所谓原值，是指在编制估算、概算时，根据当时价格预计的工程造价，不包括价差因素。所谓现值，是指在工程批准开工年份，按当时的价格指数对原值进行调整后的工程造价，不包括以后年度的价差。所谓终值，是指工程开工后分年度投资各自产生的不同价差叠加到现值中去算得的工程造价。为了排除价格上涨对限额设计的影响和有利于政府的宏观管理，限额设计指标均以原值为准，设计概算、预算的计算均采用投资估算或造价指标所依据的同年价格。

（三）限额设计的要点

①严格按建设程序办事。限额设计的前提是严格按建设程序办事，即按建设规律的要求依次进行。每项工作都必须在其前一步工作真正完成的前提下进行。也就是说，后一项工作必须承认和遵守前一步工作的决策结果并使它付诸实施。因此，限额设计就是将设计任务书的投资额作为初步设计造价的控制限额，将初步设计概算造价作为施工图设计的造价控制限额，以施工图预算作为施工图决策的依据。

②在投资决策阶段，要提高投资估算的准确性。为了适应限额设计的要求，在可行性研究阶段要充分收集资料，提出多种方案，认真进行技术经济分析和论证，选出技术先进可行、经济合理的方案。并以批准的可行性研究报告和下达的设计任务书中的投资估算额，作为控制设计概算的限额。

编制投资估算要尊重科学，实事求是。一方面抵制迁就不合理要求和故意压低造价、有意漏项的“钓鱼”工程，使投资控制失效；另一方面也反对有意提高建设标准，向投资者多要钱，使投资控制毫无意义的做法。

③认真对待每个设计环节及每项专业设计。在满足功能要求的前提下，每个设计环节和

每项专业设计都应按照国家的有关规定、设计规范和标准进行，注意它们对造价的影响。在造价限额确定的前提下，通过优化设计满足设计要求的途径非常多，要求设计人员善于思考，在设计中多做技术经济分析，发现偏离限额时立即改变设计。在每一个局部上把住关，投资限额才不会被突破。

④加强设计审核。设计单位、监理单位和其他有关单位必须做好设计审核工作，既要审技术，又要审造价；既要把住总造价关，又要把住局部工程造价关。要把审核设计作为造价动态控制的一项重要措施。

⑤建立设计单位经济责任制。设计单位要进行全员的经济控制，必须在目标分解的基础上，科学地确定造价限额，然后把责任落实到每个人身上。建立设计质量保证体系，把造价作为设计质量控制的内容之一。

⑥施工图设计应尽量吸收施工单位人员意见，使之符合施工要求。施工图设计交底会审后，进行一次性洽商修改，尽量减少施工过程中的设计变更，避免造成造价失控。

（四）限额设计的实施与管理

1.限额设计指标的确定

限额设计指标是在初步设计开始前，根据批准的可行性研究报告及其投资估算（原值）编制工程设计的限额设计指标，限额设计指标，由项目经理或总设计师提出，经主管院长审批下达。其总额度一般只下达投资限额数额的90%，以便项目经理或总设计师留有一定的调节指标，专业负责人也有一定的调节指标，用完之后，应经批准才能调整。专业之间或专业内部节约下来的单项费用，未经批准，不能互相平衡，自行动用，除直接费外，均由费用控制造价工程师协助项目经理或总设计师控制掌握。限额设计的项目划分及限额设计指标的确定举例见表5.2.1。

表5.2.1　某五星级酒店投资费用项目划分分配限额

序号	项　目	投资额/百万元	分配限额（90%）/百万元	单方造价/（元·m^{-2}）	分配限额（90%）/（元·m^{-2}）
1	基础和地下结构	31.80	28.62	480	432
2	框架及楼板	55.30	49.77	840	756
3	建筑立面、外装饰	20.25	18.23	305	275
4	建筑作业和辅助设施	32.50	29.25	490	441
	其中：屋面	0.06	0.05	10	9
	楼梯	0.30	0.27	5	5
	杂项	1.25	1.13	20	18
	隔断	7.15	6.44	110	99
	门与五金	3.10	2.79	45	41
	楼地面	3.40	3.06	50	45
	平顶	2.25	2.03	35	32
	内墙粉刷	6.60	5.94	100	99
	配件	2.75	2.48	40	36
	卫生洁具	4.45	4.01	65	59
	园艺工程	0.65	0.59	10	9

续表

序号	项　目	投资额/百万元	分配限额(90%)/百万元	单方造价/(元·m^{-2})	分配限额(90%)/(元·m^{-2})
5	游泳池	0.90	0.81	15	14
6	擦窗机	1.30	1.17	20	18
7	厨房、洗衣房、酒吧设备	3.80	3.42	60	54
8	家具、器具等设备	39.10	35.19	590	531
9	样榜间	1.35	0.27	5	5
10	旋转餐厅	1.35	1.22	20	18
11	工程管理费	19.25	17.33	290	261
12	其他工程设施	79.75	71.78	1 210	1 089
	其中:消防	5.50	4.95	85	77
	电器	19.00	17.10	290	261
	空调	36.00	27.00	450	405
	给排水	8.00	7.20	120	108
	污水处理	0.85	0.77	15	14
	电梯	11.00	9.90	165	149
	智能系统	2.85	2.57	45	41
	辅助设施	2.25	2.03	40	36
13	拆卸工程	1.10	0.99	15	14
14	环境工程	2.25	2.03	40	36
15	勘察与试桩	1.25	1.13	20	18
16	附加零星费	3.20	2.88	50	45
17	总建设费用	293.70	264.33	4 450	4 005
19	顾问、咨询费	24.05	21.65	305	275
20	投资总费用	317.75	285.98	4 775	4 280

注:土地使用费、酒店开办费未包括在上述计算之中。

2.采用优化设计,确保限额设计指标的实现

所谓优化设计(又称为最优化设计)是以系统工程理论为基础,应用现代数学成就——最优化技术和借助计算机技术,对工程设计的方案、设备选型、参数匹配、效益分析、项目可行性等方面进行最优化的设计方法。它是保证投资限额的重要措施和行之有效的重要方法。在进行优化设计时,必须根据最优化问题的性质,选择不同的最优化方法。一般来说,对于一些"确定性"问题,如投资、资源、时间等有关条件已确定的,可采用线性规划、非线性规划、动态规划等理论和方法进行优化;对一些非确定性问题,即有关条件不能确定,只掌握随机规律的情况下,可应用"排队论"和"对策论"等方法进行优化;对于流量最大、路途最短、费用不多的问题,可使用图形和网络理论进行优化。

优化设计通常是通过数学模型进行的。一般工作步骤是:①分析设计对象综合数据,建立

目标、构筑模型;②选择合适的最优化方法;③用计算机对问题求解;④对计算结果进行分析和比较并侧重分析实现的可行性。以上四步可多次反复进行,直至结果满意为止。

优化设计不仅可选择最佳方案,获得满意的设计产品,提高设计质量,而且能实现对投资限额的有效控制。

3.健全和加强限额设计的经济责任制

为使限额设计顺利进行,必须建立、健全和加强经济责任制,明确设计单位及其内部各专业、科室以及设计人员的职责和经济责任。在考核各专业完成设计任务质量和实现限额指标好坏的基础上,实行节奖超罚制度。

(1)设计单位要对超出审查批准的投资限额(工程静态投资)承担经济责任,其责任范围应包括:

①因永久建筑工程、永久机电及安装工程和金属结构及安装工程项目的工程量、设备数量、未计价装置性材料数量的增减,型号、规格的变动而造成的投资增加。

②设计单位未经审批单位同意,违反规定,擅自提高建设和永久机电设备及金属结构标准,增列初步设计范围以外的工程项目等原因造成的投资增加。

③由于设计单位初步设计工作深度不够,或设计标准选用不当,设计单位提出的主要设计方案与工程量虽经上级主管部门审查原则同意,但在下一设计阶段,工程量、机电设备和金属结构的数量及型号、规格仍有较大变动且未经原审查部门同意导致增加的投资。

④未经原审批部门同意,其他部门要求设计单位提高工程建设标准,增加建设项目,并经设计单位出图增加的投资。

(2)设计单位因以下情况造成的项目投资增加不承担责任

①国家政策变动和设计调整;

②工资、物价调整后的价差;

③与工程无关的不合理摊派;

④土地征用费标准、水库淹没处理补偿费标准的改变;

⑤建设单位和地方承包项目超出国家规定及初步设计审批意见需开支的费用;

⑥经原审批部门同意,超出已审批的初步设计范围的重大设计变动及工程项目增加;

⑦其他单位强行干预设计,而设计单位提出过不同的意见并报送上级主管部门和投资方,仍然发生的项目投资的增加;

⑧原审批部门批准补充增加的勘察设计工作量相应增加的勘察设计科研费;

⑨审查单位对设计报审的初步设计中推荐的主要设计方案修改不当,致使设计方案审定后在技术设计和施工图设计阶段又有较大的修改,而导致的投资增加;

⑩其他特殊情况,如施工过程中发生超标准洪水和地震等所增加的投资。

(3)实行限额设计节奖超罚制度

①设计单位在批准的投资限额内节省了投资,并保质保量按期完成了设计任务,应按有关规定或合同条款给予奖励。

②对设计单位导致的投资超支应予处罚。

国家计委规定,自1991年起,凡因设计单位错误、漏项或扩大规模和提高标准而导致工程静态投资超支,要扣减设计费:

a.累计超过原批准概算2%~3%的,扣减全部设计费的3%。

b.累计超过原批准概算3%~5%的，扣减全部设计费的5%。

c.累计超过原批准概算5%~10%的，扣减全部设计费的10%。

d.累计超过原批准概算10%以上的，扣减全部设计费的20%。

e.设计院对承担的设计项目，必须按合同规定，在现场派驻熟悉业务的设计人员，负责及时解决施工中出现的设计问题。否则，视情况的严重程度，扣罚全部设计费用的5%~10%。

4.建立完善设计单位(院)内部的三级管理制度

①院级。由主管院长、总工程师(或总设计师)和总经济师若干人(5~7人)组成，对限额设计全面负责，批准下达限额设计指标，负责执行设计方案审定，并对重大方案变更及时组织研究和报有关部门批准，定期检查限额设计执行情况和审批节奖超罚有关事项。

②项目经理级。由限额设计的项目正、副经理组成。掌握该项目指标计划以及认真执行院长下达的执行计划；掌握设计变更，对重大设计及时研究和方案论证后，报院级审批；及时了解、掌握各专业的限额设计执行情况并及时调整限额控制数、控制主要工程量；签发各专业限额设计任务书和变更通知单，做好总体设计单位的归口协调工作及其他有关事宜。

③室主任级。由各设计室(处)正、副主任和主任工程师若干人(3~5人)组成。具体负责本专业内限额设计的落实，事先提出本专业限额设计指标意见，一经批准，认真在工程设计中贯彻执行，并对执行中出现的问题和意见及时向上级反映或书面报告；按照限额设计计划和限额设计指标计划，及时进行中间检查和验收图纸，力求将本专业投资控制在限额范围内。

限额设计也还存在不足之处，主要问题在于它突出强调的是投资限额的控制，使价值工程在某些方面的作用得不到充分发挥，如即使功能可以大大增强，设计人员也不敢略微提高造价。为此，须进一步研究，使限额设计进一步完善和发展。

(五)限额设计的完善

1.限额设计的不足

在积极推行限额设计的同时，应看到它的不足，在实践中不断加以改进和完善。限额设计的不足主要有：

①限额设计中的投资估算、设计概算、施工图预算等，都是指建设项目的一次性投资，对项目建成后的维护使用费、项目使用期满后的报废拆除费用考虑较少，这样可能出现限额设计效果较好，但项目的全寿命费用不一定很经济的现象。

②限额设计强调了设计限额的重要性，而忽视了工程功能水平的要求及功能与成本的匹配性，可能会出现功能水平过低而增加工程运营维护成本的情况，或者在投资限额内没有达到最佳功能水平的现象。限制了设计人员在这两方面的创造性，一些好的设计往往受设计限额的限制不能得以实现。如天津机场改扩建工程，设计人员提出的电气专业报警系统设计，如果在各分区及控制中心设计模拟图，能使探测点的探测结果直接反映在模拟图上，一目了然，便于在紧急情况下及时采取措施，提高报警系统的使用功能，但由于受投资限额影响，取消了模拟图设计。

③限额设计的目的是提高投资控制的主动性，因而贯彻限额设计，重要的一点是在初步设计和施工图设计前就对各工程项目、各单位工程、各分部工程进行合理的投资分配，控制设计。如果在设计完成后发现概预算超了再进行设计变更，满足限额设计要求，则会使投资控制处于被动地位，也会降低设计的合理性。因此限额设计的理论及其操作技术有待于进一步发展。

2.限额设计的完善

从上面的分析,可以发现,限额设计要正确处理好投资限额与项目功能之间的对立统一的辩证关系。在限额设计的应用方面做如下改进和完善:

①合理确定设计限额。在各设计阶段运用价值工程原理进行设计,尤其在可行性研究、方案设计时,加强价值工程活动分析,认真选择出工程造价与功能最佳匹配的设计方案。如确实在投资限额确定之后,才发现有更好设计方案,包括适当增加投资,可获得功能大改善的设计方案,经认真、全面、科学可靠的方案论证,技术经济评价,并报请主管部门批准之后,允许调整或重新确定限额。

②合理分解和使用投资限额。现行限额设计的投资限额(限额设计目标)大多以可行性研究投资估算造价为最高限额,按直接工程费的90%下达分解,留下10%作为调节使用。为了克服投资限额的不足,可以根据项目的具体情况适当增加调节使用比例,如留15%~20%作调节使用,按80%~85%下达分解。这样对设计过程中出现的具有创造性、确有成效的设计方案脱颖而出创造了有利条件,也为好的设计变更提供了方便。

四、施工方案优选

施工方案除满足施工需要外,需要考虑其经济价值。不同的施工方案具有不同的经济价值,因此,需要对施工方案进行技术经济分析,选择施工技术先进、经济合理的施工方案。

第三节 技术经济分析的基本方法

工程技术经济分析是工程设计、施工阶段的重要内容,是控制工程造价的有效途径。工程技术经济分析的目的在于通过竞争和运用技术经济评价的方法,选出技术上先进、功能满足需要、经济上合理、使用安全可靠的设计、施工方案。目前,对工程设计、施工方案的优选主要采取设计、施工招投标、方案竞选、限额设计,运用价值工程优化设计、施工方案和对设计、施工方案进行技术经济评价等方法,实现在工程建设中技术与经济的统一,达到工程造价对设计、施工的主动控制。

一、工程设计的评价方法

(一)设计方案评价原则

为了提高工程建设投资效果,从选择建设场地和工程总平面布置开始,直到最后结构零件的设计,都应进行多方案比选,从中选取技术先进、经济合理的最佳设计方案。设计方案优选应遵循以下原则:

①处理好经济合理性与技术先进性之间的关系。经济合理性就是要求工程造价尽可能低,但是,如果一味地追求经济效果,可能会导致项目的功能水平偏低,无法满足使用者的要求;技术先进性则是追求技术的完美,项目功能水平先进,但会导致工程造价偏高。因此,技术先进性与经济合理性是一对矛盾,设计者需要妥善处理好二者的关系。一般情况下,在满足使用者要求的前提下,尽可能降低工程造价。相反,如果资金有限制,也可以在资金限制范围内,尽可能提高项目功能水平。

②兼顾近期与远期的要求。一项工程建成后,往往会在很长的时间内发挥作用。如果按

照目前的要求设计工程,在将来,会出现由于项目功能水平无法满足需要而重新建造的情况。但是如果按照未来的需要设计工程,又会出现由于功能水平过高而资源闲置浪费的现象,因此设计者要兼顾近期和远期的要求,选择项目合理的功能水平。同时也要根据远景发展需要,适当留有发展余地。

③兼顾建设与使用,考虑项目全寿命费用。工程建设过程中,造价控制是一个非常重要的目标。但是造价水平的变化,又会影响到项目将来的使用成本。如果单纯降低造价,建造质量得不到保障,就会导致使用过程中的维修费用高,甚至有可能发生重大事故,给社会财产和人民安全带来严重损害。因此,在设计过程中应兼顾建设过程和使用过程,力求项目全寿命费用最低。

(二)工程设计方案评价的内容

1.工业建筑设计评价

工业建筑设计是由总平面设计、工艺设计及建筑设计三部分组成,它们之间是相互联系和制约的。对各部分设计方案进行技术经济分析与评价,是保证总设计方案经济合理的前提。

(1)总平面设计评价

总平面设计是工业建筑项目设计的一个重要组成部分。工业项目总平面设计的目的是在保证生产、满足工艺要求的前提下,根据自然条件、运输要求及城市规划等具体条件,确定建筑物、构筑物、交通线路、地上地下管线及绿化、环境设施的相互配置,创造符合生产特性的统一建筑整体。在总平面布置时,应该充分考虑到竖向布置、管道、人流、物流、交通线路等是否经济合理。

1)工业项目总平面设计的要求

①总平面设计要注意节约用地。一般来讲,生产规模大的建设项目与生产规模小的项目比较,前者单位生产能力占地面积往往较小。为此要合理确定拟建项目的生产规模,妥善处理建设项目长远规划与近期建设的关系,近期建设项目的布置应集中紧凑,并适当留有发展余地。设计中,一般应优先考虑无轨运输,减少占地指标。在符合防火、卫生和安全距离并满足使用功能的条件下,应尽量减少建筑物、生产区之间的距离,尽可能设计外形规整的建筑,以增加场地的有效使用面积。

②总平面设计必须满足生产工艺过程的要求。生产工艺过程是工业项目总平面设计中一个最根本的设计依据。总平面设计首先应进行功能分区。根据生产性质、工艺流程、生产管理的要求,将一个项目内所包含的各类车间和设备,按照生产、卫生和使用的特征合并于一个特定区域内,使各区功能明确、运输管理方便、生产协调、互不干扰;同时又可节约用地,缩短设备管线和运输线路长度;然后,在每个生产区内,依据生产使用要求布置建筑物和构筑物,保证生产过程的连续性,主要生产作业无交叉、无逆流现象,使生产线最短、最直接。

③总平面设计必须符合城市规划的要求。工业建筑总平面布置的空间处理,应在满足生产功能的前提下,力求使厂区建筑物、构筑物组合设计整齐、简洁、美观,并与同一工业区内相邻厂房在造型、色彩等方面相互协调。在城填的厂房应与城填建设规划统一协调,使企业建筑成为城填总体建设面貌的一个良好组成部分。

④总平面布置应适应建设地点的气候、地形、工程水文地质等自然条件。总平面布置应该按照地形、地质条件,因地制宜地进行布置,为生产和运输创造有利条件。在地形复杂地段,应结合地形特征适当改变建筑物外形,力求减少土方工程量,避免大开大挖,填方与挖土应尽可能平衡。主要生产车间和基础荷重大的车间与设备要布置在土质均匀、地耐力较大的地段上;

有较深地下设施的厂房和构筑物应布置在地下水位较低的地段上，建筑物布置应避开滑坡、断层、危岩等不良地段，以及采空区、软土层区等，力求以量少的建筑费用而获得良好的生产条件。

⑤总平面设计要合理组织厂内外运输，选择方便经济的运输设施和合理的运输线路。运输设计应根据生产工艺和各功能区的要求以及建设地点的具体自然条件，合理布置运输线路，力求运距短、无交叉、无反复运输现象，并尽可能避免人流与物流交叉。厂区内道路布置应满足人流、物流和消防的要求，使建筑物、构筑物之间的联系最便捷。运输工具的选择上，尽可能不选择有轨运输，以减少占地，节约投资。

2）工业项目总平面设计的评价指标

①建筑系数（建筑密度）。建筑系数是指厂区内（一般指厂区围墙内）建筑物、构筑物和各种露天仓库及堆场、操作场地等的占地面积与整个厂区建设用地面积之比。它是反映总平面图设计用地是否经济合理的指标，建筑系数大，表明布置紧凑，节约用地，又可缩短管线距离，降低工程造价。

②土地利用系数。土地利用系数是指厂区内建筑物、构筑物、露天仓库及堆场、操作场地、铁路、道路、广场、排水设施及地上地下管线等所占面积与整个厂区建设用地面积之比，它综合反映出总平面布置的经济合理性和土地利用效率。

③工程量指标。工程量指标包括场地平整土石方量、铁路道路及广场铺砌面积、排水工程、围墙长度及绿化面积等。

④经济指标。经济指标包括每吨货物运输费用、经营费用等。

（2）工艺设计评价

工艺设计是工程设计的核心，它是根据工业企业生产的特点、生产性质和功能来确定的。工艺设计标准高低，不仅直接影响工程建设投资的大小和建设速度，而且还决定着未来企业的产品质量、数量和经营费用。

1）工艺设计的要求

①工艺设计要以市场研究为基础。不同的市场需求量需要不同的生产规模，从而需要不同的生产工艺。工艺设计必须以可行性研究中的市场分析为基础，根据未来市场对产品数量、质量及功能的要求，以及未来市场原料供应情况，技术发展趋势等设计经济合理的生产工艺，力求投资效益最大化。

②工艺设计要考虑技术发展的最新动态，选择先进适用的技术方案。随着知识经济社会的来临，各行各业技术进步的速度日益加快。落后的技术使企业无法适应日益激烈的竞争。先进的技术往往需要的投资较多，需要有大规模的市场需求来支撑，否则经营风险太大。因此，在选择工艺设计方案时，应考虑先进技术方案所增加的投资与因之而节约的劳动消耗的对比情况，通过技术经济分析，综合考虑各方面因素，然后确定合理的技术方案。

2）设备选型与设计

确定了生产工艺流程后，就要根据工厂生产规模和工艺过程的要求，选择设备型号和数量，并对一些标准和非标准设备进行设计。设备和工艺的选择是相互依存、紧密相连的。设备选择的重点因设计形式的不同而不同，应该选择能满足生产工艺要求、能达到生产能力的最适用的设备。设备选型和设计应注意下列要求：

①设备选型应该注意标准化、通用化和系列化；

②采用高效率的先进设备要符合技术选进、稳妥可靠、经济合理的原则；

③设备的选择应立足国内,对于国内不能生产的关键设备,进口时要注意与工艺流程相适应,并与有关设备配套,不要重复引进;

④设备选型与设计要考虑建设地点的实际情况和动力、运输、资源等具体条件。

3)工艺设计方案的评价

不同的工艺技术方案会产生不同的投资效果,工艺技术方案的评价就是互斥投资项目的比选,因此评价指标有:净现值、净年值、差额内部收益率等。

(3)建筑设计评价

1)建筑设计的要求

工业建筑设计必须为合理生产创造条件。因此,在建筑平面布置和立面形式上,应该满足生产工艺要求。在进行建筑设计时,应该熟悉生产工艺资料,掌握生产工艺特性及其对建筑的影响。根据生产工艺资料确定车间的高度、跨度及面积;根据不同的生产工艺过程决定车间平面组合方式;根据设备种类、规格、重量、数量和振动情况,以及设备的外形及基础尺寸,决定建筑物的大小、布置和基础类型,以及建筑结构的选择;根据生产组织管理,生产工艺技术,生产状况提出劳动卫生和建筑结构的要求。因此,建筑设计必须采用各种切合实际的先进技术,从建筑形式、材料和结构的选择、结构布置和环境保护等方面采取措施以满足生产工艺对建筑设计的要求。

2)建筑设计评价指标

①单位面积造价。建筑物平面形状、层高、层数、柱网布置、建筑结构及建筑材料等因素都会影响单位面积造价。因此单位面积造价是一个综合性很强的指标。

②建筑物周长与建筑面积比。主要用于评价建筑物平面形状是否合理。该指标越低,平面形状越合理。

③厂房展开面积。主要用于确定多层厂房的经济层数,展开面积越大,经济层数越可提高。

④有效面积与建筑面积比。该指标主要用于评价柱网布置是否合理。合理的柱网布置可以提高厂房有效使用面积。

⑤工程寿命成本。工程全寿命成本包括工程造价及工程建成后的使用成本,这是一个评价建筑物功能水平是否合理的综合性指标。一般来讲,功能水平低,工程造价低,但是使用成本高;功能水平高,工程造价高,但是使用成本低。工程全寿命成本最低时,功能水平最合理。

2.民用建筑设计评价

民用建筑一般包括公共建筑和住宅建筑两大类。民用建筑设计要坚持“适用、经济、美观”的原则。

(1)民用建筑设计的要求

①平面布置合理,长度和宽度比例适当;

②合理确定户型和住户面积;

③合理确定层高与层数;

④合理选择结构方案。

(2)民用建筑设计的评价指标

1)公共建筑

公共建筑共性的评价指标有:占地面积、建筑面积、使用面积、辅助面积、有效面积、平面系数、建筑体积、单位指标(m^2/人、m^2/床、m^2/座)、建筑密度等。其中:

$$有效面积=使用面积+辅助面积$$

$$平面系数K=\frac{使用面积}{建筑面积}$$

$$建筑密度=\frac{建筑基底面积}{占地面积}$$

2)居住建筑

①平面系数

$$平面系数K=\frac{使用面积}{建筑面积}$$

$$平面系数K_1=\frac{居住面积}{有效面积}$$

$$平面系数K_2=\frac{辅助面积}{有效面积}$$

$$平面系数K_3=\frac{结构面积}{建筑面积}$$

②建筑周长指标。这个指标是墙长与建筑面积之比,居住建筑进深加大,则单元周长缩小,可节约用地,减少墙体积,降低造价。

$$单元周长指标=\frac{单元周长}{单元建筑面积}$$

$$建筑周长指标=\frac{建筑周长}{建筑占地面积}$$

③建筑体积指标。该指标是建筑体积与建筑面积之比,是衡量层高的指标。

$$建筑体积指标=\frac{建筑体积}{建筑面积}$$

④平均每户建筑面积

$$平均每户建筑面积=\frac{建筑面积}{总户数}$$

⑤户型比。指不同居室数的户数占总户数的比例,是评价户型结构是否合理的指标。

3.居住小区设计评价

小区规划设计是否合理,直接关系到居民的生活环境,同时也关系到建设用地、工程造价及总体建筑艺术效果。小区规划设计的核心问题是提高土地利用率。

(1)居住小区设计方案评价指标

①$建筑毛密度=\frac{居住和公共建筑基底面积}{居住小区占地总面积}\times 100\%$;

②$居住建筑净密度=\frac{居住建筑基底面积}{居住建筑占地面积}\times 100\%$;

③$居住面积密度=\frac{居住面积}{居住建筑占地面积}$;

④$居住建筑面积密度=\frac{居住建筑面积}{居住建筑占地面积}$;

⑤人口毛密度$=\frac{\text{居住人数}}{\text{居住小区占地总面积}}$；

⑥人口净密度$=\frac{\text{居住人数}}{\text{居住建筑占地面积}}$；

⑦绿化比率$=\frac{\text{居住小区绿化面积}}{\text{居住小区点地总面积}}$。

居住建筑净密度是衡量用地经济性和保证居住区必要卫生条件的主要技术经济指标。其数值的大小与建筑层数、房屋间距、层高、房屋排列方式等因素有关。适当提高建筑密度，可节省用地，但应保证日照、通风、防火、交通安全的基本需要。

居住面积密度是反映建筑布置、平面设计与用地之间关系的重要指标。影响居住面积密度的主要因素是房屋的层数，增加层数其数值就增大，有利于节约土地和管线费用。

(2)在小区规划设计中节约用地的主要措施

①提高公共建筑的层数。公共建筑不分散建设，如将有关的公共设施集中建在一栋楼内，既方便群众，又节约用地。有的公共设施还可放在住宅底层或半地下室。

②适当增加房屋长度。房屋长度的增加可以取消山墙间的间隔距离，提高建筑密度。但是房屋过长也不经济，一般是4~5个单元(60~80 m)最佳。

③压缩建筑的间距。住宅建筑的间距主要有日照间距、防火间距和使用间距，取最大间距作为设计依据。北京地区住宅建筑的间距从1.8倍压缩到1.6倍，对于四单元六层住宅间的用地可节约230 m^2 左右，每建10万 m^2 的住宅小区可少占地0.7 ha左右。

④提高住宅层数或高低层搭配。提高住宅层数和采用多层、高层搭配都是节约用地、增加建筑面积的有效措施。建筑层数由5层增加到9层，可使小区总居住面积密度提高35%。但是高层住宅造价较高，居住不方便。因此，确定住宅的合理层数对节约用地有很大的影响。

⑤合理布置道路。

二、工程技术经济分析的方法

(一)多指标评价法

即通过对反映建筑产品功能和成本特点的技术经济指标的计算、分析、比较，评价设计方案经济效果的方法。可分为多指标对比法和多指标综合评分法。

1.多指标对比法

即使用一组适用的指标体系，将对比方案的指标值列出，然后一一进行对比分析，根据指标值的高低分析判断方案优劣，是目前采用比较多的一种方法。

这种方法首先将指标体系中的各个指标，按其在评价中的重要性，分为主要指标和辅助指标。主要指标是能够比较充分地反映工程的技术经济特点的指标，是确定工程项目经济效果的主要依据。辅助指标在技术经济分析中处于次要地位，是主要指标的补充，当主要指标不足以说明方案的技术经济效果优劣时，辅助指标就成为了进一步进行技术经济分析的依据。要注意参选方案在技术经济方面的可比性，即在功能、价格、时间、风险等方面的可比性。如果方案不完全符合对比条件，要加以调整，使其满足对比条件后再进行对比，并在综合分析时予以说明。

这种方法的优点是：指标全面、分析确切，可通过各种技术经济指标定性或定量直接反映方案技术经济性能的主要方面。其缺点是：容易出现某一方案有些指标较优，另一些指标较差；而另一方案则可能是有些指标较差，另一些指标较优，使分析工作复杂化。有时，也会因方案的可比性而产生客观标准不统一的现象。因此在进行综合分析时，要特别注意检查对比方案在使用功能和工程质量方面的差异，并分析这些差异对各指标的影响，避免导致错误的结论。

例如，以内浇外砌建筑体系为对比标准，用多指标对比法评价内外墙全现浇建筑体系。评价结果见表5.3.1。

由表5.3.1两类建筑体系的建筑特征对比分析可知，它们具有可比性，比较其技术经济特征，可以看出：与内浇外砌建筑体系比较，全现浇建筑体系的优点是：有效面积大，用工省、自重轻、施工周期短等；其缺点是：造价高、主要材料消耗量多等。

表5.3.1　内浇外砌与全现浇对比表

项目名称			单位	对比标准	评价对象	比较	备注
建筑特征	设计型号		—	内浇外砌	全现浇大模板建筑	—	
	建筑面积		m^2	8 500	8 500	0	
	有效面积		m^2	7 140	7 215	+75	
	层数		层	6	6	—	
	外墙厚度		cm	36	30	−6	浮石混凝土外墙
	外墙装修		—	勾缝，一层水刷石	干黏石，一层水刷石	—	
技术经济指标	±0以上土建造价		元/m^2 建筑面积	80	90	+10	
	±0以上土建造价		元/m^2 有效面积	95.2	106	+10.8	
	主要材料消耗量	水泥	kg/m^2	130	150	−20	
		钢材	kg/m^2	9.17	20	+10.83	
	施工周期		天	220	210	−10	
	±0以上用工		工日/m^2	2.78	2.23	−0.55	
	建筑自重		kg/m^2	1 294	1 070	−224	
	房屋服务年限		年	100	100	—	

2.多指标综合评分法

这种方法首先对需要进行分析评价的设计方案设定若干个评价指标，并按其重要程度分配各指标的权重，确定评分标准，并就各设计方案对各指标的满足程度打分，最后计算各方案的加权得分，以加权得分高者为最优设计方案。其计算公式为：

$$S = \sum_{i=1}^{n} S_i \cdot W_i$$

式中　S——设计方案总得分；

S_i——某方案某评价指标得分；

W_i——某评价指标的权重；

n——评价指标数；

i——评价指标数，$i=1,2,3,\cdots,n$。

这种方法非常类似于价值工程中的加权评分法，区别在于：加权评分法中不将成本作为一个评价指标，而将其单独拿出来计算价值系数；多指标综合评分法则不将成本单独剔除，如果需要，成本也是一个评价指标。

例如，某建筑工程有4个设计方案，选定评价指标为：实用性、经济性、平面布置、美观性4项，各指标的权重及各方案的得分(10分制)见表5.3.2，试选择最优设计方案。计算结果见表5.3.2。

表5.3.2　多指标综合评分法计算表

评价指标	权　重	甲方案		乙方案		丙方案		丁方案	
		得分	加权得分	得分	加权得分	得分	加权得分	得分	加权得分
实用性	0.4	9	3.6	8	3.2	7	2.8	6	2.4
平面布置	0.2	8	1.6	7	1.4	8	1.6	9	1.8
经济性	0.3	9	2.7	7	2.1	9	2.7	8	2.4
美观性	0.1	7	0.7	9	0.9	8	0.8	9	0.9
合　计		—	8.6	—	7.6	—	7.9	—	7.5

由上表可知：甲方案的加权得分最高，因此甲方案最优。

例如，某建设项目有3个设计方案，各方案的各项指标得分和合计得分如表5.3.3所示，试确定最佳方案。

表5.3.3　多因素评分优选法评分表

评价指标	权　重	指标分等	标准分	方案得分 S_i		
				Ⅰ	Ⅱ	Ⅲ
单位造价指标	5	1.低于一般水平	3		3	
		2.一般水平	2	2		
		3.高于一般水平	1			1
基建投资	4	1.低于一般	4	4		
		2.一般	3		3	
		3.高于一般	2			2
工期	3	1.缩短工期 x 天	3		3	
		2.正常工期	2			2
		3.延长工期 y 天	1	1		
材料用量	2	1.低于一般用量	3		3	
		2.一般水平用量	2	2		
		3.高于一般用量	1			1
劳动力消耗	1	1.低于一般消耗量	3			
		2.一般消耗量	2	2	2	
		3.高于一般消耗量	1			1
合计得分				35	44	22

各设计方案按上式计算所得总分为：

$$S_{\mathrm{I}}=\sum_{i=1}^{n}S_{1i}W_i=2\times5+4\times4+1\times3+2\times2+2\times1=35$$

$$S_{\mathrm{II}}=\sum_{i=1}^{n}S_{2i}W_i=3\times5+3\times4+3\times3+3\times2+2\times1=44$$

$$S_{\mathrm{III}}=\sum_{i=1}^{n}S_{3i}W_i=1\times5+2\times4+2\times3+1\times2+1=22$$

计算结果，方案Ⅱ总分最高，故为最佳方案。

这种方法的优点在于避免了多指标对比法指标间可能发生相互矛盾的现象，评价结果是唯一的。但是在确定权重及评分过程中存在主观臆断成分。同时，由于分值是相对的，因而不能直接判断各方案的各项功能实际水平。

（二）静态经济评价指标

1.投资回收期法

设计方案的比选往往是比选各方案的功能水平及成本。实施功能水平先进的设计方案一般所需的投资较多，效益一般也比较好。因此，如果考虑用方案实施过程中的效益回收投资，那么通过反映初始投资补偿速度的指标，衡量设计方案优劣也是非常必要的。投资回收期就是这样的指标，投资回收期越短的设计方案越好。

【例 5.3.1】　某企业有两个设计方案，方案甲总投资 1 500 万元，年经营成本 400 万元，年产量为 1 000 件；方案乙总投资 1 000 万元，年经营成本 360 万元，年产量为 800 件。基准投资回收期 $P_c=6$ 年，试选出最优设计方案。

【解答】　首先计算各方案单位产量的费用：

$$K_{甲}/Q_{甲}=1\ 500\text{ 万元}/1\ 000\text{ 件}=1.5\text{ 万元/件}$$

$$K_{乙}/Q_{乙}=1\ 000\text{ 万元}/800\text{ 件}=1.25\text{ 万元/件}$$

$$C_{甲}/Q_{甲}=400\text{ 万元}/1\ 000\text{ 件}=0.4\text{ 万元/件}$$

$$C_{乙}/Q_{乙}=360\text{ 万元}/800\text{ 件}=0.45\text{ 万元/件}$$

$$\Delta P_t=\frac{1.5-1.25}{0.45-0.4}\text{ 年}=5\text{ 年}$$

$\Delta P_t<6$ 年，所以方案甲较优。

2.计算费用法

建筑工程的全寿命是指建筑工程从勘察、设计、施工、建成后使用直至报废拆除所经历的时间。全寿命费用包括工程建设费、使用维护费和拆除费。评价设计方案的优劣应考虑工程的全寿命费用。但是初始投资和使用维护费是两类不同性质的费用，二者不能直接相加。计算费用法用一种合乎逻辑的方法将一次性投资与经常性的经营成本统一为一种性质的费用。可直接用年计算费用的大小来评价设计方案的优劣。

【例 5.3.2】　某企业有三个设计方案：方案一是改建现有工厂，一次性投资 2 545 万元，年经营成本 760 万元；方案二是建新厂，一次性投资 3 340 万元，年经营成本 670 万元；方案三是扩建现有工厂，一次性投资 4 360 万元，年经营成本 650 万元。3 个方案的寿命期相同，所在行业的标准投资效果系数为 10%，用计算费用法选择最优方案。

【解答】 由公式年总成本 AC＝年成本+年投资额×投资效果系数

$$AC_1 = 760\text{ 万元} + 0.1 \times 2\ 545\text{ 万元} = 1\ 014.5\text{ 万元}$$

$$AC_2 = 670\text{ 万元} + 0.1 \times 3\ 340\text{ 万元} = 1\ 004\text{ 万元}$$

$$AC_3 = 650\text{ 万元} + 0.1 \times 4\ 360\text{ 万元} = 1\ 086\text{ 万元}$$

因为 AC_2 最小，故方案二最优。

静态经济评价指标简单直观，易于接受。但是它没有考虑时间价值以及各方案寿命差异。

（三）动态经济评价指标

动态经济评价指标是考虑时间价值的指标，是比静态指标更全面、更科学的评价指标。对于寿命期相同的设计方案，可以采用净现值法、净年值法、差额内部收益率法等。寿命期不同的设计方案比选，可以采用净年值法。

例如，在例 5.4.4 中，假设 3 个方案的寿命期为 10 年，则考虑资金的时间价值，采用动态经济评价指标，采用净年值评价，结果如下：

$$\begin{aligned} AC_1 &= 760 + 2\ 545 \times (A/P, 10\%, 10) \\ &= 760 + 2\ 545 \times 0.162\ 7 \\ &= 1\ 174.07 \end{aligned}$$

$$\begin{aligned} AC_2 &= 670 + 3\ 340 \times (A/P, 10\%, 10) \\ &= 670 + 3\ 340 \times 0.162\ 7 \\ &= 1\ 213.42 \end{aligned}$$

$$\begin{aligned} AC_3 &= 650 + 4\ 360 \times (A/P, 10\%, 10) \\ &= 650 + 4\ 360 \times 0.162\ 7 \\ &= 1\ 359.37 \end{aligned}$$

因为 AC_1 最小，故如果考虑资金的时间价值，方案一最优。

【例 5.3.3】 某项目混凝土总需要量为 5 000 m^3，混凝土工程施工有两种方案可供选择：方案 A 为现场制作，方案 B 为购买商品混凝土。已知商品混凝土平均单价为 410 元/m^3，现场制作混凝土的单价计算公式为：

$$C = \frac{C_1}{Q} + \frac{C_2 \times T}{Q} + C_3$$

式中 C——现场制作混凝土的单价，元/m^3；

C_1——现场搅拌站一次性投资，元，本案例 C_1 为 200 000 元；

C_2——搅拌站设备装置的租金和维修费（与工期有关的费用），本案例 C_2 为 15 000 元/月；

C_3——在现场搅拌混凝土所需费用（与混凝土数量有关的费用），本案例 C_3 为 320 元/m^3；

Q——现场制作混凝土的数量；

T——工期，月。

问题：

①若混凝土浇筑工期不同时，A，B 两个方案哪一个较经济？

②当混凝土浇筑工期为 12 个月时，现场制作混凝土的数量最少为多少立方米才比购买商

品混凝土经济？

③假设该工程的一根长 9.9 m 的现浇钢筋混凝土梁可采用 3 种设计方案，其断面尺寸均满足强度要求。该 3 种方案分别采用 A，B，C 3 种不同的现场制作混凝土，有关数据见表 5.3.4。经测算，现场制作混凝土所需费用如下：A 种混凝土为 220 元/m^3，B 种混凝土为 230 元/m^3，C 种混凝土为 225 元/m^3。另外，梁侧模 21.4 元/m^2，梁底模 24.8 元/m^2；钢筋制作、绑扎为 3 390 元/t。

试选择一种最经济的方案。

表 5.3.4 各方案基础数据表

方 案	断面尺寸/mm	钢筋/(kg · m^{-3}混凝土)	混凝土种类
一	300×900	95	A
二	500×600	80	B
三	300×800	105	C

【解答】

问题 1：

现场制作混凝土的单价与工期有关，当 A，B 两个方案的单价相等时，工期 T 满足以下关系：

$$\frac{200\ 000}{5\ 000}+\frac{15\ 000\times T}{5\ 000}+320=410$$

$$T=\frac{410-320-200\ 000/5\ 000}{15\ 000}\times 5\ 000$$

$$T=16.67(\text{月})$$

由此可得到以下结论：

当工期 $T=16.67$ 个月时，A，B 两方案单价相同；

当工期 $T<16.67$ 个月时，A 方案（现场制作混凝土）比 B 方案（购买商品混凝土）经济；

当工期 $T>16.67$ 个月时，B 方案比 A 方案经济。

问题 2：

当工期为 12 个月时，现场制作混凝土的最少数量计算如下：

设该最少数量为 x，根据公式有：

$$\frac{200\ 000}{x}+\frac{15\ 000\times 12}{x}+320=410$$

$$x=4\ 222.22\ \text{m}^3$$

即当 $T=12$ 个月时，现场制作混凝土的数量必须大于 4 222.22 m^3 时才比购买商品混凝土经济。

问题 3：

3 种方案的费用计算见表 5.3.5。

表 5.3.5 费用计算表

		方案一	方案二	方案三
混凝土	工程量/m^3	2.673	2.970	2.376
	单价/(元·m^{-3})	220	230	225
	费用小计/元	588.06	683.10	534.60
钢筋	工程量/kg	253.94	237.60	249.48
	单价/(元·kg^{-1})	3.39		
	费用小计/元	860.86	805.46	845.74
梁侧模板	工程量/m^2	17.82	11.88	15.84
	单价/(元·m^{-2})	21.4		
	费用小计/元	381.35	254.23	338.98
梁底模板	工程量/m^2	2.97	4.95	2.97
	单价/(元·m^{-2})	24.8		
	费用小计/元	73.66	122.76	73.66
费用合计/元		1 903.93	1 865.55	1 792.98

由表 5.3.5 的计算结果可知,第三种方案的费用最低,为最经济的方案。

(四)网络计划方法

网络计划方法是利用网络计划技术,主要是关键线路法(CPM)进行技术经济分析。

【例 5.3.4】 某工程项目合同工期为 18 个月。施工合同签订以后,施工单位编制了一份初始网络计划,见图 5.3.1。

由于该工程施工工艺的要求,计划中工作 C、工作 H 和工作 J 需共用一台起重施工机械,为此需要对初始网络计划作调整。

问题:

①请绘出调整后的网络进度计划图。

②如果各项工作均按最早开始时间安排,起重机械在现场闲置多长时间?为减少机械闲置,工作 C 应如何安排?

③该计划执行 3 个月后,施工单位接到业主的设计变更,要求增加一项新工作 D,安排在工作 A 完成之后开始,在工作 E 开始之前完成。因而造成了个别施工机械的闲置和某些工种的窝工,为此施工单位向业主提出如下索赔:①施工机械停滞费;②机上操作人员人工费;③某些工种的人工窝工费。请分别说明以上补偿要求是否合理,为什么?

④工作 G 完成后,由于业主变更施工图纸,使工作 I 停工待图 0.5 个月,如果业主要求按合同工期完工,施工单位可向业主索赔赶工费多少(已知工作 I 赶工费每月 12.5 万元)?为什么?

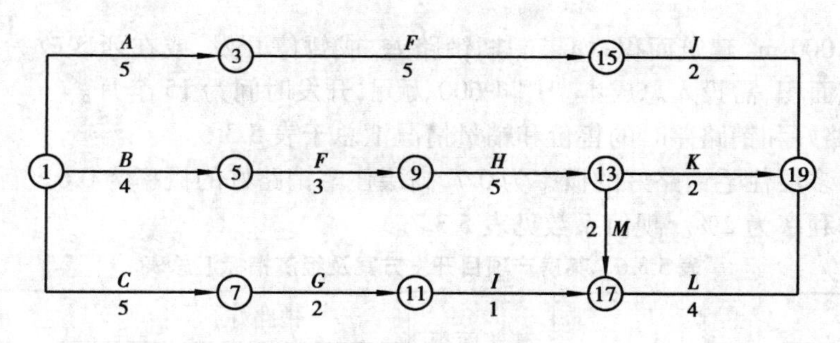

图 5.3.1　初始网络计划

【解答】

问题 1：调整后的网络计划见图 5.3.2。

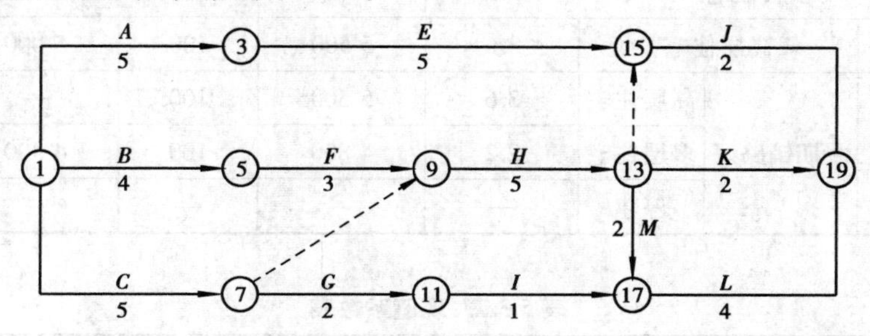

图 5.3.2　调整后网络进度计划

问题 2：

①工作 C 与工作 H 之间机械闲置 2 个月，工作 H 与工作 J 之间机械不闲置，故机械共闲置 2 个月。

②如果工作 C 最早开始时间推迟 2 个月，则机械无闲置。

问题 3：

①补偿要求合理。因为是业主原因造成施工单位的损失，业主应承担费用的补偿。

②补偿要求不合理。因为机上工作人员人工费已经包含在相应的机械停滞费用之中。

③窝工补偿要求合理。因为是业主原因造成施工单位的损失。

问题 4：

业主不应支付赶工费。因为不需要赶工，也能按合同工期完工，其拖延时间在总时差范围内。（注：在解决此类问题，应对网络计划计算后回答）

（五）决策树方法

决策树方法是利用决策数或决策图进行设计和施工方案的技术经济分析。

【例 5.3.5】　某房地产开发公司对某一地块有两种开发方案。

A 方案：一次性开发多层住宅 45 000 m^2 建筑面积，需投入总成本费用（包括前期开发成本、施工建造成本和销售成本、下同）9 000 万元，开发时间（包括建造、销售时间、下同）为 18 个月。

B 方案：将该地块分为东、西两区分两期开发。一期在东区先开发高层住宅 36 000 m^2 建筑面积，需投入总成本费用 8 100 万元，开发时间为 15 个月。二期开发时，如果一期销路好，且预计二期销售率可达 100%（售价和销量一期），则在西区继续投入总成本费用 8 100 万元开发高层住宅 36 000 m^2 建筑面积；如果一期销路差，或暂停开发，或在西区改为开发多层住宅 22 000 m^2 建筑面积，需投入总成本费用 4 600 万元，开发时间为 15 个月。

两方案销路好和销路差时的售价和销量情况汇总于表 5.3.6。

根据经验，多层住宅销路好的概率为 0.7，高层住宅销路好的概率为 0.6。暂停开发每季损失 10 万元。季利率为 2%。现值系数见表 5.3.7。

表 5.3.6　某房产项目开发方案及经济指标汇总表

<table>
<tr><th colspan="4" rowspan="2">开发方案</th><th rowspan="2">建筑面积/(万 m²)</th><th colspan="2">销路好</th><th colspan="2">销路差</th></tr>
<tr><th>售价/(元·m⁻²)</th><th>销售率/%</th><th>售价/(元·m⁻²)</th><th>销售率/%</th></tr>
<tr><td>A 方案</td><td colspan="3">多层住宅</td><td>4.5</td><td>4 800</td><td>100</td><td>4 300</td><td>80</td></tr>
<tr><td rowspan="4">B 方案</td><td>一期</td><td colspan="2">高层住宅</td><td>3.6</td><td>5 500</td><td>100</td><td>5 000</td><td>70</td></tr>
<tr><td rowspan="3">二期</td><td rowspan="3">一期销路好</td><td>高层住宅</td><td>3.6</td><td>5 500</td><td>100</td><td>—</td><td>—</td></tr>
<tr><td>多层住宅</td><td>2.2</td><td>4 800</td><td>100</td><td>4 300</td><td>80</td></tr>
<tr><td>停建</td><td>—</td><td>—</td><td>—</td><td>—</td><td>—</td></tr>
</table>

表 5.3.7　现值系数表

n	4	5	6	12	15	18
$(P/A,2\%,n)$	3.808	4.713	5.601	10.575	12.849	14.992
$(P/F,2\%,n)$	0.924	0.906	0.888	0.788	0.743	0.700

问题：

①两方案销路好和销路差情况下分期计算季平均销售收入各为多少万元？假定销售收入在开发时间内均摊。

②绘制两级决策的决策树。

③试决定采用哪个方案。

注：计算结果保留两位小数。

【解答】

问题 1：计算季平均销售收入

A 方案开发多层住宅：

销路好：(4.5×4 800×100%÷6) 万元 = 3 600 万元

销路差：(4.5×4 300×80%÷6) 万元 = 2 580 万元

B 方案一期开发高层住宅：

销路好：(3.6×5 500×100%÷5) 万元 = 3 960 万元

销路差：(3.6×5 000×70%÷5) 万元 = 2 520 万元

B 方案二期开发高层住宅：

(3.6×5 500×100%÷5) 万元 = 3 960 万元

开发多层住宅：

销路好：(2.2×4 800×100%÷5)万元＝2 112 万元

销路差：(2.2×4 300×80%÷5)万元＝1 513.6 万元

问题 2：画两级决策树，见图 5.3.3。

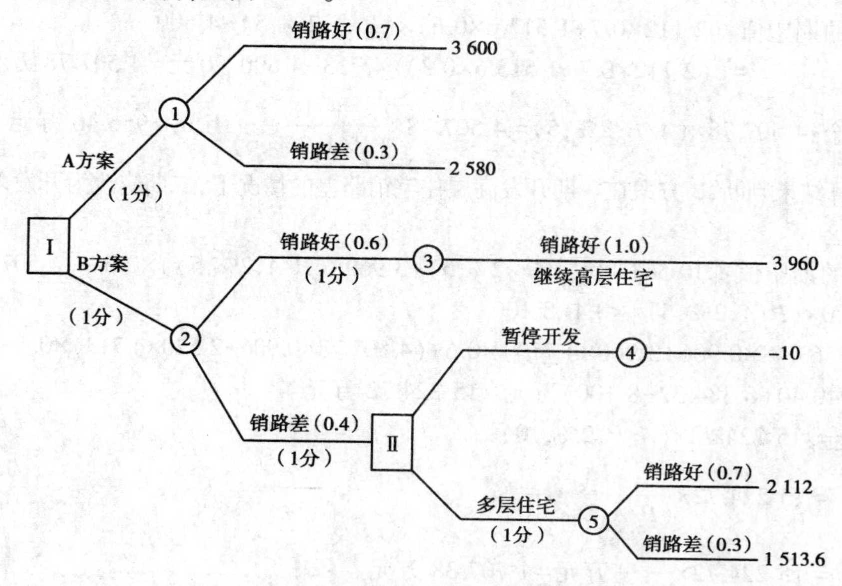

图 5.3.3　房地产开发两级决策树

问题 3：方案判定：

机会点①

净现值的期望值：$(3\ 600\times0.7+2\ 580\times0.3)\times(P/A,2\%,6)-9\ 000$

$=[(3\ 600\times0.7+2\ 580\times0.3)\times5.601-9\ 000]$万元＝9 449.69 万元

等额年金：$9\ 449.69\times(A/P,2\%,6)$

$=9\ 449.69\times\dfrac{1}{(P/A,2\%,6)}$

$=9\ 449.69\times\dfrac{1}{5.601}$万元＝1 687.14 万元

机会点③

净现值的期望值：$3\ 960\times(P/A,2\%,5)\times1.0-8\ 100$

$=(3\ 960\times4.713\times1.0-8\ 100)$万元＝10 563.48 万元

等额年金：$10\ 563.48\times(A/P,2\%,5)$

$=10\ 563.48\times\dfrac{1}{(P/A,2\%,5)}$

$=10\ 563.48\times\dfrac{1}{4.713}$万元＝2 241.35 万元

机会点④

净现金的期望值：$-10\times(P/A,2\%,5)=-10\times4.713$ 万元＝-47.13 万元

等额年金：$-47.13\times(A/P,2\%,5)=47.13\times\dfrac{1}{(P/A,2\%,5)}$

$$= -47.13 \times \frac{1}{4.713} \text{万元} = -10.00 \text{万元}$$

机会点⑤

净现值的期望值:(2 112×0.7+1 513.6×0.6)×(P/A,2%,5)-4 600

=[(2 112×0.7+1 513.6×0.3)×4.713-4 600]万元=4 507.78 万元

$$\text{等额年金}:4\ 507.78 \times (A/P,2\%,5) = 4\ 507.78 \times \frac{1}{(P/A,2\%,6)} \text{万元} = 956.46 \text{万元}$$

根据计算结果判断,B 方案在一期开发高层住宅销路差的情况下,二期应改为开发多层住宅。

机会点②

净现值的期望值:[10 563.48×(P/F,2%,5)+3 960×(P/A,2%,5)]×0.6 +[4 507.78×(P/F,2%,5)+2 520×(P/A,2%,5)]×0.4-8 100

=[(10 563.48×0.906+3 960×4.713)×0.6+(4 507.78×0.906+2 520×4.713)×0.4-8 100]万元

=(16 940.40+6 384.32-8 100)万元=15 224.72 万元

等额年金:15 224.72×(A/P,2%,10)

$$= 15\ 224.72 \times \frac{1}{(P/A,2\%,10)}$$

$$= 15\ 224.72 \times \frac{1}{8.917} \text{万元} = 1\ 707.38 \text{万元}$$

根据计算结果,应采用 B 方案,即一期先开发高层住宅,在销路好的情况下,二期继续开发高层住宅,在销路差的情况下,二期改为开发多层住宅。

三、价值工程优化设计施工方案

工程设计施工的整体性原则要求:不仅要追求工程设计施工各个部分的优化,而且还要注意各个部分的协调配套。因此,还必须从整体上优化设计施工方案。

(一)通过招标和方案竞选优化设计施工方案

建设单位首先就拟建工程的设计任务通过报刊、信息网络或其他媒介发布公告,吸引设计单位参加设计招标或设计方案竞选,以获得众多的设计方案;然后组织 7~11 人的专家评定小组,其中技术专家人数应占 2/3 以上;最后,专家评定小组采用科学的方法,按照经济、适用、美观的原则,以及技术先进、功能全面、结构合理、安全适用、满足建设节能及环境等要求,综合评定各设计方案优劣,从中选择最优的设计方案,或将各方案的可取之处重新组合,提出最佳方案。通过专家评价有利于多种设计方案的比较与选择,能集思广益,吸收众多设计方案的优点,使设计更完美。同时有利于控制建设工程造价,因为选中的方案一般能控制在投资者限定的投资范围内。

(二)运用价值工程优化设计方案

1.价值工程原理

价值工程,又称价值分析,是运用集体智慧和有组织的活动,着重对产品进行功能分析,使之以较低的总成本,可靠地实现产品必要的功能,从而提高产品价值的一套科学的技术经济分析方法,其表达式为:

$$V = F/C$$

式中　V——价值系数；

F——功能（一种产品所具有的特定功能和用途）系数；

C——成本（从为满足用户提出的功能要求而进行研制、生产到用户使用所需费用的总和）系数。

工程价值着重用在设计阶段，以提高产品价值为中心，并把功能分析作为独特的研究方法，通过功能和价值分析，将技术问题与经济问题紧密地结合起来。一般来说，提高产品的价值，有以下5条途径：

①功能提高，成本降低，这是最理想的途径；

②功能不变，成本降低；

③成本不变，提高功能；

④成本略提高，带来功能的大提高；

⑤功能略下降，发生的成本大大降低。

必须指出，价值分析并不单纯追求降低成本，也不片面追求提高功能，而是力求正确处理功能与成本的对立统一关系，提高它们之间的比值，研究产品功能和成本的最佳配置。

价值工程是一项有组织的管理活动，涉及面广，研究过程复杂，必须按照一定的程序进行。价值工程的工作程序是：①对象选择。在这一步应明确研究目标、限制条件及分析范围。②组成价值工程领导小组，并制订工作计划。③搜集与研究对象相关的信息资料。此项工作应贯穿于价值工程的全过程。④功能系统分析。这是价值工程的核心，通过功能系统分析应明确功能特性要求，弄清研究对象各项功能之间的关系，调整功能间的比重，使研究对象功能结构更合理。⑤功能评价。分析研究对象各项功能与成本之间的匹配程度，从而明确功能改进区域及改进思路，为方案创新打下基础。⑥方案创新及评价。在前面功能分析与评价的基础上，提出各种不同的方案，并从技术、经济和社会等方面综合评价各方案的优劣，选出最佳方案，并将其编写为提案。⑦由主管部门组织审批。⑧方案实施与检查。制订实施计划、组织实施，并跟踪检查，对实施后取得的技术经济效果进行成果鉴定。

2.价值工程的工作步骤

价值工程的工作步骤可分为3个阶段、8个步骤，并有针对性地提出7个问题，详见表5.3.8。

表5.3.8　价值工程的工作步骤

价值工程的工作程序		价值工程的问题
工作阶段	具体步骤	
分析问题	1.选择对象 2.搜集资料 3.进行功能分析	1.这是什么？ 2.它是干什么的？ 3.它的成本是多少？ 4.它的价值是多少？
综合研究	4.进行功能评价 5.提出改进方案	5.有无其他方案实现这个功能？
方案评价	6.评价与选择方案 7.试验证明 8.决定实施方案	6.新方案成本是多少？ 7.新方案能满足要求吗？

【例 5.3.6】 以住宅为价值分析对象,说明价值工程在设计中的应用。具体步骤是:

【解答】

第一步,对住宅进行功能定义和评价

现把住宅作为一种完整独立的“产品”进行功能定义和评价:①平面布局;②采光通风(包括保温、隔热、隔声);③层高与层数;④牢固耐用;⑤“三防”(防火、防震和防空)设施;⑥建筑造型;⑦室外装修(指色彩、光影、质感等);⑧室内装饰和室内设备;⑨环境设计(指日照、绿化、噪声、景观及卫生间间距等);⑩技术参数(包括平面系数、每户平均用地等指标);⑪便于施工;⑫容易设计。这种定义基本上表达了住宅功能。这 12 种功能在住宅功能中占有不同的地位,因而需要确定相对重要系数。确定相对重要系数可用多种方法,这里采用用户、设计、施工单位 3 家加权评分法,把用户的意见放在首位,结合设计、施工单位的意见综合评分。三者的“权数”可分别定为 60%,30%和 10%,并求出重要系数 φ,见表 5.3.9。

第二步,方案创造

根据地质等其他条件,对一住宅设计提供了多种方案,拟选用表 5.3.10 所列 5 个方案作为评价对象。

第三步,求成本系数 C

某方案成本系数 C=某方案成本(或造价)/各方案成本(或造价)和

如表 5.3.10,A 方案成本系数=196/(196+149+185+151+156)= 196/837=0.234 2

以此类推,分别求出 B,C,D,E 方案成本系数为 0.178 0,0.221 0,0.180 4,0.186 4。

表 5.3.9 功能重要系数的评分

功能		用户评分		设计人员评分		施工人员评分		重要系数
		得分 F_{I}	$F_{\mathrm{I}}\times0.6$	得分 F_{II}	$F_{\mathrm{II}}\times0.3$	得分 F_{III}	$F_{\mathrm{III}}\times0.1$	$\varphi=\frac{0.6F_{\mathrm{I}}+0.3F_{\mathrm{II}}+0.1F_{\mathrm{III}}}{100}$
适用	平面布局 F_1	40.25	24.15	31.63	9.489	35.25	3.535	0.371 8
	采光通风 F_2	17.375	10.43	14.38	4.314	15.5	1.55	0.162 9
	层高层数 F_3	2.875	1.725	4.25	1.275	3.875	0.383	0.033 9
安全	牢固耐用 F_4	21.25	12.75	14.25	4.275	20.63	2.063	0.190 9
	“三防”设施 F_5	5.347	2.625	5.25	1.575	2.875	0.288	0.044 9
美观	建筑造型 F_6	2.25	1.35	5.875	1.763	1.55	0.155	0.032 7
	室外装修 F_7	1.75	1.05	4.5	1.35	0.975	0.098	0.025
	室内装饰 F_8	6.25	3.75	6.625	1.988	5.875	0.588	0.063 3
其他	环境设计 F_9	1.15	0.69	8	2.4	5.5	0.55	0.036 4
	技术参数 F_{10}	1.05	0.63	2	0.6	1.875	0.188	0.014 2
	便于施工 F_{11}	0.875	0.525	1.813	0.544	4.75	0.475	0.015 4
	容易设计 F_{12}	0.55	0.33	1.437	0.431	1.35	0.135	0.009
合计		100	60	100	30	100	10	1

表 5.3.10　5 个方案的特征和造价

方案名称	主要特征	单方造价/元	成本系数
A	7 层混合结构，层高 3 m，240 mm 内外砖墙，预制桩基础，半地下室储存间，外装修好，室内设备较好	196	0.234 2
B	7 层混合结构，层高 2.9 m，240 mm 内外砖墙，120 mm 非承重内砖墙，条形基础(地基经过真空预压处理)。外装修较好	149	0.178 0
C	7 层混合结构，层高 3 m，240 mm 内外砖墙，沉管灌注桩基础，外装修一般，内装修和设备较好，半地下室储存间	185	0.221 0
D	5 层混合结构，层高 3 m，空心砖内墙，满堂基础，装修及设备一般	151	0.180 4
E	层高 3 m，其他特征同 B	156	0.186 4

第四步，求功能评价系数 F

按照功能重要程度，采用 10 分制加权评分法，对五个方案的 12 项功能的满足程度分别评定分数，见表 5.3.11，各方案满足分为 S。

某方案评定总分 $= \sum_i \varphi_i S_{ij}$

如：A 方案评定总分 $= \sum_i \varphi_i S_{ij} = 0.371\,6 \times 10 + 0.162\,9 \times 10 + 0.033\,9 \times 9 + 0.190\,9 \times 10 + 0.044\,9 \times 8 + 0.032\,7 \times 10 + 0.025 \times 6 + 0.063\,3 \times 10 + 0.036\,4 \times 9 + 0.014\,2 \times 8 + 0.015\,4 \times 8 + 0.009 \times 6 = 9.646$

同理可求出 B，C，D，E 方案评定总分分别为：9.114，9.095，8.455，9.145。

$$\text{某方案功能评价系数}\quad F = \frac{\text{某方案评定总分}}{\text{各方案评定总分和}} = \frac{\sum_i \varphi_i S_{ij}}{\sum_i \sum_j \varphi_i S_{ij}}$$

$$\text{如：A 方案功能评价系数}\quad F = \frac{9.646}{9.646 + 9.114 + 9.095 + 8.455 + 9.145} = 9.646/45.455 = 0.212\,2$$

同理可求出 B，C，D，E 方案功能评价系数分别为 0.200 5，0.200 1，0.186 0，0.201 2，详见表 5.3.11。

第五步，求出价值系数 V 并进行方案评价

按 $V=F/C$ 公式分别求出各方案价值系数列于表 5.3.12 中，由表 5.3.12 可见，B 方案价值系数最大，故 B 方案为最佳方案。

在设计阶段运用价值工程控制工程造价，并不是片面地认为工程造价越低越好，而是要把工程的功能和造价两个方面综合起来进行分析。如在本例中，当得出 B 方案的单位成本 149 元为最低时，还不能断然决定它为最优方案，还应看它对 12 种功能的满足程度，即价值系数如何。如果价值系数不是最大，也不能为最优方案。满足必要功能的费用，消除不必要功能的费用，是价值工程的要求，实际上也是工程造价控制本身的要求。

表 5.3.11　5 个方案功能满足程度评分

评价因素		方案名称	A	B	C	D	E
功能因素	重要系数 φ						
F_1	0.371 6	方案满足分数 S	10	10	9	9	10
F_2	0.162 9		10	9	10	10	9
F_3	0.033 9		9	8	9	10	9
F_4	0.190 9		10	10	10	8	10
F_5	0.044 9		8	7	8	7	7
F_6	0.032 7		10	8	9	7	8
F_7	0.025		6	6	6	6	6
F_8	0.063 3		10	6	8	6	6
F_9	0.036 4		9	8	9	8	8
F_{10}	0.014 2		8	10	8	6	4
F_{11}	0.015 4		8	8	7	6	4
F_{12}	0.009		6	10	6	8	10
方案总分		$\sum_i \varphi_i S_{ij}$	9.464	9.114	9.095	8.455	9.145
功能评价系数		$\dfrac{\sum_i \varphi_i S_{ij}}{\sum_i \sum_j \varphi_i S_{ij}}$	0.212 2	0.200 5	0.200 1	0.186 0	0.201 2

表 5.3.12　方案价值系数的计算

方案名称	功能评价系数 F	成本系数 C	价值系数 $V=F/C$	量　优
A	0.212 2	0.234 2	0.906 1	
B	0.200 5	0.178 0	1.126 4	最佳方案
C	0.200 1	0.221 0	0.905 4	
D	0.186 0	0.180 4	1.031	
E	0.201 2	0.186 4	1.079 4	

3.在设计阶段实施价值工程的意义

在工程寿命周期的各个阶段都可以实施价值工程，但是在设计阶段实施价值工程意义重大。一方面，在设计过程中涉及多部门多专业工种。就民用住宅工程设计来说，就要涉及结构、建筑、电气、给排水、供暖、煤气等专业工种。在工程设计过程中，通过实施价值工程，不仅可以保证各专业工种的设计符合国家和用户的要求，而且可以解决各专业工种设计的协调问题，得到全局合理优良的方案；另一方面，建筑产品具有单件性的特点，工程设计往往也是一次性的。设计过程中可以借鉴的经验较少。利用价值工程可以发挥集体智慧，群策群力，得到最佳设计方案。

①使建筑产品的功能更合理。工程设计实质上就是对建筑产品的功能进行设计。而价值工程的核心就是功能分析。通过实施价值工程,可以使设计人员更准确地了解用户所需,及建筑产品各项功能之间的比重,同时还可以考虑设计专家、建筑材料和设备制造专家、施工单位及其专家的建议,从而使设计更加合理。

②有效地控制工程造价。价值工程需要对研究对象的功能与成本之间关系进行系统分析。设计人员参与价值工程,就可以避免在设计过程中只重视功能而忽视成本的倾向,在明确功能的前提下,发挥设计人员的创造精神,提出各种实现功能的方案,从中选取最合理的方案。这样既保证了用户所需功能的实现,又有效地控制了工程造价。

③节约社会资源。价值工程着眼于寿命周期成本,即研究对象在其寿命期内所发生的全部费用。对于建设工程而言,寿命周期成本包括工程建造和工程使用成本。价值工程的目的是用建筑工程的最低寿命周期成本可靠地实现使用者所需功能。实施价值工程,既可以避免一味地降低工程造价而导致研究对象功能水平偏低的现象,也可以避免一味地降低使用成本而导致功能水平偏高的现象,使工程造价、使用成本及建筑产品功能合理匹配,节约社会资源消耗。

4.价值工程在施工方案优选中的应用

【例 5.3.7】　承包商 B 在某高层住宅楼的现浇楼板施工中,拟采用钢木组合模板体系或小钢模体系施工。经有关专家讨论,决定从模板总摊销费用 F_1、楼板浇筑质量 F_2、模板人工费 F_3、模板周转时间 F_4、模板装拆便利性 $F_5$5 个技术经济指标对该两个方案进行评价,并采用“0~1”评分法对各技术经济指标的重要程度进行评分,其部分结果见表 5.3.13,两方案各技术经济指标的得分见表 5.3.14。

表 5.3.13　0~1 评分表

	F_1	F_2	F_3	F_4	F_5
F_1	×	0	1	1	1
F_2	1	×	1	1	1
F_3	0	0	×	0	1
F_4	0	0	1	×	1
F_5	0	0	0	0	×

表 5.3.14　技术经济指标得分表

方案 指标	钢木组合模板	小钢模
总摊销费用	10	8
楼板浇筑质量	8	10
模板人工费	8	10
模板周转时间	10	7
模板装拆便利性	10	9

经造价工程师估算，钢木组合模板在该工程的总摊销费用为40万元，每平方米楼板的模板人工费为8.5元；小钢模在该工程的总摊销费用为50万元，每平方米楼板的模板人工费为5.5元。该住宅楼的楼板工程量为2.5万 m^2。

问题：

①试确定各技术经济指标的权重（计算结果保留3位小数）。

②若以楼板工程的单方模板费用作为成本比较对象，试用价值指数法选择较经济的模板体系（功能指数、成本指数、价值指数的计算结果均保留两位小数）。

③若该承包商准备参加另一幢高层办公楼的投标，为提高竞争能力，公司决定模板总摊销费用仍按本住宅楼考虑，其他有关条件均不变。该办公楼的现浇楼板工程量至少要达到多少平方米才应采用小钢模体系（计算结果保留两位小数）？

【解答】

问题1：

根据"0~1"评分法的计分办法，两指标（或功能）相比较时，较重要的指标得1分，另一较不重要的指标得0分。例如，在表5.3.13中，F_1 相对于 F_2 较不重要，故得0分（已给出），而 F_2 相对于 F_1 较重要，故应得1分（未给出）。各技术经济指标得分和权重的计算结果见表5.3.15。

表5.3.15 技术经济指标得分和权重计算表

	F_1	F_2	F_3	F_4	F_5	得　分	修正得分	权　重
F_1	×	0	1	1	1	3	4	4/15=0.267
F_2	1	×	1	1	1	4	5	5/15=0.333
F_3	0	0	×	0	1	1	2	2/15=0.133
F_4	0	0	1	×	1	2	3	3/15=0.200
F_5	0	0	0	0	×	0	1	1/15=0.067
合　计						10	15	1.000

问题2：

①计算两方案的功能指数，结果见表5.3.16。

表5.3.16 功能指数计算表

技术经济指标	权　重	钢木组合模板	小钢模
总摊销费用	0.267	10×0.267=2.67	8×0.267=2.14
楼板浇筑质量	0.333	8×0.333=2.66	10×0.333=3.33
模板人工费	0.133	8×0.133=1.06	10×0.133=1.33
模板周转时间	0.200	10×0.200=2.00	7×0.200=1.40
模板装拆便利性	0.067	10×0.067=0.67	9×0.067=0.60
合　计	1.000	9.06	8.80
功能指数		9.06/(9.06+8.80)=0.51	8.80/(9.06+8.80)=0.49

②计算两方案的成本指数

钢木组合模板的单方模板费用为:40/2.5 元/m^2+8.5 元/m^2=24.5 元/m^2

小钢模的单方模板费用为:50/2.5 元/m^2+5.5 元/m^2=25.5 元/m^2

则钢木组合模板的成本指数为:24.5/(24.5+25.5)=0.49

小钢模的成本指数为:25.5/(24.5+25.5)=0.51

③计算两方案的价值指数

钢木组合模板的价值指数为:0.51/0.49=1.04

小钢模的价值指数为:0.49/0.51=0.96

因为钢木组合模板的价值指数高于小钢模的价值指数,故应选用钢木组合模板体系。

问题3:

单方模板费用函数为:$C=C_1/Q+C_2$

式中　C——单方模板费用,元/m^2;

C_1——模板总摊销费用,万元;

C_2——每平方米楼板的模板人工费,元/m^2;

Q——现浇楼板工程量,万 m^2。

则钢木组合模板的单方模板费用为:$C_Z=40/Q+8.5$

小钢模的单方模板费用为:$C_X=50/Q+5.5$

令该两模板体系的单方模板费用之比(即成本指数之比)等于其功能指数之比,有:

$$(40/Q+8.5)/(50/Q+5.5)=0.51/0.49$$

即

$$51(50+5.5Q)-49(40+8.5Q)=0$$

所以,$Q=4.32$ 万 m^2。

因此,该办公楼的现浇楼板工程量至少达到4.32万 m^2 才应采用小钢模体系。

(三)推广标准化设计,优化设计方案

标准化设计又称定型设计、通用设计,是工程建设标准化的组成部分。各类工程建设的构件、配件、零部件、通用的建筑物、构筑物、公用设施等,只要有条件的,都应该实施标准化设计。

设计标准规范是重要的技术规范,是进行工程建设、勘察设计施工及验收的重要依据。设计标准规范按其实施范围划分,可以分为全国统一的设计规范及标准设计、行业范围内统一的设计规范及标准设计、省市自治区范围内统一的设计规范及标准设计、企业范围内统一的设计规范及标准设计。

广泛采用标准化设计,可以提高劳动生产率,加快工程建设进度。设计过程中,采用标准构件,可以节省设计力量,加快设计图纸的提供速度,大大缩短设计时间。一般可以加快设计速度1~2倍。从而使施工准备工作和订制预制构件等生产准备工作提前,缩短整个建设周期。另外,由于生产工艺定型,生产均衡,统一配料,劳动效率提高,因而使标准配件的生产成本大幅度降低。

广泛采用标准化设计,是提高设计质量,加快实现建筑工业化的客观要求。因为标准化设计来源于工程建设实际经验和科技成果,是将大量成熟的、行之有效的实际经验和科技成果,按照统一简化,协调选优的原则,提炼上升为设计规范和标准设计。设计质量都比一般工程设计质量要高。另外,标准化设计采用的都是标准构配件,建筑构配件和工具式模板的制作过程可以从工地转移到专门的工厂中批量生产,使施工现场变成“装配车间”和机械化浇筑场所。将现场的工程量压缩到最小程度。

广泛采用标准化设计,可以节约建筑材料,降低工程造价。由于标准构配件的生产是在工厂内批量生产,便于预制厂统一安排,合理配置资源,发挥规模经济的作用,节约建筑材料。比如《工业与民用建筑灌注桩基础设计与施工规范》实施以来,加快了基础工程进度,降低了造价。同预制桩相比,每平方米建筑可降低投资30%,节约钢材50%,并避免了施工带来的噪声污染及对周围建筑的破坏性影响,经济效益和社会效益都十分明显。

标准设计是经过多次反复实践,加以检验和补充完善的,所以能较好地贯彻国家技术经济政策,密切结合自然条件和技术发展水平,合理利用能源资源,充分考虑施工生产、使用维修的要求,既经济又优质。

(四)实施限额设计,优化设计方案

限额设计是在资金一定的情况下,尽可能提高工程功能水平的一种设计方法,也是优化设计方案的一个重要手段。

第四节　技术经济分析案例

【例5.4.1】 某开发商拟开发一幢商住楼,有如下3种可行设计方案:

方案A:结构方案为大柱网框架轻墙体系,采用预应力大跨度叠合楼板,墙体材料采用多孔砖及移动式可拆装工分室隔墙,窗户采用单框双玻璃钢塑窗,面积利用系数93%,单位造价为1 437.48元/m^2。

方案B:结构方案同A墙体,采用内浇外砌、窗户采用单框双玻璃空腹钢窗,面积利用系数87%,单位造价1 108元/m^2。

方案C:结构方案采用砖混结构体系,采用多孔预应力板,墙体材料采用标准黏土砖,窗户采用单玻璃空腹钢窗,面积利用系数70.69%,单位造价1 081.8元/m^2。

经专家论证设置了结构体系F_1、模板类型F_2、墙体材料F_3、面积系数F_4、窗户类型F_5 5项功能指标对各方案进行功能评价,该5项功能指标的重要程度为$F_4>F_1>F_5>F_2$。方案A,B,C的各项功能得分见表5.4.1。

表5.4.1　方案功能得分表

方案功能	方案功能得分		
	A	B	C
结构体系F_1	10	10	8
模板类型F_2	10	10	9
墙体材料F_3	8	9	7
面积系数F_4	9	8	7
窗户类型F_5	9	7	8

问题：

①试用“0~1”评分法确定各项功能指标的权重。

②试计算各方案的功能系数、成本系数、价值系数，选择最优设计方案。

【解答】

问题1：

根据题给的各项功能指标相对重要程序排序条件，采用“0~1”评分法确定的各项功能权重计算，见表5.4.2。

表5.4.2　各项功能指标权重计算表

	F_1	F_2	F_3	F_4	F_5	得　分	修正得分	权　重
F_1	×	1	1	0	1	3	4	4/15=0.267
F_2	0	×	0	0	0	0	1	1/15=0.067
F_3	0	1	×	0	1	2	3	3/15=0.200
F_4	1	1	1	×	1	4	5	5/15=0.333
F_5	0	1	0	0	×	1	2	2/15=0.133
合　计						10	15	1.000

问题2：

①功能系数计算，见表5.4.3。

表5.4.3　功能因素评分与功能系数计算表

功能指标	权重(ϕ_i)	方案功能得分加权值($\phi_i S_{ij}$)		
		A	B	C
F_1	0.267	0.267×10=2.67	0.267×10=2.67	0.267×8=2.14
F_2	0.067	0.067×10=0.67	0.067×10=0.67	0.067×9=0.60
F_3	0.200	0.200×8=1.60	0.200×9=1.80	0.200×7=1.40
F_4	0.333	0.333×9=3.00	0.333×8=2.66	0.333×7=2.33
F_5	0.133	0.133×9=1.20	0.133×7=0.93	0.133×8=1.06
方案加权平均总分 $\sum \phi_i S_{ij}$		9.14	8.73	7.53
功能系数 $\left(\dfrac{\sum \phi_i S_{ij}}{\sum\limits_i \sum\limits_j \phi_i S_{ij}}\right)$		9.14/25.4=0.360	0.344	0.296

②成本系数计算，见表5.4.4。

表 5.4.4　成本系数计算表

方案名称	造价/(元·m^{-2})	成本系数
A	1 437.48	0.396
B	1 108	0.306
C	1 081.8	0.298
合　计	3 627.28	1.000

③各方案价值系数计算,见表 5.4.5。

表 5.4.5　各方案价值系数计算表

方案名称	功能系数	成本系数	价值系数	选　优
A	0.360	0.396	0.909	
B	0.344	0.306	1.124	最优
C	0.296	0.298	0.993	

④结论

根据对 A,B,C 方案进行价值工程分析,B 方案价值系数最高,为最优方案。

【例 5.4.2】　承包商拟对两个工程项目进行投标(总工期均匀 10 年),限于自身能力,承包商只能对其中一个项目进行施工,在制订投标策略时,搜集到下列信息资料。

①第一个工程项目(A)需对 10 年期进行整体投标,第一年年初需投入费用 800 万元,该项目的中标概率为 0.6,中标后施工顺利的概率为 0.8,不顺利的概率为 0.2,顺利时年净现金流量为 250 万元,不顺利时为-20 万元。

②第二个工程项目(B)需对前 3 年和后 7 年分两个阶段投标,第二阶段投标是在第一阶段开工后一段时间再进行,据估算第一阶段中标概率为 0.7,不中标概率为 0.3。第一阶段中标后施工顺利的概率为 0.8,不顺利的概率为 0.2,年净现金流量为-20 万元,若中标(第一阶段)后施工顺利则参加第二阶段投标(中标概率为 0.9),第二阶段施工顺利的概率为 0.8,不顺利的概率为 0.2,顺利情况下年现金流量为 265 万元,不顺利情况下为+20 万元。

③第二个工程第一阶段初始需投入费用 350 万元,第二阶段初始需投入费用 450 万元。

④两种投标方式投标费用均为 5 万元。

⑤基准折现率 i=10%,现值系数见表 5.4.6,不考虑建设期所持续时间。

表 5.4.6　现值系数表

n	1	3	7	10
$(P/A,10\%,n)$	0.909	2.487	4.868	6.145
$(P/F,10\%,n)$	0.909	0.751	0.513	0.386

问题:
①绘制决策树。
②写出决策树中各结点的期望值。
③决策所采用的方案(标入剪枝符号并文字说明)(承包商决定对B2工程采取分段投标)。
【解答】
问题1:
绘制决策树如图5.4.1所示。

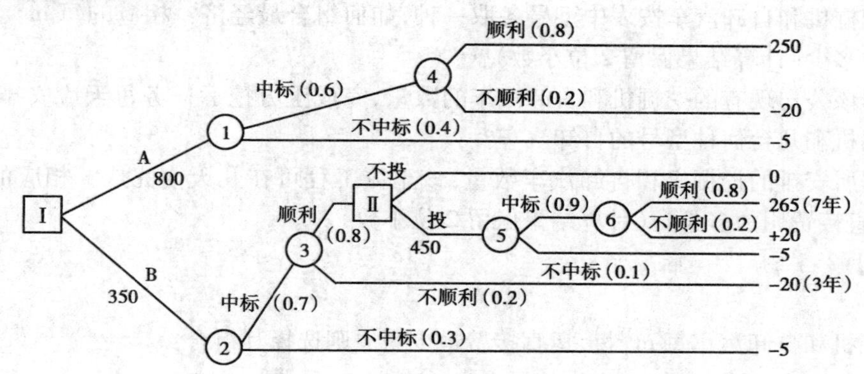

图5.4.1 决策树

问题2:计算各结点的期望值:
$E(4)=[250\times0.8+(-20)\times0.2]\times(P/A,10\%,10)$万元=1 204.34万元
$E(1)=[1\ 204.34\times0.6+(-5)\times0.4-800]$万元=-79.40万元
$E(6)=[(265\times0.8+(+20)\times0.2)]\times(P/A,10\%,7)$万元=1 051.58万元
$E(5)=[1\ 051.58\times0.9+(-5)\times0.1-450]$万元=495.92万元
$E(Ⅱ)=\max\{495.92,0\}$万元=495.92万元
$E(3)=[495.92\times(P/A,10\%,3)\times0.8+(-20)\times(P/A,10\%,3)\times0.2-450]$万元
$=[495.92\times2.487\times0.8+(-20)\times0.2\times2.487-450]$万元
=526.73万元
$E(2)=[526.73\times0.7+(-5)\times0.3-350]$万元=17.21万元
问题3:
按照最大期望值准则,承包商决定对B工程采取分段投标。

【例5.4.3】 某机械化施工公司承担了某工程的基坑土方施工。土方量为10 000 m^3,平均运土距离为8 km,计划工期为10天,每天一班制施工。

该公司现有WY50,WY75,WY100型挖掘机各2台以及5 t,8 t,10 t自卸汽车各10台,其主要参数见表5.4.7、表5.4.8。

表5.4.7 挖掘机主要参数

型 号	WY50	WY75	WY100
斗容量/m^3	0.5	0.75	1.00
台班产量/[m^3·(台班)$^{-1}$]	480	558	690
台班单价/[元·(台班)$^{-1}$]	618	689	915

表 5.4.8　自卸汽车主要参数

型　号	5 t	8 t	10 t
运距时台班产量/[m^3·(台班)$^{-1}$]	32	51	81
台班单价/[元·(台班)$^{-1}$]	413	505	978

问题：

①若挖掘机和自卸汽车按表中型号各取一种，如何组合最经济？相应的每 m^3 土方的挖、运直接费为多少(计算结果保留 2 位小数)？

②根据该公司现有的挖掘机和自卸汽车的数量，完成土方挖运任务每天应安排几台何种型号的挖掘机和几台何种型号的自卸汽车？

③根据所安排的挖掘机和自卸汽车数量，该土方工程可在几天内完成？相应的每 m^3 土方的挖、运直接费用为多少？(计算结果保留 2 位小数)。

【解答】

问题 1：

以挖掘机和自卸汽车每 m^3 挖、运直接费最少为原则选择其组合：

①挖掘机：(618/480)元/m^3 = 1.29 元/m^3

(689/558)元/m^3 = 1.23 元/m^3

(915/690)元/m^3 = 1.33 元/m^3

因此，取单价为 1.23 元/m^3 的 WY75 型挖掘机。

②自卸汽车：(413/32)元/m^3 = 12.91 元/m^3

(505/51)元/m^3 = 9.90 元/m^3

(978/81)元/m^3 = 12.07 元/m^3

因此，取单价为 9.90 元/m^3 的 8 t 自卸汽车。

③相应的每立方米土方的挖运直接费为(1.23+9.90)元/m^3 = 11.13 元/m^3。

问题 2：

(1)挖掘机选择

①每天需要 WY75 型挖掘机的台数土方量为[10 000/(558×10)]台 = 1.79 台，取 2 台

②2 台 WY75 型挖掘机每天挖掘土方量为(558×2)m^3 = 116 m^3

(2)自卸汽车选择

①按最经济的 8 t 自卸汽车每天应配备台数为：

(116/51)台 = 21.88 台

所有 10 台 8 t 自卸汽车均配备，则

每天运输土方量为(51×10)m^3 = 510 m^3

每天尚有需运输土方量为(1 116-510)m^3 = 606 m^3

②2 台 WY75 型挖掘机的台数土方量为(558×2)m^3 = 116 m^3

(3)自卸汽车选择

①按最经济的 8 t 自卸汽车每天应配备台数为：

(1 116/51)台 = 21.88 台

所有 10 台 8 t 自卸汽车均配备,则

每天运输土方量为$(51\times10)\ m^3=510\ m^3$

每天尚有需运输土方量为$(1\ 116-510)\ m^3=606\ m^3$

②选次经济的 10 t 自卸汽车运输 606 m^3,应配备台数为:

应配备 10 t 自卸汽车台数:[(1 116-510)/81]台=7.48 台,取 8 台。

根据公司挖动设备技术经济指标和拥有设备数量,完成 10 000 m^3 土方工程,每天应安排 2 台 WY35 挖掘机,配合使用 10 台 8 t 和 8 台 10 t 自卸汽车可完成任务。

问题 3:

①按 2 台 WY75 型挖掘机的台班产量完成 10 000 m^3 土方工程所需时间为:

[10 000/(558×2)]天=8.96 天,即该土方工程可在 9 天内完成。

②相应的每 m^3 土方的挖运直接费为:

$[(2\times689+505\times10+978\times8)\times9/10\ 000]$ 元/m^3 = 12.83 元/m^3

思考与练习题

1.什么是技术经济分析?技术经济分析对建设工程造价有何作用?

2.技术经济分析的基本内容有哪些?

3.全寿命周期成本的含义是什么?

4.简述工程设计与工程造价的关系。

5.设计方案评价的原则和内容包括哪些要点?

6.设计方案评价的技术经济指标包括哪些内容?

7.设计方案优选的途径有哪些?

8.试述价值工程原理,运用价值工程的一般步骤是什么?

9.什么是功能分析?如何提高产品的价值?

10.试述限额设计的原理。你认为保证限额设计顺利合理进行的条件有哪些?

11.限额设计的工作全过程包括哪些内容?各阶段工作要点是什么?

12.某桥梁工程施工,为挖潜降低施工费用,以工程材料费为对象开展价值工程活动。按桥体结构划分为 9 个功能项目,各功能评价值用评分法获得。已知功能的目前成本,见表5.1。按该施工单位能力估计,全工程目标成本额可控制在 232 万元。试分析各功能项目的目标成本及其成本可能降低的幅度,并定出功能改进顺序。

表 5.1

序　号	功能项目	功能评分	目前成本/万元
1	A.T 形梁:跨越墩台	28	120.0
2	B.墩身:支撑梁体	26	87.3
3	C.基础:传递压力	24	53.9
4	D.梁顶防水层:保护	12	5.7

续表

序　号	功能项目	功能评分	目前成本/万元
5	E.路面：供车行走	18	9.4
6	F.人行道：方便行人	11	3.8
7	G.栏杆：安全	8	4.6
8	H.排水设施：排水	10	2.0
9	L.照明设施：照明	7	3.1
合　计		144	289.8

13.某市对某区域进行规划，划分出商业区、风景区和学院区等区段进行分段设计招标。其中商业区用地面积 80 000 m^2，专家组综合各界意见确定了商业区的主要评价指标，按照相对重要程度依次为：与流域景观协调一致 F_1、充分利用空间增加商用面积 F_2、各功能区的合理布局 F_3、保护原有古建筑 F_4、保护原有林木 F_5。经逐层筛选后，有两个方案进入最终评审：

A 方案：建筑物单方造价 2 030 元/m^2，以用地面积计算的单位绿化造价为 1 800 元/m^2；

B 方案：建筑物单方造价 2 180 元/m^2，以用地面积计算的单位绿化造价为 1 700 元/m^2。

专家对各方案在上述 5 个评价指标的评分结果见表 5.2。

表 5.2

功能名称	方案功能得分	
	A	B
F_1	8	7
F_2	9	10
F_3	8	8
F_4	9	8
F_5	8	6

①用“0~1”评分法对各指标打分，并计算权重；

②若以方案总造价作为成本比较对象，运用价值工程，按照容积率该如何选择方案？

14.某开发公司造价工程师针对设计院提出的某商住楼的 A，B，C 3 个设计方案，进行了技术经济分析和专家调查，得到表 5.3 所示数据。

问题：

①计算各方案成本系数、功能系数和价值系数，计算结果保留小数点后 4 位（其中功能系数要求列出计算式），并确定最优方案。

②简述价值工程的工作阶段划分。

表 5.3

方案功能	方案功能得分			方案功能重要系数
	A	B	C	
F_1	9	9	8	0.25
F_2	8	10	10	0.35
F_3	10	7	9	0.25
F_4	9	10	9	0.10
F_5	8	8	6	0.05
单方造价/(元·m^{-2})	1 325.00	1 118.00	1 226.00	

15.某沟槽长 335.1 m,底宽为 3.0 m,自然地坪标高为 45.0 m,槽底标高为 42.3 m,无地下水,放坡系数为 1∶0.67,沟槽开端不放坡,采用挖斗容量为 0.5 m^3 的反铲挖掘机挖土,载重量为 5 t 的自卸汽车将开挖土方量的 60%运走,运距为 3 km,其余土方量就地堆放。经现场测试的有关数据如下:

①假设土的松散系数为 1.2,松散状态容重为 1.65 t/m^3。

②假设挖掘机的铲斗充盈系数为 1.0,每循环一次时间为 2 分钟,机械时间利用系数为 0.85。

③自卸汽车每一次装卸往返需 24 分钟,时间利用系数为 0.80。

注:“时间利用系数”仅限于计算台班产量时使用。

问题:

①该沟槽土方工程开挖量为多少?

②所选挖掘机、自卸汽车的台班产量是多少?

③所需挖掘机、自卸汽车各多少个台班?

④如果要求在 11 天内土方工程完成,至少需要多少台挖掘机和自卸汽车(设挖掘机和自卸汽车每天均工作一台班)?

16.某开发商拟开发一幢商住楼,有如下 3 种可行设计方案:

方案 A:结构方案为大柱网框架轻墙体系,采用预应力大跨度叠合楼板,墙体材料采用多孔砖及移动式可拆装工分室隔墙,窗户采用单框双玻璃钢塑窗,面积利用系数 93%,单位造价为 1 437.48 元/m^2。

方案 B:结构方案同 A 墙体,采用内浇外砌、窗户采用单框双玻璃空腹钢窗,面积利用系数 87%,单位造价 1 108 元/m^2。

方案 C:结构方案采用砖混结构体系,采用多孔预应力板,墙体材料采用标准黏土砖,窗户采用单玻璃空腹钢窗,面积利用系数 70.69%,单位造价 1 081.8 元/m^2。

经专家论证设置了结构体系 F_1、模板类型 F_2、墙体材料 F_3、面积系数 F_4、窗户类型 $F_5$5 项功能指标对各方案进行功能评价,该 5 项功能指标的重要程度为 $F_4>F_1>F_5>F_2$。方案 A,B,C 的各项功能得分见表 5.4。

表 5.4　方案功能得分表

方案功能	方案功能得分		
	A	B	C
结构体系 F_1	10	10	8
模板类型 F_2	10	10	9
墙体材料 F_3	8	9	7
面积系数 F_4	9	8	7
窗户类型 F_5	9	7	8

问题：

①试用“0~1”评分法确定各项功能指标的权重。

②试计算各方案的功能系数、成本系数、价值系数，选择最优设计方案。

17.承包商拟对两个工程项目进行投标（总工期均为 10 年），限于自身能力，承包商只能对其中一个项目进行施工，在制订投标策略时，搜集到下列信息资料。

①第一个工程项目 A 需对 10 年期进行整体投标，第一年年初需投入费用 800 万元，该项目的中标概率为 0.6，中标后施工顺利的概率为 0.8，不顺利的概率为 0.2，顺利时年净现金流量为 250 万元，不顺利时为-20 万元。

②第二个工程项目 B 需对前 3 年和后 7 年分两个阶段投标，第二阶段投标是在第一阶段开工后一段时间再进行，据估算第一阶段中标概率为 0.7，不中标概率为 0.3。第一阶段中标后施工顺利的概率为 0.8，不顺利的概率为 0.2，年净现金流量为-20 万元，若中标（第一阶段）后施工顺利则参加第二阶段投标（中标概率为 0.9），第二阶段施工顺利的概率为 0.8，不顺利的概率为 0.2，顺利情况下年现金流量为 265 万元，不顺利情况下为+20 万元。

③第二个工程第一阶段初始需投入费用 350 万元，第二阶段初始需投入费用 450 万元。

表 5.5　现值系数表

n	1	3	7	10
$(P/A,10\%,n)$	0.909	2.487	4.868	6.145
$(P/F,10\%,n)$	0.909	0.751	0.513	0.386

④两种投标方式投标费用均为 5 万元。

⑤基准折现率 $i=10\%$，现值系数见表 5.5，不考虑建设期所持续的时间。

问题：

①绘制决策树。

②写出决策树中各结点的期望值。

③决策所采用的方案（标入剪枝符号并文字说明）。

18.某承包商拟参加某工程项目施工投标。该工程招标文件已明确，该工程采用固定总价合同发包。该工程估算直接成本为 1 500 万元。承包商根据有关专家的咨询意见，认为该工程项目以 10%,7%,4%的利润率投标的中标概率分别为 0.3,0.6,0.9。中标后如果承包效果好,能达到预期利润,其概率为 0.6;中标后如果承包效果不好,所得利润将低于预期利润 2 个百分点。该工程编制投标文件的费用为 5 万元。

问题:

①试计算各投标方案利润值。

②试帮助承包商确定投标方案。

第六章　建设工程计量与计价

工程项目建设过程是一个周期长、投入大的生产过程。在工程项目决策阶段,需要进行投资估算;随着工程建设实践的不断深入,在项目设计阶段,依照初步设计编制设计概算:在施工图基础上,编制工程预算。通常,投资估算是建设工程设计方案选择和进行初步设计的投资控制目标;工程预算或建安工程承包合同价是施工阶段投资控制的目标,它们共同构成建设工程投资控制的目标系统。因此,建设工程计量与计价是合理确定和有效控制工程造价的重要工作。本章介绍建设工程计量与计价概述,工程量的计算方法与工程量清单的编制,工程概预算的编制方法,建筑安装工程费用的计算程序,计量与计价案例分析等内容。

第一节　建设工程计量与计价概述

一、工程概预算的概念

在建设项目的建设过程中,各阶段均有工程造价管理工作,但在建设工作的不同阶段,工程造价的管理工作内容与侧重点亦不相同。在建设项目的投资决策阶段,造价管理主要按项目的构思确定项目的投资估算;在设计阶段,则是编制及审查设计概算和工程预算;在施工阶段,将以工程预算或工程承包合同价作为目标,控制工程实际费用的支出;在竣工验收阶段,编制竣工决算,确定项目最终实际的总投资。

投资估算、设计概算、工程预算、承包合同价,是工程造价在不同阶段的不同表现形式。工程概预算就是工程造价在设计阶段的两种表现形式。

(一)设计概算

1.设计概算的概念

设计概算是指在初步设计阶段,在投资估算的控制下,由设计单位根据初步设计或扩大初步设计图纸及说明、概算定额或概算指标、综合预算定额、取费标准、设备材料预算价格等资料,编制和确定建设项目从筹建至竣工交付生产或使用所需全部费用的经济文件。设计概算是设计文件的重要组成部分,在报请审批初步设计或扩大初步设计时,作为完整的技术文件必须附有相应的设计概算。

采用两阶段设计的建设项目,初步设计阶段必须编制设计概算;采用3阶段设计的,技术设计阶段必须编制修正概算。

设计概算的编制应包括编制期价格、费率、利率、汇率等确定静态投资和编制期到竣工验收前的工程和价格变化等多种因素的动态投资两部分。静态投资作为考核工程设计和施工图预算的依据;动态投资作为筹措、供应和控制资金使用的限额。

2.设计概算的作用

(1)设计概算是编制建设项目投资计划、确定和控制建设项目投资的依据

根据国家有关规定,编制年度固定资产投资计划,确定计划投资总额及其构成,要以批准的初步设计概算为依据,没有批准的初步设计及其概算的建设工程不能列入年度固定资产投资计划。

初步设计及总概算按规定程序报请有关部门批准后即为该工程建设投资的最高限额。在工程建设过程中,年度固定资产投资计划安排,银行贷款、施工合同价款、施工图设计及其预算、竣工决算,未按规定的程序批准,都不能突破这一限额。如需突破,需报原审批部门批准。

(2)设计概算是签订贷款合同的最高限额

银行根据批准的设计概算和年度投资计划,进行贷款,并严格实行监督控制,对超出概算的部分,未经上级计划部门批准,银行不得追加贷款。

(3)设计概算是控制施工图设计和施工图预算的依据

设计单位必须按照批准的初步设计和总概算进行施工图设计,施工图预算不得突破设计概算。如果需要突破总概算时,应按规定程序报经审批。

(4)设计概算是衡量设计方案技术经济合理性和选择最佳设计方案的重要依据

设计概算是设计方案技术经济合理性的综合反映,据此可以用来对不同的设计方案进行技术与经济合理性的比较,从而在设计概算的控制下,选择最佳设计方案。同时,设计概算为下阶段施工图设计确定了投资控制目标,控制施工图预算。

(5)设计概算是考核建设项目投资效果的依据

设计概算是建设单位进行项目核算,建设工程“三算”对比,考核项目成本和投资经济效果的主要依据。

通过设计概算与竣工决算对比,可以分析和考核投资效果的好坏,同时还可以验证设计概算的准确性,有利于加强设计概算管理和建设项目的造价管理工作。

3.设计概算的内容

设计概算可分单位工程概算、单项工程综合概算和建设项目总概算 3 级。各级之间概算的相互关系,如图 6.1.1 所示。

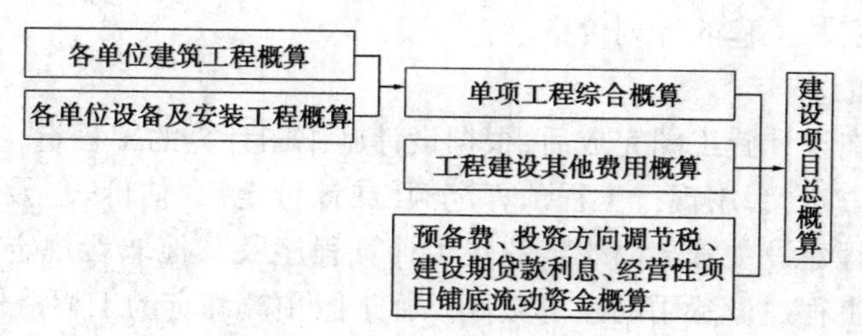

图 6.1.1 设计总概算的组成内容

(1)单位工程概算

单位工程概算是确定各单位工程建设费用的文件,是编制单项工程综合概算的依据,是单项工程综合概算的组成部分。单位工程概算按其工程性质分为建筑安装工程概算和设备及安装工程概算两大类。建筑安装工程概算一般包括土建工程概算,给排水、采暖工程概算,通风、空调工程概算,电气照明工程概算,弱电工程概算,特殊构筑物工程概算等。设备及安装工程概算包括机械设备及安装工程概算,电气设备及安装工程概算等,以及工具、器具及生产家具

购置费概算等。

(2)单项工程概算

单项工程概算是确定一个单项工程所需建设费用的文件，它是由单项工程中的各单位工程概算汇总编制而成的，是建设项目总概算的组成部分。单项工程综合概算的组成内容如图 6.1.2 所示。

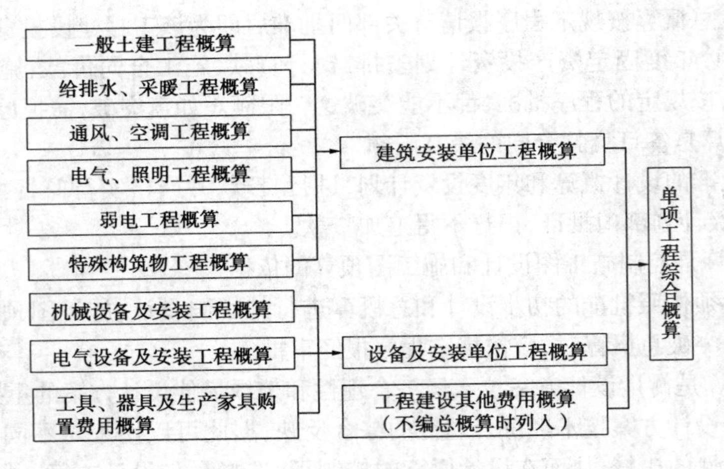

图 6.1.2　单项工程综合概算的组成内容

(3)建设项目总概算

建设项目总概算是确定整个建设项目从筹建到竣工验收所需全部费用的文件，它是由各单项工程综合概算、工程建设其他费用概算、预备费和投资方向调节税概算等汇总编制而成的，如图 6.1.3 所示。

(二)工程预算

工程预算是确定建筑安装工程预算造价的技术经济文件。在建设工程造价计算中，应用最广、涉及单位最多的是工程预算。施工图设计是根据批准的初步设计，在多方案比选的基础上、限额作出的各专业的指导施工的图纸。一般来说，根据设计施工图编制的工程预算能够比较准确地反映建筑安装工程的计划价格。

1.工程预算的概念

工程预算是指在设计施工图完成后，根据设计施工图计算的工程量，考虑施工组织设计中拟定的施工方案或方法，套用现行工程预算定额(或计价定额、估价表)及工程建设费用定额、材料预算价格和工程建设主管部门规定的费用计算程序及其他取费规定等，进行计算和编制的单位工程或单项工程建设费用的经济文件。施工图预算确定的工程造价是建筑及安装工程产品的计划价格。

建设工程预算又分为一般土建工程预算、给排水工程预算、暖通工程预算、电气照明工程预算、工业管道工程预算和特殊构筑物工程预算。显然，施工图预算不是工程建设产品的最终价格，它仅仅是指工程建设产品生产过程中的建筑工程、装饰工程、市政工程、机械设备安装工程、电气设备安装工程、管道安装工程等某一专业工程产品的造价。当把组成某一单项工程的各单位工程造价计算出来后，相加就求得了该单项工程造价。施工图预算不含设计概算中的设备及工器具购置等费用，施工图预算主要由施工企业进行建筑及安装工程产品生产应计取

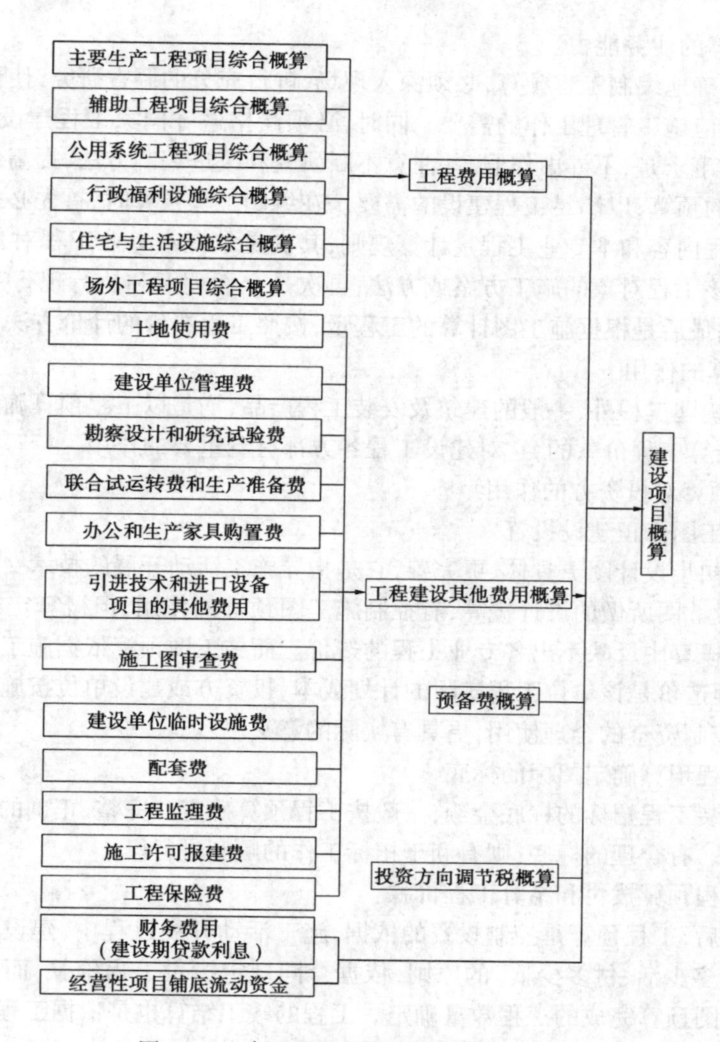

图 6.1.3 建设项目总概算的组成内容

的人工费、材料费、施工机具使用费、企业管理费、利润、税金和规费等费用组成。

要指出的是,根据同一套施工图纸,各单位或施工企业进行施工图预算的结果,即使按定额计算都不可能完全一样。这是因为尽管施工图一样,按工程量计算规则计算的工程数量一样,采用的定额一样,按照建设主管部门规定的费用计算程序和其他取费规定也相同,但是,编制者采用的施工方案或方法不可能全部相同,材料预算价格也因工程所处不同时间、地点或材料来源不同等有所差异。所以认为同一套施工图做出的施工图预算应有一样的观点,不能完全反映客观现实的情况。

编制工程预算是一项政策性和技术性很强的技术经济工作。由于建设工程产品本身的固定性、多样性、体积庞大、生产周期长等特征,导致施工的流动性、产品的单件性、资源消耗多、受自然气候、地理条件的影响大等施工特点;建设工程产品的生产周期长,工程造价的时间价值十分突出;人工、材料、机械等市场价格的变化;工程预算编制人员的政策、业务水平的不同,从而使工程预算的准确度相差甚大。这就要求工程预算编制人员,不但需要具备一定的专业技术知识,熟悉施工过程,而且要具有全面掌握国家和地区有关工程造价计价规定的相关知识和编制工程预算的业务能力。

要完整、正确地编制工程预算,必须深入现场,进行充分的调查研究,使预算的内容既能反映实际,又能适应施工管理工作的需要。同时,必须严格遵守国家工程建设的各项方针、政策和法令,做到实事求是,不弄虚作假,并注意不断研究和改进编制方法,提高效率,准确、及时地编制出高质量的预算,以满足工程建设的需要。在编制工程预算时,首先必须熟悉本专业施工图纸表达的工程内容和本专业工程量计算规则;其次是掌握本专业工程对象的施工及验收规范内容和实施该工程对象的施工方案或方法;再次是全面理解和执行现行工程造价计价的相关规定和方法;最后是根据施工图计算的工程量,按照工程造价的计价方法计算工程造价。

2.工程预算的作用

除总包交钥匙工程外,一般的建筑及安装工程产品,均是以工程预算确定的工程造价开展招标、投标和结算工程价款的,它对建设工程各方都有着重要的作用。

(1)工程预算对投资方的作用

①根据施工图修正建设投资

施工图比初步设计图更具体、更完善,它是指导施工活动开展的技术文件。在初步设计阶段,根据初步设计图所做的设计概算,有控制施工图预算的作用,但概算定额比预算定额更综合、扩大,设计概算中反映不出各专业工程的造价。而施工图预算依据施工图和预算定额等编制,确定的工程造价是该单位工程实际的计划成本,投资方或建设单位按施工图预算修正筹集建设资金,并控制资金的合理使用,更具有实际的意义。

②根据工程预算确定招标的标底

建筑及安装工程招标的标底金额,一般按工程预算确定。完整、正确的工程预算是招标工程标底的依据。有合理的标底,则有利于招标工作的顺利进行。

③根据工程预算拨付和结算工程价款

工程发包后,工程预算是控制投资的依据,施工活动开展过程中,建设单位和施工企业之间,一般按"干多少活,付多少款"的原则,依据合同规定拨付工程价款,而拨付工程价款的数额是依据施工图预算完成的工程数量确定。工程的竣工结算也是依据工程预算或修正后的工程预算确定。

④根据工程预算调整投资

建设单位决定工程内容增加或减少、调整投资等,均是以工程预算为依据确定的。

(2)工程预算对施工企业的作用

①根据工程预算确定投标报价

在竞争激烈的建筑市场,积极参与投标的施工企业,根据工程预算确定投标报价,制订出投标策略,在某种意义上是关系到企业生存与发展的重大课题。

②根据工程预算进行施工准备

施工企业通过投标竞争,中标和签订工程承包合同后,劳动力的调配、安排,材料的采购、储存,机械台班的安排使用,内部定包合同的签订等,均是以工程预算为依据安排的。

③根据工程预算拟定降低成本措施

在招标承包制中,根据工程预算确定的中标价格,是施工企业收取工程价款的依据,企业必须根据工程实际,合理利用时间、空间,拟定人工、材料、机械台班、管理费等降低成本的技术、组织和安全措施,确保工程快、好、省地完成,以获得较好的经济效益。

④根据工程预算编制施工预算

在拟定降低工程计划成本措施基础上，施工企业在施工前，应编制施工预算。施工预算仍然是以施工图计算的工程量为依据，并采用企业内部的施工定额而编制和确定人工、材料、机械台班数量及工程直接费用，施工预算是施工企业内部实际支出的依据，也可起到校核施工图预算的作用。

(3)工程预算对其他方面的作用

①对于工程咨询单位而言，尽可能客观、准确地为委托方作出施工图预算，这是其水平、素质和信誉的体现。

②对于工程造价管理部门而言，它是监督、检查执行定额标准、合理确定工程造价、测算造价指数及审定招标工程标底的重要依据。

3.工程预算的内容

工程预算有单位工程预算、单项工程预算和建设项目总预算。

一般来说，首先是根据施工图设计文件、预算定额、费用标准以及人工、材料、机械台班等预算价格材料，以一定的方法，编制单位工程的预算；然后，汇总各单位工程预算，构成单项工程预算；再汇总各单项工程预算，构成建设项目建筑安装工程的总预算。

单位工程预算包括建筑安装工程预算和设备安装工程预算。建筑安装工程预算按其工程性质分为一般土建工程预算、给排水工程预算、采暖通风工程预算、煤气工程、电气照明工程、特殊构筑物工程和工业管道工程预算等；设备安装工程预算可分为机械设备安装工程、电气设备安装工程和化工设备、热力设备安装工程预算等。

二、工程计量与计价的作用

工程计量是根据设计图纸和工程量计算规则划分分项工程并计算工程量，是确定工程造价的基础，只有相对准确的工程量确定后，才能得到相对准确的工程造价。因此，采用工程量清单的方法进行招标，可以给所有投标人一个共同的竞争平台，避免有的投标人由于工程量计算的错误，影响投标。

工程计价是确定分部分项工程单位的价格，不同的地区、时间和企业，有不同的方法。过去，我国是由政府造价管理部门，通过定额的形式规定；采用工程量清单计价方法后，由企业自己依据拟建工程所在地的市场材料价格和劳工工资水平以及其他价格信息，由工程估价人员进行或定额确定分部分项工程单位的价格，或自己根据经验数据确定。

工程计量与计价是确定工程造价的基础，是两个关键的阶段。

三、工程计量与计价的基本内容

在计算工程造价的过程中，需要根据设计图纸和工程量计算规则划分分项工程并计算工程量。然后根据拟建工程所在地的市场材料价格和劳工工资水平以及其他价格信息，由工程估价人员进行或定额确定分项工程估价。分项工程估价的内容不仅包括人工、材料、机械使用费，还包括应分摊的措施费、管理费、规费、利润和税金。用单位工程中各分项工程的工程量分别乘以相应的分项工程单位估价，计算出各分项工程的价格。汇总所有分项工程价格，即得单位工程的价格。

目前我国的工程量清单计价中的综合单价为不完全综合单价，指完成工程量清单中一个规定计量单位项目所需人工费、材料费、机械使用费、管理费和利润,并考虑风险因素的单价,未含规费和税金。因此,汇总所有分项工程价格还需加规费和税金,才为单位工程的价格。

第二节　工程量计算方法和工程量清单的编制

各专业工程工程量计算规范是以现行的"全国统一工程预算定额"为基础进行编制,这主要体现在项目划分、计量单位、工程量计算规则等方面,尽量与定额衔接。工程量清单项目的划分一般以一个"综合实体"来考虑,一般包括多项工程内容和多个工序,相当于现行预算定额几个相关项目的合并;工程量清单项目的工程量计算规则是以工程实体净尺寸为原则来计算,不包括项目措施的工程量,而现行定额项目的工程量计算规则是考虑了项目措施的工程量,所以,两者的区别也就仅此而已。目前我国的现行定额(主要是指消耗量定额)还是具有现实意义,人工、材料、机械消耗量标准仍然可依据现行定额的水平,工程量清单项目的实物工程量可采用工程量清单计价规范中统一的工程量计算规则来计算工程量,而计算人工、材料、机械消耗量时,则按现行定额中的工程量计算规则来计算工程量,再套定额消耗量,得出相应工程的人工、材料、机械消耗量,再取市场的人材机价格及按市场行情取费,最后算到相应工程的工程造价。下面依据《建筑面积计算规范》(GB/T 50353—2013)和《房屋建筑与装饰工程工程量计算规范》,分别介绍建筑面积的计算方法和主要各分部工程的工程量计算方法。

一、建筑面积的计算方法

(一)建筑面积的概念和作用

建筑面积是指建筑物(包括墙体)所形成的楼地面积。它是表示建筑技术经济效果的重要数据。例如,依据建筑面积计算每平方米的工程造价,每平方米的用工量,每平方米的主要材料用量等。它也是计算某些分项工程量的基本数据,例如计算平整场地、综合脚手架、室内回填土、楼地面等工程量,都与建筑面积有关。它还是计划、统计以及工程概况的主要数据指标之一,例如计划面积、竣工面积、在建面积等指标。

(二)计算建筑面积的规定

1)建筑物的建筑面积应按自然层外墙结构外围水平面积之和计算。结构层高在 2.20 m 及以上的,应计算全面积;结构层高在 2.20 m 以下的,应计算 1/2 面积。

2)建筑物内设有局部楼层时,对于局部楼层的二层及以上楼层,有围护结构的应按其围护结构外围水平面积计算,无围护结构的应按其结构底板水平面积计算,且结构层高在 2.20 m 及以上的,应计算全面积,结构层高在 2.20 m 以下的,应计算 1/2 面积。

3)对于形成建筑空间的坡屋顶,结构净高在 2.10 m 及以上的部位应计算全面积;结构净高在 1.20 m 及以上至 2.10 m 以下的部位应计算 1/2 面积;结构净高在 1.20 m 以下的部位不应计算建筑面积。

4)对于场馆看台下的建筑空间,结构净高在 2.10 m 及以上的部位应计算全面积;结构净高在 1.20 m 及以上至 2.10 m 以下的部位应计算 1/2 面积;结构净高在 1.20 m 以下的部位不应计算建筑面积。室内单独设置的有围护设施的悬挑看台,应按看台结构底板水平投影面积计算建筑面积。有顶盖无围护结构的场馆看台应按其顶盖水平投影面积的 1/2 计算面积。

5)地下室、半地下室应按其结构外围水平面积计算。结构层高在 2.20 m 及以上的,应计算全面积;结构层高在 2.20 m 以下的,应计算 1/2 面积。

6)出入口外墙外侧坡道有顶盖的部位,应按其外墙结构外围水平面积的 1/2 计算面积。

7)建筑物架空层及坡地建筑物吊脚架空层,应按其顶板水平投影计算建筑面积。结构层高在 2.20 m 及以上的,应计算全面积;结构层高在 2.20 m 以下的,应计算 1/2 面积。

8)建筑物的门厅、大厅应按一层计算建筑面积,门厅、大厅内设置的走廊应按走廊结构底板水平投影面积计算建筑面积。结构层高在 2.20 m 及以上的,应计算全面积;结构层高在 2.20 m以下的,应计算 1/2 面积。

9)对于建筑物间的架空走廊,有顶盖和围护设施的,应按其围护结构外围水平面积计算全面积;无围护结构、有围护设施的,应按其结构底板水平投影面积计算 1/2 面积。

10)对于立体书库、立体仓库、立体车库,有围护结构的,应按其围护结构外围水平面积计算建筑面积;无围护结构、有围护设施的,应按其结构底板水平投影面积计算建筑面积。无结构层的应按一层计算,有结构层的应按其结构层面积分别计算。结构层高在 2.20 m 及以上的,应计算全面积;结构层高在 2.20 m 以下的,应计算 1/2 面积。

11)有围护结构的舞台灯光控制室,应按其围护结构外围水平面积计算。结构层高在 2.20 m 及以上的,应计算全面积;结构层高在 2.20 m 以下的,应计算 1/2 面积。

12)附属在建筑物外墙的落地橱窗,应按其围护结构外围水平面积计算。结构层高在 2.20 m 及以上的,应计算全面积;结构层高在 2.20 m 以下的,应计算 1/2 面积。

13)窗台与室内楼地面高差在 0.45 m 以下且结构净高在 2.10 m 及以上的凸(飘)窗,应按其围护结构外围水平面积计算 1/2 面积。

14)有围护设施的室外走廊(挑廊),应按其结构底板水平投影面积计算 1/2 面积;有围护设施(或柱)的檐廊,应按其围护设施(或柱)外围水平面积计算 1/2 面积。

15)门斗应按其围护结构外围水平面积计算建筑面积,且结构层高在 2.20 m 及以上的,应计算全面积;结构层高在 2.20 m 以下的,应计算 1/2 面积。

16)门廊应按其顶板的水平投影面积的 1/2 计算建筑面积;有柱雨篷应按其结构板水平投影面积的 1/2 计算建筑面积;无柱雨篷的结构外边线至外墙结构外边线的宽度在 2.10 m 及以上的,应按雨篷结构板的水平投影面积的 1/2 计算建筑面积。

17)设在建筑物顶部的、有围护结构的楼梯间、水箱间、电梯机房等,结构层高在 2.20 m 及以上的应计算全面积;结构层高在 2.20 m 以下的,应计算 1/2 面积。

18)围护结构不垂直于水平面的楼层,应按其底板面的外墙外围水平面积计算。结构净高在 2.10 m 及以上的部位,应计算全面积;结构净高在 1.20 m 及以上至 2.10 m 以下的部位,应计算 1/2 面积;结构净高在 1.20 m 以下的部位,不应计算建筑面积。

19)建筑物的室内楼梯、电梯井、提物井、管道井、通风排气竖井、烟道,应并入建筑物的自然层计算建筑面积。有顶盖的采光井应按一层计算面积,且结构净高在 2.10 m 及以上的,应计算全面积;结构净高在 2.10 m 以下的,应计算 1/2 面积。

20)室外楼梯应并入所依附建筑物自然层,并应按其水平投影面积的 1/2 计算建筑面积。

21)在主体结构内的阳台,应按其结构外围水平面积计算全面积;在主体结构外的阳台,应按其结构底板水平投影面积计算 1/2 面积。

22)有顶盖无围护结构的车棚、货棚、站台、加油站、收费站等,应按其顶盖水平投影面积的 1/2 计算建筑面积。

23)以幕墙作为围护结构的建筑物,应按幕墙外边线计算建筑面积。

24)建筑物的外墙外保温层,应按其保温材料的水平截面积计算,并计入自然层建筑面积。

25)与室内相通的变形缝,应按其自然层合并在建筑物建筑面积内计算。对于高低联跨的建筑物,当高低跨内部连通时,其变形缝应计算在低跨面积内。

26)对于建筑物内的设备层、管道层、避难层等有结构层的楼层,结构层高在2.20 m及以上的,应计算全面积;结构层高在2.20 m以下的,应计算1/2面积。

27)下列项目不应计算建筑面积:

①与建筑物内不相连通的建筑部件;

②骑楼、过街楼底层的开放公共空间和建筑物通道;

③舞台及后台悬挂幕布和布景的天桥、挑台等;

④露台、露天游泳池、花架、屋顶的水箱及装饰性结构构件;

⑤建筑物内的操作平台、上料平台、安装箱和罐体的平台;

⑥勒脚、附墙柱、垛、台阶、墙面抹灰、装饰面、镶贴块料面层、装饰性幕墙,主体结构外的空调室外机搁板(箱)、构件、配件,挑出宽度在2.10 m以下的无柱雨篷和顶盖高度达到或超过两个楼层的无柱雨篷;

⑦窗台与室内地面高差在0.45 m以下且结构净高在2.10 m以下的凸(飘)窗,窗台与室内地面高差在0.45 m及以上的凸(飘)窗;

⑧室外爬梯、室外专用消防钢楼梯;

⑨无围护结构的观光电梯;

⑩建筑物以外的地下人防通道,独立的烟囱、烟道、地沟、油(水)罐、气柜、水塔、贮油(水)池、贮仓、栈桥等构筑物。

二、土石方工程

一般土石方工程的工程量计算规则如下:

(一)平整场地

工程量按设计图示尺寸以建筑物首层面积计算,计量单位为m^2。建筑物场地平均厚度在±30 cm以内的挖、填、运、找平,属于平整场地。平均厚度应按自然地面测量标高至设计地坪标高间的平均厚度确定。

(二)挖一般土石方

工程量按设计图示尺寸以体积计算。土石方体积应按挖掘前的天然密实体积计算。如需按天然密实体积折算时,应按表6.2.1所列系数计算。建筑物场地厚度在±30 cm以外的竖向布置挖土或山坡切土,应按挖土石方项目编码列项。

表6.2.1　土石方体积折算系数表

天然密实体积	虚方体积	夯实后体积	松填体积
1.00	1.30	0.87	1.08
0.77	1.00	0.67	0.83
1.15	1.49	1.00	1.24
0.93	1.20	0.81	1.00

（三）挖基础土石方

工程量按设计图示尺寸以基础垫层底面积乘以挖土深度以体积计算。挖基础土方包括带形基础、独立基础、满堂基础（包括地下室基础）及设备基础、人工挖孔桩等的挖方。

①挖沟槽土石方（图6.2.1）。人工挖沟槽是指槽底长大于槽底宽3倍且槽底宽度小于或等于7 m时的情况。其工程量为：

$$V = aHL$$

式中　V——挖沟槽土方工程量；

a——基础垫层宽度；

H——沟槽深度；

L——沟槽长度。

②挖基坑土石方（图6.2.2）。凡底长度小于或等于底宽度的3倍且底面积小于或等于150 m² 时为挖基坑。其工程量为：

$$V = abH$$

式中　V——挖基坑土石方工程量；

a——基础（或基础垫层）底的长度；

b——基础（或基础垫层）底的宽度；

H——基坑挖土石深度。

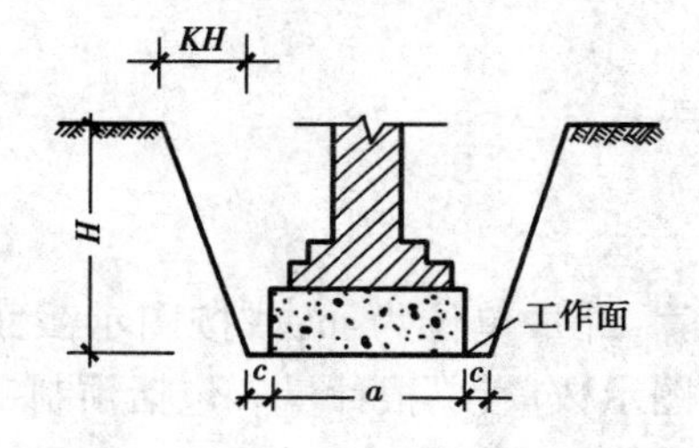

图6.2.1　沟槽示意图

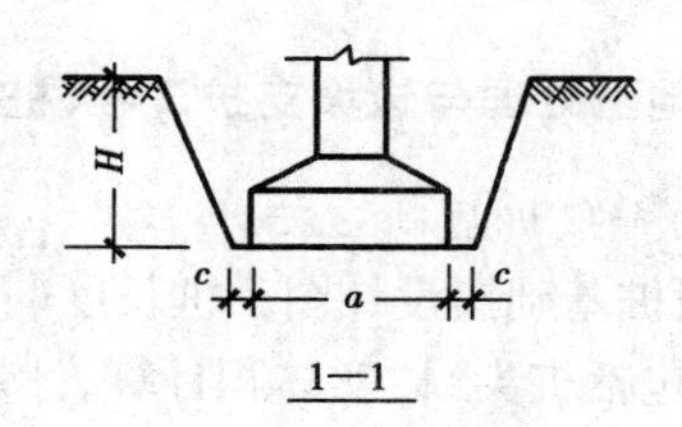

图6.2.2　基坑示意图

③人工挖孔桩挖土（石）方工程

人工挖孔桩挖土（石）方工程按实际体积分段计算较合理（图6.2.3）。

其计算公式为：

$$V_1 = \pi r^2 h_1$$

$$V_2 = \frac{1}{3}\pi h_2(r^2 + Rr + R^2)$$

$$V_3 = \pi h_3^2\left(R - \frac{1}{3}h_3\right)$$

$$V = V_1 + V_2 + V_3$$

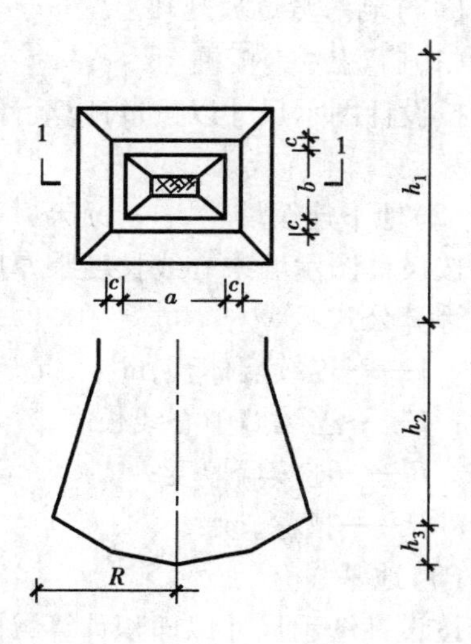

图6.2.3　挖孔桩示意图

（四）管沟土方

按设计图示管道中心线长度计算。有管沟设计时，平均深度以沟垫层底表面标高至交付施工场地标高计算；无管沟设计时，直埋管深度应按管底外表面标高至交付施工场地标高的平均高度计算。

(五)土石方回填与运输

1.土石方回填

按设计图示尺寸以体积计算。

①场地回填:按设计图示回填面积乘以平均回填厚度,以体积计算。

②基础回填:挖方体积减去设计室外地坪以下埋设的基础体积(包括墙基、柱基、管道基础体积以及基础垫层),以体积计算。

2.土石方运输

土石方外运体积等于挖土体积减去回填土体积,式中计算结果为正值时为余土外运体积,负值时为需土方回运体积。计量单位为 m^3。

【例 6.2.1】 某基础工程,基础为砖砌带形基础,垫层为 C15 细石混凝土,垫层底宽度为 1 200 mm,挖土深度 2 100 mm,基础总长 195 m。室外设计地坪以下基础的体积为 205 m^3,垫层体积为 23.4 m^3,求挖基槽土方、土方回填、余土外运的工程量。

【解答】

①基础垫层底面积 $1.2\times195\ m^3 = 234\ m^3$

②基础土方开挖总量 $234\times2.1\ m^3 = 491.4\ m^3$

③基础土方回填 $491.4-(205+23.4)\ m^3 = 263\ m^3$

④余土外运 $491.4-263\ m^3 = 228.4\ m^3$

三、地基处理与边坡支护工程、桩基工程

(一)一般桩基础

一般桩基础按设计图示桩长度(包括桩尖)尺寸计算,计量单位为 m;或按图示截面积乘以桩长(包括桩尖)以实体积计算,计量单位为 m^3;或按图示数量,以根计量。包括预制钢筋混凝土桩、泥浆护壁成孔灌注桩、沉管灌注桩等。

(二)地基与边坡处理

(1)打(拔)钢板桩

按设计图示尺寸以重量计算,计量单位为 t;或以 m^2 计量,按图示墙中心线乘以桩长以面积计算。

(2)地下连续墙

按设计图示墙中心线长度乘厚度乘槽深以体积计算,计量单位为 m^3。

计算公式:

$$V=LBH$$

式中 V——连续墙体积,m^3;

L——连续墙中心线长度;

B——连续墙厚度;

H——槽深,m。

(3)地基强夯

按设计图示尺寸以面积计算,计量单位为 m^2(见图 6.2.4)。

计算公式:

$$S = LB$$

式中 S——地基强夯面积,m^2;

L——地基强夯长度，m；

B——地基强夯宽度，m。

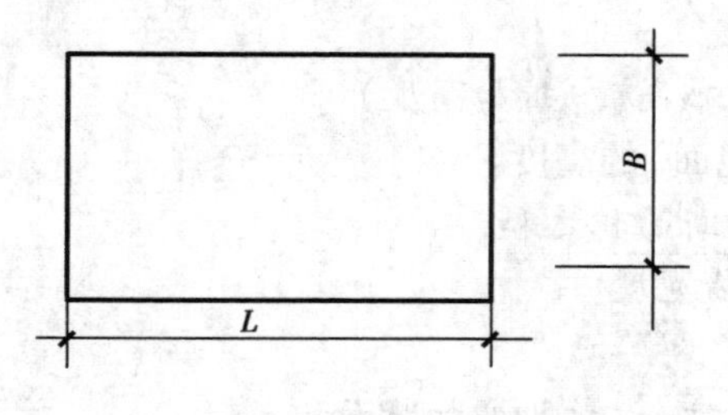

图 6.2.4　地基强夯

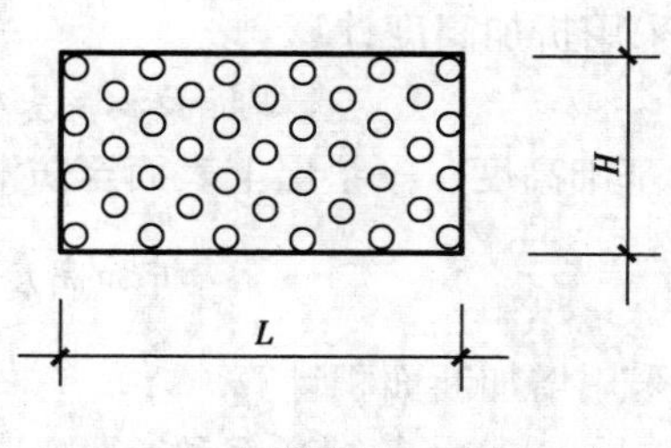

图 6.2.5　喷射混凝土、水泥砂浆

(4)喷射混凝土、水泥砂浆(图 6.2.5)

按设计图示尺寸以支护面积计算。

计算公式：

$$S = LH$$

式中　S——支护面积，m^2；

L——支护长度，m；

H——支护宽度，m。

注：预制钢筋混凝土桩的打试桩、送桩、凿桩头、打斜桩等，应根据设计要求考虑在报价中；混凝土灌注桩成孔方式(人工挖孔、钢管成孔、机械钻孔)由设计文件确定；混凝土灌注桩的充盈量和扩大头的体积，应根据地质情况和设计规定由投标人考虑在报价中；人工挖孔桩的桩护壁、钻孔桩固壁泥浆和泥浆池、沟道砌筑拆除以及泥浆装卸运输，由投标人根据设计要求和施工方案考虑在报价中；混凝土灌注桩的钢筋笼制作安装、地下连续墙钢筋网制作安装，按本章“钢筋工程”相应项目列项。

四、砌筑工程

砌筑工程主要包括：砌体基础、墙体、桩、砌体勾缝及其他零星砌体等。

(一)基础工程量计算

①基础与墙(柱)身使用同一种材料时，以设计室内地面为界(有地下室者，以地下室室内设计地面为界)，以下为基础，以上为墙(柱)身。

②基础与墙身使用不同材料时，位于设计室内地面±300 mm 以内时，以不同材料为分界线，超过±300 mm 时，以设计室内地面为分界线。

③砖、石围墙，以设计室外地坪为界线，以下为基础，以上为墙身。

④标准砖墙墙体厚度，按标准砖墙墙体厚度规定计算。

⑤砖石基础以图示尺寸按立方米计算。砖石基础长度：外墙墙基按外墙中心线长度计算；内墙墙基按内墙净长计算，嵌入砖石基础的钢筋、铁件、管子、基础防潮层、单个面积在 0.3 m^2 以内的孔洞以及砖石基础大放脚的 T 形接头重复部分，均不扣除。但靠墙暖气沟的挑砖、石基础洞口上的砖平碹亦不另算。

砖石基础工程量计算：

外墙条形基础体积 $=L_{中}\times$基础断面积－面积在 0.3 m^2 以上的孔洞等体积

内墙条形基础体积 $=L_{内}\times$基础断面积－面积在 0.3 m^2 以上的孔洞等体积

砖基础的大放脚通常采用等高式和不等高式两种砌筑法。

采用大放脚砌筑法时,砖基础断面积通常按下述两种方法计算。

a.采用折加高度计算

$$基础断面积=基础墙宽度\times(基础高度+折加高度)$$

式中　基础高度——垫层上表面至防潮层(或室内地面)的高度。

$$折加高度=\frac{大放脚增加断面积之和}{基础墙宽度}$$

b.采用增加断面积计算

$$基础断面积=基础墙宽度\times基础高度+大放脚增加断面积$$

为了计算方便,将砖基础大放脚的折加高度及大放脚增加断面积编制成表格。计算基础工程量时,可直接查折加高度和大放脚增加断面积表。

(二)砖墙工程量计算

①墙的长度:外墙长度按外墙中心线长度计算,内墙长度按内墙净长计算。

②墙身高度按下列规定计算:

外墙墙身高度,按图示尺寸计算,如设计图纸无规定时,有屋架的斜屋面且室内外有天棚者,算至屋架下弦底面再加 200 mm,其余情况算至屋架下弦再加 300 mm(如出檐宽度超过 600 mm 时,应按实砌高度计算),平屋面算至钢筋混凝土板顶面。内墙墙身高度,位于屋架下弦者,其高度算至屋架下弦底,无屋架者算至天棚底再加 100 mm,有钢筋混凝土楼隔层算至楼板顶面。内、外山墙,墙身高度按平均高度计算。

③计算实砌墙身时,应扣除过人洞、空圈、门窗洞口面积和每个面积在 0.3 m^2 以上的孔洞所占的体积,嵌入墙身的钢筋混凝土柱、梁(包括过梁、圈梁、挑梁)和暖气包、壁龛的体积。但不扣除梁头、板头、梁垫、檩木、垫木、木楞头、沿椽木、木砖、门窗走头、砖墙内的加固钢筋、木筋、铁件的体积。突出墙面的窗台虎头砖、压顶线、山墙泛水、烟囱根、门窗套、三匹砖以内的腰线和挑檐等体积亦不增加。

④框架间砌体,不分内外墙,以框架间的墙以净空面积乘墙厚计算,框架外表镶贴砖部分,按零星项目编码列项。

⑤女儿墙高度,自屋面板上表面至女儿墙顶面。

内外墙砌筑工程量计算可用下式表示:

$$外墙体积=(L_{中}\times H_{外}-外门窗框外围面积)\times墙厚\pm有关体积$$

$$外墙面积=(L_{中}\times H_{外}-外墙门窗框外围面积)\pm有关面积$$

$$内墙体积=(L_{内}\times H_{内}-内门窗洞口面积)\times墙厚\pm有关体积$$

$$内墙面积=(L_{内}\times H_{内}-内墙门窗洞面积)\pm有关面积$$

式中　$L_{中}$——外墙中心线长;

$H_{外}$——外墙计算高度;

$L_{内}$——内墙净长线长;

$H_{内}$——内墙计算高度。

【例 6.2.2】　如图 6.2.6 中带形砖基础,3 ∶7 灰土垫层,土质为Ⅱ类土,室外地坪标高-0.300 m,每阶砖基础伸出宽度为 62.5 mm,1-1 砖基础为不等高式,每阶高度分别为126 mm 与 63 mm;2-2 砖基础为等高式,每阶高度 126 mm,计算该工程中砖基础工程量。

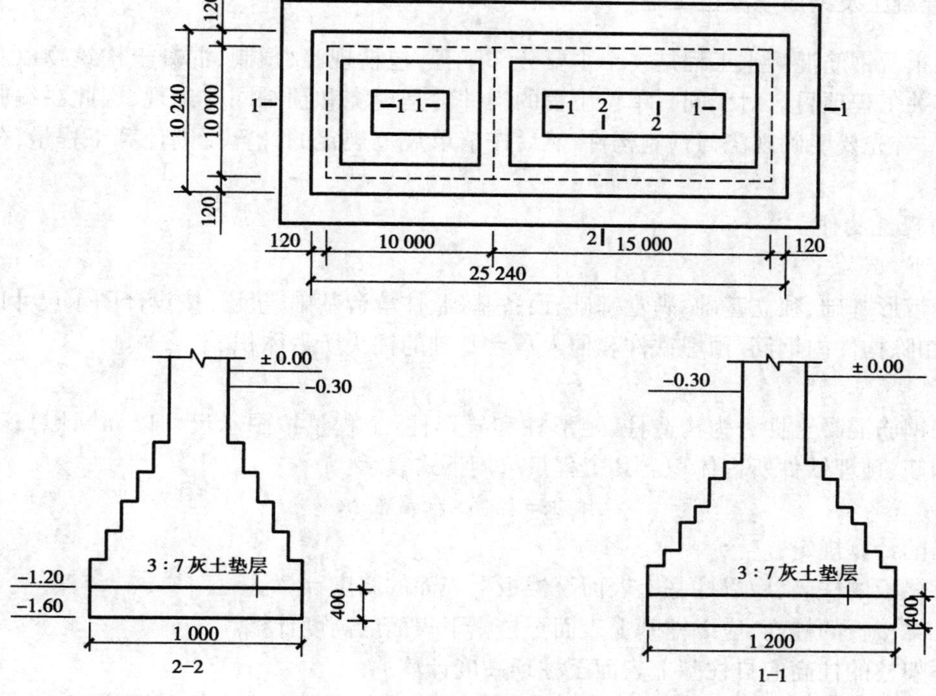

图 6.2.6　条形砖基础

【解答】

1）砖基础的长度

$L_{1\text{-}1}=10\times2\ \text{m}+(10-0.12\times2)\ \text{m}=29.76\ \text{m}$

$L_{2\text{-}2}=25\times2\ \text{m}=50\ \text{m}$

2）砖基础的面积

$$S_{1\text{-}1}=0.24\times(1.6-0.4-0.126\times5)\ \text{m}^2+(0.24+0.625\times2)\times0.126\ \text{m}^2+(0.24+0.625\times4)\times0.126\ \text{m}^2+(0.24+0.625\times6)\times0.126\ \text{m}^2+(0.24+0.625\times8)\times0.126\ \text{m}^2+(0.24+0.625\times10)\times0.126\ \text{m}^2$$

$$=(0.136\ 8+0.187\ 74+0.345\ 24+0.502\ 74+0.660\ 24+0.817\ 74)\ \text{m}^2$$

$$=2.65\ \text{m}^2$$

$$S_{2\text{-}2}=0.24\times(1.6-0.4-0.126\times3-0.063\times3)\ \text{m}^2+(0.24+0.625\times2)\times0.063\ \text{m}^2+(0.24+0.625\times4)\times0.126\ \text{m}^2+(0.24+0.625\times6)\times0.063\ \text{m}^2+(0.24+0.625\times8)\times0.126\ \text{m}^2+(0.24+0.625\times10)\times0.063\ \text{m}^2+(0.24+0.625\times12)\times0.126\ \text{m}^2$$

$$=(0.151\ 92+0.093\ 87+0.345\ 24+0.251\ 37+0.660\ 24+0.408\ 87+0.975\ 24)\ \text{m}^2$$

$$=2.887\ \text{m}^2$$

3）砖基础的工程量

$V_{1\text{-}1}=S_{1\text{-}1}\times L_{1\text{-}1}=2.65\times29.76\ \text{m}^3=78.86\ \text{m}^3$

$V_{2\text{-}2}=S_{2\text{-}2}\times L_{2\text{-}2}=2.887\times50\ \text{m}^3=144.35\ \text{m}^3$

$V = V_{1\text{-}1} + V_{2\text{-}2} = 78.86\ m^3 + 144.35\ m^3 = 223.21\ m^3$

五、混凝土及钢筋混凝土工程

混凝土及钢筋混凝土工程是一个主要分部工程,包括现浇、预制、混凝土构筑物以及钢筋工程等有关工程项目。对于同一单位工程的构件常是现浇和预制同时出现,因此在编制工作量清单时,首先要明确现浇与预制构件,然后按清单规范规定的计算规则计算工程量,分别列项套定额。

(一)现浇构件

1.基础

分为带形基础、独立基础、满堂基础、设备基础、柱承台基础、垫层,按设计图示尺寸以体积计算,不扣除构件内钢筋、预埋铁件和伸入承台基础的柱头所占体积。

2.柱

现浇钢筋混凝土柱分为构造柱、矩形柱和异形柱,工程量按图示尺寸以 m^3 计算,不扣除构件内钢筋、预埋铁件所占体积。其工程量可用下式表示:

柱体积=柱高×柱截面积

柱高的计算规定:

①有梁板的柱高,应以柱基上表面至楼板上表面的高度计算。

②无梁楼板的柱高,应以柱基上表面至柱帽下表面的高度计算。

③框架柱的柱高应自柱基上表面至柱顶高度计算。

④构造柱按全高计算,与砖墙嵌接部分(马牙槎)的体积并入柱身体积内计算。

⑤依附柱上的牛腿,并入柱身体积内计算。

3.梁

现浇梁包括:基础梁、矩形梁、异形梁、弧形梁及拱形梁、圈梁和过梁等。其工程量计算式可用下式表示:

梁体积=梁长×梁断面积

梁高为梁底至梁顶面的距离。梁长:梁与柱连接时,梁长算至柱侧面,伸入墙内的梁头,应计算在梁的长度内;与主梁连接的次梁,长度算至主梁的侧面。现浇梁头处有现浇垫块者,垫块体积并入梁内计算。

4.墙

墙包括直形墙和弧形墙、短肢剪力墙、挡土墙,按图示中心线长度乘以墙高及厚度以 m^3 计算,应扣除门窗洞口及 0.3 m^2 以外孔洞的体积,墙垛及突出部分并入墙体积内计算。

5.板

板包括有梁板、无梁板、平板、拱板、薄壳板、拦板、天沟板等,按设计图示面积乘以板厚以 m^3 计算,不扣除钢筋、预埋件及单个面积在 0.3 m^2 内的孔洞所占体积,其中:

①有梁板包括主、次梁与板,按梁、板体积之和计算。

②无梁板按板和柱帽体积之和计算。

③平板按板实体体积计算。

④现浇挑檐天沟与板(包括屋面板、楼板)连接时,以外墙为分界线,外墙边线以外为挑檐天沟。

⑤阳台、雨篷、悬挑板，按伸出外墙部分体积计算。包括伸出外墙的牛腿和雨篷反挑檐的体积。

⑥拦板以立方米计算，伸入墙内的拦板合并计算。

各类板伸入墙内的板头并入板体积内计算。

6.楼梯

楼梯包括直形、弧形楼梯，按水平投影面积计算，不扣除宽度小于500 mm的楼梯井，伸入墙内部分不另增加。或以立方米计量，按设计图示尺寸以体积计算。

（二）预制、预应力构件

预制混凝土和钢筋混凝土构件包括制作、运输、安装及灌浆等工作内容。

混凝土工程量均按图示尺寸实体体积以 m^3 计算，不扣除构件内钢筋、铁件及小于300 mm×300 mm以内孔洞面积。或以根计量，按设计图示尺寸以数量计算。或以块计量，按设计图示尺寸以数量计算。

空心板工程量应扣除空洞体积，按实体计算。

（三）钢筋的计算

包括现浇混凝土钢筋、预制构件钢筋、钢筋网片、钢筋笼、先张法预应力钢筋、后张法预应力钢筋、预应力钢丝等。

1.钢筋的分类和作用

配置在钢筋混凝土结构中的钢筋，按其作用可分为下列几种：

①受力筋：承受拉、压应力的钢筋。用于梁、板、柱等各种钢筋混凝土构件。梁板的受力筋还分为直筋和弯筋两种。

②钢箍（箍筋）：承受一部分斜拉应力，并固定受力筋的位置。多用于梁和柱内。

③架力筋：用以固定梁内钢箍位置，构成梁内的钢筋骨架。

④分布筋：用于屋面板、楼板内，与板的受力筋垂直布置，将承受的重量均匀地传给受力筋，并固定受力筋的位置，以及抵抗热胀冷缩所引起的温度变形。

⑤附加钢筋：因构件几何形状或受力情况变化而增加的附加筋。

2.钢筋的保护层

钢筋在混凝土里，要有一定厚度的混凝土包住它，以保护钢筋、防腐蚀、加强钢筋与混凝土的黏结力。钢筋外皮至最近的混凝土表面这层厚度就叫钢筋保护层。一般构件里钢筋的保护层厚度可查有关规范要求。

3.钢筋的结构形式及其增加长度

（1）钢筋弯钩及其增加长度

一般螺纹钢筋、焊接网片及焊接骨架可不必弯钩。对于光圆钢筋为了提高钢筋与混凝土的黏结力，两端要弯钩。

弯钩长度按设计规定计算，如设计无规定时可参考钢筋弯钩增加长度计算。

（2）钢筋弯起增加长度

在钢筋混凝土梁中，因受力需要，经常采用弯起钢筋，其弯起形式有30°，45°，60° 3种。钢筋弯起增加的长度是指水平长 L 与斜长 S 之差（H 为梁高减上下保护层厚度之和）。

当30°时，$S-L=0.27H$

当45°时，$S-L=0.41H$

当 60°时,$S-L=0.57H$

钢筋弯起增加长度可参考弯起钢筋长度计算。

4.钢筋搭接增加长度

钢筋搭接增加长度按规范规定计算。

5.钢筋图示用量计算

如果采用标准图,可按标准图所列的钢筋混凝土构件钢筋用量表,分别汇总其钢筋用量。

对于设计图纸标注的钢筋混凝土构件,应按图示尺寸,区别钢筋的级别和规格分别计算,并汇总其钢筋用量。其钢筋用量计算可用下式表示:

直钢筋长度=构件长度-2×保护层厚度+弯钩增加长度

弯起钢筋长度=直段钢筋长度+斜段钢筋长度+弯钩增加长度

单箍筋长度=[(构件宽+构件高)-4×保护层厚度-2×箍筋直径]×2+弯钩增加长度

6.钢筋的重量计算

按设计图示钢筋(网)长度(面积)乘以单位理论质量计算。

目前,钢筋计算大多参考《混凝土结构施工图平面整体表示方法制图规则和构造详图》进行计算。下面以框架梁和板钢筋为例介绍。

在平法楼层框架梁中常见的钢筋形式有下列几种,如图 6.2.7 所示。

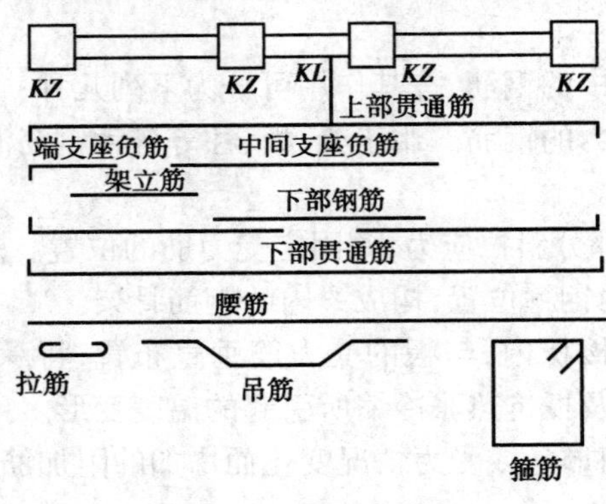

图 6.2.7 钢筋形式

①上部贯通筋

上部贯通筋的长度=各跨长之和-左支座内侧-右支座内侧+锚固+搭接长度

端支座锚固长度的判别条件:

a.当支座宽度-保护层≥L_{ae}且≥$0.5h_c+5d$ 时,锚固长度=max(L_{ae},$0.5h_c+5d$)

b.支座宽度-保护层<L_{ae}时,锚固长度=支座宽度-保护层+15×d

②端支座负筋

上排钢筋长度=L_n/3+锚固

下排钢筋长度=L_n/4+锚固

(注:L_n 为梁净跨长,锚固同梁上部贯通)

中间支座负筋

上排钢筋长度=2×L_n/3+支座宽度

下排钢筋长度=2×L_n/4+支座宽度

③架立筋

架立筋长度 = L_n/3+2×搭接（现在平法中搭接是 150 mm）

④下部钢筋

框架梁下部钢筋 = 净跨长度+2×锚固（或 $0.5h_c+5d$）

（注：h_c 指柱宽，d 指钢筋直径。）

锚固长度同上部贯通筋。

⑤门

梁侧面钢筋长度 = 各跨长之和－左支座内侧－右支座内侧+锚固+搭接长度

（注：当为梁侧面构造时，搭接与锚固长度为 15×d；当为梁侧面受扭纵向钢筋时，锚固长度同框架梁下部钢筋）

⑥拉筋

拉筋长度 = 梁宽－2×保护层+2×11.9d+2×d

拉筋根数 =（梁跨净长－50×2）/箍筋非加密间距×2+1

吊筋和次梁加筋如图 6.2.8 所示。

吊筋长度 = 2×20 d（锚固长度）+2×斜段长度+次梁宽度+2×50

（注：当梁高≤800 时，斜段长度 =（梁高－保护层×2）/sin 45°

当梁高>800 时，斜段长度 =（梁高－保护层×2）/sin 60°）

⑦箍筋（见图 6.2.9）

箍筋长度 = 2×（梁高－2×保护层+梁宽－2×保护层）+（11.9×2－4）d

根数计算 = 2×[（加密区长度－50）/加密间距+1]+（非加密区长度/非加密间距－1）

（注：当为一级抗震时，箍筋加密长度为 Max（2×梁高，500）

当为 2~4 级抗震时，箍筋加密长度为 Max（1.5×梁高，500））

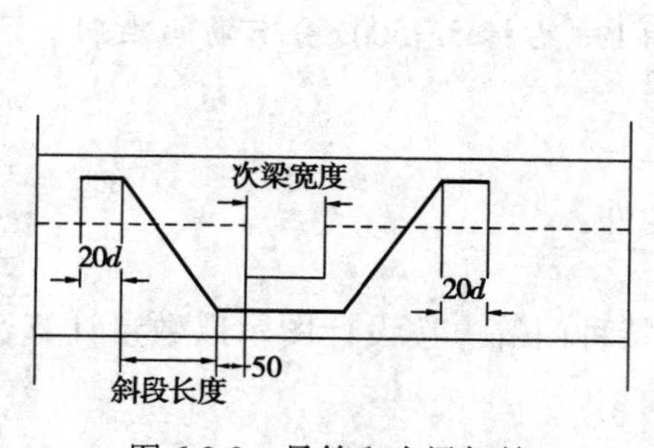

图 6.2.8　吊筋和次梁加筋

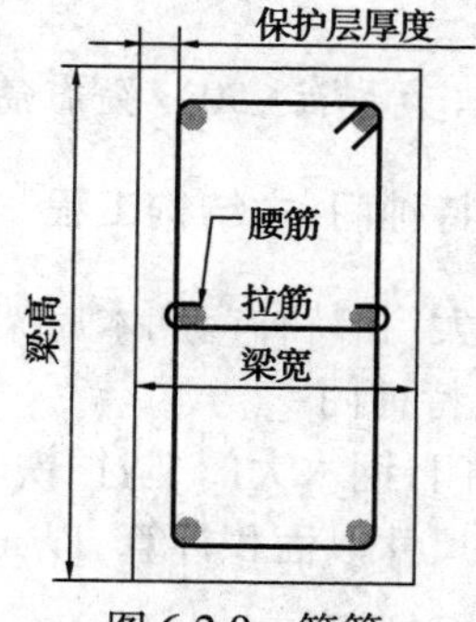

图 6.2.9　箍筋

对于现浇框架梁、剪力墙为支座的板中钢筋的计算，主要包括：

①板受力底筋

受力钢筋长度 = 板跨净长+两端锚固（在梁宽/2，5×d 中取大值）

受力钢筋根数 =（板跨净长－2×50）/布置间距+1

②板受力面筋

受力钢筋长度 = 板跨净长+两端锚固

受力钢筋根数 =（板跨净长－2×50）/布置间距+1

板受力面筋在端支座的锚固结合平法和施工实际情况大致如下 3 种构造：

a.直接取 L_a

b.$0.6\times L_a+15\times d$

c.梁宽-保护层+$15\times d$

③板负筋

板负筋及分布筋如图 6.2.10 所示。

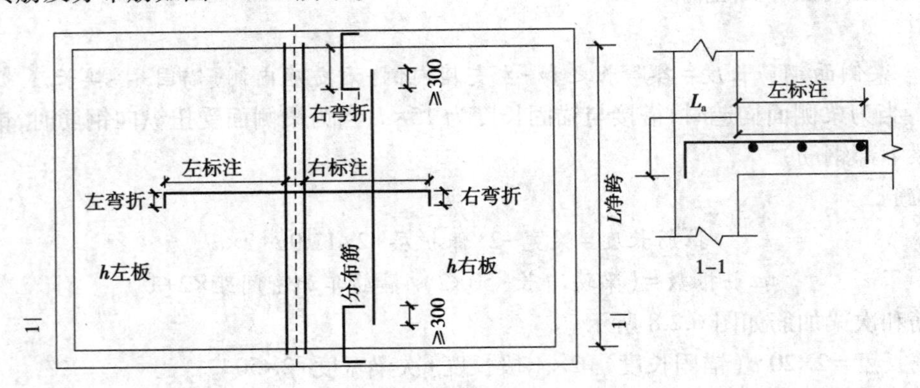

图 6.2.10　板钢筋示意图

a.板边支座负筋

板边支座负筋长度=左标注/(右标注)+左弯折/(右弯折)+锚固(同面筋的锚固取值)

b.板中间支座负筋

板边中间支座负筋长度=左标注+右标注+左弯折+右弯折+支座宽度

以中间支座下的分布钢筋为例：

分布筋长度=L 净跨-两侧负筋的标注之和+2×300(根据图纸实际情况)

数量为：

(左标注-50)/分布筋间距+1+(右标注-50)/分布筋间距+1

六、厂库房、特种门、木结构工程

包括厂库房大门、特种门和木屋架、木构件。

(1)厂库房、特种门

包括木板大门、钢木大门、防护铁丝门、特种门等。按设计图示以数量计算，单位为樘；或按设计图示洞口尺寸以面积计算，以 m^2 计量。

(2)木屋架

包括木屋架、钢木屋架，按设计图示规定数量计算，单位为榀。木屋架也可以体积计算。

(3)木构件

木柱、木梁：按设计图示尺寸以体积计算。

木制楼梯：按图示楼梯外围尺寸以水平投影面积计算。

其他木构件：按设计图示尺寸以体积或长度计算。

七、楼地面装饰工程

清单项目有整体面层及找平层、块料面层、橡塑面层、其他材料面层、踢脚线、楼梯面层、台阶装饰等。

①整体面层均按图示尺寸以 m^2 计算。应扣除凸出地面构筑物、设备基础、室内管道、地沟等所占面积,不扣除间壁墙和不大于 0.3 m^2 柱、垛、附墙烟囱及孔洞所占面积,但门洞、空圈、暖气包槽、壁龛的开口部分亦不增加。

②块料面层、橡塑面层、其他材料面层,按图示尺寸以 m^2 计算,门洞、空圈、暖气包槽和壁龛的开口部分的工程量并入相应的面层内计算。

③楼梯面层(包括踏步、平台以及小于 500 mm 宽的楼梯井)按水平投影面积计算。

④台阶面层(包括踏步及最上一层踏步边沿加 300 mm)按水平投影面积计算。

八、屋面及防水工程

1.瓦、型材屋面

按设计图示尺寸以斜面积计算。不扣除房上烟囱、风帽底座、风道、小气窗、斜沟等所占面积,屋面小气窗的出檐部分亦不增加。计量单位为 m^2。

2.屋面防水

1)卷材防水屋面、涂膜防水屋面

按设计图示尺寸以面积计算,计量单位为 m^2。斜屋顶(不包括平屋顶找坡)按斜面积计算;平屋顶按水平投影面积计算。不扣除房上烟囱、风帽底座、风道、屋面小气窗和斜沟所占的面积;屋面的女儿墙、伸缩缝和天窗等处的弯起部分,并入屋面工程量计算。石油沥青油毡、玻璃布沥青油毡、玻璃纤维沥青油毡和各种橡胶卷材、聚氯乙烯卷材等,可按卷材屋面列项。沥青基防水涂料、高聚物改性沥青防水涂料、合成高分子防水涂料等,可按涂膜屋面列项。卷材屋面的附加层、接缝、收头、找平层的嵌缝均应考虑在报价内。

2)刚性防水屋面

按设计图示尺寸以面积计算。不扣除房上烟囱、风帽底座、风道等所占的面积。计量单位为 m^2。

3)屋面排水管

按设计图示尺寸以长度计算。设计未标注尺寸的,以檐口至设计室外散水上表面垂直距离计算。计量单位为 m。

4)屋面天沟、檐沟

按设计图示尺寸以面积计算,铁皮和卷材天沟按展开面积计算。计量单位为 m^2。

3.墙、地面防水工程

1)卷材防水、涂膜防水及砂浆防水

按设计图示尺寸以面积计算,计量单位为 m^2。

①地面按主墙间净空面积计算。扣除凸出地面的构筑物、设备基础等所占面积,不扣除柱、垛、间壁墙、烟囱及 0.3 m^2以内孔洞所占面积。

②墙基:外墙按中心线长度,内墙按净长线长度计算。

2)变形缝

按设计图示尺寸以长度计算,计量单位为 m。

【例 6.2.3】 计算如图 6.2.11 所示卷材屋面工程量。女儿墙、楼梯间出屋面墙处卷材弯起高度取 250 mm。

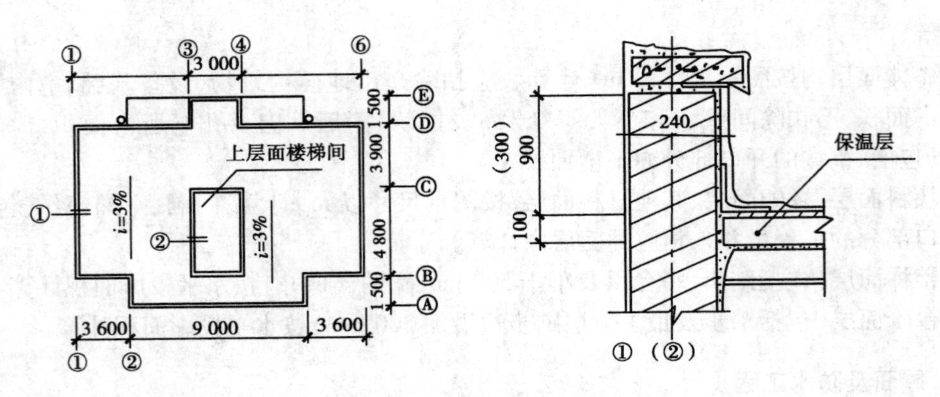

图 6.2.11 屋顶平面示意图

【解答】 该屋面为平屋面(坡度小于5%),工程量按水平投影面积计算,弯起部分并入屋面工程量内。

①水平投影面积

$S_1=(3.6\times2+9.0-0.24)\times(4.8+3.9-0.24)\ \text{m}^2+(9.0-0.24)\times1.5\ \text{m}^2+(3.0-0.24)\times1.5\ \text{m}^2=(15.96\times8.46+8.76\times1.5+2.76\times1.5)\ \text{m}^2=152.30\ \text{m}^2$

②弯起部分面积

$S_2=[(15.96+8.46)\times2+1.5\times2+1.5\times2]\times0.25\ \text{m}^2+(4.8+0.24+3.0+0.24)\times2\times0.25\ \text{m}^2+(4.8-0.24+3.0-0.24)\times2\times0.25\ \text{m}^2$(出屋面楼梯间顶)

$=(13.71+4.14+3.66)\ \text{m}^2=21.51\ \text{m}^2$

③屋面卷材工程量

$S=S_1+S_2=(152.30+21.51)\ \text{m}^2=173.81\ \text{m}^2$

九、装饰装修工程

(一)墙柱面工程

清单项目设置有墙面抹灰、柱面抹灰、零星抹灰、墙面镶贴块料、柱面镶贴块料、零星镶贴块料、墙饰面、柱饰面、隔断、幕墙等。

(1)墙面抹灰

包括墙面一般抹灰、装饰抹灰、墙面勾缝。

按设计图示尺寸以面积计算。扣除墙裙、门窗洞口及单个 0.3 m² 以上的孔洞面积,不扣除踢脚线、挂镜线和墙与构件交接处的面积,门窗洞口和孔洞的侧壁面积及顶面不增加面积。附墙柱、梁、垛、烟囱侧壁并入相应的墙面面积内。

①外墙抹灰面积按外墙垂直投影面积。

②外墙裙抹灰面积按其长度乘以高度计算。

③内墙抹灰面积按主墙间的净长乘以高度计算。

a.无墙裙的,高度按室内楼地面至天棚底面计算。

b.有墙裙的,高度按墙裙至天棚底面计算。

④内墙裙抹灰面积按内墙净长乘以高度计算。

(2)柱面抹灰

包括柱面一般抹灰、柱面装饰抹灰、柱面勾缝等。按设计图示尺寸以面积计算。

(3)零星抹灰

包括零星项目一般抹灰、零星项目装饰抹灰。零星抹灰适用于小面积(墙、柱、梁面 $\leqslant 0.5\ m^2$)少量分散的抹灰。按设计图示尺寸展开面积计算。

(4)墙面块料面积

①包括石材墙面、碎拼石材墙面、块料墙面等。按镶贴表面积计算。

②干挂石材钢骨架:按设计图示尺寸以质量计算。

(5)柱面镶贴块料

石材柱面、碎拼石材柱面、块料柱面,按镶贴表面积计算。

(6)零星镶贴块料

包括石材零星项目、碎拼石材零星项目、块料零星项目。按镶贴表面积计算。

(7)墙饰面、柱饰面、隔断、幕墙

1)装饰板墙面

按设计图示墙净长乘以净高以面积计算,扣除门窗洞口及单个 $0.3\ m^2$ 以上的孔洞所占面积。

2)装饰板柱(梁)面

按设计图示外围饰面尺寸乘以高度以平方米计算,柱帽、柱墩工程量并入相应柱面积内计算。

3)隔断

按设计图示尺寸以框外围面积计算。扣除 $0.3\ m^2$ 以上的孔洞所占面积。浴厕隔断门的材质相同者,其门的面积不扣除,并入隔断内计算。成品隔断也可以间计量。

4)幕墙

按设计图示尺寸以幕墙外围面积计算。带肋全玻幕墙其工程量按展开尺寸以面积计算。设在玻璃幕墙上同种材质的门窗,可包括在玻璃幕墙项目内,不扣除,但应在项目中加以注明。

(二)天棚工程

(1)天棚抹灰

按设计图示尺寸以水平投影面积计算,不扣除间壁墙、垛、柱、附墙烟囱、检查口和管道所占的面积。带梁天棚的梁两侧抹灰面积并入天棚内计算;板式楼梯底面抹灰按斜面积计算;锯齿形楼梯底板按展开面积计算。

(2)天棚装饰

1)灯带(槽)

按设计图示尺寸框外围面积计算。

2)送风口、回风口

按设计图示数量计算。

3)采光天棚

按框外围展开面积计算。

(3)天棚吊顶

1)吊顶天棚

按设计图示尺寸以水平投影面积计算。天棚面中的灯槽、跌级、锯齿形、吊挂式、藻井式天棚面积不展开计算。不扣除间壁墙、检查口、附墙烟囱、柱垛和管道所占面积。应扣除单个0.3 m^2以上孔洞、独立柱及与天棚相连的窗帘盒所占的面积。

2)格栅吊顶

按设计图示尺寸以水平投影面积计算。

3)藤条造型悬挂吊顶、装饰网架吊顶、织物软雕吊顶、吊筒吊顶

按设计图示尺寸以水平投影面积计算。

(三)门窗工程

①包括木门、金属门、金属卷帘门、其他门、木窗、金属窗等。按设计规定数量计算,计量单位为樘;或按设计图示洞口尺寸以 m^2 计算。

②门窗套按设计图示尺寸以展开面积计算;或按图示中心以延长以米计算;或按樘计量。

③窗帘盒、窗帘轨按设计图示尺寸以长度计算。

(四)油漆、涂料、裱糊工程

①门窗油漆按设计图示数量计算,计量单位为樘;或按设计图示洞口尺寸以面积计算。

②木扶手油漆按设计图示尺寸以长度计算。

③木材面油漆按设计图示尺寸以面积计算。

④木地板油漆、木地板烫硬蜡面:按设计图示尺寸以面积计算。空洞、空圈、暖气包槽、壁龛的开口部分并入相应工程置内。

⑤金属面油漆:按设计图示尺寸以质量计算;或按展开面积算。

⑥抹灰面油漆按设计图示尺寸以面积计算。

⑦涂料、裱糊按设计图示尺寸以面积计算。

⑧空花格、栏杆刷涂料,按设计图示尺寸以单面外围面积计算。

⑨线条刷涂料按线条设计图示尺寸以长度计算。

十、工程量清单的内容

《建设工程工程量清单计价规范》规定了工程量清单编制人,工程量清单由分部分项工程量清单、措施项目清单、其他项目清单、规费和税金项目清单组成。

(一)一般规定

①规范规定了工程量清单应由具有编制招标文件能力的招标人,或受其委托具有相应资质的中介机构进行编制。编制工程量清单是一项专业性、综合性很强的工作,完整、准确的工程量清单是保证招标质量的重要条件。

②工程量清单应作为招标文件的组成部分。《中华人民共和国招标投标法》规定,招标文件应当包括招标项目的技术要求和投标报价要求。工程量清单体现了招标人要求投标人完成的工程项目、技术要求及相应工程数量,全面反映了投标报价要求,是投标人进行报价的依据,所以工程量清单应是招标文件不可分割的一部分。

③工程量清单应由分部分项工程量清单、措施项目清单、其他项目清单以及规费和税金项目清单组成。

(二)分部分项工程量清单

①分部分项工程量清单应包括项目编码、项目名称、项目特征、计量单位和工程数量。

②分部分项工程量清单应根据《建设工程工程量清单计价规范》规定,按照《房屋建筑与装饰工程工程量计算规范》《通用安装工程工程量计算规范》《市政工程工程量计算规范》《园

林绿化工程工程量计算规范》《矿山工程工程量计算规范》《构筑物工程工程量计算规范》《仿古建筑工程工程量计算规范》《城市轨道交通工程工程量计算规范》《爆破工程工程量计算规范》等专业工程计量规范规定的项目编码、项目名称、计量单位和工程量计算规则进行编制。

③分部分项工程量清单的项目编码，1～9 位应按相应专业工程计量规范附录的规定设置；10～12 位应根据拟建工程的工程量清单项目名称由其编制人设置，并应自 001 起顺序编制。

例如：

01　04　03　001　×××

- ××× —— 第五级为工程量清单项目名称顺序码，从 001 开始编码
- 001 —— 第四级为分项工程项目名称顺序码，001 表示石基础
- 03 —— 第三级为分部工程顺序码，03 表示第 3 节石砌体
- 04 —— 第二级为附录分类顺序码，04 表示第四章砌筑工程
- 01 —— 第一级为专业工程代码，01 表示房屋建筑与装饰工程

④分部分项工程量清单的项目名称应按下列规定确定：

a.项目名称应按附录的项目名称结合拟建工程的实际确定。工程量清单编制时，以附录中的项目名称为主体，考虑该项目的规格、型号、材质等特征要求，结合拟建工程的实际情况，使其工程量清单项目名称具体化、细化。

b.编制工程量清单，出现附录中未包括的项目，编制人可作相应补充，并应报省、自治区、直辖市工程造价管理机构备案。

⑤分部分项工程量清单的计量单位应按附录中规定的计量单位确定。

⑥工程数量应按下列规定进行计算：

a.工程数量应按附录中规定的工程量计算规则计算。注意现行“预算定额”，其项目一般是按施工工序进行设置的，包括的工程内容一般是单一的，据此规定了相应的工程量计算规则。工程量清单项目的划分，一般是以一个“综合实体”考虑的，一般包括多项工程内容，据此规定了相应的工程量计算规则。二者的工程量计算规则是有区别的。

b.工程数量的有效位数应遵守下列规定：

以“t”为单位，应保留小数点后 3 位数字，第 4 位四舍五入；

以“m^3”“m^2”“m”为单位，应保留小数点后 2 位数字，第 3 位四舍五入；

以“个”“项”等为单位，应取整数。

（三）措施项目清单

①措施项目清单的编制应考虑多种因素，除工程本身的因素外，还涉及水文、气象、环境、安全等和施工企业的实际情况。措施项目清单应根据拟建工程的具体情况，参照相应专业工程计量规范中“措施项目”的项目列项。如果相应专业工程计量规范措施项目附录中列出了项目编码、项目名称、项目特征、计量单位、工程量计算规则的项目，应按照分部分项工程量清单方式编写；措施项目附录中仅列出项目编码、项目名称，未列出项目特征，计量单位和工程量计算规则的项目，应按计量规范措施项目附录规定的项目编码、项目名称确定。措施项目中，可以计算工程量的直接采用分部分项工程量清单方式编写，不能计算工程项目的措施项目以“项”为计量单位。

②影响措施项目设置的因素太多，计量规范“措施项目”附录中未列出的措施项目，工程

量清单编制人可作补充。不能计量的补充措施项目,需附有补充项目的名称、工作内容及包含范围。

(四)其他项目清单

其他项目清单宜按照下列内容列项:

①暂列金额。招标人在工程量清单中暂定并包括在合同价款中的一笔款项。用于工程合同签订时尚未确定或者不可预见的所需材料、工程设备、服务的采购,施工中可能发生的工程变更、合同约定调整因素出现时的合同价款调整以及发生的索赔、现场签证确认等的费用。

②暂估价。招标人在工程量清单中提供的用于支付必然发生但暂时不能确定的材料、工程设备的单价以及专业工程的金额。

③计日工。在施工过程中,完成发包人提出的工程合同范围以外的零星项目或工作,按合同中约定的单价计价的一种方式。

④总承包服务费。总承包人为配合协调发包人进行的专业工程发包,对发包人自行采购的工程设备、材料等进行保管以及施工现场管理、竣工资料汇总整理等服务所需的费用。

十一、工程量清单的编制

(一)分部分项工程量清单的编制

1.分部分项工程量清单的编制依据

①《建设工程工程量清单计价规范》GB 50500 和相应专业工程计量规范;

②国家或省级、行业建设主管部门颁发的计价依据和办法;

③招标文件;

④设计文件;

⑤与建设工程项目有关的标准、规范、技术资料;

⑥施工现场情况、工程特点及拟采用的施工组织设计和施工技术方案。

2.分部分项工程工程量清单的编制规则

分部分项工程工程量清单编制严格按照国家颁发的《建设工程工程量清单计价规范》和相应专业工程计量规范进行。分部分项工程量清单应表明拟建工程的全部分项实体工程名称和相应数量,编制时应避免错项、漏项。分部分项工程量清单应包括项目编码、项目名称、项目特征、计量单位和工程量。

①分部分项工程量清单的项目编码,采用五级编码制,12 位阿拉伯数字,前四级编码,1~9 位应按附录相应专业工程计量规范的规定设置;第五级编码,10~12 位应根据拟建工程的工程量清单项目名称由其编制人设置,并应自 001 起顺序编制。

a.一个项目编码对应一个项目名称、一个计量单位、一个工程、一个单价、一个合价。同一工程不允许出现重码(如 010501002001 混凝土 C30 带形基础,010501002001 混凝土 C25 带形基础);不同工程重码是不可避免的(如某一工程 010501002001 混凝土 C30 带形基础,另一工程 010501002001 混凝土 C25 带形基础)。

b.项目编码不设附码(如 010405001001-1),也不在第四级编码后和第五级编码前加横杠(如:010405001- 001)。

c.第五级编码根据具体工程项目特征,自行设置。在具体操作中,特别注意个别特征不同而多数特征相同的项目,必须慎重考虑并项,否则会影响投标人的报价质量,或给工程变更带来不必要的麻烦。如:一个多层砖混住宅,240 厚双面混水墙体,砖强度 MU10,混合砂浆 M5

砌筑,工程量 424 m^3;同工程围墙,240 墙双面混水墙体,砖强度 M10,混合砂浆 M5 砌筑,工程量 162.7 m^3;同工程窗间墙,240 厚单面清水墙体,砖强度 MU10,混合砂浆 M5 砌筑,工程量 31.32 m^3。上述墙体是否能并项,要谨慎考虑。

②分部分项工程量清单的项目名称按计量规范附录的项目名称结合拟建工程的实际确定。

项目名称应以工程实体命名,有些项目可用适当的计量单位计算的简单完整的施工过程的分部分项工程,有些项目是分部分项工程的组合。项目名称的命名应规范、准确、通俗,以避免投标人报价的失误。

③项目特征应按计量规范附录中规定的项目特征,结合拟建工程的实际予以描述。投标人根据招标文件、设计文件、地质资料、工程量清单项目特征的描述以及投标人的施工组织设计或施工方案报价。工程量清单编制时,以附录中的项目特征为主体,考虑该项目的规格、型号、材质等特征要求,结合拟建工程的实际情况,使其工程量清单项目特征具体化、细化,能够反映影响工程造价的主要因素。计量规范附录中未列的项目特征,而拟建工程分项中具有的特征,应在工程量清单"项目特征"栏内进行补充;计量规范附录清单项目特征栏目中已列的项目特征,而拟建工程分项中不具有的特征,在工程量清单"项目特征"栏目内,可以不列。

④分部分项工程量清单的计量单位应按附录相应专业工程计量规范规定的计量单位确定。

⑤分部分项工程量清单的工程数量应按附录相应专业工程计量规范中规定的工程量计算规则计算。

(二)措施项目清单的编制

1.措施项目清单的编制规则

①措施项目清单应根据拟建工程的具体情况,按照相应专业工程计量规范措施项目规定编制。

②措施项目清单的编制,应考虑多种因素,除工程本身的因素外,还涉及水文、气象、环境、安全和施工企业的实际情况等。

③编制措施项目清单,出现计量规范附录中措施项目未列项目,编制人可作补充。

2.措施项目清单的设置

①要参考拟建工程的施工组织设计,以确定安全文明施工、二次搬运等项目。

②根据施工技术方案,确定夜间施工、大型机械设备进出场及安拆、施工排水降水、垂直运输等项目。

③根据相关的施工规范与工程验收规范,确定施工技术方案没有表述的,但是为了实现施工规范与工程验收规范要求而必须发生的技术措施。

④招标文件中提出的某些必须通过一定的技术措施才能实现的要求。

⑤设计文件中一些不足以写进技术方案的,但是要通过一定的技术措施才能实现的内容。

(三)其他项目清单的编制

其他项目清单编制,应按照《建设工程工程量清单计价规范》进行。

其他项目清单宜按照下列内容列项:

①暂列金额。招标人在工程量清单中暂定并包括在合同价款中的一笔款项。用于工程合同签订时尚未确定或者不可预见的所需材料、工程设备、服务的采购,施工中可能发生的工程变更、合同约定调整因素出现时的合同价款调整以及发生的索赔、现场签证确认等的费用。

②暂估价。招标人在工程量清单中提供的用于支付必然发生但暂时不能确定价格的材料、工程设备的单价以及专业工程的金额。

③计日工。在施工过程中,完成发包人提出的施工图纸以外的零星项目或工作,按合同中约定的单价计价的一种方式。

④总承包服务费。总承包人为配合协调发包人进行的专业工程发包,对发包人自行采购的工程设备、材料等进行保管以及施工现场管理、竣工资料汇总整理等服务所需的费用。

不足部分,可根据工程的具体情况补充。

第三节　工程概预算的编制方法

一、工程概算的编制原则

①严格执行国家的建设方针和经济政策的原则。设计概算是一项重要的技术经济工作,要严格按照党和国家的方针、政策办事,坚决执行勤俭节约的方针,严格执行规定的设计标准。

②完整、准确地反映设计内容的原则。编制设计概算时,要认真了解设计意图,根据设计文件、图纸准确计算工程量,避免重算和漏算。设计修改后,要及时修正概算。

③坚持结合拟建工程的实际,反映工程所在地当时价格水平的原则。为提高设计概算的准确性,要实事求是地对工程所在地的建设条件,可能影响造价的各种因素进行认真的调查研究。在此基础上正确使用定额、指标、费率和价格等各项编制依据,根据有关部门发布的价格信息及价格调整指数,考虑建设期的价格变化因素,使概算尽可能地反映设计内容、施工条件和实际价格。

二、工程概算的编制依据

①国家发布的有关法律、法规、规章、规程等。

②批准的可行性研究报告及投资估算、设计图纸等有关资料。

③有关部门颁布的现行概算定额、概算指标、费用定额等和建设项目设计概算编制办法。

④有关部门发布的人工、设备材料价格、造价指数等。

⑤建设地区的自然、技术、经济条件等资料。

⑥有关合同、协议等。

⑦类似工程概算及技术经济指标。

⑧其他相关资料。

三、工程概算的编制方法

工程概算是先做单位工程概算,然后再逐级汇总成单项工程概算及建设项目总概算。

(一)单位工程概算的主要编制方法

1.建筑工程概算的编制方法

编制方法包括扩大单价法、概算指标法、类似工程概算法。

1)扩大单价法

概算步骤如下:

步骤一:根据初步设计图纸或扩大初步设计图纸和概算工程量计算规则计算工程量。有些无法直接计算的零星工程,如散水、台阶等,可根据概算定额的规定,按主要工程费的百分率(一般为5%~8%)计算。

步骤二:根据工程量和概算定额的基价,计算人材机费用。概算定额是由国家或授权主管部门制订的。它是在预算定额的基础上,以建筑结构的形象部位为主,将其他有关部门综合起来而形成的一种扩大综合定额。其目的是简化编制概算的工作。基价是根据编制概算定额地区的工资标准和材料预算价格制定的,其他地区使用时,需进行换算。换算方法:如已规定了调整系数,则根据规定的调整系数乘以人材机费即可;如未给定调整系数,则要根据编制概算定额地区和使用概算定额地区的工资标准和材料预算价格求出调整系数,再用调整系数乘以人材机费。

步骤三:将人材机费乘以综合费率和利润率、计算一部分措施费、规费、管理费和利润。

步骤四:将上述计算所得人材机费、综合费和利润相加,即得土建工程设计概算。

步骤五:将概算价值除以建筑面积求出技术经济指标,即单方造价,亦即

单位工程概算的单方造价=单位工程概算造价/单位工程建筑面积

步骤六:进行概算工料分析,即对主要工种人工和主要建筑材料进行分析,并算出人工、材料的总耗用量。

由上述步骤可知,采用扩大单价法编制建筑工程概算比较准确,但计算比较烦琐。同时,该方法要根据设计图纸和概算工程量计算规则计算工程量,因此,只有当初步设计达到一定的深度、建筑结构比较明确时,才可采用这种概算方法。

【例6.3.1】　根据扩大初步设计和《全国统一建筑工程预算工程量计算规则》计算出某医科大学加速器室的扩大分项工程的工程量及当地定额水平的扩大单价,见表6.3.1。

表6.3.1　加速器室工程量及扩大单价表　　单位:元

定额号	扩大分项工程名称	单　位	工程量	扩大单价
3—1	实心砖基础(含土方工程)	10 m^3	1.960	1 614.16
3—27	多孔砖外墙(含外墙面勾缝、内墙面中等石灰砂浆及乳胶漆)	100 m^2	2.184	4 035.03
3—29	多孔砖内墙(含内墙面中等石灰砂浆及乳胶漆)	100 m^2	2.292	4 885.22
4—21	无筋混凝土带基(含土方工程)	m^3	206.024	559.24
4—24	混凝土满堂基础	m^3	169.470	542.74
4—26	混凝土设备基础	m^3	1.580	382.70
4—33	现浇混凝土矩形梁	m^3	37.860	952.51
4—38	现浇混凝土墙(含内墙面石灰砂浆及乳胶漆)	m^3	470.120	670.74
4—40	现浇混凝土有梁板	m^3	134.820	786.86
4—44	现浇整体楼梯	10 m^2	4.440	1 310.26
5—42	铝合金地弹门(含运输、安装)	100 m^2	0.097	35 581.23
5—45	铝合金推拉窗(含运输、安装)	100 m^2	0.336	29 175.64

续表

定额号	扩大分项工程名称	单　位	工程量	扩大单价
7—23	双面夹板门(含运输、安装、油漆)	100 m^2	0.331	17 095.15
8—81	全瓷防滑砖地面(含垫层、踢脚线)	100 m^2	2.720	9 920.94
8—82	全瓷防滑砖楼面(含踢脚线)	100 m^2	10.880	8 935.81
8—83	全瓷防滑砖楼梯(含防滑条、踢脚线)	100 m^2	0.444	10 064.39
9—23	珍珠岩找坡保温层	10 m^3	2.720	3 634.34
9—70	二毡三油一砂防水层	100 m^2	2.720	5 428.80

问题：

①本工程一层为加速器室，2~5 层为工作室。建筑面积 1 360 m^2。按三类工程取费：现场管理率 5.63%，其他措施费率 4.10%，企业管理费及规费率 4.39%，利润率 4%，税率3.51%，零星工程费为土建工程人材机基价费 5%，脚手架摊销费为土建人材机基价费 3%，不考虑动态价差。假设以上费用均未含进项税额。试根据给定的工程量和扩大单价表，计算该工程的土建单位工程概算造价，编制土建单位工程概算书。

②若同类工程的各专业单位工程造价占单项工程综合造价的比例如表 6.3.2 所示。试计算该工程的综合概算造价，编制单项工程综合概算书。

表 6.3.2　各专业单位工程造价占单项工程综合造价的比例

专业名称	土建	采暖	通风空调	电气照明	给排水	工器具	设备购置/元	设备安装/元
占比例/%	40	1.5	13.5	2.5	1	0.5	1 064 537.80	118 281.98

【解答】

问题①：

土建单位工程概算书，是由概算表、费用计算表和编制说明等内容组成的；土建单位工程概算表，见表 6.3.3。

表 6.3.3　××医科大学加速器室土建工程概算表

定额号	扩大分项工程名称	单　位	工程量	价值/元	
				基价	合价
3—1	实心砖基础(含土方工程)	10 m^3	1.960	1 614.16	3 163.75
3—27	多孔砖外墙(含勾缝、中等石灰砂浆及乳胶漆)	100 m^2	2.184	4 035.03	8 812.50
3—29	多孔砖内墙(含内墙面中等石灰砂浆及乳胶漆)	100 m^2	2.292	4 885.22	11 196.92
4—21	无筋混凝土带基(含土方工程)	m^3	206.024	559.24	115 216.86
4—24	混凝土满堂基础	m^3	169.470	542.74	91 978.14
4—26	混凝土设备基础	m^3	1.580	382.70	604.66

续表

定额号	扩大分项工程名称	单 位	工程量	价值/元	
				基价	合价
4—33	现浇混凝土矩形梁	m^3	37.860	952.51	36 062.03
4—38	现浇混凝土墙(含内墙面石灰砂浆及乳胶漆)	m^3	470.120	670.74	315 328.29
4—40	现浇混凝土有梁板	m^3	134.820	786.86	106 084.47
4—44	现浇整体楼梯	$10\ m^2$	4.440	1 310.26	5 817.55
5—42	铝合金地弹门(含运输、安装)	$100\ m^2$	0.097	35 581.23	3 451.38
5—45	铝合金推拉窗(含运输、安装)	$100\ m^2$	0.336	29 175.64	9 803.02
7—23	双面夹板门(含运输、安装、油漆)	$100\ m^2$	0.331	17 095.15	5 658.49
8—81	全瓷防滑砖地面(含垫层、踢脚线)	$100\ m^2$	2.720	9 920.94	26 984.96
8—82	全瓷防滑砖楼面(含踢脚线)	$100\ m^2$	10.880	8 935.81	97 221.61
8—83	全瓷防滑砖楼梯(含防滑条、踢脚线)	$100\ m^2$	0.444	10 064.39	4 468.59
9—23	珍珠岩找坡保温层	$10\ m^3$	2.720	3 634.34	9 885.40
9—70	二毡三油一砂防水层	$100\ m^2$	2.720	5 428.80	14 766.33
	人材机基价费合计				866 504.95

由表6.3.3得:人材机基价费=866 504.95元

表6.3.4 ××医科大学加速器室土建单位工程概算费用计算表

序号	费用名称	费用计算表达式	费 用	备注
1	取费基础	人材机基价费+零星工程费+脚手架摊销费	935 825.35	
2	其他措施费	(1)×4.10%	38 368.84	
3	现场管理费	(1)×5.63%	52 686.97	
4	分部分项工程及措施费合计	(1)+(2)+(3)	1 026 881.16	
5	企业管理费及规费	(4)×4.39%	45 080.08	
6	利润	[(4)+(5)]×4%	42 878.45	
7	税金	[(4)+(5)+(6)]×3.51%	39 130.87	
8	土建单位工程概算造价	(4)+(5)+(6)+(7)	1 153 970.56	

计算零星工程费、脚手架摊销费:

零星工程费 = 866 504.95×5%元 = 43 325.25 元

脚手架摊销费 = 866 504.95×3%元 = 25 995.15 元

土建单位工程设计概算取费基础 = 概算人材机基价费+零星工程费+脚手架摊销费
= 866 504.95 元+43 325.25 元+25 995.19 元
= 935 825.35 元

根据取费基础和背景材料给定的费率，列表计算土建单位工程概算造价，见表6.3.4。

问题②：

①按土建单位工程造价占单项工程综合造价比例 40%，计算单项工程综合概算造价：

土建单位工程概算造价 = 单项工程综合概算造价×40%

单项工程综合概算造价 = 土建单位工程概算造价÷40%
= 1 153 970.54 元÷40% = 2 884 926.35 元

②按各专业单位工程造价占单项工程综合造价比例，分别计算各单位工程概算造价。

采暖单位工程造价 = 2 884 926.35×1.5%元 = 43 273.90 元

通风、空调单位工程造价 = 2 884 926.30×13.5%元 = 389 465.06 元

电气、照明单位工程造价 = 2 884 926.30×2.5%元 = 72 123.16 元

给排水单位工程造价 = 2 884 926.30×1%元 = 28 849.26 元

工器具购置单位工程造价 = 2 884 926.30×0.5%元 = 14 424.63 元

设备购置单位工程造价 = 1 064 537.80 元

设备安装单位工程造价 = 118 281.98 元

③编制单项工程综合概算书，见表 6.3.5。

表 6.3.5 ××医科大学加速器室综合概算书

序号	工程或费用名称	概算价值/万元				技术经济指标			占总投资比例/%
		建安工程费	设备购置费	工程建设其他费	合计	单位	数量	单位造价/(元·m^{-2})	
一	建筑工程	168.77			168.77	m^2	1 360	1 240.96	58.5
1	土建工程	115.40			115.40			848.53	
2	采暖工程	4.33			4.33			31.84	
3	通风、空调工程	38.95			38.95	m^2	1 360	286.40	
4	电气、照明工程	7.21			7.21			53.01	
5	给排水工程	2.88			2.88			21.18	
二	设备及安装工程				118.28	m^2	1 360	869.71	41
1	设备购置		106.45		106.45			782.72	
2	设备安装工程	11.83			11.83			86.99	
三	工器具购置		1.44		1.44	m^2	1 360	10.59	0.5
	合计	180.60	107.89		288.49			2 121.26	100
四	占综合投资比例	62.6%	37.4%		100%				

2）概算指标法

当初步设计深度不够，不能较准确地计算工程量，但工程采用的技术比较成熟且有类似概算指标可以利用时，可采用概算指标来编制工程概算。

概算指标是一种用建筑面积、建筑体积或万元等为单位，以整幢建筑物为依据而编制的指标。概算指标的数据均来自各种已建的建筑物预算或决算资料，即用已建建筑物的建筑面积（或体积）或每万元除所需的各种人工、材料而得出。

由于概算指标是按整幢建筑物单位建筑面积或单位建筑体积表示的价值或工料消耗量，因此，它比概算定额更扩大、更综合，从而，按概算指标编制设计概算也就更简化，但是概算的精度要差些。

现以单位建筑面积工料消耗量概算指标为例说明概算公式如下：

$$\text{每平方米建筑面积人工费}=\text{指标规定的人工工日数}\times\text{当地日工资标准}$$

$$\text{每平方米建筑面积主要材料费}=\sum(\text{指标规定的主要材料消耗量}\times\text{当地材料预算单价})$$

$$\text{每平方米建筑面积人材机基价费}=\text{人工费}+\text{主要材料费}+\text{其他材料费}+\text{施工机械使用费}$$

$$\text{每平方米建筑面积概算单价}=\text{人材机基价费}+\text{企业管理费、规费}+\text{材料差价}+\text{利润}+\text{税金}$$

$$\text{设计工程概算价值}=\text{设计工程建筑面积}\times\text{每平方米概算单价}$$

如初步设计的工程内容与概算指标规定内容有局部差异时，必须先对原概算指标进行修正，然后用修正后的概算指标编制概算。修正的方法是，从原指标的单位造价中减去应换出的设计中不含的结构构件单价，加入应换入的设计中包含而原指标中不含的结构构件单价，就得到修正后的单位造价指标。概算指标修正公式如下：

$$\text{单位建筑面积造价修正概算指标}=\text{原造价概算指标单价}-\text{换出结构构件的数量}\times\text{单价}+\text{换入结构构件的数量}\times\text{单价}$$

3）设备、人工、材料、机械台班费用的调整

$$\text{设备、工、料、机修正概算费用}=\text{原概算指标的设备、工、料、机费用}+\sum\left(\text{换入设备、工、料、机数量}\times\text{拟建地区相应单价}\right)-\sum\left(\text{换出设备、工、料、机数量}\times\text{原概算指标设备、工、料、机单价}\right)$$

【例6.3.2】 某单层工业厂房造价指标为：427.77 元/m²，拟建厂房与该厂房技术条件相符。但在结构因素上拟建厂房是采用大型板墙作围护结构，而原指标厂房是石棉瓦墙，需对造价指标进行调整。

【解答】 调整方法：从造价指标中减去原结构单价，加上新结构单价。用公式表述为：

结构变化后单位造价（元/m²）$=J+(Q_1P_1-Q_2P_2)$

式中　Q_1——每平方米新结构含量；

P_1——新结构单价；

Q_2——原指标中每平方米旧结构含量；

P_2——原指标中旧结构单价；

J——原造价指标。

查表6.3.6，把相应数据代入上式得：

变化后每平方米造价 = 427.72 元/m² + 0.36×8.33 元/m² − 0.19×132.82 元/m²

= 405.52 元/m²

表 6.3.6 某工业厂房概算造价指标

序 号	分部分项	每 m^2 工程量	占造价/%	每 m^2 造价/元	分部分项单 价	说 明
1	基础	0.43 m^3	5.1	21.81	50.70 元/m^3	
2	外围结构	0.58 m^2	6.6	28.23	48.67 元/ m^3	
	石棉瓦墙	(0.19 m^2)	(5.9)	(25.20)	132.82 元/m^3	含钢结构
	混凝土大型墙板	(0.36 m^2)	(0.7)	(3.0)	8.33 元/m^3	
3	柱		8	34.22		
	钢筋混凝土	0.008 m^3	(0.3)	(1.28)	166.65 元/m^3	
	钢结构	0.046 t	(7.7)	(32.94)	716.09 元/t	
4	吊车梁	0.139 t	24	102.65	739.05 元/t	
5	屋盖		10.2	43.63		
	承重结构	1.05 m^2	(9.2)	(39.35)	37.48 元/m^2	综合价
	卷材屋面	1.02 m^2	(1.0)	(4.28)	4.07 元/m^2	
6	地坪面		1.6	6.84		
7	钢平台	0.153 t	34.1	145.86	953.33 元/m^2	
8	其他		10.4	44.48		
	合计			427.72		

注:本表造价指标是对原造价指标加工整理后的指标。

众所周知,每一指标都是代表一定技术和经济条件下的工程造价,每个拟建项目设计的技术、经济条件与过去的同类设计都会有变化,如果不随这些变化去调整指标,不仅失去指标的应用价值,更重要的是影响造价准确性。影响造价指标的因素很多,但主要是房屋的高度、跨度、跨数、基础深度、地耐力、柱距、柱形、结构因素、地震烈度等。研究分析以上各变化因素,总结各种技术经济参数及调整方法,才能编制出高质量的概算造价。一般来说,民用建筑如住宅,国家和各地方主管部门颁发有造价指标并逐步走向规范化。因此,民用建筑采用概算指标法较多。如无规定时,则可收集当地实际造价指标来编制概算也是准确而方便的。此外,注意概算指标的编制年份和地区,以便对其进行价差调整。

4)类似工程概算法

如果工程设计对象与已建或在建工程项目类似,结构特征也基本相同,或者无完整的初步设计方案和合适的概算指标,可采用已建类似工程结算资料,计算设计工程的概算价值。这种概算方法称为类似工程概算法。

类似工程概算法,是用类似工程的结算或决算资料,按照编制概算指标的方法,求出单位工程的概算指标,再按概算指标法编制设计工程概算。

利用类似工程编制概算时应考虑到设计对象与类似工程的差异,这些可用修正系数加以修正。当设计对象与类似工程的结构构件有部分不同时,还应增减不同部分的工程量,然后再求出修正后的总概算造价。

综上所述，用类似工程编制概算的公式如下：

工资修正系数(K_1)=拟建工程地区人工工资标准/类似工程所在地区人工工资标准

$$\text{材料预算价格修正系数}(K_2)=\frac{\sum(\text{类似工程各主要材料消耗量}\times\text{拟建工程地区材料预算价格})}{\text{类似工程主要材料费用}}$$

$$\text{机械使用费修正系数}(K_3)=\frac{\sum(\text{类似工程各主要机械台班数}\times\text{拟建工程地区机械台班单价})}{\text{类似工程主要机械使用费}}$$

企业管理费、规费修正系数(K_4)=拟建工程地区企业管理费、规费率/类似工程地区的企业管理费、规费率

综合修正系数(K)=人工工资比重×K_1+材料费比重×K_2+机械费比重×K_2+企业管理费、规费比重×K_4

$$\text{工程概算总造价}=\text{拟建工程的建筑面积}\times\text{类似工程的预算单方造价}\times\text{综合修正系数}(K)\pm\text{结构增减值}\times\left(1+\text{修正后的间接费率}\right)$$

【例 6.3.3】　拟建砖混结构住宅工程 3 420 m²，结构形式与已建成的某工程相同，只有外墙保温贴面不同，其他部分均较为接近。类似工程外墙为珍珠岩板保温、水泥砂浆抹面，每平方米建筑面积消耗量分别为：0.044 m³，0.842 m²，珍珠岩板 153.1 元/m³、水泥砂浆 8.95 元/m²；拟建工程外墙为加气混凝土保温、外贴釉面砖，每平方米建筑面积消耗量分别为：0.08 m³，0.82 m²，加气混凝土 185.48 元/m³，贴釉面砖 49.75 元/m²。类似工程单方造价 588 元/m²，其中，人工费、材料费、机械费、其他措施费、现场管理费和企业管理费、规费占单方造价比例，分别为：11%，62%，6%，4%，5%和 12%，拟建工程与类似工程预算造价在这几方面的差异系数分别为：2.01，1.06，1.92，1.02，1.01 和 0.87。

问题：

①应用类似工程预算法确定拟建工程的单位工程概算造价。

②若类似工程预算中，每平方米建筑面积主要资源消耗为：

人工消耗 5.08 工日，钢材 23.8 kg，水泥 205 kg，原木 0.05 m³，铝合金门窗 0.24 m²，其他材料费为主材费的 45%，机械费占定额基价费 8%，拟建工程主要资源的现行预算价格分别为：人工 20.31 元/工日，钢材 3.1 元/kg，水泥 0.35 元/kg，原木 1 400 元/m³，铝合金门窗平均 350 元/m²，拟建工程综合费率为 20%，应用概算指标法，确定拟建工程的单位工程概算造价。

【解答】

问题(1)：

①拟建工程概算指标=类似工程单方造价×综合差异系数 k

k =11%×2.01+62%×1.06+6%×1.92+4%×1.02+5%×1.01+12%×0.87
=1.19

拟建工程概算指标=588×1.19 元/m²=699.72 元/m²

②结构差异额=0.08×185.48 元/m²+0.82×49.75 元/m²−(0.044×153.1+0.842×8.95) 元/m²=41.36 元/m²

③修正概算指标=699.72 元/m²+41.36 元/m²=741.08 元/m²

④拟建工程概算造价=拟建工程建筑面积×修正概算指标
=3 420×741.08 元=2 534 493.60 元=253.45 万元

问题(2)：

①计算拟建工程单位平方米建筑面积的人工费、材料费和机械费。

人工费 = 5.08×20.31 元 = 103.17 元

材料费 = (23.8×3.1+205×0.35+0.05×1 400+0.24×350)(1+45%)元
= 434.32 元

机械费 = 基价费×8%

概算基价费 = 103.17 元+434.32 元+基价费×8%

概算基价费 = $\frac{103.17+434.32}{1-8\%}$ 元 = 584.23 元/m^2

②计算拟建工程概算指标、修正概算指标和概算造价。

概算指标 = 584.23(1+20%)元/m^2 = 701.08 元/m^2

修正概算指标 = 701.08 元/m^2+41.36 元/m^2 = 742.44 元/m^2

拟建工程概算造价 = 3 420×742.44 元 = 2 539 144.80 元 = 253.91 万元

2.设备及安装工程概算的编制方法

(1)设备购置费概算

设备购置费由设备原价和运杂费两项组成。

国产标准设备原价可根据设备型号、规格、性能、材质、数量及附带的配件，向制造厂家询价或向设备、材料信息部门查询或按主管部门规定的现行价格逐项计算。非主要标准设备和工器具、生产家具的原价可按主要标准设备原价的百分比计算，百分比指标按主管部门或地区有关规定执行。

国产非标准设备原价在设计概算时可按下列两种方法确定：

①非标设备台(件)估价指标法

根据非标设备的类别、重量、性能、材质等情况，以每台设备规定的估价指标计算，即：

非标设备原价 = 设备台班×每台设备估价指标

②非标设备吨重估价指标法

根据非标设备的类别、性能、质量、材质等情况，以某类设备所规定吨重估价指标计算，即：

非标设备原价 = 设备吨重×每吨重设备估价指标

设备运杂费按有关规定的运杂费率计算，即：

设备运杂费 = 设备原价×运杂费率

(2)设备安装工程概算的编制方法

设备安装工程概算造价的编制方法有：

①预算单价法

当初步设计较深，有详细的设备清单时，可直接按安装工程预算定额单价编制设备安装工程概算，概算程序基本同于安装工程施工图预算。

②扩大单价法

当初步设计深度不够，设备清单不完备，只有主体设备或仅有成套设备重量时，可采用主体设备、成套设备的综合扩大安装单价来编制概算。

③设备价值百分比法

设备价值百分比法又叫安装设备百分比法。当初步设计深度不够，只有设备出厂价而无详细规格、重量时，安装费可按占设备费的百分比计算。其百分比值(即安装费率)由主管部门制定或由设计单位根据已完类似工程确定。该法常用于价格波动不大的定型产品和通用设备产品。数学表达式为：

设备安装费=设备原价×安装费率

④综合吨位指标法

当初步设计提供的设备清单有规格和设备重量时，可采用综合吨位指标编制概算，其综合吨位指标由主管部门或由设计院根据已完类似工程资料确定。该法常用于设备价格波动较大的非标准设备和引进设备的安装工程概算。数学表达式为：

设备安装费=设备吨重×每吨设备安装费指标

（二）单项工程综合概算的编制方法

单项工程综合概算是以其对应的建筑工程概算表和设备安装概算表为基础汇总编制的。当建设项目只有一个单项工程时，单项工程综合概算（实为总概算）还应包括工程建设其他费用、建设期贷款利息、预备费和固定资产投资方向调节税的概算。

单项工程综合概算文件一般包括编制说明（不编制总概算时列入）和综合概算表。

1.编制说明

主要包括：编制依据，编制方法，主要设备和材料的数量，其他有关问题。

2.综合概算表

综合概算表是根据单项工程对应范围内的各单位工程概算等基础资料，按照国家或部委的规定统一表格进行编制。为了说明综合概算表的内容，现假定建设项目是由一个工业单项工程组成时，其综合概算表格的格式和内容见表6.3.7。

表6.3.7　机械装配车间综合概（预）算表

序号	单位工程和费用名称	概（预）算价值/万元					技术经济指标/（元·m^{-2}）			占总投资/%
		建筑工程费	设备购置费	工器具购置费	其他工程和费用	合计	单位	数量	造价/元	
一	建筑工程	262.00			1.75	263.75	m^2	4 256		61.16
1	一般土建工程	212.81			1.25	214.06	m^2	4 256	502.96	49.64
2	给排水工程	5.13				5.13	m^2	4 256	12.05	1.19
3	通风工程	21.33				21.33	m^2	4 256	50.12	4.95
4	工业管道工程	0.65				0.65	m^2	58.50	111.11	0.15
5	设备基础工程	14.08				14.08	m^2	402.25	350.03	3.26
6	电气照明工程	8.00			0.50	8.50	m^2	4 256	19.97	1.97
	⋮									
二	设备及安装工程		130.95	35.56		167.51				38.84
1	机械设备及安装		113.31	34.71		148.02	t	427.25	3 464.48	34.32
2	动力设备及安装		17.64	1.85		19.49	kW	343.75	566.98	4.52
	⋮									
	总计	262.00	130.95	36.56	1.75	431.26				100

(三)建设项目总概算的编制

建设项目总概算是设计文件的重要组成部分,是以整个工程项目为对象,是确定整个建设项目从筹建到竣工交付使用所预计花费的全部费用的文件。它是由按照主管部门规定的统一表格格式编制的,内容包括各单项工程综合概算、工程建设其他费用、建设期贷款利息、预备费、固定资产投资方向调节税和经营性项目的铺底流动资金,由各单项工程综合概算及其他工程和费用概算综合汇编而成。

设计概算文件一般应包括:封面及目录、编制说明、总概算表、工程建设其他费用概算表、单项工程综合概算表、单位工程概算表、工程量计算表、分年度投资汇总表与分年度资金流量汇总表以及主要材料汇总表与工日数量表等。现将有关主要问题说明如下:

①封面、签署页及目录。封面、签署页格式如表 6.3.8 所示。

表 6.3.8 封面、签署页格式

建设项目设计概算文件
建设单位________
建设项目名称________
设计单位(或工程造价咨询单位)________
编制单位________
编制人(资格证号)________
审核人(资格证号)________
项目负责人________
总工程师________
单位负责人________
年 月 日

②编制说明。编制说明应包括下列内容:

a.工程概况。简述建设项目性质、特点、生产规模、建设周期、建设地点等主要情况。引进项目要说明引进内容及其国内配套工程等主要情况。

b.资金来源及投资方式。

c.编制依据及编制原则。

d.编制方法。说明设计概算采用的方法。

e.投资分析。主要分析各项投资的比重、各专业投资的比重等经济指标。

f.其他需要说明的问题。

③总概算表。总概算表应反映静态投资和动态投资两个部分。静态投资是按设计概算编制期价格、费率、利率、汇率等确定的投资;动态投资是指概算编制期到竣工验收前的工程和价格变化等多种因素所需的投资,见表 6.3.9。

④工程建设其他费用概算表。工程建设其他费用概算按国家或地区部委所规定的项目和标准确定,并按统一表格编制。

⑤单项工程综合概算表和建筑安装单位工程概算表。

⑥工程量计算表和工、料数量汇总表。

⑦分年度投资汇总表和分年度资金流量汇总表。

表 6.3.9　××机械厂总概(预)算表

序号	工程或费用	概(预)算价值/万元					技术经济指标			造价/元	占总投资/%
		建筑工程费	设备购置费	设备购置费	工器具购置费	其他工程和费用	合计	单位	数量		
一	第一部分费用	623.55	443.45	1 375.67	23.38		2 467.05				84.80
(一)	主要生产项目	189.49	293.08	1 050.18	20.00		1 552.75	t	5 000	3 150.50	53.37
	1…										
	2…										
(二)	辅助生产项目	79.79	1.82	50.95	3.38		135.94				4.67
	1…										
	2…										
(三)	公用设施项目	106.23	148.55	275.54			530.32				18.23
	1…										
	2…										
(四)	生活福利项目	248.04					248.04	m^2	4 238	585.28	8.53
	1…										
	2…										
二	第二部分费用					303.84	303.84				10.44
(一)	征地费					75.00	75.00				2.58
(二)	⋮										
(三)	其他					228.84	228.84				7.86
三	预备费					138.54	138.54				4.76
	第一、二部分费用合计	623.55	443.45	1 376.67	23.38	442.38	2 770.89				
	总概算价值	623.55	443.45	1 376.67	23.38	442.38	2 909.43				
	其中:回收金额										
	投资比例/%	21.43	15.24	47.32	0.8	15.21	100				100

四、工程概算的审查

(一)审查工程概算的意义

①审查工程概算,有利于合理分配投资资金、加强投资计划管理,有利于合理确定和有效

控制工程造价。设计概算偏高或偏低,不仅影响工程造价的控制,也会影响投资计划的真实性,影响投资资金的合理分配。通过设计概算审查,可以提高投资的准确性和合理性。

②审查设计概算,可以促进概算编制单位严格执行国家有关概算的编制规定和费用标准,从而提高概算的编制质量。

③审查设计概算,有助于提高设计的技术先进性与经济合理性。概算中的技术经济指标,是概算的综合反映,与同类工程对比,便可看出它的先进性与合理程度。

④审查设计概算,有利于核定建设项目的投资规模,可以使建设项目总投资准确、完整,防止任意扩大投资规模或出现漏项,从而减少投资缺口,缩小概算与预算甚至决算之间的差距,避免故意压低概算投资,以致实际造价大幅度地突破概算。

经审查的概算,为建设项目投资的落实提供了可靠的依据。打足投资,不留缺口,有利于提高建设项目的投资效益。

(二)工程概算的审查内容

1.审查设计概算的编制依据

(1)审查编制依据的合法性

采用的各种编制依据必须经过国家和授权机关批准,符合国家的编制规定,未经批准的不能采用。也不能强调情况特殊,擅自提高概算定额、指标或费用标准。

(2)审查编制依据的时效性

各种依据,如定额、指标、价格、取费标准等,都应根据国家、地方、有关管理部门的现行规定执行。

(3)审查编制依据的适用范围

各种编制依据都有规定的适用范围,如各主管部门规定的各种专业定额及其取费标准,只适用于该部门的专业工程;各地区规定的各种定额及其取费标准,只适用于该地区范围内,特别是地区的材料预算价格区域性更强。

2.审查概算编制深度

(1)审查编制说明

审查编制说明可以检查概算的编制方法、深度和编制依据等重大原则问题。

(2)审查概算编制深度

一般大中型项目的设计概算,应有完整的编制说明和“三级概算”(即总概算表、单项工程综合概算表、单位工程概算表),并按有关规定的深度进行编制。审查是否有符合规定的“三级概算”,各级概算的编制、校对、审核是否按规定签署。

(3)审查概算的编制范围

审查概算编制范围及具体内容是否与主管部门批准的建设项目范围及具体工程内容一致;审查分期建设项目的建筑范围及具体工程内容有无重复交叉,是否重复计算或漏算;审查其他费用所列的项目是否符合规定,静态投资、动态投资和经营性项目铺底流动资金是否分别列出等。

3.审查建设规模、标准

审查概算的投资规模、生产能力、设计标准、建设用地、建筑面积、主要设备、配套工程、设计定员等是否符合原批准可行性研究报告或立项批文的标准。如概算总投资超过原批准投资估算10%以上,应进一步审查超估算的原因。

4.审查设备规格、数量和配置

工业建设项目设备投资比重大,一般占总投资的30%~50%,要认真审查。审查所选用的设备规格、台数是否与生产规模一致,材质、自动化程度有无提高标准,引进设备是否配套、合理,备用设备台数是否适当,消防、环保设备是否计算等。还要重点审查设备价格是否合理、是否符合有关规定,如国产设备应按当时询价资料或有关部门发布的出厂价、信息价,引进设备应依据询价或合同价编制概算。

5.审查工程费

建筑安装工程投资是随工程量增加而增加的,要认真审查。要根据初步设计图纸、概算定额及工程量计算规则、专业设备材料表、建构筑物和总图运输一览表进行审查,有无多算、重算、漏算。

6.审查计价指标

审查建筑工程采用工程所在地区的计价定额、费用定额、价格指数和有关人工、材料、机械台班单价是否符合现行规定;审查安装工程所采用的专业部门或地区定额是否符合工程所在地区的市场价格水平,概算指标调整系数、主材价格、人工、机械台班和辅材调整系数是否按当地最新规定执行;审查引进设备安装费率或计取标准、部分行业专业设备安装费率是否按有关规定计算等。

7.审查其他费用

工程建设其他费用投资约占项目总投资的25%以上,必须认真逐项审查。审查费用项目是否按国家统一规定计列,具体费率或计取标准是否按国家、行业或有关部门规定计算,有无随意列项、有无多列、交叉计列和漏项等。

(三)审查设计概算的方法

采用适当方法审查设计概算,是确保审查质量、提高审查效率的关键。较常用的方法有:

1.对比分析法

对比分析法能较快较好地判别设计概算的偏差程度和准确性。通过建设规模、标准和立项批文对比,工程数量与设计图纸对比,综合范围、内容与编制方法、规定对比,各项取费与规定标准对比,材料、人工单价与统一信息对比,引进投资与报价要求对比,容易发现设计概算存在的主要问题和偏差。

2.主要问题复核法

复核法对审查中发现的主要问题、偏差大的工程进行复核,对重要、关键设备和生产装置或投资较大的项目进行复查。复核时应尽量按照编制规定或对照图纸进行详细核算,慎重、公正地纠正概算偏差。

3.查询核实法

查询核实法是对一些关键设备和设施、重要装置、引进工程图纸不全、难以核算的较大投资进行多方查询核对,逐项落实的方法。主要设备的市场价向设备供应部门或招标公司查询核实;重要生产装置、设施向同类企业(工程)查询了解;引进设备价格及有关费税向进出口公司调查落实;复杂的建安工程向同类工程的建设、承包、施工单位征求意见;深度不够或不清楚的问题直接同原概算编制人员、设计者询问清楚。

4.利用工程量综合指标对比审核法

这种方法,多用于民用建筑工程。它是用算术平均法将多个类似工程的同项工程量之和

除以总建筑面积,用公式表示如下:

$$工程量综合指标=\frac{\sum(同项工程量)}{\sum(建筑面积)}$$

将要审核的设计概算的分项工程量的每 m^2 建筑面积的单位指标与相应工程量综合指标相比较,分析所计算的结果准确与否。

①如计算出一栋住宅工程的墙体砌砖工程量为779 m^3,其建筑面积为1 900 m^2,则可求出单位建筑面积指标:779 m^3÷1 900 m^2(建筑面积)= 0.41 m^3/m^2。

如该地区住宅工程砖墙(砖混结构)综合指标为0.42 m^3/m^2,经对比分析,可认为此项概算工程量计算一般没有问题。

②若概算工程量单位指标与工程量综合指标出入较大,要详细分析,弄清相应工程内容是否与一般工程(综合指标取定工程)出入较大。

例如,算得某住宅砖墙工程量的单位建筑面积指标为0.46 m^3/m^2,明显超出该地区住宅工程砖墙综合指标0.42 m^3/m^2。经分析,该住宅一层是370 mm厚墙,而综合指标按240 mm厚墙考虑,故砖砌量大,并要测算因此而增加的量:

该工程为六层,建筑面积1 900 m^2,底层建筑面积为:

$$1\ 900\ m^2 \div 6 = 317\ m^2$$

底层按砖墙单位指标计算的砌砖量应比按综合指标计算的超出:

$$317 \times 0.42 \times \left(\frac{370}{240} - 1\right)\ m^3 = 72.12\ m^3$$

故单位建筑面积超出指标为:

$$72.12\ m^3 \div 1\ 900\ m^2 = 0.04\ m^3/m^2$$

以上计算结果正符合该工程实际单位指标超出综合指标的数,说明这项工程量计算一般是准确的。

③若单位建筑面积工程量指标与综合指标出入较大,一时又分析不出原因,就要详细查对工程量计算式或计算“表格”“属性”的输入数据(如果是用软件计算工程量),以及相应的施工图,直至找出原因为止。

5.分类整理法

对审查中发现的问题和偏差,对照单项、单位工程的顺序目录,先按①设备费,②安装费,③建筑费,④工程建设其他费用分类整理。然后按照静态投资、动态投资和铺底流动资金三大类,汇总核增或核减项目及其投资额。最后将具体审核数据,按照“原编概算”“审核结果”“增减投资”“增减幅度”四栏列表,并照原总概算表汇总顺序,将增减项目逐一列出,相应调整所属项目投资合计,再依次汇总审核后的总投资及增减投资额。

6.联合会审法

联合会审前,可先采取多种形式联合审查,包括设计单位自审,主管、建设、承包单位初审,工程造价咨询公司评审,邀请同行专家预审,审批部门复审等,经层层审查把关后,由有关单位和专家进行会审。在会审大会上,由设计单位介绍概算编制情况及有关问题,各有关单位、专家汇报初审、预审意见。然后进行认真分析、讨论,结合对各专业技术方案的审查意见所产生的投资增减,逐一核实原概算出现的问题。经过充分协商,认真听取设计单位意见后,实事求是地处理、调整。对于差错较多、问题较大或不能满足要求的，责成按会审意见修改返工后，重新报批；对于无重大原则问题，深度基本满足要求，投资增减不多的，当场核定概算投资额，并提交审批部门复核后，正式下达审批概算。

五、定额计价工程预算的编制

（一）定额计价工程预算的编制原理

定额计价工程预算的编制原理就是首先确定工程成本，包括直接成本和间接成本，在此基础上确定一个合理的赢利水平，从而构成预算造价。

如果按照定额为计算依据，以全国统一的项目划分及计价方法为例，对定额计价工程预算编制的原理加以说明如下：

建筑安装工程费用由人材机费、企业管理费、规费、利润和税金等费用组成。在将所列分项工程实物工程量计算出后，套用的相应的定额单价计算定额人材机费，即

$$定额人材机费=\sum_{1}^{n}(工程量\times定额单价)$$

而其他各项费用主要以定额人材机费为计算基数，根据规定的取费费率进行计算，其计算程序如下：

企业管理费、规费=定额人材机费（或人工费）×企业管理费、规费率

利润=（定额人材机费+企业管理费+规费）（或人工费）×利润率

税金=（定额人材机费+企业管理费+规费+利润）×税率

施工图预算造价=人材机费+企业管理费+规费+利润+税金

（二）定额计价施工图预算的依据

1.施工图纸及说明书和有关标准图

施工图纸和说明书是反映建筑及安装工程内容和特征的技术经济文件。工程对象的正确、完整和详尽的施工图，一般包括：建筑施工图和结构施工图；机械、电气、管道、通风空调等各专业施工图；设备总装配图、部件装配图、零件图；非标准设备加工详图，以及设备、材料明细表等。在阅读、熟悉施工图时，应特别注意图上的“技术要求”内容，施工图和说明书应互相对照，以掌握施工图设计的全部内容。

熟悉、审查施工图和说明书是领会设计意图，明确工程内容，了解工程特点和关键的重要环节，一般应注意以下内容：

①图纸是否齐全，要求是否明确。

②核对本专业工程之间和本专业工程与相邻专业工程之间的图纸有无矛盾，主要尺寸、位置、标高有无遗漏，说明有无矛盾和错误。

③核对设计计算是否正确，设计的要求能否实施，对保证安全施工有无影响。如需要采取特殊施工方法和特殊技术措施时，技术上和设备条件上有无困难，施工能否满足设计规定的质量标准，并以此安排科研、试验、新设备购置或人员培训计划等内容，相应地对工程量作出统计计算。

④核对有无特殊材料和非标准设备等内容，品种、规格、数量能否解决；并以此确定相应的特殊材料购置计划和非标准设备订购计划或建设相应的生产基地等。在作以上计划的同时，应对其工程量作出统计计算。

通过熟悉施工图纸和说明书，确定与该单位工程施工有关的准备工作项目和场外制备工作项目的同时，应为施工图会审做好准备。所谓施工图会审，即由施工单位技术负责人邀请设计、建设及施工主要协作单位的代表参加的"施工图会审"会议。一般由设计单位向施工单位作设计交底，讲清设计意图和对施工的技术要求等内容；有关施工技术人员对施工图纸以及与工程施工的有关问题提出质询；通过各方认真讨论后，逐一作出决定和详细记录或形成会议纪要。对于施工图会审中提出的问题和作出的决定，如需修改、补充设计时，应办理设计变更和相应工程费用变更手续。

施工图和说明书、施工图会审纪要，是定额计价施工图预算的基础；同时，预算人员还应具备有关的标准图和通用图集，以备查用。因为在施工图上不可能全部完整地反映局部结构的细节，在进行施工和计算工程量时，往往要借助有关施工图册或标准图集。

2.施工组织设计或施工方案

单位工程施工组织设计是在施工图设计完成并经施工图会审后，由施工企业直接组织施工的基层单位，对实施施工图的方案、进度、资源、平面等做出的设计，简明单位工程施工组织设计也称为施工方案。经合同双方批准的施工组织设计，是编制定额计价施工图预算的依据。如土建工程施工中，现浇构件混凝土定额是按现场搅拌非泵送编制的，如采用集中搅拌时，应分别按附录集中搅拌的泵送混凝土或非泵送混凝土进行换算，采取何种计费以批准的施工方案为准。又如，设备安装工程施工中，重、高、大型设备安装使用金属桅杆是单金属桅杆或双金属桅杆，桅杆高度、吨位等的确定，也是以施工组织设计为依据。

施工组织设计或施工方案对工程造价影响较大，必须根据客观、实际情况，编制施工技术先进、合理的施工方案，降低工程造价。

要指出的是，现行定额规定的施工方案或方法，一般应首先选择使用。当客观条件不具备，需采用新方案、新方法时，在保证质量和施工安全的前提下，合同双方应根据实际情况协商施工方案内容，需补充单位估价表时，应报工程造价管理部门审核批准，以作为计取工程费用的依据。

3.工程量计算规则

国家和省、自治区、直辖市工程造价管理部门，对各专业工程量的计算，都发布了相应的预算工程量计算规则，根据施工图纸和施工方案计算工程量时，必须按本专业工程量计算规则，依照施工活动开展的先后顺序，统计计算各分部工程或分项工程的工程数量。如果按照定额，要求工程项目名称与现行定额子目的名称一致，计算时采用的单位也一致，以便定额的套用。同时，根据工程量计算规则计算工程量时，应指明该工程项目对应的施工图图号及部位，计算表达式应清楚、正确，使计算结果便于复核。

4.现行预算定额和有关动态调价规定

各专业的全国统一定额及预算工程量计算规则已审批发布。根据全国统一定额，各省、自治区、直辖市建设主管部门，按照全国统一定额的规定，结合本地区技术经济水平，颁发适合本地区使用的计价定额或估价表等。计价定额或估价表是编制工程造价中的基价人材机费的依据。定额中未含的措施费、企业管理费、规费按相应建设工程取费定额规定费率计算。

正确地使用预算定额，是对工程造价确定与控制人员的最基本的要求；不能正确使用预算定额或计价定额，就谈不上定额计价施工图预算的编制。

要正确使用预算定额，必须注意以下几点：

(1)定额及预算定额的概念

定额是指在合理的劳动组织和合理地使用材料和机械的正常施工条件下,规定完成单位合格产品所消耗的资源数量标准。

预算定额是指在正常施工条件下,规定完成单位合格的分项工程所消耗的工、料、机的数量标准。分项工程是指通过较为简单的施工过程就可以生产出来并可用适当的计算单位进行计算的施工过程;是分部工程的组成部分,是构成建筑产品的最基本要素。

(2)掌握定额性质

定额是按照党的路线、方针和经济政策编制的,是一种具有权威性的数量标准指标,并具真实性和科学性、系统性和统一性、相对稳定性和时效性。

(3)掌握预算定额产生的条件

预算定额是在正常的生产条件和平均的劳动熟练程度及劳动强度下制定的,反映的是大多数企业可能达到的水平,即社会平均水平。

预算定额的正常施工条件,一般包括:

①合理的劳动组织。生产劳动中,工人小组人员数量、技术配备合理。

②正常使用材料、设备。设备、材料、构件、附件等完整无损,符合质量标准和设计要求,供应及时,适于使用。

③各专业工程之间交叉作业正常,互不影响施工。

④前阶段专业工程施工符合施工及验收规范和质量评定标准要求,后阶段专业工程施工能正常投入使用。

⑤水电等资源供应能满足正常施工。

⑥地理条件和施工环境均不影响施工活动开展及效率发挥。

如果施工现场未具备以上正常施工条件,应按预算定额的规定调整有关费用。

掌握预算定额编制原则及正常施工条件的内容。当预算定额缺项,需要补充预算定额或单位估价表时,应能测定编制。

(4)掌握预算定额的说明和附注

预算定额或单位基价表等总说明及册、章等的说明,是预算定额的重要组成部分,使用者必须首先熟悉掌握。通常在这些说明中,限定了该说明所属部分各子目包括的工作内容和未包括的内容。对于已包括的工作内容,不能重复计算;对于未包括的工作内容,发生时应根据其规定另行计算;不按说明进行工程量计算,就有可能造成漏算。特别要注意的是,定额总说明和篇、章等的说明及附注内容,与定额子目是一个有机的整体。所以,在使用定额时,要全面理解、执行定额,就必须掌握定额的说明和附注内容,注意这些说明中规定的子目调整、换算系数和综合调整系数的使用等。

(5)掌握预算定额的现行调整、解释内容

预算定额或单位基价表是一个在一定时期发布的经济法规性规定。随着市场人工、材料、机械台班等价格的变化,国家或省、自治区、直辖市工程造价管理部门,将根据市场价格变化的情况和国家宏观经济政策的要求,发布对当前执行的定额及取费规定作出相应调整的规定。对定额有关内容作出的解释、调整规定等,在执行定额时应予执行。特别要注意的是“材料预算价格”,它关系到材料费的确定和调整。在目前,各地区的定额或工程造价管理部门,每月都发布本地区材料价格等信息。掌握、执行这些规定,是全面执行定额的组成部分。

5.工程承包经济合同、协议书或招标文件

工程合同是固定签约双方之间经济关系,明确各自责任,具有法律效力,受到国家法律保护的一种经济契约。合同或招标文件中规定的工程范围和内容、承包方式、施工准备、技术资料供应、物资供应、工程质量等,是施工图预算的重要依据。对于合同中未规定的内容,在施工图预算编制说明中应予说明。

6.工具书和有关手册

各种单位的换算、计算各种长度、面积和体积的公式,钢材、木材等用量数据,金属材料理论重量等工具书和有关手册,预算人员也应具备,以便计算工程量或换算时查用。

(三)工程预算的编制方法

工程造价管理建设主管部门已提出:"政府宏观指导,企业自主报价,竞争形成价格,加强动态管理"和"控制量、指导价、竞争费"等改革方案。

工程造价管理体制改革的最终目标,是在统一工程量计量规则和消耗量标准的基础上,遵循商品经济价值规律,建立以市场形成价格为主的价格机制;施工单位依据政府和社会咨询机构提供的市场价格信息和造价指数,结合企业自身实际情况自主报价;通过市场价格机制的运行,形成统一、协调、有序的工程造价管理体系,达到合理使用投资、有效地控制工程造价、取得最佳投资效益的目的,逐步建立起适应社会主义市场经济体制、符合我国国情、与国际惯例接轨的工程造价管理体制。

目前,全国已制订了统一的工程量计算规则和消耗量基础定额,各地普遍制订了工程造价价差管理办法,按工程技术要求和施工难易程度划分工程类别,实现差别利润率,各地区、各工程造价管理部门定期发布反映市场价格水平的价格信息和工程造价指数,建立和发展工程造价社会咨询机构,实行造价工程师考试与注册制度等。这些改革措施对促进工程造价管理、合理控制投资起到了积极的作用,向最终的目标迈出了步伐。

实现量价分离,变指导价为市场价格,变指令性的政府主管部门调控取费及其费率为指导性,由施工单位自主报价,通过市场竞争形成价格。改变计价定额属性,采用施工单位自行制定定额与政府指导性规定相结合的方式,并统一工程项目费用构成,统一分部分项工程划分,使计价基础统一,有利竞争。

政府主管部门和咨询业应形成完整的工程造价信息系统,充分利用现代化通信手段与计算机大存储量与高速传送信息的特点,实现信息共享,向社会提供材料、设备、人工价格信息及造价指数。确立咨询业公正、负责的社会地位,发挥咨询业的咨询、顾问作用,逐渐代替政府行使工程造价管理的职能,也同时接受政府工程造价管理部门的管理和监督。

工程造价管理最终将进入完全的市场化阶段,政府行使协调监督的职能。通过完善招标投标制,规范工程承发包行为,建立统一、开放、有序的建筑市场体系;社会咨询机构将独立成为一个行业,公正地开展咨询业务,实施全过程的咨询服务;建立起在国家宏观调控的前提下,以市场形成价格为主的价格机制;根据物价变动、市场供求变化、工程质量、完成工期等因素,对工程造价依照不同承包方式实行动态管理。改革的最终目标是要建立与国际惯例接轨的工程造价管理体制。

当前,发展我国建筑业涉外业务中,有承包国外工程、承接国内外资(或合资)工程、国内外建筑企业合作承包涉外工程以及接受国外(或外资)工程的咨询与监理业务等。所有这些,均需要熟悉、掌握国外建筑工程预算的编制。在国际上工程承包都实行招投标制,在招标文件中，标价的构成分工程费和开办费两大块。工程费部分的全部分项名称及工程量清单和开办费的项目名称均予列出，投标商只需逐项填列单价并计算合价及总价即可。所有有关费用均应包括在这两大块费用中去，不另单独列项。

1.国外建筑工程预算编制的特点

（1）国外建筑工程预算的编制，没有国家颁布的统一定额

国外编制建筑安装工程预算，各企业均依据自己积累的经验、数据、资料和按当时有关地区的材料、设备、运输等市场价格来编制。因此，预算编制人员首先计算各种主要材料的单价、设备单价、人工单价、成品和半成品单价等，继而编制分部分项工程单价，这就是说，预算单价是根据不同实际情况编的。当然，有经验的编制人员和建筑企业均积累有丰富的资料，有自己的数据库，随着工程地点、施工条件、市场价格等的变化，可迅速准确地编出相应的预算单价。尽管如此，此项工作仍然比较烦琐。

（2）国外建筑工程预算编制应用电算

各建筑企业、咨询公司均有自己的定额和数据库，充分利用电子计算机这一工具，编制预算较迅速。

（3）预算编制工作是由估价师承担，在建筑企业中极受重视

国外的预算编制人员均是经验丰富的估价师。一个建筑企业是否赢利，其中估价师的作用和责任十分重要，其工作包括投标报价、工程经济核算、积累市场信息和企业信息、企业和市场的经济分析等。预算科是国外建筑企业中最突出和重要的部门，是经理的谋士。

（4）编制预算前先研究工期和施工方案，并进行多方案比较

我国编制预算的程序一般是熟悉图纸、计算工程量、套用定额单价和取费计算。国外编制预算必须先拟定出各不同施工方案的进度计划和施工方法并进行比较。在此基础上才开始编制各项单价和预算总价。当然，其工作量较大而且要求预算人员要掌握施工技术、管理、经济、税务等全面的知识。

（5）国外建筑安装工程预算的间接费等费用是逐项分别计算的

我国建筑安装工程预算的间接费等是按统一规定的综合费率计算的，应用简便。而国外预算中的有关间接费用往往有数十项，需要根据实际条件和收集实际费用资料后逐项精确计算，工作量较大。工程所在的国家与地点不同，各种条件变化较大，所以绝不能用一个简单的费用系数来代替。国外工程的预算有时也用系数，但是这种系数是每个工程单独分析和计算而得，编制预算的工作量虽大，但是能确切反映出实际的费用。

2.单位工程施工图预算编制方法

编制施工图预算最基本的过程包括两大部分，即工程量计算和定价。为统一口径，均应按统一的项目划分方法和工程量计算规则计算工程量，然后，按一定的方法确定工程造价。

单位工程施工图预算编制方法通常有单价法、实物法和综合单价法（也称工程量清单计价法），单价法、实物法即定额计价法。

（1）单价法

单价法是首先根据单位工程施工图计算出各分部分项工程的工程量，然后从地区统一单位估价表或预算定额中查出各分项工程相应的工料单价或定额单价，并将各分项工程量与其相应的定额单价相乘，得到各分项工程的价值；再累计各分项工程的价值，即得出该单位工程的定额人材机费或基价人材机费；根据地区费用定额和各项取费标准，计算出企业管理费、规

费、利润、税金和其他费用等;最后汇总各项费用即得到单位工程施工图预算造价。

单价法编制工程造价的计算方法和步骤如下:

①定额人材机费 = $\sum$[分项工程量×分项工程单价(基价)]

②企业管理费、规费 = 定额人材机费×企业管理费、规费规定费率

或:企业管理费、规费 = 人工费×企业管理费、规费规定费率

③利润 =(人材机费+企业管理费+规费)×利润率

或:利润 = 人工费×利润率

④税金 =(人材机费+企业管理费+规费+利润)×综合税率

⑤单位工程造价 = 人材机费+企业管理费+规费+利润+税金

这种方法,既简化编制工作,又便于进行技术经济分析,是目前普遍采用的方法。但在市场价格波动较大的情况下,用该法计算的造价可能会偏离实际水平,造成误差。因此特别需要对价差进行调整,并对按规定允许按实计算的费用进行增列,对此按各地区的规定执行。

单价法编制施工图预算的步骤如图 6.3.1 所示。

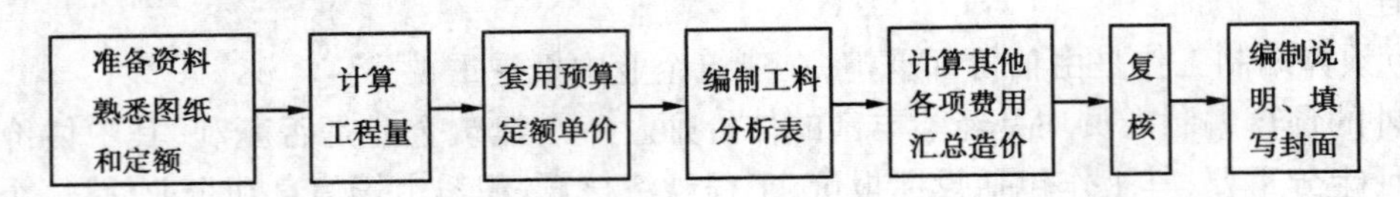

图 6.3.1 单价法编制施工图预算步骤

具体步骤如下:

1)搜集资料

资料包括施工图纸、施工组织设计或施工方案、现行建筑安装工程预算定额、费用定额、统一的工程量计算规则、预算工作手册和工程所在地区的材料、人工、机械台班预算价格与调价规定等。

2)熟悉施工图纸和定额

只有对施工图和预算定额有全面详细的了解,才能准确地计算出工程量,进而合理地编制出施工图预算造价。

3)计算工程量

工程量的计算在整个预算过程中是最重要、最繁重的一个环节。

计算工程量一般可按下列步骤进行:

①根据施工图示的工程内容和定额项目,列出计算工程量的分部分项工程;

②根据一定的计算顺序和计算规则,列出计算式;

③根据施工图示尺寸及有关数据,代入计算式进行数学计算;

④按照定额中的分部分项工程的计量单位对相应的计算结果的计量单位进行调整,使之一致。

4)套用定额单价

工程量计算完毕并核对无误后,套用单位估价表或预算定额中相应的定额单价,计算求出单位工程的人材机费。

套用单价时需注意如下几点:

①分项工程的名称、规格、计量单位必须与预算定额或单位估价表一致,否则重套、错套、漏套预算基价,引起直接工程费的偏差,导致施工图预算造价偏高或偏低。

②当施工图纸的某些设计要求与定额中的项目不完全符合时,必须根据定额使用说明对定额基价进行调整或换算。

③当施工图纸的某些设计要求与定额单价的特征相差甚远,既不能直接套用也不能换算、调整时,必须编制补充单位估价表或补充定额。

5)编制工料分析表

根据各分部分项工程的实物工程量和相应定额中的项目所列的用工工日及材料数量,计算出各分部分项工程所需的人工及材料数量,相加汇总便得出该单位工程的所需要的各类人工和材料的数量。

6)计算其他各项应取费用、利税和汇总造价

按照建筑安装单位工程造价构成的规定费用项目、费率及计费基础,分别计算出措施费、企业管理费、规费、利润和税金,并汇总单位工程造价。

单位工程造价=人材机费(定额人材机费+措施费)+企业管理费+规费+利润+税金

7)复核

单位工程预算编制后,对单位工程预算进行复核,及时发现差错,提高预算质量。复核工作包括对工程量计算公式和结果、套用定额基价、各项费用的取费费率及计算基础和计算结果、材料和人工预算价格及其价格调整等方面是否正确进行全面复核。

8)编制说明、封面

编制说明包括编制依据、工程性质、内容范围、设计图纸号、所用预算定额编制年份(即价格水平年份)、有关部门的调价文件号、套用单价或补充单位估价表方面的情况及其他需要说明的问题。封面填写应写明工程名称、工程编号、工程量(建筑面积)、预算总造价及单方造价、编制单位名称及负责人和编制日期,审查单位名称及负责人和审核日期等。

(2)实物法

实物法首先根据单位工程施工图计算出各个分部分项工程的工程量;然后从预算定额中查出各相应分项工程所需的人工、材料和机械台班定额用量,再分别将各分项工程的工程量与其相应的定额人工、材料和机械台班需用量相乘,累计其积并加以汇总,就得出该单位工程全部的人工、材料和机械台班的总耗用量;再将所得的人工、材料和机械台班总耗用量,各自分别乘以当时当地的工资单价、材料预算价格和机械台班单价,其积的总和就是该单位工程的人材机费;根据地区费用定额和取费标准,计算出企业管理费、规费、利润、税金和其他费用;最后汇总各项费用即得出单位工程施工图预算造价。

用实物金额法确定工程造价的数学模型为:

①单位工程人工工日数=$\sum$(分项工程量×单位分项工程用工数)

②单位工程某种材料用量=$\sum$(分项工程量×单位分项工程耗用量)

③单位工程某种机械台班量=$\sum$(分项工程量×单位分项工程使用量)

④基价直接费=单位工程人工工日数×地区日工资标准+$\sum$(单位工程某种材料耗用量×地区材料预算价格)+$\sum$(单位工程某种机械台班量×台班预算价格)

⑤单位工程造价=人材机费+企业管理费+规费+利润+税金

⑥公式中的各种费用计算方法同单价法公式。

这种编制方法适合于工、料因时因地发生价格变动情况下的市场经济需要。

实物法编制施工图预算的步骤如图 6.3.2 所示。

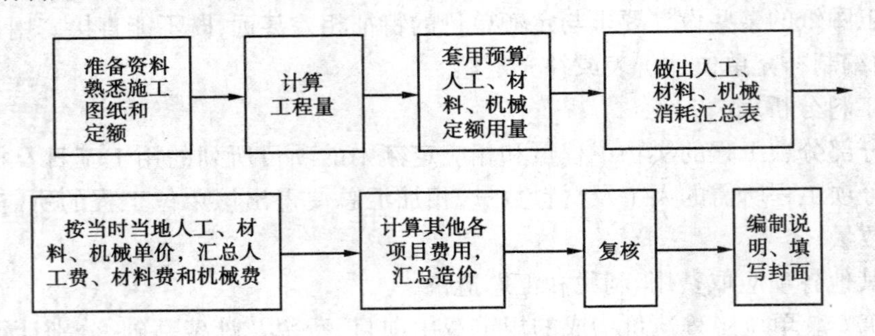

图 6.3.2　实物法编制施工图预算步骤

由图 6.3.2 可见，实物法与单价法首尾部分的步骤是相同的，所不同的主要是中间的 3 个步骤，即

①工程量计算后，套用相应预算人工、材料、机械台班定额消耗用量。建设部颁发的《全国统一建筑工程基础定额》和现行全国统一安装定额、专业统一和地区统一的计价定额的实物消耗量，是完全符合国家技术规范、质量标准的，并反映一定时期施工工艺水平的分项工程计价所需的人工、材料、施工机械的消耗量的标准。在建材产品、标准、设计、施工技术及其相关规范和工艺水平等没有大的突破性变化之前，是相对稳定不变的，是合理确定和有效控制造价的依据；这个定额消耗量标准，是由工程造价主管部门进行统一制定，并根据技术发展适时地补充修改。

②做出人工、材料、机械消耗汇总表。各分项工程人工、材料、机械台班消耗数量由分项工程的工程量分别乘以预算人工、材料和机械台班定额消耗用量而得出的，然后汇总便可得出单位工程各类人工、材料和机械台班的消耗量。

③用当时当地的各类人工、材料和机械台班的实际单价分别乘以相应的人工、材料和机械台班的消耗量并汇总，便得出单位工程的人工费、材料费和机械使用费。

在市场经济条件下，人工、材料和机械台班单价是随市场而变化的，而且它们是影响工程造价最活跃、最主要的因素。用实物法编制施工图预算，是采用工程所在地的当时人工、材料、机械台班价格，较好地反映实际价格水平，工程造价的准确性高。虽然计算过程较单价法烦琐，但用计算机来计算也就快捷了。因此，实物法是与市场经济体制相适应的预算编制方法。

六、工程量清单计价的编制

(一)工程量清单计价概述

《建设工程工程量清单计价规范》规定了工程量清单计价的工作范围、工程量清单计价价款构成、工程量清单计价单价和招标控制价、报价的编制、合同价款调整等。

①《建设工程工程量清单计价规范》适用于建设工程发承包及实施阶段的计价活动。招标投标实行工程量清单计价，是指招标人公开提供工程量清单，投标人自主报价或招标人编制控制价及双方签订合同价款、工程竣工结算等活动，是一种新的计价模式。

②招标工程量清单应以单位(项)工程为单位编制,应由分部分项工程项目清单、措施项目清单、其他项目清单、规费和税金项目清单组成。

③工程量清单应采用综合单价计价。这是与国际接轨的做法。综合单价计价应包括完成规定计量单位、合格产品所需的全部费用,考虑我国的现实情况,综合单价包括除规费、税金以外的全部费用。综合单价不但适用于分部分项工程量清单,也适用于措施项目清单、其他项目清单等。

④分部分项工程和措施项目中的单价项目,应根据招标文件和招标工程量清单项目中的特征描述确定综合单价计算。措施项目中的总价项目金额,应根据招标文件和常规施工方案(招标控制价)或拟订的施工方案(投标报价)进行确定。

⑤措施项目清单根据相应专业工程计量规范和工程实际情况编制。

⑥其他项目清单的金额应按下列规定确定:

暂列金额应根据工程特点,无论招标控制价,还是投标报价,暂列金额应按招标人在其他项目清单中列出的金额填写;材料暂估价应按招标人在其他项目清单中列出的单价计入综合单价,专业工程暂估价应按招标人在其他项目清单中列出的金额填写;计日工按招标人在其他项目清单中列出的项目和数量,自主确定综合单价并计算计日工费用,总承包服务费根据招标文件中列出的内容和提出的要求自主确定。

⑦投标报价应根据招标文件中的工程量清单和有关要求、施工现场实际情况及拟定的施工方案或施工组织设计,依据企业定额和市场价格信息,或参照建设行政主管部门发布的社会平均消耗量定额进行编制。工程造价应在政府宏观调控下,由市场竞争形成。在这一原则指导下,投标人的报价应在满足招标文件文件要求的前提下实行人工、材料、机械消耗量自定,价格费用自选、全面竞争、自主报价的方式。

(二)工程量清单计价的编制

工程量清单计价采用综合单价计价,综合单价计价是有别于定额工料单价计价的另一种单价计价方式,包括完成规定计量单位、合格产品所需的全部费用,考虑我国的现实情况,综合单价包括除规费、税金以外的全部费用。《建设工程工程量清单计价规范》规定工程量清单应采用综合单价计价。综合单价法是指完成工程量清单中一个规定计量单位项目所需的人工费、材料费、机械使用费、管理费和利润,并考虑风险因素。工程量乘以综合单价就直接得到分部分项工程费用。综合单价不但适用于分部分项工程量清单,也适用于措施项目清单,其他项目清单等。

工程量清单计价应包括按招标文件规定,完成工程量清单所列项目的全部费用,包括分部分项工程费、措施项目费、其他项目费和规费、税金。

1.工程量清单计价格式

①封面,分为招标工程量清单封面、招标控制价封面、投标总价封面、竣工结算书封面、工程造价鉴定意见书封面。

②扉页,应按规定的内容填写、签字、盖章。

③工程计价总说明。

④工程计价汇总表。

⑤分部分项工程和措施项目计价表。

⑥其他项目计价表。

⑦规费、税金项目计价表。

2.工程量清单计价步骤

(1)熟悉工程量清单

工程量清单是计算工程造价最重要的依据,在计价时必须全面了解每一个清单项目的特征描述,熟悉其所包括的工程内容,以便在计价时不漏项,不重复计算。

(2)研究招标文件

工程招标文件的有关条款、要求和合同条件,是计算工程计价的重要依据。招标文件中对有关承发包工程范围、内容、工期、工程材料、设备采购供应办法等都有具体规定,在计价时按规定进行,才能保证计价的有效性。因此,投标单位拿到招标文件后,根据招标文件的要求,要对照图纸,对招标文件提供的工程量清单进行复查或复核。

①分专业对施工图进行工程量的数量审查。

招标文件上要求投标人审核工程量清单,如果投标人不审核,则不能发现清单编制中存在的问题,也就不能充分利用招标人给予投标人澄清问题的机会,则由此产生的后果由投标人自行负责。如投标人发现由招标人提供的工程量清单有误,招标人可按合同约定进行处理。

②根据图纸说明和各种选用规范对工程量清单项目进行审查。

根据规范和技术要求,审查清单项目是否漏项,例如电气设备中有许多调试工作(母线系统调试、低压供电系统调试等),是否在工程量清单中被漏项。

③根据技术要求和招标文件的具体要求,对工程需要增加的内容进行审查。

表面上看,各招标文件基本相同,但每个项目都有自己的特殊要求,这些要求一定会在招标文件中反映出来,这需要投标人仔细研究。有的工程量清单要求增加的内容、技术要求,与招标文件不一致,通过审查和澄清才能统一起来。

(3)熟悉施工图纸

全面、系统地阅读图纸,是准确计算工程造价的重要工作。

①按设计要求,收集图纸选用的标准图、大样图。

②认真阅读设计说明,掌握安装构件的部位和尺寸,安装施工要求及特点。

③了解本专业施工与其他专业施工工序之间的关系。

④对图纸中的错、漏以及表示不清楚的地方予以记录,以便在招标答疑会上询问解决。

(4)熟悉工程量计算规则

当采用消耗量定额分析分部分项工程的综合单价时,对消耗量定额的工程量计算规则的熟悉和掌握,是快速、准确地分析综合单价的重要保证。

(5)了解施工组织设计

施工组织设计或施工方案是施工单位的技术部门针对具体工程编制的施工作业的指导性文件,其中对施工技术措施、安全措施、施工机械配置、是否增加辅助项目等,都应在工程计价的过程中予以注意。施工组织设计所涉及的费用主要属于措施项目费。

(6)熟悉加工定货的有关情况

明确建设、施工单位双方在加工订货方面的分工。对需要进行委托加工订货的设备、材料、零件等,提出委托加工计划,并落实加工单位及加工产品的价格。

(7)明确主材和设备的来源情况

主材和设备的型号、规格、重量、材质、品牌等对工程计价影响很大,主材和设备的范围及有关内容需要招标人予以明确，必要时注明产地和厂家。

（8）计算工程量

清单计价的工程量计算主要有两部分内容，一是核算工程量清单所提供清单项目工程量是否准确，二是计算每一个清单主体项目所包括的辅助项目工程量，以便分析综合单价。

在计算工程量时，应注意清单计价和定额计价的计量方法不同。清单计价时，是辅助项目随主体项目计算，将不同工程内容发生的辅助项目组合在一起，计算出主体项目的综合单价；而定额计价时，是按相同的工程内容合并汇总，然后套用定额，计算出该项目的分部分项工程费。

（9）确定措施项目清单内容

措施项目清单是完成项目施工必须采取的措施所需的工作内容，该内容必须结合项目的施工方案或施工组织设计的具体情况填写，因此，在确定措施项目清单内容时，一定要根据自己的施工方案或施工组织设计加以修改。

（10）计算综合单价

将工程量清单主体项目及其组合的辅助项目汇总，填入分部分项工程综合单价计算表。如采用消耗量定额分析综合单价的，则应按照定额的计量单位，选套相应定额，计算出各项的管理费和利润，汇总为清单项目费合价，分析出综合单价。综合单价是报价和调价的主要依据。

投标人可以用企业定额，也可以用建设行政主管部门的消耗量定额，甚至可以根据本企业的技术水平调整消耗量定额的消耗量来计价。

（11）计算措施项目费、其他项目费、规费、税金等

（12）工程量清单计价，将分部分项工程项目费、措施项目费、其他项目费和规费、税金汇总、合并、计算出工程造价

（13）工程量清单计价程序

根据计价规范的规定，工程量清单计价程序可用表 6.3.10 表示。

表 6.3.10　工程量清单计价程序

序　号	名　称	计算方法
1	分部分项工程费	$\sum$（清单工程量×综合单价）
2	措施项目费	按规定计算
3	其他项目费	按招标文件规定计算
4	规费	按规定计算
5	不含税工程造价	1+2+3+4
6	税金	按税务部门规定计算
7	含税工程造价	5+6

（三）举例

某多层砖混住宅土方工程。

土壤类别为三类土，基础：砖大放脚带形基础；垫层宽度：920 mm；挖土深度：1.8 m，弃土

运距:4 km。

1.经业主根据基础施工图计算

基础挖土截面积为:0.92 m×1.8 m=1.656 m^2

基础总长度为:1 590.6 m

土方挖方总量为:2 634 m^3

2.经投标人根据地质资料和施工方案计算

①基础挖土截面为:1.53 m×1.8 m=2.75 m^2(工作面宽度各边0.25 m、放坡系数为0.2)

基础总长度为:1 590.6 m

土方挖方总量为:4 380.5 m^3

②采用人工挖土方量为4 380.5 m^3,根据施工方案除沟边堆土外,现场堆土2 170.5 m^3、运距60 m、采用人工运输。装载机装自卸汽车运距4 km、土方量1 210 m^3。

③人工挖土、运土(60 m内)

a.人工费:4 380.5 m^3×8.4 元/m^3+2 170.5 m^3×7.38 元/m^3=52 814.49 元

b.机械费:电动打夯机8 元/台班×0.001 8 台班/m^2×1 463.35 m^2=21.07 元

c.合计:52 835.56 元

④装载机装自卸汽车运土(4 km)

a.人工费:25 元/工日×0.006 工日/m^3×1 210 m^3×2=363.0 元

b.材料费:水1.8 元/m^3×0.012 m^3/m^3×1 210 m^3=26.14 元

c.机械费:装载机(轮胎式1 m^3)280 元/台班×0.003 98 台班/m^3×1 210 m^3=1 348.42 元

自卸汽车(3.5 t)340 元/台班×0.049 25 台班/m^3×1 210 m^3=20 467.15 元

推土机(75 kW)500 元/台班×0.002 96 台班/m^3×1 210 m^3=1 790.80 元

洒水车(400 L)300 元/台班×0.000 6 台班/m^3×1 210 m^3=217.8 元

小计:23 824.17 元

d.合计:24 213.31 元

⑤综合

a.直接费合计:77 048.87 元

b.管理费:直接费×34%=26 196.62 元

c.利润:直接费×8%=6 163.91 元

d.总计:109 409.4 元

e.综合单价:109 409.4 元÷2 634 m^3=41.54 元/m^3

⑥大型机械进出场费计算(列入工程量清单措施项目费)

a.推土机进出场按平板拖车(15 t)1个台班计算为:600 元

b.装载机(1 m^3)进出场按1个台班计算为:280 元

c.自卸汽车进出场费(3台)按1.5台班计算为:510 元

d.机械进出场费总计:1 390 元

3.编制清单计价表

该分部分项工程量清单计价表如表6.3.11所示。

表 6.3.11　分部分项工程量清单计价表

工程名称:某多层砖混住宅工程　　　　　　　　　　　　　　第　　页共　　页

序号	项　目	项目名称	计量单位	工程数量	金额/元	
					综合单价	合价
1	010101003001	挖沟槽土方 土壤类别:三类土 挖土深度:1.8 m 弃土运距:4 km	m^3	2 634	41.54	109 409.40

4.编制综合单价分析表

该分部分项工程量清单综合单价分析表如表 6.3.12 所示。

表 6.3.12　分部分项工程量清单综合单价分析表

工程名称:某多层砖混住宅工程　　　　　　　　　　　　　　第　　页共　　页

项目编码:010101003001　　项目名称　挖沟槽土方　　计量单位:m^3　　综合单价 41.55 元

序号	定额编号	工程名称	单位	数量	综合单价/元					
					人工费	材料费	机械费	管理费	利润	小计
	1-8	人工挖土方(三类土 2 m 以内)	m^3	4 380.5	13.97		0.008	4.75	1.12	19.85
	1-49	人工运土方(60 m)	m^3	2 170.5	6.08			2.07	0.49	8.64
	1-174	装载机自卸汽车运土方(4 km)	m^3	1 210	0.14	0.01	9.04	3.13	0.74	13.06
	1-195									
		合计			20.19	0.01	9.05	9.95	2.35	41.55

注:参考基础定额。

(四)部分定额计价的工程量计算规则

在定额计价或采用定额组工程量清单综合单价时,需要按照工程所在地定额计价的计算规则计算工程量。

下面以《全国统一建筑工程预算工程量计算规则》(GJDGZ—101—95)为例,介绍部分定额计算工程量计算规则。

1.平整场地及辗压工程量,按下列规定计算

a.人工平整场地是指建筑场地挖、填土方厚度在±30 cm 以内及找平。挖、填土方厚度超过±30 cm 以外时,按场地土方平衡竖向布置图另行计算。

b.平整场地工程量按建筑物外墙外边线每边各加 2 m,以平方米计算。

c.建筑场地原土碾压以平方米计算,填土碾压按图示填土厚度以立方米计算。

2.挖掘沟槽、基坑土方工程量,按下列规定计算

a.沟槽、基坑划分

凡图示沟槽底宽在 3 m 以内,且沟槽长大于槽宽 3 倍以上的,为沟槽。

凡图示基坑底面积在 20 m^2 以内的为基坑。

凡图示沟槽底宽 3 m 以外，坑底面积 20 m^2 以外，平整场地挖土方厚度在 30 cm 以外，均按挖土方计算。

b.计算挖沟槽、基坑、土方工程量需放坡时，放坡系数按表 6.3.13 规定计算。

表 6.3.13　放坡系数表

土壤类别	放坡起点/m	人工挖土	机械挖土	
			在坑内作业	在坑上作业
一、二类土	1.20	1:0.5	1:0.33	1:0.75
三类土	1.50	1:0.33	1:0.25	1:0.67
四类土	2.00	1:0.25	1:0.10	1:0.33

注：①沟槽、基坑中土壤类别不同时，分别按其放坡起点、放坡系数、依不同土壤厚度加权平均计算。

②计算放坡时，在交接处的重复工程量不予扣除，原槽、坑作基础垫层时，放坡自垫层上表面开始计算。

c.挖沟槽、基坑需支挡土板时，其宽度按图示沟槽、基坑底宽，单面加 10 cm，双面加 20 cm 计算。挡土板面积，按槽、坑垂直支撑面积计算，支挡土板后，不得再计算放坡。

d.基础施工所需工作面，按表 6.3.14 规定计算。

表 6.3.14　基础施工所需工作面宽度计算表

基础材料	每边各增加工作面宽度/mm
砖基础	200
浆砌毛石，条石基础	150
混凝土基础垫层支模板	300
混凝土基础支模板	300
基础垂直面做防水层	800（防水层面）

e.挖沟槽长度，外墙按图示中心线长度计算；内墙按图示基础底面之间净长线长度计算；内外突出部分（垛、附墙烟囱等）体积并入沟槽土方工程量内计算。

f.人工挖土方深度超过 1.5 m 时，按表 6.3.15 增加工日。

表 6.3.15　人工挖土方超深增加工日表　　100 m^3

深 2 m 以内	深 4 m 以内	深 6 m 以内
5.55 工日	17.60 工日	26.16 工日

g.挖管道沟槽按图示中心线长度计算，沟底宽度，设计有规定的，按设计规定尺寸计算，设计无规定的，可按表 6.3.16 规定宽度计算。

表 6.3.16　管道沟沟底宽度计算表　　单位：m

管径/mm	铸铁管、钢管、石棉水泥管	混凝土、钢筋混凝土、预应力混凝土管	陶土管
50~70	0.60	0.80	0.70

续表

管径/mm	铸铁管、钢管、石棉水泥管	混凝土、钢筋混凝土、预应力混凝土管	陶土管
100~200	0.70	0.90	0.80
250~350	0.80	1.00	0.90
400~450	1.00	1.30	1.10
500~600	1.30	1.50	1.40
700~800	1.60	1.80	
900~1 000	1.80	2.00	
1 100~1 200	2.00	2.30	
1 300~1 400	2.20	2.60	

注:①按上表计算管道沟土方工程量时,各种井类及管道(不含铸铁给排水管)接口等处需加宽增加的土方量不另行计算,底面积大于 20 m^2 的井类,其增加工程量并入管沟土方内计算。

②铺设铸铁给排水管道时其接口等处土方增加量,可按铸铁给排水管道地沟土方总量的 2.5%计算。

h.沟槽、基坑深度,按图示槽、坑底面至室外地坪深度计算;管道地沟按图示沟底至室外地坪深度计算。

3.人工挖孔桩土方量按图示桩断面积乘以设计桩孔中心线深度计算

4.岩石开凿及爆破工程量,区别石质按下列规定计算

a.人工凿岩石,按图示尺寸以立方米计算。

b.爆破岩石按图示尺寸以立方米计算,其沟槽、基坑深度、宽允许超挖量:

次坚石:200 mm

特坚石:150 mm

超挖部分岩石并入岩石挖方量之内计算。

5.回填土区分夯填、松填按图示回填体积并依下列规定,以立方米计算

a.沟槽、基坑回填土,沟槽、基坑回填体积以挖方体积减去设计室外地坪以下埋设砌筑物(包括:基础垫层、基础等)体积计算。

b.管道沟槽回填,以挖方体积减去管径所占体积计算。管径在 500 mm 以下的不扣除管道所占体积;管径超过 500 mm 以上时按表 6.3.17 规定扣除管道所占体积计算。

表 6.3.17 管道扣除土方体积表

单位:m^3

管道名称	管道直径/mm					
	501~600	601~800	801~1 000	1 101~1 200	1 201~1 400	1 401~1 600
钢 管	0.21	0.44	0.71			
铸铁管	0.24	0.49	0.77			
混凝土管	0.33	0.60	0.92	1.15	1.35	1.55

c.房心回填土,按主墙之间的面积乘以回填土厚度计算。

d.余土或取土工程量,可按下式计算:

余土外运体积=挖土总体积-回填土总体积

式中计算结果为正值时为余土外运体积,负值时为须取土体积。

6.土方运距,按下列规定计算

a.推土机推土运距:按挖方区重心至回填区重心之间的直线距离计算。

b.铲运机运土运距:按挖方区重心至卸土区重心加转向距离 45 m 计算。

c.自卸汽车运土运距:按挖方区重心至填土区(或堆放地点)重心的最短距离计算。

7.地基强夯按设计图示强夯面积,区分夯击能量,夯击遍数以平方米计算

8.脚手架工程量计算一般规则

a.建筑物外墙脚手架,凡设计室外地坪至檐口(或女儿墙上表面)的砌筑高度在 15 m 以下的按单排脚手架计算;砌筑高度在 15 m 以上的或砌筑高度虽不足 15 m,但外墙门窗及装饰面积超过外墙表面积 60%以上时,均按双排脚手架计算。

采用竹制脚手架时,按双排计算。

b.建筑物内墙脚手架,凡设计室内地坪至顶板下表面(或山墙高度的 1/2 处)的砌筑高度在 3.6 m 以下的,按里脚手架计算;砌筑高度超过 3.6 m 以上时,按单排脚手架计算。

c.石砌墙体,凡砌筑高度超过 1.0 m 以上时,按外脚手架计算。

d.计算内、外墙脚手架时,均不扣除门、窗洞口、空圈洞口等所占的面积。

e.同一建筑物高度不同时,应按不同高度分别计算。

f.现浇钢筋混凝土框架柱、梁按双排脚手架计算。

g.围墙脚手架,凡室外自然地坪至围墙顶面的砌筑高度在 3.6 m 以下的,按里脚手架计算;砌筑高度超过 3.6 m 以上时,按单排脚手架计算。

h.室内天棚装饰面距设计室内地坪在 3.6 m 以上时,应计算满堂脚手架,计算满堂脚手架后,墙面装饰工程则不再计算脚手架。

i.滑升模板施工的钢筋混凝土烟囱、筒仓,不另计算脚手架。

j.砌筑贮仓,按双排外脚手架计算。

k.贮水(油)池,大型设备基础,凡距地坪高度超过 1.2 m 以上的,均按双排脚手架计算。

l.整体满堂钢筋混凝土基础,凡其宽度超过 3 m 以上时,按其底板面积计算满堂脚手架。

9.砌筑脚手架工程量计算

a.外脚手架按外墙外边线长度,乘以外墙砌筑高度以平方米计算,突出墙外宽度在 24 cm 以内的墙垛,附墙烟囱等不计算脚手架;宽度超过 24 cm 以外时按图示尺寸展开计算,并入外脚手架工程量之内。

b.里脚手架按墙面垂直投影面积计算。

c.独立柱按图示柱结构外围周长另加 3.6 m,乘以砌筑高度以平方米计算,套用相应外脚手架定额。

10.现浇钢筋混凝土框架脚手架工程量计算

a.现浇钢筋混凝土柱,按柱图示周长尺寸另加 3.6 m,乘以柱高以平方米计算,套用相应外脚手架定额。

b.现浇钢筋混凝土梁、墙,按设计室外地坪或楼板上表面至楼板底之间的高度,乘以梁、墙净长以平方米计算,套用相应双排外脚手架定额。

11.装饰工程脚手架工程量计算

a.满堂脚手架,按室内净面积计算,其高度在3.6~5.2 m时,计算基本层,超过5.2 m时,每增加1.2 m按增加一层计算,不足0.6 m的不计。以算式表示如下:

$$满堂脚手架增加层=\frac{室内净高度-5.2}{1.2}$$

b.挑脚手架,按搭设长度和层数,以延长米计算。

c.悬空脚手架,按搭设水平投影面积以平方米计算。

d.高度超过3.6 m墙面装饰不能利用原砌筑脚手架时,可以计算装饰脚手架。装饰脚手架按双排脚手架乘以0.3计算。

12.其他脚手架工程量计算

a.水平防护架,按实际铺板的水平投影面积,以平方米计算。

b.垂直防护架,按自然地坪至最上一层横杆之间的搭设高度,乘以实际搭设长度,以平方米计算。

c.架空运输脚手架,按搭设长度以延长米计算。

d.烟囱、水塔脚手架,区别不同搭设高度,以座计算。

e.电梯井脚手架,按单孔以座计算。

f.斜道,区别不同高度以座计算。

g.砌筑贮仓脚手架,不分单筒或贮仓组均按单筒外边线周长,乘以设计室外地坪至贮仓上口之间高度,以平方米计算。

h.贮水(油)池脚手架,按外壁周长乘以室外地坪至池壁顶面之间高度,以平方米计算。

i.大型设备基础脚手架,按其外形周长乘以地坪至外形顶面边线之间高度,以平方米计算。

j.建筑物垂直封闭工程量按封闭面的垂直投影面积计算。

13.安全网工程量计算

a.立挂式安全网按架网部分的实挂长度乘以实挂高度计算。

b.挑出式安全网按挑出的水平投影面积计算。

14.钢筋工程量,按以下规定计算

a.钢筋工程,应区别现浇、预制构件、不同钢种和规格,分别按设计长度乘以单位质量,以吨计算。

b.计算钢筋工程量时,设计已规定钢筋搭接长度的,按规定搭接长度计算;设计未规定搭接长度的,已包括在钢筋的损耗率之内,不另计算搭接长度。钢筋电渣压力焊接、套筒挤压等接头,以个计算。

c.先张法预应力钢筋,按构件外形尺寸计算长度,后张法预应力钢筋按设计图规定的预应力钢筋预留孔道长度,并区别不同的锚具类型,分别按下列规定计算:

- 低合金钢筋两端采用螺杆锚具时,预应力的钢筋按预留孔道长度减0.35 m,螺杆另行计算。
- 低合金钢筋一端采用镦头插片,另一端螺杆锚具时,预应力钢筋长度按预留孔道长度计算,螺杆另行计算。
- 低合金钢筋一端采用镦头插片,另一端采用帮条锚具时,预应力钢筋增加0.15 m,两端增采用帮条锚具时预应力钢筋共增加 0.3 m 计算。

- 低合金钢筋采用后张混凝土自锚时,预应力钢筋长度增加 0.35 m 计算。
- 低合金钢筋或钢绞线采用 JM、XM、QM 型锚具,孔道长度在 20 m 以内时,预应力钢筋长度增加 1 m;孔道长度 20 m 以上时预应力钢筋长度增加 1.8 m 计算。
- 碳素钢丝采用锥形锚具,孔道长在 20 m 以内时,预应力钢筋长度增加 1 m;孔道长在 20 m 以上时,预应力钢筋长度增加 1.8 m。
- 碳素钢丝两端采用镦粗头时,预应力钢丝长度增加 0.35 m 计算。

15.钢构件安装

a.钢构件安装按图示构件钢材质量以吨计算。

b.依附于钢柱上的牛腿及悬臂梁等,并入柱身主材质量计算。

c.金属结构中所用钢板,设计为多边形者,按矩形计算,矩形的边长以设计尺寸中互相垂直的最大尺寸为准。

16.楼地面工程

a.地面垫层按室内主墙间净空面积乘以设计厚度以立方米计算。应扣除凸出地面的构筑物、设备基础、室内铁道、地沟等所占体积,不扣除柱、垛、间壁墙、附墙烟囱及面积在 0.3 m^2 以内孔洞所占体积。

b.整体面层、找平层均按主墙间净空面积以平方米计算。应扣除凸出地面构筑物、设备基础、室内管道、地沟等所占面积,不扣除柱、垛、间壁墙、附墙烟囱及面积在 0.3 m^2 以内的孔洞所占面积,但门洞、空圈、暖气包槽、壁龛的开口部分亦不增加。

c.块料面层,按图示尺寸实铺面积以平方米计算,门洞、空圈、暖气包槽和壁龛的开口部分的工程量并入相应的面层内计算。

d.楼梯面层(包括踏步、平台以及小于 500 mm 宽的楼梯井)按水平投影面积计算。

e.台阶面层(包括踏步及最上一层踏步沿 30 mm)按水平投影面积计算。

f.其他:

- 踢脚板按延长米计算,洞口、空圈长度不予扣除,洞口、空圈、垛、附墙烟囱等侧壁长度亦不增加。
- 散水、防滑坡道按图示尺寸以平方米计算。
- 栏杆、扶手包括弯头长度按延长米计算。
- 防滑条按楼梯踏步两端距离减 300 mm 以延长米计算。
- 明沟按图示尺寸以延长米计算。

第四节　建设工程计量与计价案例分析

【例 6.4.1】　某建筑工程基础平面布置、首层平面布置如图 6.4.1 所示。工程有关内容如下:

①地质条件:施工场地地形平坦,场地平整挖填厚度小于 300 mm;经地质钻探查明地基土质较好,设计可直接以素土层为持力层,地下水位在离地面 5 m 以下。施工时可考虑为 3 类干土开挖。

②该工程为框架结构，基础为独立柱基（DJ），C20混凝土，其下采用C10素混凝土垫层。基础梁（JKL）混凝土C20；混凝土构件主筋保护层厚度规定：基础（有垫层）35 mm，梁25 mm。

③梁中贯通筋是为抗震而设置，8 m长设一个接头，优先采用焊接接头。（单面焊，搭接长度$15d$）；C20混凝土构件纵向受拉钢筋的最小锚固长度L_{aE}为$41d$。梁箍筋弯钩长度每边为$12d$。

④该工程设计室外地坪标高-0.450 m，底层室内地坪标高±0.000 m。地面垫层C15混凝土，厚80 mm，面层1∶2.5水泥砂浆，厚20 mm。

⑤墙体材料：MU10页岩砖墙，砌筑砂浆为M5混合砂浆，墙体厚240 mm。在-0.06 m处设20 mm厚1∶2水泥砂浆防潮层（掺5%防水剂）。

⑥门窗：M1为实木门；M2为全玻地弹门；C1为塑钢窗。

问题：

①根据图纸和表6.4.1提供的有关内容确定该工程中土方工程、基础工程、门窗工程清单项目名称、编码、计量单位，计算工程量，并在相应栏中进行填写。（要求写出工程量计算过程，填在表6.4.2中）。

表6.4.1 工程量清单项目表

序 号	项目编码	项目名称	计量单位	工程量
1				
2				
3				
4				
5				
6				
7				
8				
9				
10				
11				
12				
13				
14				
清单项目统一编码		平整场地 010101001 挖沟槽土方 010101003 土方回填 010103001 砖墙 010401001 独立基础 010501003 实木门 010801001 塑钢窗 010807001	挖一般土方 010101002 挖基坑土方 010101004 砖基础 010401001 带形基础 010501002 基础梁 010503001 全玻地弹门 010805005	

表 6.4.2　工程量计算表

项目名称	工程量计算式

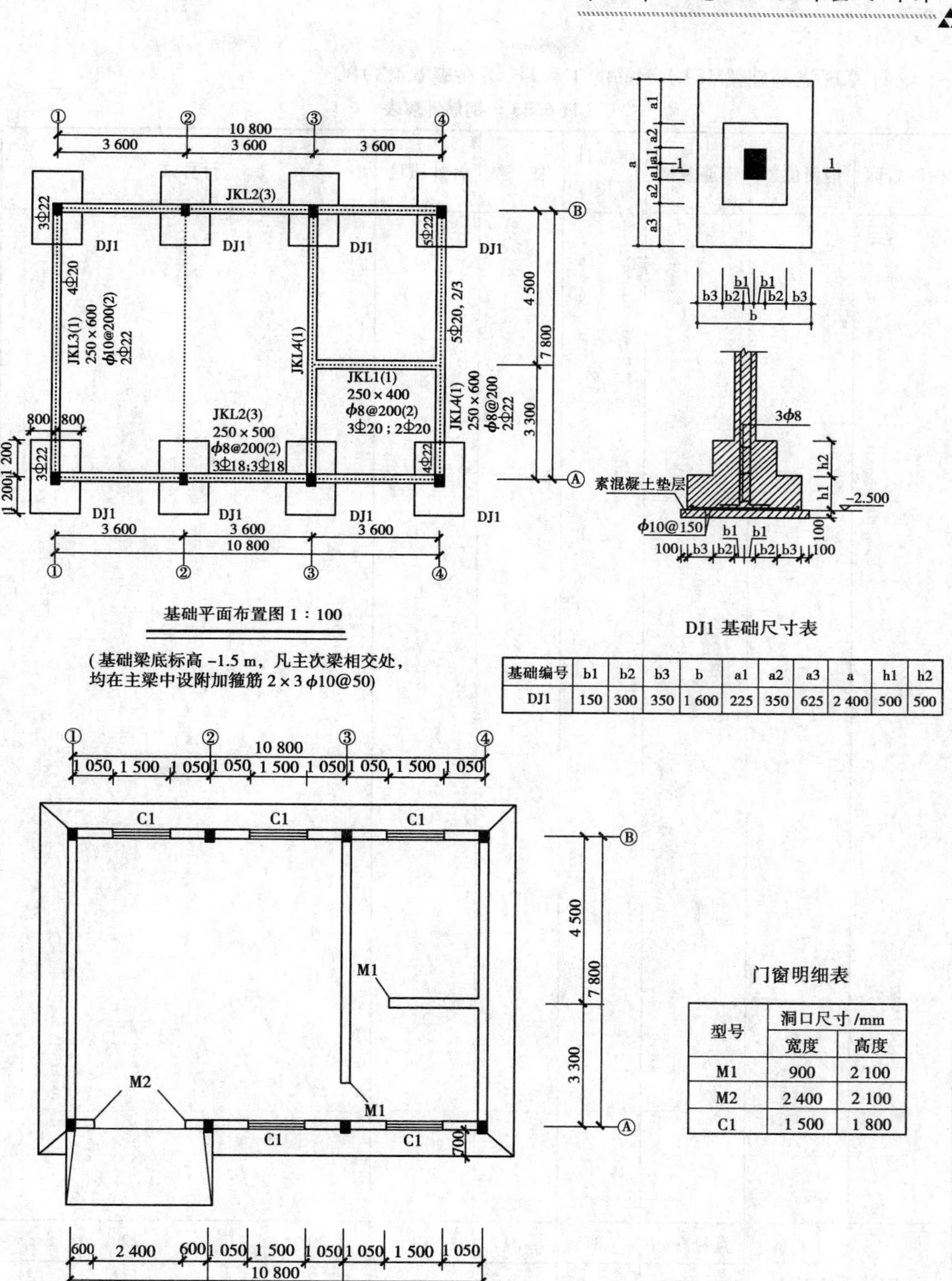

DJ1 基础尺寸表

基础编号	b1	b2	b3	b	a1	a2	a3	a	h1	h2
DJ1	150	300	350	1 600	225	350	625	2 400	500	500

门窗明细表

型号	洞口尺寸 /mm	
	宽度	高度
M1	900	2 100
M2	2 400	2 100
C1	1 500	1 800

图 6.4.1　某工程基础及首层平面布置图

②计算现浇基础梁 JKL4 钢筋的工程量，填在表 6.4.3 中。

表 6.4.3　钢筋计算表

<table>
<tr><th>构件名称</th><th>钢筋位置</th><th>钢筋规格</th><th>每根计算长度</th><th>根　数</th><th>合计质量</th><th colspan="2">计算式</th></tr>
<tr><td></td><td></td><td></td><td></td><td></td><td></td><td colspan="2"></td></tr>
<tr><td colspan="2" rowspan="2">钢筋质量表</td><td>直径/mm</td><td>8</td><td>10</td><td>18</td><td>20</td><td>22</td></tr>
<tr><td>每米质量/kg</td><td>0.395</td><td>0.617</td><td>2.000</td><td>2.470</td><td>2.98</td></tr>
</table>

【解答】

问题① 答案如表6.4.4,表6.4.5所示。

表6.4.4 工程量清单项目表

序 号	项目编码	项目名称	项目特征	计量单位	工程量
1	010101001001	平整场地	厚度300 mm以内	m^2	88.76
2	010101004001	独立基础土方	基础底宽1.6 m×2.4 m	m^3	80.5
3	010101003001	沟槽土方	基础梁宽0.25 m	m^3	11.87
4	010501003001	现浇钢筋混凝土独立基础	C20,垫层厚100 mm,C10	m^3	19.5
5	010503001001	现浇基础梁	C20,断面尺寸250 mm×400 mm	m^3	0.335
6	010503001002	现浇基础梁	C20,断面尺寸250 mm×500 mm	m^3	2.475
7	010503001003	现浇基础梁	C20,断面尺寸250 mm×600 mm	m^3	3.375
8	010401001001	砖基础	M5混合砂浆,MU10页岩砖	m^3	10.79
9	010103001001	基础土方回填	夯填	m^3	59.64
10	010103001002	室内土方回填	夯填	m^3	27.02
11	010801001001	实木门	900 mm×2 100 mm	樘	2
12	010805005001	全玻地弹门	2 400 mm×2 100 mm	樘	1
13	010807001001	塑钢窗	1 500 mm×1 800 mm	樘	5

表6.4.5 工程量计算表

项目名称	工程量计算式
平整场地	(10.8+0.24)×(7.8+0.24)= 88.76 m^2
独立基础土方	(1.6+0.2)×(2.4+0.2)×(2.5+0.1−0.45)×8=10.06×8=80.5 m^3
沟槽土方	[(10.8−0.3×3)×2+(7.8−0.45)×3+(3.6−0.25)]×0.25×(1.5−0.45)= 11.87 m^3
独立基础混凝土	(1.6×2.4×0.5+0.9×1.15×0.5)×8=19.5 m^3
基础梁混凝土 250×400	(3.6−0.25)×0.25×0.4=0.335 m^3
基础梁混凝土 250×500	(10.8−0.3×3)×0.25×0.5×2=2.475 m^3
基础梁混凝土 250×600	(7.8−0.45)×0.25×0.6×3=3.308 m^3
砖基础	(10.8−0.3×3)×(1.5−0.5)×0.24×2+(3.6−0.24)×(1.5−0.4)×0.24+(7.8−0.45)×(1.5−0.6)×0.24×3=10.40 m^3

续表

项目名称	工程量计算式
基础土方回填	80.5+11.87−19.5−0.335−2.475−3.308−（10.8−0.3×3）×（1.5−0.5−0.45）×0.24×2−（3.6−0.24）×（1.5−0.4−0.45）×0.24−（7.8−0.45）×（1.5−0.6−0.45）×0.24×3−1.8×2.6×0.1×8−0.3×0.45×（1.5−0.45）×8＝66.75−2.61−0.52−2.38−0.47−1.13＝59.64 m^3
室内土方回填	[（10.8−0.24）×（7.8−0.24）−（7.8−0.24+3.6−0.24）×0.24]×（0.45−0.08−0.02）＝27.02 m^3
实木装饰门 900×2 100	2 樘
全玻地弹门 2 400×2 100	1 樘
塑钢窗 1 500×1 800	5 樘

问题② 答案如表 6.4.6 所示。

表 6.4.6 钢筋计算表

构件名称	钢筋位置	钢筋规格	每根计算长度	根数	合计质量/kg	计算式
JKL4（2 根）	上部筋	2Φ22	9.484	2	113.04	7.8−0.45+41×0.022×2+15×0.022＝9.484 m 9.484×2×2.98×2 根＝56.52×2＝113.04 kg
	上部支座筋	4Φ22	3.352	2	39.96	（7.8−0.45）×1/3+41×0.022＝3.352 m 3.352×2×2.98×2 根＝19.978×2＝39.96 kg
	上部支座筋	5Φ22	3.352	3	59.93	（7.8−0.45）×1/3+41×0.022＝3.352 m 3.352×3×2.98×2 根＝29.967×2＝59.93 kg
	下部筋	5Φ20,2/3	9.29	5	229.46	7.8−0.45+41×0.02×2+15×0.02＝9.29 m 9.29×5×2.47×2 根＝114.732×2＝229.46 kg
	箍筋	Φ8@200	1.756	38	52.72	（0.25+0.6）×2−0.025×8+0.008×8+12×2×0.008＝1.756 m （7.8−0.45−0.1）/0.2+1＝38 根 1.756×38×0.395×2 根＝26.358×2＝52.72 kg
	附加箍筋	Φ10@50	1.82	6	13.48	（0.25+0.6）×2−0.025×8+0.01+12×2×0.01＝1.82 m 1.82×6×0.617×2 根＝6.738×2＝13.48 kg
	小计				508.59	

续表

构件名称	钢筋位置	钢筋规格	每根计算长度	根数	合计质量/kg	计算式	
钢筋质量表		直径/mm	8	10	18	20	22
		每米质量/kg	0.395	0.617	2.000	2.470	2.98

【例 6.4.2】　本试题分 3 个专业（Ⅰ.土建工程，Ⅱ.工业管道安装工程，Ⅲ.电气安装工程），请任选其中一题作答，若选作多题，按所答的第一题（卷面顺序）计分。

【解答】

Ⅰ.土建工程

某砖混结构二层别墅的一、二层平面和剖面图如图 6.4.2—图 6.4.4 所示。

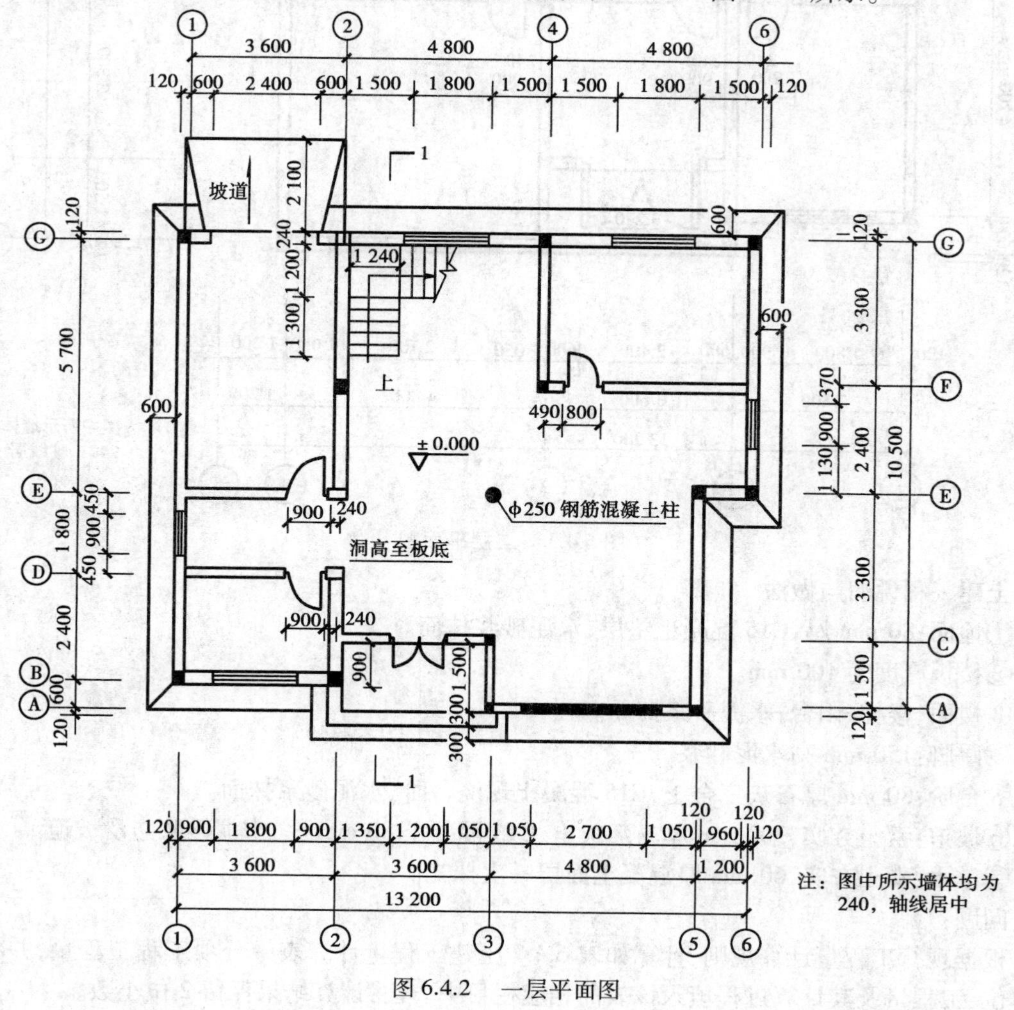

图 6.4.2　一层平面图

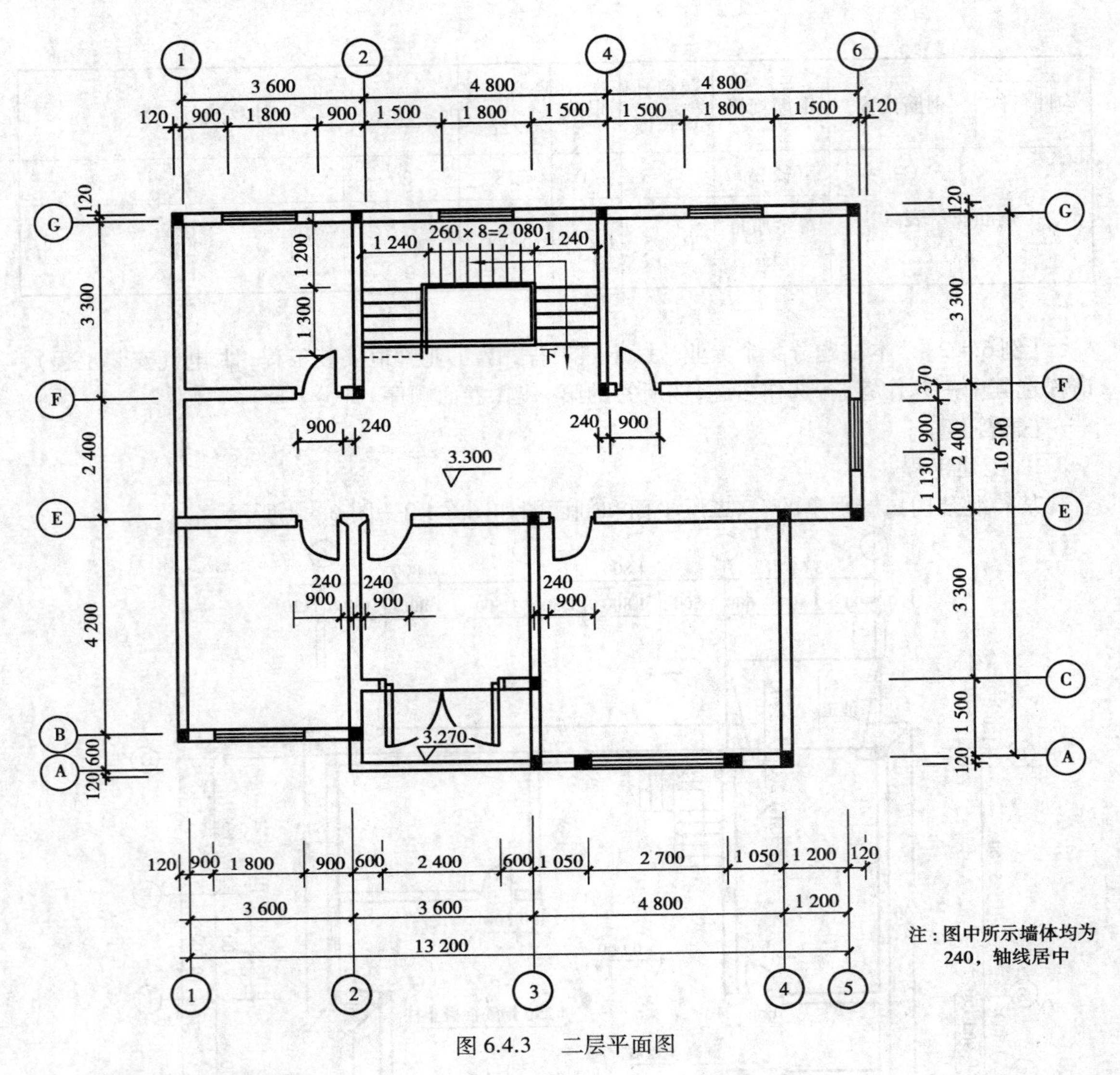

图 6.4.3　二层平面图

土建工程说明与做法

①地面:80 mm 厚,C15 混凝土垫层,水泥砂浆抹面。

②楼板厚度为 100 mm。

③楼面、楼梯、阳台:水泥砂浆抹面。

④踢脚:150 mm 高水泥砂浆。

⑤台阶:80 mm 厚石灰三合土,C15 混凝土现浇台阶、水泥砂浆抹面。

⑥坡道:素土夯实,300 mm 厚 3∶7 灰土,C15 混凝土 80 mm 厚,水泥砂浆防滑坡道。

⑦散水:素土夯实,60 mm 厚混凝土面层一次抹光。

问题:

根据现行工程量计算规则,计算如表 6.4.7 土建工程量计算表中分项工程工程量,并将计量单位、工程量及其计算过程填入该表的相应栏目中。注:计算结果保留 2 位小数。

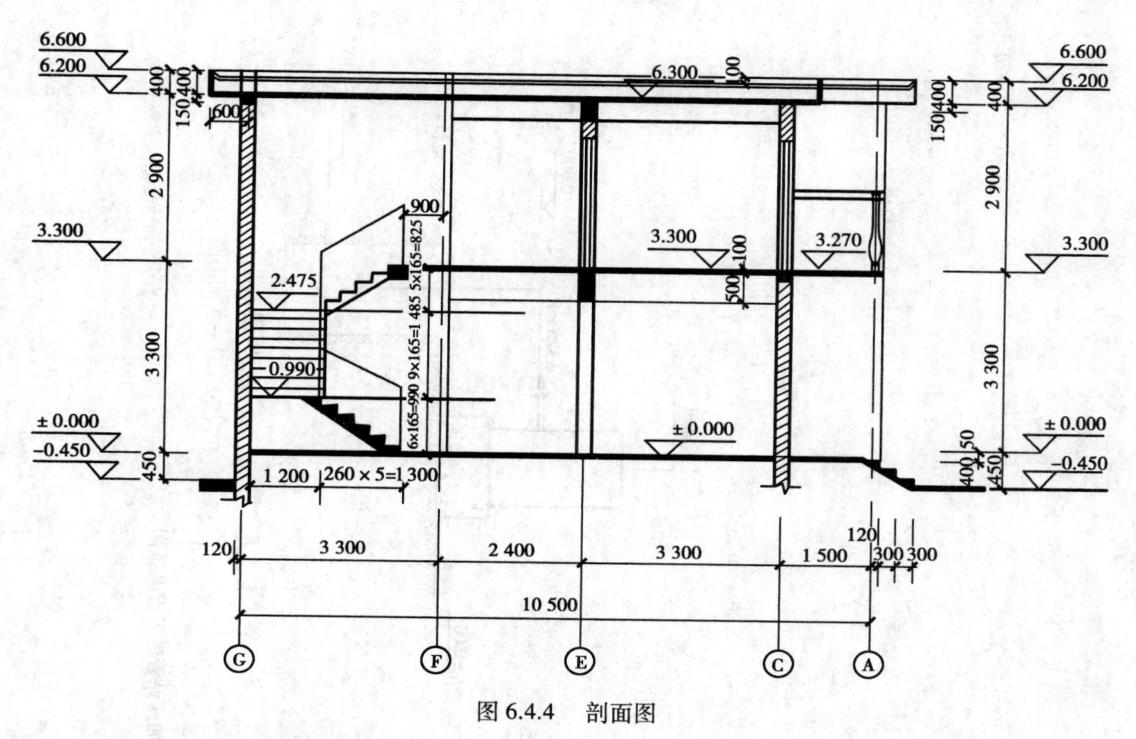

图 6.4.4　剖面图

Ⅱ.工业管道安装工程

某氮气加压站工业管理工程系统如图 6.4.5 和图 6.4.6 所示。

①图中工业管道系统工作压力 PN = 0.75 MPa。水平尺寸以 mm 计，标高以 m 计。

②管道：ϕ273×6 管采用无缝钢管：ϕ325×8 管采用成卷 10#钢板，现场制作钢板卷管，安装每 10 m 钢板卷管的主材消耗量为 9.88 m，每米重 62.54 kg；每制作 1 t 钢板卷管钢板的消耗量为 1.05 t。

③管件：所有三通为现场挖眼连接；弯头全部采用成品冲压弯头，ϕ273×6 弯头弯曲半径 R = 400 mm，ϕ325×8 弯头弯曲半径 R = 500 mm。电动阀门长度按 500 mm 计。

④所有法兰采用平焊法兰，阀门采用平焊法兰连接。

⑤管道系统安装完毕做水压试验。无缝钢管共有 16 道焊口，设计要求 50%进行 X 光射线无损探伤，胶片规格为 300 mm×80 mm。

⑥所有管道外壁除锈后均进行一般刷油处理。ϕ325×8 的管道需绝热，绝热层厚 δ = 50 mm，外缠玻璃纤维布作保护层。

问题：

根据现行安装工程量计算规则，计算表 6.4.8 中管道安装工程量，并将计量单位、工程量及其计算过程填入该表的相应栏目中。

注：计算结果除计量单位为“1”“m^3”的项目保留 3 位小数外，其他均保留 2 位小数。

Ⅲ.电气安装工程

某车间电气动力安装工程如图 6.4.7 所示。

①动力箱、照明箱均为定型配电箱，嵌墙暗装，箱底标高为+1.4 m。木制配电板现场制作后挂墙明装，底边标高为+1.5 m，配电板上仅装置一铁壳开关。

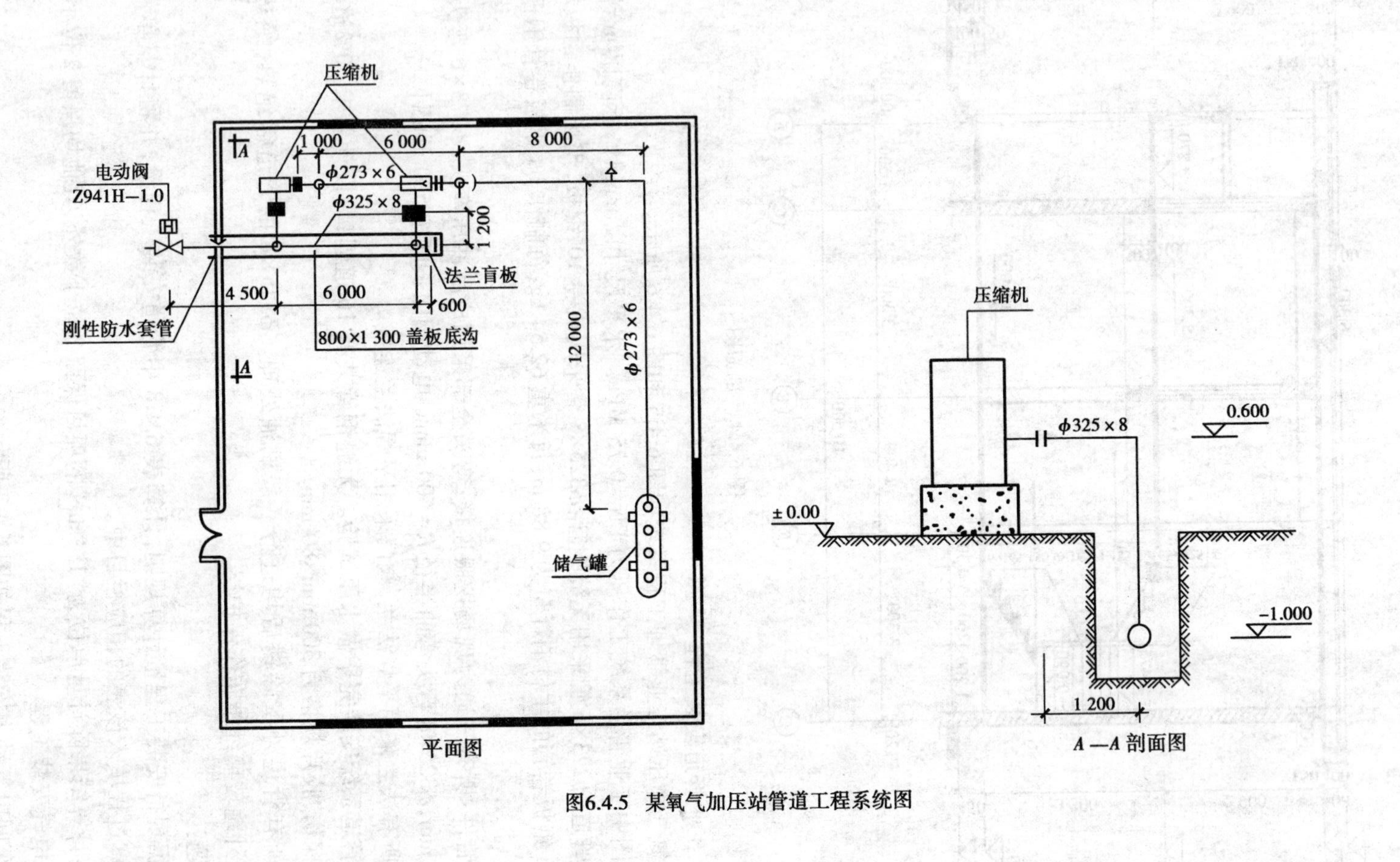

图6.4.5 某氧气加压站管道工程系统图

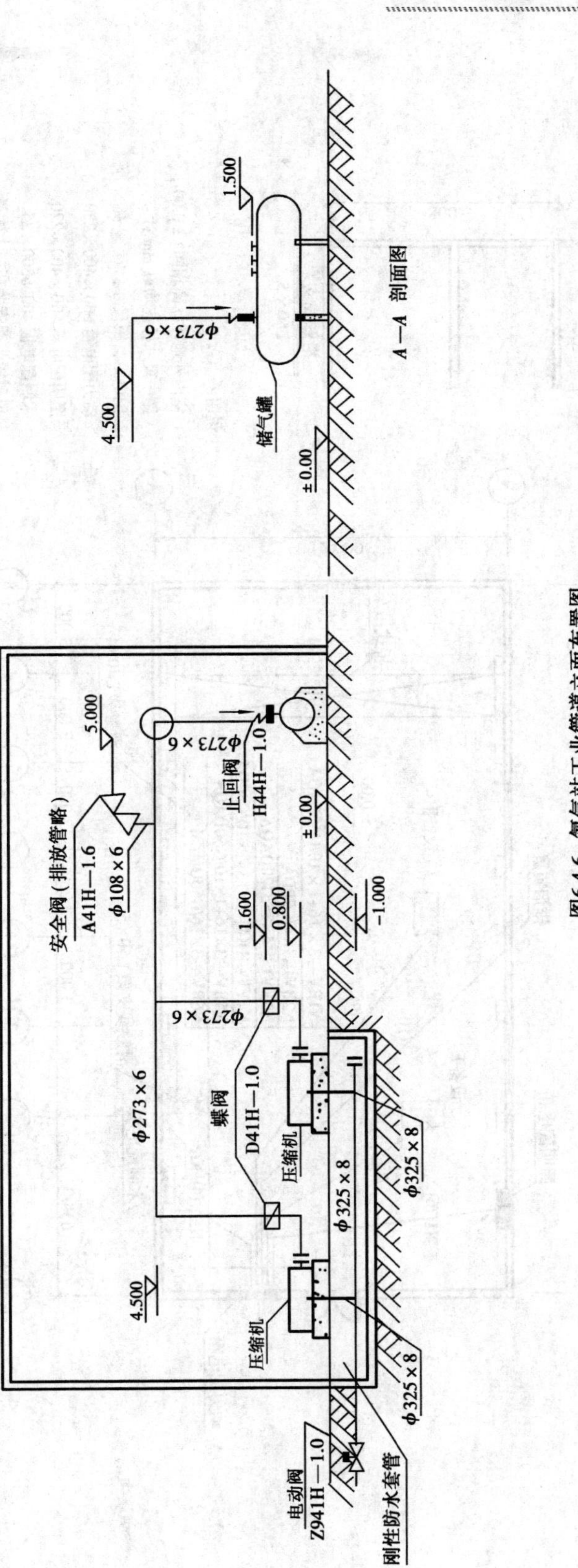

图6.4.6　氮气站工业管道立面布置图

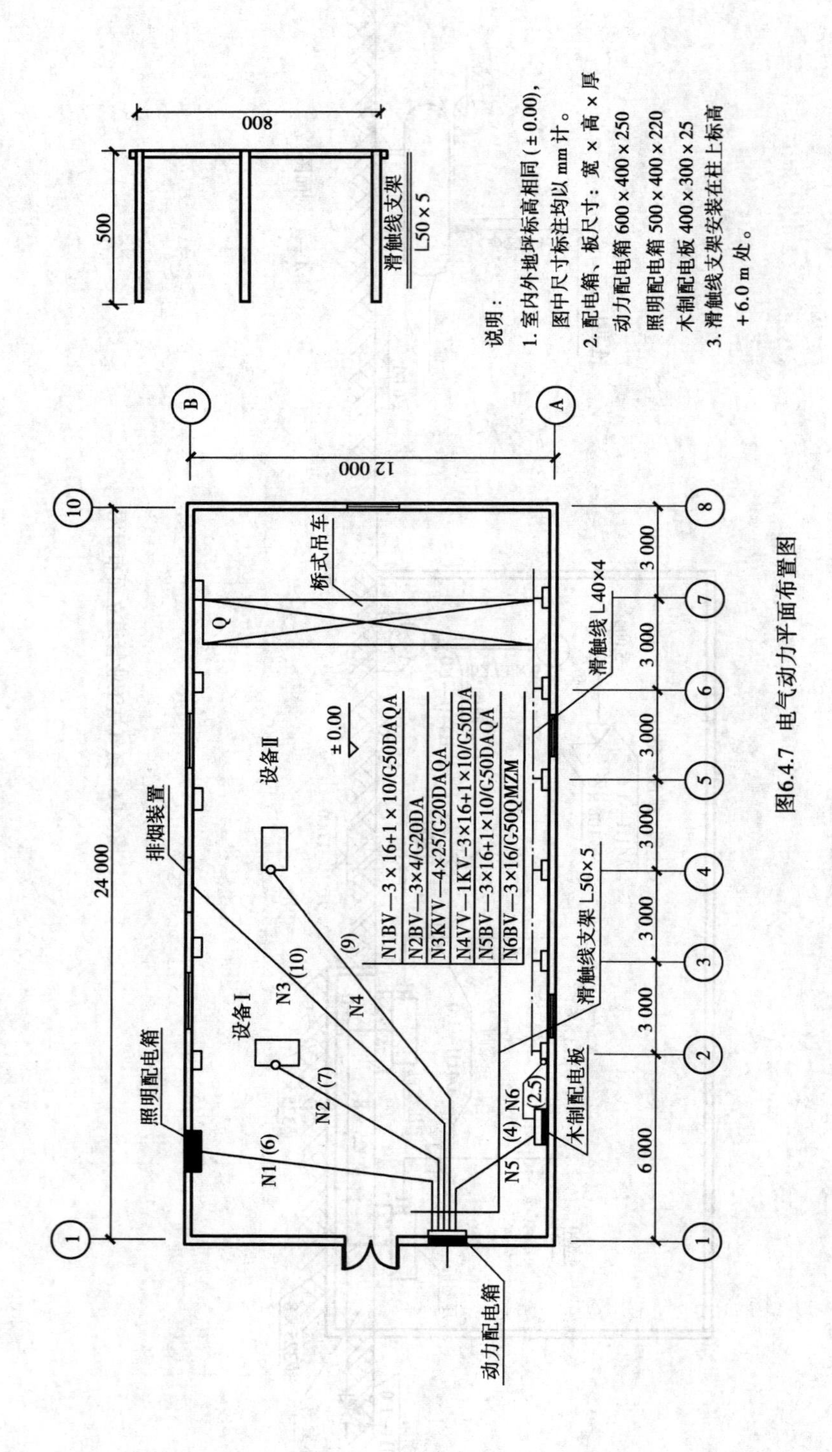

图6.4.7 电气动力平面布置图

②所有电缆、导线均穿钢保护管敷设。保护管除 N6 为沿墙、柱明配外，其他均为暗配，埋地保护管标高为-0.2 m。N6 自配电板上部引至滑触线的电源配管，在②柱标高+6.0 m 处，接一长度为 0.5 m 的弯管。

③两设备基础面标高+0.3 m，至设备电机处的配管管口高出基础面 0.2 m，至排烟装置处的管口标高为+6.0 m 。均连接一根长 0.8 m 同管径的金属软管。

④电缆计算预留长度时不计算电缆敷设弛度、波形变度和交叉的附加长度。连接各设备处电缆、导线的预留长度为 1.0 m，与滑触线连接处预留长度为 1.5 m。电缆头为户内干包式，其附加长度不计。

⑤滑触线支架（∠50×50×5，每米重 3.77 kg）采用螺栓固定；滑触线（∠40×40×4，每米重 2.422 kg）两端设置指标灯。

⑥图中管路旁括号内数字表示该管的平面长度。

【解答】

Ⅰ.土建工程

表 6.4.7　土建工程量计算表

序号	分项工程名称	计量单位	工程量	计算过程
1	建筑面积	m^2	265.07	一层：10.14×3.84+9.24×3.36+10.74×5.04+5.94×1.2＝131.24 二层：131.24 阳台$\frac{1}{2}$×（3.36×1.5+0.6×0.24）＝2.59
2	外墙边线总长	m	50.16	10.14+13.44+（10.74+1.2）+（12.24+0.9+1.5）＝50.16
3	外墙中心线总长	m	49.20	50.16-4×0.24＝49.20
4	内墙净长线总长	m	54.18	一层：3.36+3.36+4.56+5.7+1.5+3.3＝21.78 二层：3.36×3+4.56×2+3.3×4＝32.40
5	外脚手架	m^2	326.04	50.16×6.50＝326.04
6	内脚手架	m^2	163.66	21.78×3.2+32.4×2.9＝163.66
7	柱脚手架	m^2	14.47	（2×3.14×0.125+3.6）×3.3＝14.47
8	室内地面混凝土垫层	m^3	9.14	（131.24-49.2×0.24-21.78×0.24）×0.08＝9.14
9	水泥砂浆楼地面	m^2	214.91	一层：131.24-49.2×0.24-21.78×0.24＝114.20 二层：131.24-49.2×0.24-32.4×0.24-4.56×2.40＝100.71
10	水泥砂浆楼梯面层	m^2	8.42	1.20×4.56+1.24×1.30+1.24×1.08＝8.42
11	一层 F 轴踢脚线	m	9.36	4.80-0.24+4.80＝9.36
12	散水原土打夯	m^2	25.20	0.6×［2×（13.2+0.24+10.5+0.24）-0.6+0.6×4-3.6-（3.6-0.24）-0.6×2］＝25.20
13	台阶三合土	m^3	0.34	（3.36+0.6×2+0.6）×0.6×0.08+（3.36+0.3）×0.3×0.08＝0.34

续表

序号	分项工程名称	计量单位	工程量	计算过程
14	水泥砂浆台阶抹面	m^2	4.20	(3.36+0.6×2+0.6)×0.6+(3.36+0.3)×0.3=4.20
15	坡道三七灰土	m^3	2.27	3.6×2.1×0.30=2.27
16	坡道混凝土垫层	m^3	0.60	3.6×2.1×0.08=0.60
17	混凝土散水一次抹光	m^2	25.20	25.20

Ⅱ.工业管道安装工程

表 6.4.8　管道工程量计算表

序号	工程名称及规格	计量单位	工程量	计算过程
1	无缝钢管安装 ϕ273×6	m	38.40	(1.0+4.5−0.8)×2+6+8+12+(4.5−1.5)
2	无缝钢管安装 ϕ108×6	m	0.50	5−4.5
3	钢板卷管安装 ϕ325×8	m	16.70	(1.2+1+0.6)×2+0.6+6+4.5
4	管件安装 DN300	个	4	弯头 2 个,三通 2 个
5	管件安装 DN250	个	6	弯头 5 个,三通 1 个
6	电动阀门 DN300	个	1	1
7	法兰阀门 DN250	个	3	蝶阀 2 个,止回阀 1 个
8	安全阀 DN100	个	1	1
9	法兰 DN300	副	1	1
10	法兰 DN300	片	3	1+1+1
11	法兰 DN250	副	3	1+1+1
12	法兰 DN250	片	3	1+1+1
13	法兰 DN100	片	1	1
14	钢板卷管制作 ϕ325×8	t	1.032	16.7×9.88÷10×0.062 54
15	钢板开卷平直 δ=8 mm	t	1.083	1.032×1.05
16	防水套管制作 DN300	个	1	1
16′	防水套管安装 DN300	个	1	1
17	X 光无损探伤拍片	张	40	每个焊口拍片数:273×π÷(300−2×25)= 3.43,应取 4。共拍片数:16×50%×4=32
18	管道刷油	m^2	50.13	(0.273×π×38.4)+(0.325×π×16.7)+(1.108×π×0.5)
19	管道绝热	m^3	1.020	16.7×π×(0.325+1.033×0.05)×1.033×0.5
20	管道绝热保护层	m^2	22.98	16.7×π×(0.325+2.1×0.05+0.008 2)

问题：

依据现行安装工程工程量计算规则，计算表6.4.9电气安装工程工程量，并将计量单位、工程量及其计算过程填入该表的相应栏目中。

注：计算结果保留2位小数。

Ⅲ.电气安装工程

表6.4.9　电气安装工程量计算表

序号	分项工程名称	计量单位	工程量	计算过程
1	配电箱安装	台	2	1+1
2	木制配电板安装	块	1	1
3	木制配电板制作	m^2	0.12	0.4×0.3
4	钢管暗配 G20	m	27.1	N_2:7+(0.2+1.4)+0.2+0.3+0.2=9.3 N_3:10+(0.2+1.4)+0.2+6.0=17.8
5	钢管暗配 G50	m	27.8	N_1:6+(0.2+1.4)×2=9.2 N_4:9+(0.2+1.4)+0.2+0.3+0.2=11.3 N_5:4+(0.2+1.4)+(0.2+1.5)=7.3
6	钢管明配 G50	m	7.2	N_6:2.5+(6−1.5−0.3)+0.5
7	金属软管 G20	m	1.6	0.8+0.8
8	金属软管 G50	m	0.8	0.8
9	电缆敷设 VV-3×16+1×10	m	14.3	N_4:11.3+2+1.0
10	控制电缆敷设 KVV-4×2.5	m	20.8	N_3:17.8+2+1.0
11	导线穿管敷设 16 mm^2	m	88.5	N_1:(9.2+0.6+0.4+0.5+0.4)×3=33.3 N_5:(7.3+0.6+0.4+0.4+0.3)×3=27 N_6:(7.2+0.4+0.3+1.5)×3=28.2
12	导线穿管敷设 10 mm^2	m	20.1	N_1:9.2+0.6+0.4+0.5+0.4=11.1 N_5:7.3+0.6+0.4+0.4+0.3=9
13	导线穿管敷设 4 mm^2	m	33.9	N_2:[9.3+(0.4+0.6)+1.0]×3
14	电缆终端头制安户内干包式 16 mm^2	个	2	N_4:1+1
15	电缆终端头制安户内干包式 4 mm^2	个	2	N_3:1+1
16	滑触线安装∠40×40×4	m	51	(3×5+1+1)×3
17	滑触线支架制作∠50×50×5	kg	52.03	3.77×(0.8+0.5×3)×6
18	滑触线支架安装∠50×50×5	副	6	1×6
19	滑触线指示灯安装	套	2	1+1

思考与练习题

1.什么是工程概算？工程概算在工程造价管理过程中有何作用？

2.什么是工程预算？工程预算在工程造价管理过程中有何作用？

3.对比分析说明工程概算和工程预算的编制依据。

4.对比分析说明工程概算和工程预算的编制内容。

5.对比说明工程概算和工程预算的编制方法。

6.对比说明工程概算和工程预算审查内容和审查方法。

7.试述实物量法和单价法的异同点及其优缺点。

8.什么叫工程量清单？如何编制工程量清单？

9.有梁板清单工程量如何计算？

10.如何进行工程量清单计价？

11.现浇楼梯清单工程量如何计算？

12.措施项目清单中包含哪些内容？其他项目清单中包含哪些内容？

13.室外楼梯建筑面积如何计算？

14.某住宅建筑各层外围水平面积为 400 m^2，共 6 层，二层以上每层有两个阳台，每个水平面积为 5 m^2（无围护结构），建筑中间设置宽度为 300 mm 变形缝一条，缝长 10 m，则该住宅建筑面积为多少？

15.某建筑外墙厚 370 mm，中心线总长 80 m，内墙厚 240 mm，净长线总长为 35 m。底层建筑面积为 600 m^2，室内外高差 0.6 m。地坪厚度 100 mm，已知该建筑基础挖土量为1 000 m^3，室外设计地坪以下埋设物体体积 450 m^3，则该工程的余土外运量为多少？

16.某地面垫层厚 300 mm，外墙中心线尺寸为 20 m×10 m，墙厚 240 mm，内墙净长 50 m（其中 120 mm 墙有 15 m，其余均为 240 mm 墙），则垫层工程量为多少？

17.列出梁上部贯通筋和箍筋长度计算公式。

18.简述楼地面工程中整体面层和块料面层工程量清单计算规则。

19.某工程混凝土及钢筋混凝土工程量见表 6.1，试编写分部分项工程量清单表。

表 6.1

序号	分项工程名称	单位	工程量	序号	分项工程名称	单位	工程量
1	基槽下 C15 混凝土垫层	m^3	26.2	9	构造柱 C25	m^3	3.24
2	C20 地圈梁	m^3	3.15	10	预制过梁 C20	m^3	0.625
3	独立柱基础 C30	m^3	2.65	11	预制构件钢筋	t	0.559
4	现浇矩形柱 C30	m^3	1.62	12	预应力空心板 C25	m^3	6.263
5	现浇矩形梁 C30	m^3	1.86	13	预应力钢筋	t	0.862
6	现浇雨篷 C20	m^2	1.92	14	现浇钢筋	t	2.175
7	现浇雨篷过梁 C20	m^3	0.625	15	预应力空心板安装	m^3	6.258
8	圈梁 C25	m^3	5.08	16	过梁安装	m^3	0.620

20.某工程采用工程量清单招标,其工程量清单某章节包含如下内容:

(1)玻璃幕墙指定分包造价 60 万元,总包单位配合费为 5 万元;

(2)外围土建指定分包造价 50 万元,总包单位配合服务费 6 万元;

(3)总包单位对电梯安装、市政配套工程配合服务费合计 12 万元;

(4)预留 150 万元作为不可预见费;

(5)总承包单位查看现场费用 0.8 万元;

(6)总包单位临时设施费 7 万元;

(7)依招标方要求,总包单位安全施工增加费 2.5 万元;

(8)总包单位环境保护费 0.5 万元;

(9)招标人要求一项额外装饰工程,该工程不能以实物量计量和定价。招标人估算需抹灰工 20 工日,计 600 元;油漆工 10 工日,计 350 元。

请根据上述资料,按工程量清单计价要求编制相应的项目清单及计价表。

21.已知某引进设备吨重为 50 t,设备原价 3 000 万元人民币,每吨设备安装费指标为 8 000元/t,同类国产设备的安装费率为 15%,则该设备安装费为多少?

22.按表 6.2 给出资料编制某教学楼工程设计概算计算工程总造价,其中材料调差系数 1.10,材料费占定额人材机费比重为 0.6。各项费率为:措施费为定额人材机费的 8.8%,企业管理费、规费为定额人材机费的 7.12%,利润率为 7%,税率为 3.43%。

表 6.2

定额编号	工程或费用名称	单　位	工程量	单价/元	合价/元
	基础工程	10 m^3	20	2 500	50 000
	墙壁工程	100 m^3	50	3 300	165 000
	地面工程	100 m^2	12	1 000	12 000
	楼面工程	100 m^2	30	1 800	54 000
	卷材屋面	100 m^2	15	4 500	675 000
	门窗工程	100 m^2	10	5 600	56 000

23.某建设项目的建筑工程定额人材机费为 805.886 万元,其企业管理费、规费费率为 9.5%,利润率为 7.5%;而该项目安装工程定额人材机费为 788.565 万元,其中人工费为15.021 万元,安装工程的企业管理费、规费费率为 79.05%(以人工费为计算基数),利润率为 72%(以人工费为计算基数)。

试分别计算土建工程和安装工程的预算造价和该建设项目建筑安装工程总造价。

24.某市建筑工程每 10 m^3 标准砖砌体的预算定额单价为 556.13 元/10 m^3。每 10 m^3 墙砖砌体中,有关工、料、机的消耗量及市场价格,见表 6.3。

表 6.3

项　目	红　砖	砂　浆	水	综合工日	砂浆搅拌机	起重机
消耗量	5.22 千块	2.26 m^3	1 m^3	12.54 工日	0.39 台班	0.39 台班
市场价	61 元/千块	18.87 元/m^3	2.40 元/m^3	21.50 元/工日	11 元/台班	60.6 元/台班

若措施费费率为 5.63%，企业管理费、规费费率为 4.39%，利润率为 4%，税率为 3.49%。

试用单价法和实物法分别计算该市标准砖砌体 200 m^3 的预算造价，并说明单价法、实物法的区别和两种方法计算出的预算造价不同的原因。

第七章　工程招投标与承包合同价

工程造价管理体制改革的目标是逐步建立以市场形成价格为主的价格机制,把竞争机制引入工程造价管理体制,在相对公平的条件下进行招标承包,择优选择施工单位和材料设备供应商,从而促进这些企业在经营管理、应变能力、提高技术水平、成本控制等方面不断提高竞争能力,也使得承包合同价得到有效的控制,促进经济、技术、管理水平的协调发展。本章主要介绍建设工程招投标的基本知识和承包合同价的形成过程,主要内容包括:施工招标及标底、施工投标与报价,设备、材料采购招投标,开标、评标与中标,工程合同与承包合同价,评选中标单位案例分析。

第一节　概　述

建设工程实行招标投标制度,是使工程项目建设任务的委托纳入市场机制,通过竞争择优选定项目的工程承包单位、勘察设计单位、施工单位、监理单位、设备制造供应单位等,达到保证工程质量、缩短建设周期、控制工程造价、提高投资效益的目的,由发包人与承包人之间通过招标投标签订工程承包合同的经营制度。

一、招标投标的概念

所谓招标投标,是指采购人事先提出货物、工程或服务采购的条件和要求,邀请投标人参加投标并按照规定程序从中选择交易对象的一种市场交易行为。从采购交易过程来看,它必然包括招标和投标两个最基本且相互对应的环节。

建设工程招标一般是建设单位(或业主)就拟建的工程发布信息,用法定形式吸引建设项目的承包单位参加竞争,进而通过法定程序从中选择条件优越者来完成工程建设任务的法律行为。建设工程投标一般是经过特定审查而获得投标资格的建设项目承包单位,响应招标人的要求参加投标竞争,并按照招标文件的要求,在规定的时间内向招标人填报投标书并争取中标的法律行为。

从概念可以看出,招标投标实质上是一种市场竞争行为,这与我国建立社会主义市场经济体制的发展目标是一致的。在市场经济条件下,它是一种最普遍、最常见的择优方式。

二、招标范围与方式

从各国情况来看,由于政府及公共部门的资金主要来源于税收,因此,提高资金的使用效率是纳税人对政府和公共部门提出的必然要求。我国是以公有制为基础的社会主义国家,建设资金主要来源于国有资金,为切实保护国有资产,发挥最佳经济效益,通过立法把使用国有资金的建设项目纳入强制招标的范围,是切实保护国有资产的重要措施。

（一）招标投标的分类

建设工程招标投标，可分为整个建设过程各个阶段的全部工作，称为工程建设总承包招投标或全过程总体招投标，或是其中某个阶段的招投标，或是某一个阶段中的某一专项招投标。一般可分为建设项目总承包招投标、工程勘察设计招投标、工程施工招投标、工程建设项目监理招标和设备材料采购招投标等。

①建设项目总承包招投标又叫建设项目全过程招投标，在国外称之为“交钥匙”工程招标投标。它是指从项目建议书开始，包括可行性研究、勘察设计、设备材料询价与采购、工程施工、生产准备、投料试车，直至竣工投产、交付使用全面实行招标。工程总承包单位根据建设单位（业主）所提出的工程要求，对项目建议书、可行性研究、勘察设计、设备询价选购、材料订货、工程施工、职工培训、试生产、竣工投产等实行全面报价投标。

②工程勘察设计招投标是指招标单位就拟建工程向勘察和设计单位发布信息，以法定方式吸引勘察单位或设计单位参加竞争，经招标单位审查获得投标资格的勘察、设计单位，按照招标文件的要求，在规定的时间内向招标单位填报投标书，招标单位从中择优确定中标单位完成工程勘察或设计任务。

③工程施工招标投标则是针对工程施工阶段的全部工作开展的招投标，根据工程施工范围大小及专业不同，可分为全部工程招投标、单项工程招投标和专业工程招投标等。

④监理招标的标的是“监理服务”，与工程建设中其他各类招标的最大区别表现为监理单位不承担物质生产任务，只是受招标人委托对生产建设过程提供监督、管理、协调、咨询等服务。鉴于标的的特殊性，招标人选择中标人的基本原则是“基于能力的选择。”

⑤设备材料招投标是针对设备、材料供应及设备安装调试等工作进行招投标。

（二）招投标的范围

在我国，强制招标的范围着重于工程建设项目，而且是工程建设项目全过程的招标，包括从勘察、设计、施工、监理到设备、材料的采购。

1.《招标投标法》规定必须招标的范围

根据《招标投标法》的规定，在中华人民共和国境内进行的下列工程项目必须进行招标：

①大型基础设施、公用事业等关系社会公共利益、公众安全的项目；

②全部或者部分使用国有资金或者国家融资的项目；

③使用国际组织或者外国政府贷款、援助资金的项目。

2.可以不进行招标的范围

按照《招标投标法》和有关规定，属于下列情形之一的，经县级以上地方人民政府建设行政主管部门批准，可以不进行招标：

①涉及国家安全、国家秘密的工程；

②抢险救灾工程；

③利用扶贫资金实行以工代赈、需要使用农民工等特殊情况；

④建筑造型有特殊要求的设计；

⑤采用特定专利技术、专有技术进行设计或施工；

⑥停建或者缓建后恢复建设的单位工程，且承包人未发生变更的；

⑦施工企业自建自用的工程，且施工企业资质等级符合工程要求的；

⑧在建工程追加的附属小型工程或者主体加层工程，且承包人未发生变更的；

⑨法律、法规、规章规定的其他情形。

（三）招投标的方式

《招标投标法》第十条规定，招标分为公开招标和邀请招标。

（1）公开招标

公开招标是指招标人在指定的报刊、电子网络或其他媒体上发布招标公告，吸引众多的投标人参加投标竞争，招标人从中择优选择中标单位的招标方式。公开招标是一种无限制的竞争方式，按竞争程度又可以分为国际竞争性招标和国内竞争性招标。公开招标可以保证招标人有较大的选择范围，可在众多的投标人中选定报价合理、工期较短、信誉良好的承包商，有助于打破垄断，实行公平竞争。

（2）邀请招标

邀请招标也称选择性招标或有限竞争投标，是指招标人以投标邀请书的方式邀请特定的法人或者其他组织投标，选择一定数目的法人或其他组织（不少于 3 家）。邀请招标的优点在于：经过选择的投标单位在施工经验、技术力量、经济和信誉上都比较可靠，因而一般能保证进度和质量要求。此外，参加投标的承包商数量少，因而招标时间相对缩短，招标费用也较少。

由于邀请招标在价格、竞争的公平方面仍存在一些不足之处，因此《招标投标法》规定，国家重点项目和省、自治区、直辖市的地方重点项目不宜进行公开招标的，经过批准后可以进行邀请招标。

（3）公开招标与邀请招标在招标程序上的主要区别

①招标信息的发布方式不同。公开招标是利用招标公告发布招标信息，而邀请招标则是采用向 3 家以上具备实施能力的投标人发出投标邀请书，请他们参与投标竞争。

②对投标人资格预审的时间不同。进行公开招标时，由于投标响应者较多，为了保证投标人具备相应的实施能力，以及缩短评标时间，突出投标的竞争性，通常设置资格预审程序。而邀请招标由于竞争范围小，且招标人对邀请对象的能力有所了解，不需要再进行资格预审，但评标阶段还要对各投标人的资格和能力进行审查和比较，通常称为“资格后审”。

③邀请的对象不同。邀请招标邀请的是特定的法人或者其他组织，而公开招标则是向不特定的法人或者其他组织邀请投标。

（四）公开招标投标的程序

公开招标投标流程一般如图 7.1.1 所示。

三、招标投标对工程造价的影响

建设工程招投标制是我国建筑业和固定资产投资管理体制改革的主要内容之一，也是我国建筑市场走向规范化、完善化的重要举措之一。建设工程招投标制的推行，使计划经济条件下建设任务的发包从计划分配为主转变到以投标竞争为主。使我国发包承包方式发生了质的变化。推行招投标制，对降低工程造价，进而使工程造价得到合理控制具有非常重要的影响。这种影响主要表现在：

①推行招投标制基本形成了由市场定价的价格机制，使工程造价更趋于合理。推行招投标制最明显的表现是若干投标人之间出现激烈的竞争，即相互间的竞标。这种竞争最直接、最集中的表现就是在价格上的竞争。通过竞争确定工程价格，使其趋于合理，将有利于节约投资、提高投资效益。

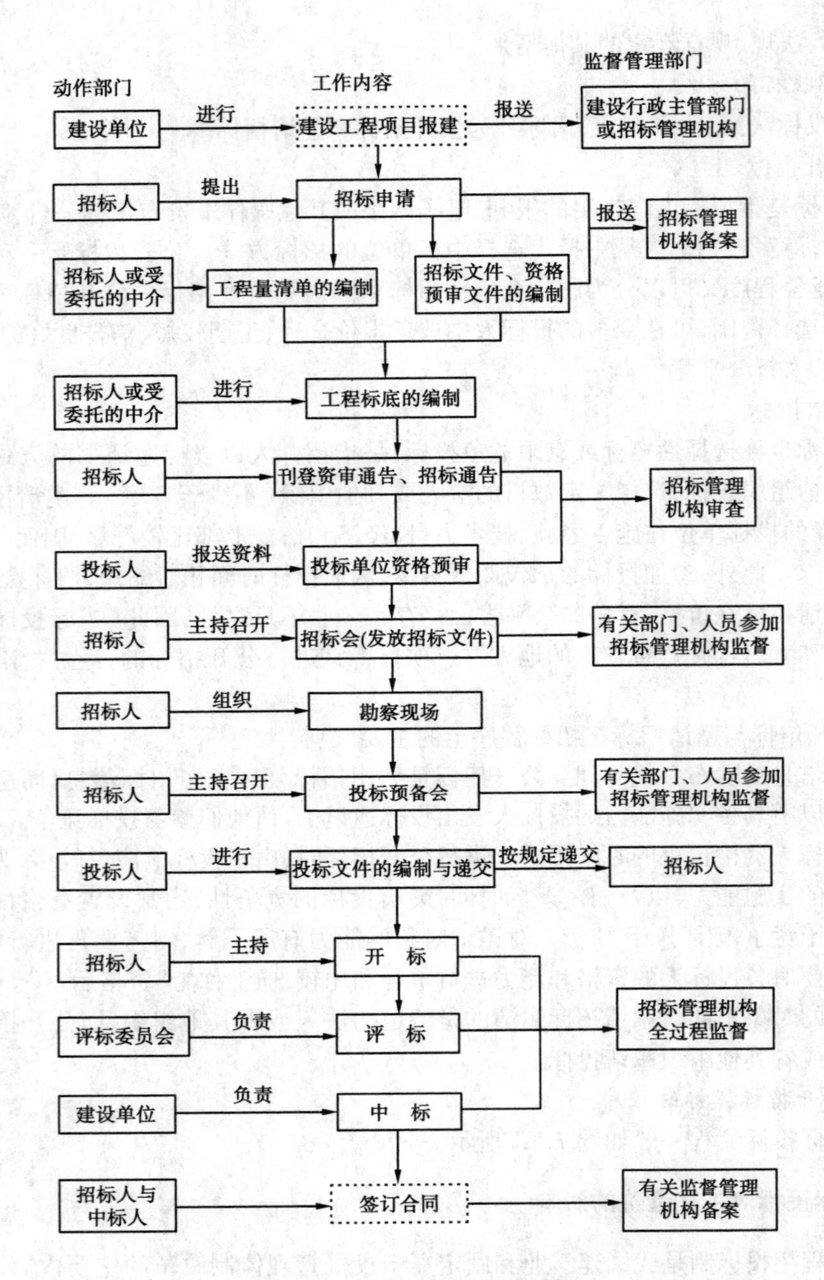

图 7.1.1 公开招标投标流程图

②推行招投标制便于供求双方更好地相互选择,使工程价格更加符合价值规律,进而更好地控制造价。在招投标过程中,由于供求双方各自的出发点不同,存在利益矛盾,因而单纯采用“一对一”的选择方式,成功的可能性较小。采用招投标方式,就可以为供求双方在较大范围内进行相互选择创造了条件,为招标人与投标者在需求与供给的最佳点上提供了可能。需求者(招标人)对供给者(投标人)选择的基本出发点是“择优选择”,即选择那些报价较低、工期较短、具有良好业绩和管理水平的供给者,这样便为合理控制造价奠定了基础。

③推行招投标制有利于规范价格行为,使公开、公平、公正的原则得以贯彻。《招标投标

法》中明确规定了招投标活动，尤其是关系到国计民生的项目，必须接受行政监督部门的监督，并且规定了严格的招投标程序，同时配备专家支持系统、工程技术人员的全体评估与决策，从而可以有效避免盲目过度的竞争和营私舞弊现象的发生，对建筑领域中腐败现象也是强有力的遏制，使价格形成的过程变得透明而且较为规范。

④推行招投标制能够减少交易费用，节省人力、财力、物力，使工程造价有所降低。我国目前从招标、投标、开标、评标直至定标，均有一些法律、法规规定。2001 年 7 月，国家计委等七部委联合发布《评标委员会和评标办法暂行规定》，表明我国的招投标已逐渐进入制度化操作。招投标过程中，若干投标人在同一时间、地点报价竞争，通过专家评标定标，必然减少交易过程中的费用，也就意味着招标人收益的增加，对工程造价的有效控制必然产生积极的影响。

第二节 施工招标及标底

施工招标的特点是发包的工作内容明确、具体，各投标人编制的投标文件在评标时易于进行横向对比。虽然投标人按招标文件的工程量表中既定的工作内容和工程量编标报价，但价格的高低并非是确定中标人的唯一条件，投标过程实际上是各投标人完成该项工程的技术、经济、管理等综合能力的竞争。

一、施工招标概述

(一)施工招标的发包工作范围

为了规范建筑市场有关各方的行为，《建筑法》和《招标投标法》明确规定不允许采取肢解工程的方式进行招标。一个独立合同发包的工作范围可以是：

①全部工程招标。将项目建设的所有土建、安装施工工作内容一次性发包。

②单位工程招标。

③特殊专业工程招标。如设备安装工程、装饰工程、特殊地基处理等可以作为单独的合同发包。

(二)预定的承包方式

承包方式应根据招标项目的规模、发包人的管理能力和合同数量的划分来确定。不同承包方式的主要区别是工程材料和设备由哪一方负责采购。

①包工包料承包。某些大型工程经常采用包工包料的单价合同承包方式，由承包方负责建筑材料的采购，发包方将材料采购合同的管理交给承包方负责，减少合同的数量。有些小型工程由于使用的材料和设备都属于通用性的，在市场上易于采购，也可以采用这种承包方式。

②包工部分包料承包。大型复杂工程由于建筑材料的用量较大，尤其是某些材料有特殊性质要求，永久工程设备大型化、技术复杂，往往采用包工部分包料承包。主要建筑材料和永久工程设备由发包人单独作为一个或者几个合同招标，承包方只负责少量的当地材料和中小型设备的采购。

③包工不包料承包。一般在中小型工程中采用，供货责任全部由发包方承担。

(三)招标方式的选择

公开招标与邀请招标相比，可以在较大的范围内优选中标人，有利于投标竞争，但招标花费的费用较高、时间较长。采用何种形式招标应在招标准备阶段进行认真研究,主要分析哪些项目对投标人有吸引力,可以在市场中展开竞争。对于明显可以展开竞争的项目,应首先考虑采用打破地域和行业界限的公开招标。

为了符合市场经济要求和规范招标人的行为,《建筑法》规定,依法必须进行施工招标的工程全部使用国有资金投资或者国有资金投资占控股或主导地位的,应当公开招标。《招标投标法》进一步明确规定:“国务院发展计划部门确定的国家重点和省、自治区、直辖市人民政府确定的地方重点项目不适宜公开招标的,经国务院发展计划部门或者省、自治区、直辖市人民政府批准,可以进行邀请招标。”采用邀请招标方式时,招标人应当向三个以上具备承担该工程施工能力、资信良好的施工企业发出投标邀请书。

采用邀请招标的项目一般属于以下几种情况之一:

①涉及保密的工程项目;

②专业性要求较强的工程,一般施工企业缺少技术、设备和经验,采用公开招标响应者较少;

③工程量较小,合同额不高的施工项目,对实力较强的施工企业缺少吸引力;

④地点分散且属于劳动密集型的施工项目,对外地域的施工企业缺少吸引力;

⑤工期要求紧迫的施工项目,没有时间进行公开招标;

⑥其他采用公开招标所花费的时间和费用与招标人最终可能获得的好处不相适应的施工项目。

二、自行组织招标与委托招标

(一)自行组织招标

利用招标方式选择承包单位属于招标单位自主的市场行为,因此《招标投标法》规定:招标人具备编制招标文件和组织评标能力的,可以自行办理招标事宜,向有关行政监督部门进行备案即可,任何单位和个人不得强制其委托招标代理机构办理招标事宜。

依法必须进行施工招标的工程,招标人自行办理施工招标事宜的,除应当具有编制招标文件和组织评标的能力,还应具备以下条件:

①有专门的施工招标组织机构;

②有与工程规模、复杂程度相适应并具有同类工程施工招标经验、熟悉有关工程施工招标法律法规和工程技术、概预算及工程管理的专业人员。

不具备上述条件的,招标人应当委托具有相应资格的工程招标代理机构代理施工招标。

(二)委托招标代理机构组织招标

招标单位可以自行组织招标,也可以委托招标代理机构组织招标。招标人有权自行选择招标代理机构,委托其办理招标事宜,任何单位和个人不得以任何方式为招标人指定招标代理机构。

①招标代理机构的性质。招标代理机构属于中介组织,按照《招标投标法》的规定,该机构应满足以下要求:

a.与行政机关或其他国家机关没有隶属管理的独立机构;

b.必须取得相应的资质认定。

②招标代理机构应具备的条件:

a.有从事招标代理业务的营业场所和相应资金；

b.有能够编制招标文件和组织评标的相应专业能力，有承接代理业务的实施能力，并要求其在核定允许的范围内经营业务。

③有自己的评标专家库。

a.专家条件：从事相关领域工作满8年并具有高级职称或具有同等专业水平；

b.专业范围：有涵盖招标所需的技术、经济等方面的专家；

c.人员数量：应满足建库要求。

从事工程建设项目招标代理业务的招标代理机构，其资格由国务院或者省、自治区、直辖市人民政府的建设行政主管部门认定。

三、招标程序

（一）招标公告与投标邀请书

1.招标公告及其传播媒介

①招标公告，是指采用公开招标方式的招标人（包括招标代理机构）向所有潜在的投标人发出的一种广泛的通告。

②招标投标法关于招标公告的传播媒介的规定。招标信息的公布可以凭借报刊、广播等形式进行。依照招标投标法第十六条第一款规定："招标人采用公开招标方式的，应当发布招标公告。依法必须进行招标项目的招标公告，应当通过国家指定的报刊、信息网络或者其他媒介发布。"

2.投标邀请书

投标邀请书，是指采用邀请招标方式的招标人，向3个以上的具备承担招标项目能力、资信良好的特定的法人或者其他组织发出的投标邀请的通知。《招标投标法》第十七条第一款对投标邀请书作了明确的规定。

3.招标公告或投标邀请书的具体格式可由招标人自定，内容一般包括：招标单位名称；建设项目资金来源；工程项目概况和本次招标工作范围的简要介绍；购买资格预审文件的地点、时间和价格等有关事项。

（二）资格预审

1.资格预审的概念和意义

（1）资格预审的概念

资格预审，是指招标人在招标开始前或者开始初期，由招标人对申请参加投标人进行资格审查。认定合格后的潜在投标人，得以参加投标。一般来说，对于大中型建设项目、"交钥匙"项目和技术复杂的项目，资格预审程序是必不可少的。

（2）资格预审的意义

①招标人可以通过资格预审程序了解潜在投标人的资信情况。

②资格预审可以降低招标人的采购成本，提高招标工作的效率。

③通过资格预审，招标人可以了解到潜在的投标人对项目的招标有多大兴趣。如果潜在的投标人兴趣大大低于招标人的预料，招标人可以修改招标条款，以吸引更多的投标人参加投标。

④资格预审可吸引实力雄厚的承包商或者供应商进行投标。而通过资格预审程序，不合格的承包商或者供应商便会被筛选掉。这样，真正有实力的承包商和供应商也愿意参加合格

的投标人之间的竞争。

2.资格预审的种类

资格预审可分为定期资格预审和临时资格预审。

①定期资格预审,是指在固定的时间内集中进行全面的资格预审。大多数国家的政府采购使用定期资格预审的办法。审查合格者被资格审查机构列入资格审查合格者名单。

②临时资格预审,是指招标人在招标开始之前或者开始之初,由招标人对申请参加投标的潜在投标人进行资质条件、业绩、信誉、技术、资金等方面的情况进行资格审查。

3.资格预审的程序

资格预审主要包括以下几个程序:一是资格预审公告;二是编制、发出资格预审文件;三是对投标人资格的审查和确定合格者名单。

①资格预审公告。资格预审公告是指招标人向潜在的投标人发出的参加资格预审的广泛邀请。该公告可以在购买资格预审文件前一周内至少刊登两次。也可以考虑通过规定的其他媒介发出资格预审公告。

②发出资格预审文件。资格预审公告后,招标人向申请参加资格预审的申请人发放或者出售资格预审文件。资格审查是对潜在的投标人的生产经营能力、技术水平及资信、财务状况的考察。

③对潜在投标人(即申请人)资格的审查和评定。招标人在规定的时间内,按照资格预审文件中规定的标准和方法,对提交资格预审申请书的潜在投标人资格进行审查。剔除不合格的申请人,只有经过资格预审合格的潜在投标人才有权参加投标。

4.资格复审和资格后审

资格复审,是为了使招标人能够确定投标人在资格预审时提交的资格材料是否仍然有效和准确。如果发现承包商和供应商有不轨行为,比如做假账、违约或者作弊,采购人可以中止或者取消承包商或者供应商的资格。

资格后审,是指在确定中标后,对中标人是否有能力履行合同义务进行的最终审查。

(三)编制和发售招标文件

招标投标法第十九条规定:“招标人应当根据招标项目的特点和需要编制招标文件。招标文件应当包括招标项目的技术要求、对投标人资格审查的标准、投标报价要求和评标标准等所有实质性要求和条件以及拟签订合同的主要条款。”“国家对招标项目的技术、标准有规定的,招标人应当按照其规定在招标文件中提出相应要求。”“招标项目需要划分标段、确定工期的,招标人应当合理划分标段、确定工期,并在招标文件中载明。”投标单位收到招标文件后,若有疑问需澄清解释,应在收到招标文件后7天内以书面形式向招标单位提出,招标单位以书面形式或投标预备会形式予以解答。

(四)勘察现场

为使投标单位获取关于施工现场的必要信息,在投标预备会的前1~2天,招标单位应组织投标单位进行现场勘察,目的在于了解工程场地和周围环境情况。投标单位在勘察现场中如有疑问,应在投标预备会前以书面形式向招标单位提出。招标单位应向投标单位介绍有关现场的以下情况:施工现场是否达到招标文件规定的条件;施工现场的地理位置和地形、地貌;施工现场的地质、土质、地下水位、水文等情况;施工现场气候条件,如气温、湿度、风力、年雨雪量等;现场环境,如交通、饮水、污水排放、生活用电、通信等;工程在施工现场中的位置或布置;

临时用地、临时设施搭建等。

(五)投标答疑会

招标单位在发出招标文件、投标单位勘察现场之后,根据投标单位在领取招标文件、图纸和有关技术资料及勘察现场提出的疑问,招标单位可通过以下方式进行解答:

①收到投标单位提出的疑问后,以书面形式进行解答,并将解答同时送达所有获得招标文件的投标单位。

②收到提出的疑问后,通过投标答疑会进行解答,并以会议记录形式同时送达所有获得招标文件的投标单位。投标答疑会的目的在于澄清招标文件中的疑问,解答投标单位对招标文件和勘察现场中所提出的疑问及对图纸进行交底和解释。所有参加投标答疑会的投标单位应签到登记,以证明出席投标答疑会。在开标之前,招标单位不得与任何投标单位的代表单独接触并个别解答任何问题。

(六)接受投标

"中华人民共和国招标投标法"第二十八条规定,投标人应当在招标文件要求提交投标文件的截止时间前,将投标文件送达投标地点。招标人收到投标文件后,应当签收保存,不得开启。投标人少于3个的,招标人应当依照本法重新招标。在招标文件要求提交投标文件的截止时间后送达的投标文件,招标人应当拒收。开始发放招标文件到投标截止时间最短不得少于20天。

在投标截止时间前,招标单位在接收投标文件中应注意核对投标文件是否按招标文件的规定进行密封和标志。在开标前,应妥善保管好投标文件、修改和撤回通知等投标资料,由招标单位管理的投标文件需经招标管理机构密封或送招标管理机构统一保管。

(七)开标、评标和定标

只有做出客观、公正的评标、定标,才能最终选择最合适的承包商。

四、招标文件

招标文件是整个招标过程所遵循的基础性文件,是投标和评标的基础,也是合同的重要组成部分。一般情况下,招标人与投标人之间不进行或进行有限的面对面交流,投标人只能根据招标文件的要求编写投标文件,因此,招标文件是联系、沟通招标人与投标人的桥梁。能否编制出完整、严谨的招标文件,直接影响到招标的质量,也是招标成败的关键。

(一)招标文件的作用

招标文件的作用主要表现在以下3个方面:

①招标文件是投标人准备投标文件和参加投标的依据。

②招标文件是招标投标活动当事人的行为准则和评标的重要依据。

③投标文件是招标人和投标人签订合同的基础。

(二)招标文件的组成

招标文件的内容大致分为3类:

①关于编写和提交投标文件的规定。载入这些内容的目的是尽量减少承包商或供应商由于不明确如何编写投标文件而处于不利地位或其投标遭到拒绝的可能,施工招标中,从开始发放招标文件之日起至投标截止时间最短不少于20天。

②关于对投标人资格审查的标准及投标文件的评审标准和方法,这是为了提高招标过程

的透明度和公平性,所以非常重要,也是不可缺少的。

③关于合同的主要条款,其中主要是商务性条款,有利于投标人了解中标后签订合同的主要内容,明确双方的权利和义务。其中,技术要求、投标报价要求和主要合同条款等内容是招标文件的关键内容,统称实质性要求。

招标文件一般至少包括以下几项内容:

a.投标人须知;

b.招标项目的性质、数量;

c.技术规格;

d.投标价格的要求及其计算方式;

e.评标的标准和方法;

f.交货、竣工或提供服务的时间;

g.投标人应当提供的有关资格和资信证明;

h.投标保证金的数额或其他有关形式的担保;

i.投标文件的编制要求;

j.提供投标文件的方式、地点和截止时间;

k.开标、评标、定标的日程安排;

l.主要合同条款。

(三)对招标文件的补充和修改

招标文件发售给投标人后,在投标截止日期前的任何时候招标人均可以对其中的任何内容或者部分加以补充或者修改。

①对投标人书面质疑的解答。投标人研究招标文件和进行现场考察后会对招标文件中的某些问题提出书面质疑,招标人如果对其问题给予书面解答,就此问题的解答应同时送达每一个投标人,但送给其他人的解答不涉及问题的来源以保证公平竞争。

②标前会议的解答。标前会议对投标人和即席提出问题的解答,在会后应以会议纪要的形式发给每一个投标人。

③补充文件的法律效力。不论是招标人主动提出的对招标文件有关内容的补充或修改,还是对投标人质疑解答的书面文件或标前会议纪要,均构成招标文件的有效组成部分,与原发出的招标文件不一致之处,以各文件的发送时间靠后者为准。

④补充文件的发送对投标截止日期的影响。在任何时间招标人均可对招标文件的有关内容进行补充或者修改,但应给投标人合理的时间在编制投标书时予以考虑。按照“招标投标法”规定,澄清或者修改文件应在投标截止日期的15天以前送达每一个投标人。因此若迟于上述时间时投标截止日期应当相应顺延。

五、建设工程招标标底的编制

(一)基本概念

1.标底的概念

标底是指招标人根据招标项目的具体情况,编制的完成招标项目所需的全部费用,是根据国家规定的计价依据和计价方法计算出来的工程造价,是招标人对建设工程的期望价格。标底由成本、利润、税金等组成,一般应该控制在批准的总概算及投资包干限额内。

我国招标投标法没有明确规定投标工程是否必须设置标底价格,招标人可根据工程的实际情况自己决定是否需要编制标底。一般情况下,即使采用无标底招标方式进行工程招标,招标人在招标时还是需要对招标工程的建造费用作出估计,使心中有一个基本价格底数,同时可以对各个投标价格的合理性作出理性的判断。

对设置标底的招标工程,标底价格是招标人的预期价格,对工程招标阶段的工作有一定的作用。

①标底价格是招标人控制建设工程投资,确定工程合同价格的参考依据;

②标底价格是衡量、评审投标人投标报价是否合理的尺度和依据;

③标底价格能使招标单位预先明确自己在拟建工程上应承担的财务义务;

④标底价格是给上级主管部门提供核实建设规模的依据;

⑤标底价格是评标的重要尺度。

2.标底的主要内容

①标底编制的综合说明;

②标底价格审定书、标底价格计算书、标价的工程量清单、现场因素、各种施工措施费的测算明细以及采用固定价格工程的风险系数测算明细等;

③主要材料用量;

④标底附件:如各项交底纪要、各种材料及设备的价格来源、现场的地质、水文、地质情况等有关资料、编制标底价格所依据的施工方案或施工组织设计等;

⑤标底价格编制的有关表格。

3.编制标底的主要依据

①招标文件的商务条款;

②工程施工图纸、工程量计算规则;

③施工现场地质、水文、资料;

④施工方案或施工组织设计;

⑤现行预算定额、工期定额、工程项目计价类别及取费标准、国家或地方有关价格调整文件规定等;

⑥建筑安装材料及设备的市场价格。

4.编制标底应遵循的原则

①根据国家公布的统一工程项目划分、统一计量单位、统一计算规则以及施工图纸、招标文件,并参照国家制订的基础定额和国家、行业、地方规定的技术标准规范,以及市场价格确定工程量和编制标底。

②按招标文件规定的工程项目类别计价。

③应力求与市场的实际变化吻合,要有利于竞争和保证工程质量。

④标底应控制在批准的总概算(或修正概算)及投资包干的限额内。

⑤标底应考虑人工、材料、设备、机械台班等价格变化因素,还应包括不可预见费(特殊情况)、预算包干费、措施费(赶工措施费、施工技术措施费)、现场因素费用、保险以及采用固定价格的工程的风险金等。工程要求优良的还应增加相应的费用。

⑥一个工程只能编制一个标底。

⑦标底编制完成后,应密封报送招标管理机构审定。审定后必须及时妥善封存,直至开标

时,所有接触过标底价格的人员均负有保密责任,不得泄漏。

(二)编制标底的主要程序

当招标文件中的商务条款一经确定,即可进入标底编制阶段。标底既可在发放招标文件之前完成,也可于投标单位投标同时进行。工程标底的编制程序如下:

①确定标底的编制单位。标底由招标单位自行编制或委托经建设行政主管部门批准具有编制标底资格和能力的中介机构代理编制。

②熟悉相关资料,包括:

a.全套施工图纸及现场地质、水文、地上情况等有关资料;

b.招标文件;

c.标底价格计算书、报审的有关表格。

③参加施工图交底、施工方案交底以及现场勘察、招标答疑会。

④编制标底。

⑤审核标底价格。

(三)标底的编制方法

《建筑工程施工发包与承包计价管理办法》(中华人民共和国建设部第 107 号令)第五条中规定,施工图预算、招标标底、投标报价由成本、利润和税金构成。在编制时分部分项工程量单价可以是直接费单价,也可以是综合单价。

我国目前建设工程施工招标标底的编制,主要采用定额计价和工程量清单计价来编制。

1.以定额计价法编制标底

定额计价法编制标底采用的是分部分项工程量的直接工程费单价(或称为工料单价法),仅仅包括人工、材料、机械费用。直接工程费单价又可以分为单位估价法和实物量法两种。

2.以工程量清单计价法编制标底

应按建设工程工程量清单计价规范的规定,编制招标工程标底价和投标报价。

(四)标底的审查

为了保证标底的准确和严谨,必须加强对标底的审查。标底的审定时间一般在投标截止日后、开标之前。结构不太复杂的中小型工程 7 天以内,结构复杂的大型工程 14 天以内。

1.审查标底的目的

审查标底的目的是检查标底价格编制是否真实、准确,标底价格如有漏洞,应予以调整和修正。如总价超过概算,应按照有关规定进行处理,不得以压低标底价格作为压低投资的手段。

2.标底审查的内容

①标底计价依据:承包范围、招标文件规定的计价方法及招标文件的其他有关条款。

②标底价格组成内容:按招标文件规定的内容进行审查。

③标底价格相关费用:人工、材料、机械台班的市场价格,措施费(赶工措施费、施工技术措施费)、现场因素费用、不可预见费(特殊情况),对于采用固定价格的工程所测算的在施工周期内价格波动的风险系数等。

3.标底的审查方法

标底价格的审查方法类似于施工图预算的审查方法,主要有:全面审查法、重点审查法、分解对比审查法、分组计算审查法、标准预算审查法、筛选法、应用手册审查法等。

【例 7.2.1】 某土建工程项目立项批准后,经批准公开招标,6 家单位通过资格预审,并按规定时间报送了投标文件。招标文件规定以复合标底为评定投标报价得分依据，复合标底值=招标标底值×0.6+投标单位报价算术平均值×0.4。其中，招标标底为4 000万元，6家投标单位的投标报价如下：A单位3 840万元，B单位3 900万元，C单位3 600万元，D单位4 080万元，E单位3 890万元，F单位4 240万元。

试计算该项目的复合标底值。

【解答】

$$投标报价平均值=\frac{3\ 840+3\ 900+3\ 600+4\ 080+3\ 890+4\ 240}{6}万元$$

$$=3\ 925\ 万元$$

复合标底值=4 000万元×0.6+3 925万元×0.4=3 970万元

该项目招标的复合标底值为3 970万元。

六、招标控制价的编制

1.招标控制价的概念

招标控制价是招标人根据国家或省级、行业建设主管部门颁发的有关计价依据和办法，按设计施工图纸计算的，对招标工程限定的最高工程造价，也可称其为拦标价、预算控制价或最高报价等。

注意区分其与标底、成本价的区别。（标底是指招标人根据招标项目的具体情况编制的完成招标项目所需的全部费用，是根据国家规定的计价依据和计价办法计算出来的工程造价，是招标人对建设工程的期望价格；“成本价”是指企业的个别成本，而非同行业的社会平均成本，不同企业因地域差距、科技装备、管理水平等的不同而造成投标竞价上的差距很大，所以成本价始终是一个不明确的价格。）

2.招标控制价在应用中应注意的主要问题

对于招标控制价及其规定，注意从以下几个方面理解：

①国有资金投资的工程建设项目应实行工程量清单招标，并应编制招标控制价。这是因为：根据《中华人民共和国招标投标法》的规定，国有资金投资的工程进行招标，招标人可以不设标底。当招标人不设标底时，为有利于客观、合理地评审投标报价和避免哄抬标价，造成国有资产流失，招标人应编制招标控制价，作为招标人能够接受的最高交易价格。

②招标控制价超过批准的概算时，招标人应将其报原概算审批部门审核。这是由于我国对国有资金投资项目的投资控制实行的是投资概算审批制度，国有资金投资的工程原则上不能超过批准的投资概算。

③投标人的投标报价高于招标控制价的，其投标应予以拒绝。这是因为国有资金投资的工程，招标人编制并公布的招标控制价相当于招标人的采购预算，同时要求其不能超过标准的概算，因此招标控制价是招标人在工程招标时能接受投标人报价的最高限价。国有资金中的财政性资金投资的工程在招投标时还应符合《中华人民共和国政府采购法》相关条款的规定。如该法第三十六条规定：“在招标采购中，出现下列情形之一的，应予废标……投标人的报价均超过了采购预算，采购人不能支付的。”依据这一精神，规定了国有资金投资的工程，投标人的投标不能高于招标控制价，否则，其投标将被拒绝。

④招标控制价应由具有编制能力的招标人或受其委托，具有相应资质的工程造价咨询人

编制。这里要注意的是,应由招标人负责编制招标控制价,当招标人不具有编制招标控制价的能力时,根据《工程造价咨询企业管理办法》(建设部令第149号)的规定,可委托具有工程造价咨询资质的工程造价咨询企业编制。工程造价咨询人不得同时接受招标人和投标人对同一工程的招标控制价和投标报价的编制。

⑤招标控制价应在招标文件中公布,不应上调或下浮,招标人应将招标控制价及有关资料报送工程所在地工程造价管理机构备查。这里应注意的是,招标控制价的作用决定了招标控制价不同于标底,无需保密。为体现招标的公平、公正,防止招标人有意抬高或压低工程造价,招标人应在招标文件中如实公布招标控制价,不得对所编制的招标控制价进行上浮或下调。招标人在招标文件中公布招标控制价时,应公布招标控制价各组成部分的详细内容,不得只公布招标控制价总价。同时,招标人应将招标控制价报工程所在地的工程造价管理机构备查。

⑥投标人经复核认为招标人公布的招标控制价未按照《建设工程工程量清单计价规范》的规定进行编制的,应在开标前5日向招投标监督机构或(和)工程造价管理机构投诉。招投标监督机构应会同工程造价管理机构对投诉进行处理,发现确有错误的,应责成招标人修改。在这里,实际上是赋予了投标人对招标人不按规范的规定编制招标控制价进行投诉的权利。同时要求招投标监督机构和工程造价管理机构担负并履行对未按规定编制招标控制价的行为进行监督处理的责任。

3.招标控制价的编制要点

(1)招标控制价的计价依据

①《建设工程工程量清单计价规范》;

②国家或省级、行业建设主管部门颁发的计价定额和计价办法;

③建设工程设计文件及相关资料;

④招标文件中的工程量清单及有关要求;

⑤与建设项目相关的标准、规范、技术资料;

⑥工程造价管理机构发布的工程造价信息,如工程造价信息没有发布的参照市场价;

⑦其他的相关资料。

(2)招标控制价的编制内容

招标控制价的编制内容包括分部分项工程费、措施项目费、其他项目费、规费和税金,各个部分有不同的计价要求:

1)分部分项工程费的编制要求

①分部分项工程费应根据招标文件中的分部分项工程量清单及有关要求,按《建设工程工程量清单计价规范》有关规定确定综合单价计价。这里所说的综合单价,是指完成一个规定计量单位的分部分项工程量清单项目(或措施清单项目)所需的人工费、材料费、施工机械使用费和企业管理费与利润,以及一定范围内的风险费用。

②工程量依据招标文件中提供的分部分项工程量清单确定。

③招标文件提供了暂估单价的材料,应按暂估的单价计入综合单价。

④为使招标控制价与投标报价所包含的内容一致,综合单价中应包括招标文件中要求投标人承担的风险内容及其范围(幅度)产生的风险费用。

2)措施项目费的编制要求

①措施项目费中的安全文明施工费应当按照国家或省级、行业建设主管部门的规定标准

计价。

②措施项目应按招标文件中提供的措施项目清单确定，措施项目采用分部分项工程综合单价形式进行计价的工程量，应按措施项目清单中的一工程量，并按与分部分项工程工程量清单单价相同的方式确定综合单价；以“项”为单位的方式计价的，依有关规定按综合价格计算，包括除规费、税金以外的全部费用。

3)其他项目费的编制要求

①暂列金额。暂列金额可根据工程的复杂程度、设计深度、工程环境条件(包括地质、水文、气候条件等)进行估算，一般可以分部分项工程费的10%~15%为参考。

②暂估价。暂估价中的材料单价应按照工程造价管理机构发布的工程造价信息中的材料单价计算，工程造价信息未发布的材料单价，其单价参考市场价格估算；暂估价中的专业工程暂估价应分不同专业，按有关计价规定估算。

③计日工。在编制招标控制价时，对计日工中的人工单价和施工机械台班单价应按省级、行业建设主管部门或其授权的工程造价管理机构公布的单价计算；材料应按工程造价管理机构发布的工程造价信息中的材料单价计算，工程造价信息未发布材料单价的材料，其价格应按市场调查确定的单价计算。

④总承包服务费。总承包服务费应按照省级或行业建设主管部门的规定计算，在计算时可参考以下标准：

a.招标人仅要求对分包的专业工程进行总承包管理和协调时，按分包的专业工程估算造价的1.5%计算。

b.招标人要求对分包的专业工程进行总承包管理和协调，并同时要求提供配合服务时，根据招标文件中列出的配合服务内容和提出的要求，按分包的专业工程估算造价的3%~5%计算。

c.招标人自行供应材料的，按招标人供应材料价值的1%计算。

4)规费和税金的编制要求。规费和税金必须按国家或省级、行业建设主管部门的规定计算。

第三节　施工投标与报价

一、施工投标概述

(一)施工投标的概念

建设工程投标，是指承建单位依据有关规定和招标单位拟订的招标文件参与竞争，并按照招标文件的要求，在规定的时间内向招标人填报投标书并争取中标，以期与建设工程项目法人单位达成协议的经济法律活动。

招标投标法第二十五条规定：“投标人是响应招标、参加投标竞争的法人或者其他组织。”所谓响应投标，主要是指投标人对招标文件中提出的实质性要求和条件作出响应。

(二)投标人的资格要求

招标投标法第二十六条规定：“投标人应当具备承担招标项目的能力。国家有关规定对投标人资格条件或者招标文件对投标人资格条件有规定的，投标人应当具备规定的资格条件。”

①投标人应当具备承担招标项目的能力。就建筑企业来说，这种能力主要体现在有关不同的资质等级的认定上。如根据“建筑企业资质管理规定”，房屋建筑工程施工总承包资质等级分为特级、一级、二级、三级，施工企业承包资质等级分为一、二、三、四级。

②招标人在招标文件中对投标人的资格条件有规定的，投标人应当符合招标文件规定的资格条件。国家对投标人的资格条件有规定的，依照其规定。

二、投标文件

（一）投标文件的组成

投标文件的组成，也就是投标文件的内容，根据招标项目的不同，投标文件的组成也会存在一定的区别。招标投标法规定：“招标项目属于建设施工的，投标文件的内容应当包括拟派出的项目负责人与主要技术人员的简历、业绩和拟用于完成招标项目的机械设备等。”

根据建设部《建设工程施工招标文件范本》规定，投标文件应完全按照招标文件的各项要求来编制，一般包括下列内容：

①标书；

②标书附录；

③投标保证金；

④法定代表人资格证明书；

⑤授权委托书；

⑥具有标价的工程量清单与报价表；

⑦辅助资料表；

⑧资格审查表（资格预审的不采用）；

⑨对招标文件中的合同协议条款内容的确认和响应；

⑩招标文件规定提交的其他资料。

（二）投标文件的编制

①在编制投标文件时应按招标文件的要求填写，投标报价应按招标文件中要求的各种因素和计算依据，并按招标文件要求办理提交投标担保。

②投标文件编制完成后应仔细整理、核对，并按招标文件的规定进行编制，并提供足够份数的投标文件副本。

③投标文件需经投标人的法定代表人签字并加盖单位公章和法定代表人印鉴，按招标文件中规定的要求密封、标志。

（三）投标文件的送达及其补充、修改和撤回

①投标文件的送达。在投标截止时间前按规定时间、地点递交至招标人。招标人收到投标文件后，应当签收保存，不得开启。提交投标文件的投标人少于 3 个的，招标人应当依法重新招标。在招标文件要求提交投标文件的截止日期后送达的投标文件，招标人应当拒收。

②投标文件的补充、修改或者撤回。投标人在招标文件要求提交投标文件的截止时间前，可以补充、修改或者撤回已提交的投标文件，并书面通知招标人。补充、修改的内容为投标文件的组成部分。

三、联合体共同投标

(一)联合体共同投标的概念

联合体共同投标,是指两个以上法人或者其他组织自愿组成一个联合体,以一个投标人的身份共同投标的法律行为。由此可见,所谓联合体共同投标,是指由两个以上的法人或者其他组织共同组成非法人的联合体,以该联合体的名义即一个投标人的身份共同投标的组织形式。

(二)联合共同投标的特征

①该联合体的主体包括两个以上的法人或者其他组织。

②该联合体的各组成单位通过签订共同投标协议来约束彼此的行为。

③该联合体以一个投标人的身份共同投标。就中标项目向招标人承担连带责任。

(三)联合体各方均应当具备承担招标项目的相应能力

招标投标法第三十一条第二款规定:"联合体各方均应当具备承担招标项目的相应能力。国家有关规定或者招标文件对投标人资格条件有规定的,联合体各方均应当具备规定的相应资格条件。由同一专业的单位组成的联合体,按照资质等级较低的单位确定资质等级。"

四、施工投标报价的编制

(一)施工投标报价的组成

根据建设部《建设工程施工招标文件范本》规定,除非合同中另有规定,具有标价的工程量清单中所报的单价和合价,以及报价汇总表中的价格应包括施工设备、劳务、管理、材料、安装、维护、保险、利润、税金、政策性文件规定及合同包含的所有风险、责任等各项应有费用。投标单位应按招标单位提供的工程量计算工程项目的单价和合价。工程量清单中的每一单项均需计算填写单价和合价,投标单位没有填写出单价和合价的项目将不予支付,并认为此项费用已包括在工程量清单的其他单价和合价中。

(二)施工投标报价的编制

1.投标报价的原则

投标报价的编制主要是投标单位对承建招标工程所要发生的各种费用的计算。在进行投标计算时,必须首先根据招标文件进一步复核工程量。作为投标计算的必要条件,应预先确定施工方案和施工进度,此外,投标计算还必须与采用的合同形式相协调。报价是投标的关键性工作,报价是否合理直接关系到投标的成败。

①以招标文件中设定的发承包双方责任划分,作为考虑投标报价费用项目和费用计算的基础;根据工程发承包模式考虑投标报价的费用内容和计算深度。

②以施工方案、技术措施等作为投标报价计算的基本条件。

③以反映企业技术和管理水平的企业定额作为计算人工、材料和机械台班消耗量的基本依据。

④充分利用现场考察、调研成果、市场价格信息和行情资料,编制基价,确定调价方法。

⑤报价计算方法要科学严谨、简明适用。

2.投标报价的计算依据

①招标单位提供的招标文件。

②招标单位提供的设计图纸、工程量清单及有关的技术说明书等。

③国家及地区颁发的现行建筑、安装工程预算定额及与之相配套执行的各种费用定额规定等。

④地方现行材料预算价格、采购地点及供应方式等。

⑤因招标文件及设计图纸等不明确,经咨询后由招标单位书面答复的有关资料。

⑥企业内部制订的有关取费、价格等的规定、标准。

⑦其他与报价计算有关的各项政策、规定及调整系数等。

在标价的计算过程中,对于不可预见费用的计算必须慎重考虑,不要遗漏。

3.投标报价的编制方法

①以定额计价模式投标报价。一般是采用预算定额来编制,即按照定额规定的分部分项工程子目逐项计算工程量,套用定额基价或根据市场价格确定直接费,然后再按规定的费用定额计取各项费用,最后汇总形成标价。

②以工程量清单计价模式投标报价。这是与市场经济相适应的投标报价方法,也是国际通用的竞争性招标方式所要求的。一般是由标底编制单位根据业主委托,将拟建招标工程全部项目和内容按相关的计算规则计算出工程量,列在清单上作为招标文件的组成部分,供投标人逐项填报单价,计算出总价,作为投标报价,然后通过评标竞争,最终确定合同价。工程量清单报价由招标人给出工程量清单,投标者填报单价,单价应完全依据企业技术、管理水平等企业实力而定,以满足市场竞争的需要。

采取工程量清单综合单价计算投标报价时,投标人填入工程量清单中的单价是综合单价,应包括人工费、材料费、机械费、管理费、利润以及风险金等全部费用,将工程量与该单价相乘得出合价,将全部合价汇总后即得出投标总报价。分部分项工程费、措施项目费和其他项目费用均采用综合单价计价。工程量清单计价的投标报价由分部分项工程费、措施项目费和其他项目费用构成。

针对招标人提出的各个分部分项工程量清单,报综合单价时应重点注意以下的问题:

①项目特征。应特别注意项目名称栏中所描述的项目规格、部位、类型等,这些项目特征将直接导致施工企业采用不同的施工方法,从而导致综合单价的不同。

②工程内容。必须确保所报的综合单价已经涵盖了该项目所要求的所有工程内容,否则投标人很可能在施工时由于单价不完整而遭受损失。

③拟采用的施工方法。在工程量清单计价模式下,招标人所提供的工程数量是施工完成后的净值,而施工中的各种损耗和需要增加的工程量是包含在投标人的报价之中。采用不同的施工方法就会产生不同的损耗和工程量增加,从而导致综合单价的不同。

④投标人类似工程的经验数据。在工程量清单计价模式中,投标报价的形成是投标人自主决定的,反映投标人的自身实力,因此,对类似工程经验数据的使用显得尤为重要,投标人必须事先对于从事的不同类型的工程历史数据进行加工和整理,使经验数据与“规范”的项目设置规则有良好的接口,以提高报价的速度和准确性。

⑤对各生产要素的询价。由于市场价格尤其是人、材、机等重要生产要素的市场价格总是在不断变化,投标人必须能够充分把握现行的市场价格及其可能的发展趋势,主要的办法包括:向有长期业务联系的供应商或制造商询价;从咨询公司购买价格信息;自行进行市场调查或信函询价;利用有关政府部门公布的信息资料等。

⑥风险预测。在工程量清单计价模式中,投标人对其投标的价格承担风险责任,因此投标

人有必要在投标时对可能存在的风险作出预测，估计其对投标价格可能带来的影响，从而确定合理的风险费用，形成投标价格。

（三）投标报价策略

投标策略是指承包商在投标竞争中的系统工作部署及其参与投标竞争的方式和手段。投标策略作为投标取胜的方式、手段和艺术，贯穿于投标竞争的始终，内容十分丰富。常用的投标策略有：

1.不同报价法

根据招标项目的不同特点采用不同报价。投标报价时，既要考虑自身的优势和劣势，也要分析招标项目的特点。按照工程项目的不同特点、类别、施工条件等来选择报价策略。

①遇到如下情况报价可高一些：施工条件差的工程；专业水平要求高的技术密集型工程，而本公司在这方面又有专长，声望也较高；总价低的小工程，以及自己不愿做、又不方便不投标的工程；特殊的工程，如港口码头、地下开挖工程等；工期要求急的工程；投标对手少的工程；支付条件不理想的工程。

②遇到如下情况报价可低一些：施工条件好的工程，工作简单、工程量大而一般公司都可以做的工程；本公司目前急于打入某一市场、某一地区，或在该地区面临工程结束，机械设备等无工地转移时；本公司在附近有工程，而本项目又可利用该工程的设备、劳务，或有条件短期内突击完成的工程；投标对手多，竞争激烈的工程；非急需工程；支付条件好的工程。

2.不平衡单价法

采取不平衡单价是国际投标报价常见的一种手法。所谓不平衡单价，就是在不影响总标价水平的前提下，某些项目的单价可定得比正常水平高些，而另外一些项目的单价则可比正常水平低些，但又要注意避免显而易见的畸高畸低，以免导致降低中标机会或成为废标，该方法适用于综合单价法报价项目。国际上通常采用的不平衡单价法有下列几种：

①对能先拿到钱的项目（如开办费、土方、基础等）的单价可定高一些，有利于资金周转，存款也有利息，对后期的项目（如粉刷、油漆、电气等）单价可适当降低。

②估计到以后会增加工程量的项目，其单价可提高，工程量会减少的项目单价可降低。

③图纸不明确或有错误的，估计今后会修改的项目单价可提高，工程内容说明不清楚的单价可降低，这样做有利于以后的索赔。

④没有工程量，只填单价的项目（如土方工程中的挖淤泥、岩石等备用单价）其单价宜高，这样做既不影响投标标价，以后发生时又可多获利。

⑤暂定项目，又叫任意项目或选择项目，对这类项目要具体分析。因为这类项目要在开工后再由业主研究决定是否实施，以及由哪家承包商实施。如果工程不分标，则其中肯定要做的单价可高些，不一定做的则应低些；如果工程可能分标，该暂定项目也可能由其他承包商施工时，则不宜报高价，以免抬高总报价。

3.计日工单价的报价

如果是单纯报计日工单价，不计入总价中，可以报高些，以便在业主额外用工或使用施工机械时可多赢利。但如果计日工单价要计入总报价时，则需具体分析是否报高价，以免抬高总报价。

4.暂定工程量的报价

暂定工程量有3种：一种是业主规定了暂定工程量的分项内容和暂定总价款，并规定所有投标人都必须在总报价中加入这笔固定金额,但由于分项工程量不很准确,允许将来按投标人所报单价和实际完成的工程量付款。这种情况,由于暂定总价款是固定的,对各投标人的总报价竞争力没有任何影响,因此,投标时应当对暂定工程量的单价适当提高。这样做,既不会因今后工程量变更而吃亏,也不会削弱投标报价的竞争力;另一种是业主列出了暂定工程量的项目和数量,但并没有限制这些工程量的估价总价款,要求投标人既列出单价,也应按暂定项目的数量计算总价,当将来结算付款时可按实际完成的工程量和所报单价支付。这种情况,投标人必须慎重考虑。如果单价定得高了,将会增大总报价,影响投标报价的竞争力,如果单价定得低了,将来这类工程量增大,将会影响收益。一般来说,这类工程量可以采用正常价格。如果承包商估计今后实际工程量肯定会增大,则可适当提高单价,使将来可增加额外收益;第三种是只有暂定工程的一笔固定总金额,将来这笔金额做什么用,由业主确定。这种情况对投标竞争没有实际意义,按招标文件要求将规定的暂定款列入总报价即可。

5.多方案报价法

这是利用工程说明书或合同条款不够明确之处,以争取达到修改工程说明书和合同为目的的一种报价方法。当工程说明书或合同条款有某些不够明确之处时,往往使承包商要承担很大风险,为了减少风险就须扩大工程单价,增加“不可预见费”,但这样做又会因报价过高而增加了被淘汰的可能性。多方案报价法就是为对付这种两难局面而出现的。其具体做法是在标书上报两个单价,一是按原工程说明书和合同条款报一个价;二是加以注解:“如工程说明书或合同条款可作某些改变时”,则可降低多少的费用,使报价成为最低的,以吸引业主修改说明书和合同条款。还有一种方法是对工程中一部分没有把握的工作,注明按成本加若干酬金结算的办法。但对于国际工程,如有些国家规定政府工程合同的文字是不准改动的,经过改动的报价单即为无效时,这个方法就不能用。

6.增加建议方案

有时招标文件中规定,可以提一个建议方案,即是可以修改原设计方案,提出投标者的方案。投标者这时应抓住机会,组织一批有经验的设计和施工工程师,对原招标文件的设计和施工方案仔细研究,提出更为合理的方案以吸引业主,促成自己的方案中标。这种新建议方案可以降低总造价或是缩短工期,或使工程运用更为合理。但要注意对原招标方案一定也要报价。建议方案不要写得太具体,要保留方案的技术关键,防止业主将此方案交给其他承包商。

7.突然袭击法

投标报价中各竞争对手往往通过多种渠道和手段来刺探对手的情况,因而在报价时可以采取迷惑对手的方法。即先按一般情况报价或表现出自己对该工程兴趣不大(或很大),到快投标截止时,再突然降价(或加价),为最后中标打下基础。

8.分包商报价的采用

由于现代工程的综合性和复杂性,总承包商不可能将全部工程内容完全独家包揽,特别是有些专业性较强的工程内容,须分包给其他专业工程公司施工,还有些招标项目,业主规定某些工程内容必须由他指定的几家分包商承担。因此,总承包商通常应在投标前先取得分包商的报价,并增加总承包商摊入的一定的管理费,而后作为自己投标总价的一个组成部分一并列入报价单中。应当注意,分包商在投标前可能同意接受总承包商压低其报价的要求,但等到总承包商得标后,他们常以种种理由要求提高分包价格,这将使总承包商处于十分被动的地位。解决的办法是,总承包商在投标前找2~3家分包商分别报价,而后选择其中一家信誉较好、实力较强和报价合理的分包商签订协议,同意该分包商作为本分包工程的唯一合作者,并将分包商的姓名列到投标文件中,但要求该分包商相应地提交投标保函。如果该分包商认为这家总承包商确实有可能得标,他也许愿意接受这一条件。这种把分包商的利益同投标人捆在一起的做法,不但可以防止分包商事后反悔和涨价,还可能迫使分包时报出较合理的价格,以便共同争取得标。

9.无利润算标

这种办法一般在下列情况下采用:

①有可能在得标后,将大部分工程分包给索价较低的一些分包商;

②对于分期建设的项目,先以低价获得首期工程,而后赢得机会创造第二期工程中的竞争优势,并在以后的实施中赚得利润;

③较长时期内,承包商没有在建的工程项目,如果再不得标,就难以维持生存。因此,虽然本工程无利可图,只要能有一定的管理费维持公司的日常运转,就可设法渡过暂时的困难,以图将来东山再起。

【例 7.3.1】 某承包商参与某高层商用办公楼土建工程的投标(安装工程由业主另行招标)。为了既不影响中标,又能在中标后取得较好的收益,决定采用不平衡报价法对原估价作出适当调整,具体数字见表 7.3.1。

表 7.3.1

单位:万元

	桩基围护工程	主体结构工程	装饰工程	总 价
调整前(投标估价)	1 480	6 600	7 200	15 280
调整后(正式报价)	1 600	7 200	6 480	15 280

现假设桩基围护工程、主体结构工程、装饰工程的工期分别为 4 个月、12 个月、8 个月,贷款年利率为 12%,并假设各分部工程每月完成的工作量相同且能按月度及时收到工程款(不考虑工程款结算所需要的时间)。

问题:

①该承包商所运用的不平衡报价法是否恰当?为什么?

②采用不平衡报价法后,该承包商所得工程款的现值比原估价增加多少(以开工日期为折现点)?

【解答】

问题 1:

恰当。因为该承包商是将属于前期工程的桩基围护工程和主体结构工程的单价调高,而将属于后期工程的装饰工程的单价调低,可以在施工的早期阶段收到较多的工程款,从而可以提高承包商所得工程款的现值;而且,这三类工程单价的调整幅度均在 10%以内,属于合理范围。

问题 2:

①计算单价调整前的工程款现值

桩基围护工程每月工程款 $A_1=1\ 480/4=370$ 万元

主体结构工程每月工程款 $A_2=6\ 600/12=550$ 万元

装饰工程每月工程款 $A_3=7\ 200/8=900$ 万元

则,单价调整前的工程款现值:

$PV_0=A_1(P/A,1\%,4)+A_2(P/A,1\%,12)(P/F,1\%,4)+A_3(P/A,1\%,8)(P/F,1\%,16)$

$=370\times3.902\ 0$ 万元 $+550\times11.255\ 1\times0.961\ 0$ 万元 $+900\times7.651\ 7\times0.852\ 8$ 万元

$=13\ 265.45$ 万元

②计算单价调整后的工程款现值

桩基围护工程每月工程款 $A_1=1\ 600/4=400$ 万元

主体结构工程每月工程款 $A_2=7\ 200/12=600$ 万元

装饰工程每月工程款 $A_3=6\ 480/8=810$ 万元

则,单价调整后的工程款现值:

$PV_1=A_1(P/A,1\%,4)+A_2(P/A,1\%,12)(P/F,1\%,4)+A_3(P/A,1\%,8)(P/F,1\%,16)$

$=400\times3.902\ 0$ 万元 $+600\times11.255\ 1\times0.961\ 0$ 万元 $+810\times7.651\ 7\times0.852\ 8$ 万元

$=13\ 336.04$ 万元

③两者的差额

$PV_1-PV_0=13\ 336.04$ 万元 $-13\ 265.45$ 万元 $=70.59$ 万元

因此,采用不平衡报价法后,该承包商所得工程款的现值比原估价增加了 70.59 万元。

第四节　设备、材料采购招投标

一、设备、材料采购的招投标方式

设备、材料采购是建设工程施工中的重要工作之一。采购货物质量的好坏和价格的高低,对项目的投资效益影响极大。招标投标法规定,在中华人民共和国境内进行与工程建设有关的重要设备、材料等的采购,必须进行招标。为了将这方面工作做好,应根据采购的标的物的具体特点,正确选择设备、材料的招投标方式,进而正确选择好设备、材料供应商。

(一)公开招标(即国际竞争性招标、国内竞争性招标)

设备、材料采购的公开招标是由招标单位通过报刊、广播、电视等公开发表招标广告,在尽量大的范围内征集供应商。公开招标对于设备、材料采购,能够引起最大范围的竞争。设备、材料采购的公开招标一般组织方式严密,涉及环节众多,所需工作时间较长,故成本较高。因此,一些紧急需要或价值较小的设备和材料的采购则不适宜这种方式。设备、材料采购的公开招标在国际上又称为国际竞争性招标和国内竞争性招标。我国政府和世界银行商定,凡工业项目采购金额在 100 万美元以上的,均需采用国际竞争性招标。

(二)邀请招标

设备、材料采购的邀请招标是由招标单位向具备设备、材料制造或供应能力的单位直接发出投标邀请书,并且受邀参加投标的单位不得少于 3 家。这种方式也称为有限国际竞争性招标,是一种不需公开刊登广告而直接邀请供应商进行国际竞争性投标的采购方法。它适用于金额不大,或所需特定货物的供应商数目有限,或需要尽早地交货等情况。

（三）其他方式

①设备、材料采购有时也通过询价方式选定设备、材料供应商。

②在设备、材料采购时，有时也采用非竞争性采购方式——直接订购方式。

二、设备、材料采购招投标文件的编制

（一）设备、材料采购招标文件的编制

设备招标文件是一种具有法律效力的文件，它是设备采购者对所需采购设备的全部要求，也是投标和评标的主要依据，内容应当做到完整、准确，所提供条件应当公平、合理，符合有关规定。招标文件主要由下列部分组成：

①招标书，包括招标单位名称、建设工程名称及简介、招标设备简要内容（设备主要参数、数量、要求交货期等）、投标截止日期和地点、开标日期和地点；

②投标须知，包括对招标文件的说明及对投标者和投标文件的基本要求，评标、定标的基本原则等内容；

③招标设备清单和技术要求及图纸；

④主要合同条款应当依据合同法的规定，包括价格及付款方式、交货条件、质量验收标准以及违约罚款等内容，条款要详细、严谨，防止事后发生纠纷；

⑤投标书格式、投标设备数量及价目表格式；

⑥其他需要说明的事项。

（二）设备、材料采购投标文件的编制

根据《建设工程设备招标投标管理试行办法》规定，投标需要有投标文件。投标文件是评标的主要依据之一，应当符合招标文件的要求。基本内容包括：

①投标书；

②投标设备数量及价目表；

③偏差说明书，即对招标文件某些要求有不同意见的说明；

④证明投标单位资格的有关文件；

⑤投标企业法人代表授权书；

⑥投标保证金（根据需要确定）及期限；提交投标保证金的最后期限是投标截止时间，其有效期持续到投标有效期或延长期结束后30天；

⑦招标文件要求的其他需要说明的事项。

第五节 开标、评标与中标

在工程项目招投标中，评标是选择中标人、保证招标成功的重要环节。只有做出客观、公正的评标，才能最终正确地选择最优秀最合适的承包商，从而顺利进入到工程的实施阶段。

一、开标

开标，是指招标人将所有投标人的投标文件启封揭晓。我国《招标投标法》规定，开标应当在招标通告中约定的地点，招标文件确定的提交投标文件截止时间的同一时间公开进行。

开标由招标人主持，邀请所有投标人参加。开标时，要当众宣读投标人名称、投标价格、有无撤标情况以及招标单位认为其他合适的内容。

投标单位法定代表人或授权代表未参加开标会议的视为自动弃权。投标文件有下列情形之一的将视为无效：

①投标文件未按规定的标志密封；

②未经法定代表人签署或未加盖投标单位公章或未加盖法定代表人印鉴；

③未按规定的格式填写，内容不全或字迹模糊辨认不清；

④投标截止时间以后送达的投标文件。

二、评标

（一）评标机构

《招标投标法》规定，评标由招标人依法组建的评标委员会负责。依法必须招标的项目，评标委员会由招标人的代表和有关技术、经济等方面的专家组成，成员人数为 5 人以上的单数，其中，技术、经济等方面的专家不得少于成员总数的 2/3。评标机构负责人由建设单位法定代表人或授权代理人担任。评标工作由招标人主持。

技术、经济等专家应当从事相关领域工作满 8 年且具有高级职称或具有同等专业水平，由招标人从国务院有关部门或省、自治区、直辖市人民政府有关部门提供的专家名册或者招标代理机构的专家库内的相关专业的专家名单中确定。一般招标项目可以采取随机抽取方式，特殊招标项目可以由招标人直接确定。与投标人有利害关系的人不得进入相关项目的评标委员会，已经进入的应当更换。评标委员会成员的名单在中标结果确定前应当保密。

（二）评标的保密性与独立性

按照我国招投标法，招标人应当采取必要措施，保证评标在严格保密的情况下进行。所谓评标的严格保密，是指评标在封闭状态下进行，评标委员会在评标过程中有关检查、评审和授标的建议等情况均不得向投标人或与该程序无关的人员透露。

由于招标文件中对评标的标准和方法进行了规定，列明了价格因素和价格因素之外的评标因素及其量化计算方法，因此，所谓评标保密，并不是在这些标准和方法之外另搞一套标准和方法进行评审和比较，而是这个评审过程是招标人及其评标委员会的独立活动，有权对整个过程保密，以免投标人及其他有关人员知晓其中的某些意见、看法或决定，而想方设法干扰评标活动的进行，也可以制止评标委员会成员对外泄漏和沟通有关情况，以免造成评标不公平。

（三）投标文件的澄清和说明

评标时，评标委员会可以要求投标人对投标文件中含义不明确的内容作必要的澄清或者说明，比如投标文件有关内容前后不一致、明显打字（书写）错误或纯属计算上的错误等，评标委员会应通知投标人作出澄清或说明，以确认其正确的内容。澄清的要求和投标人的答复均应采用书面形式，且投标人的答复必须经法定代表人或授权代表人签字，作为投标文件的组成部分。

但是，投标人的澄清或说明，仅仅是对上述情形的解释和补正，不得有下列行为：①超出投标文件的范围。比如，投标文件中没有规定的内容，澄清时候加以补充；投标文件提出的某些承诺条件与解释不一致，等等。②改变或谋求、提议改变投标文件中的实质性内容。所谓实质性内容，是指改变投标文件中的报价、技术规格或参数、主要合同条款等内容。这种实质性内容的改变,其目的就是使不符合要求的或竞争力较差的投标变成竞争力较强的投标。实质性内容的改变将会引起不公平的竞争,因此是不允许发生的。

在实际操作中,部分地区采取"询标"的方式来要求投标单位进行澄清和解释。询标一般由受委托的中介机构来完成,通常包括审标、提出书面询标报告、质询与解答、提交书面询标经济分析报告等环节。提交的书面询标经济分析报告将作为评标委员会进行评标的参考,有利于评标为会员在较短的时间内完成对投标文件的审查、评审和比较。

(四)评标原则和程序

为保证评标的公正、公平性,评标必须按照招标文件确定的评标标准、步骤和方法,不得采用招标文件中未列明的任何评标标准和方法,也不得改变招标确定的评标标准和方法。设有标底的,应当参考标底。评标委员会完成评标后,应当向招标人提交书面评标报告,并推荐合格的中标候选人。招标人根据评标委员会提出的书面评标报告和推荐的中标候选人确定中标人。招标人也可授权评标委员会直接确定中标人。对于大型项目设备承包的评标工作最多不超过30天。

1.评标原则

评标只对有效投标进行评审。在建设工程中,评标应遵循:

①竞争优选;

②公正、公平、科学合理;

③价格合理、保证质量、工期;

④反不正当竞争;

⑤规范性与灵活性相结合。

2.中标人的投标应当符合的条件

招标投标法规定,中标人的投标应当符合下列条件之一:

①能够最大限度地满足招标文件中规定的各项综合评价标准。

②能够满足招标文件的实质性要求,并经评审的投标价格最低,但是投标价格低于成本的除外。

3.评标程序

评标程序一般分为初步评审和详细评审两个阶段。

①初步评审。初步评审包括对投标文件的符合性评审、技术性评审和商务性评审。

a.符合性评审,包括商务符合性评审和技术符合性鉴定。投标文件应实质性响应招标文件的所有条款、条件,无显著差异和保留。所谓显著差异和保留包括以下情况:对工程的范围、质量以及使用性能产生实质性影响;对合同中规定的招标单位的权利及投标单位的责任造成实质性限制;而且纠正这种差异或保留,将会对其他实质性响应的投标单位的竞争地位产生不公正的影响。

b.技术性评审,包括方案可行性评审和关键工序评审,劳务、材料、机构设备、质量控制措施评估以及对施工现场周围环境污染的保护措施的评估等。

c.商务性评审,包括投标报价校核,审查全部报价数据计算的正确性,分析报价构成的合理性等。

初步评审中,评标委员应当根据招标文件,审查并逐项列出投标文件的全部投标偏差。投标偏差分为重大偏差和细微偏差。出现重大偏差视为未能实质性响应招标文件,作废标处理。

细微偏差指实质上响应招标文件要求，但在个别地方存在漏项或者提供了不完整的技术信息和资料等情况，且补正这些遗漏或不完整不会对其他投标人造成不公正的结果。细微偏差不影响投标文件的有效性。

②详细评审。经过初步评审合格的投标文件，评标委员会应当根据招标文件确定的评标标准和方法，对其技术部分和商务部分作进一步评审、比较。

(五)评标方法

评标的方法，是运用评标标准评审、比较投标的具体方法。评审方法一般包括经评审的最低投标价法、综合评估法和法律法规允许的其他评标方法。

①综合评估法，是指对投标文件提出的工程质量、施工工期、投标价格、施工组织设计或者施工方案、投标人及项目经理业绩等，能够最大限度地满足招标文件中规定的各项综合评价标准进行评审和比较。

②经评审的最低投标价法，即能够满足招标文件的各项要求，投标价格最低的投标即可中选投标。在采取这种方法选择中标人时，必须注意的是，投标价不得低于成本。这里的成本，应该理解为招标人自己的个别成本，而不是社会平均成本。投标人以低于社会平均成本但不低于其个别成本的价格投标，则应该受到保护和鼓励。

经评审的最低投标价法一般适用于具有通用技术、性能标准或者招标人对其技术、性能没有特殊要求的招标项目。

(六)否决所有投标

评标委员经评审，认为所有投标都不符合招标文件要求，可以否决所有投标。所有投标被否决的，招标人应当按照招标投标法的规定重新招标。在重新招标前一定要分析所有投标都不符的原因。因为导致所有投标都不符合招标文件要求的原因，往往是招标文件的要求过高或不符合实际而造成的。在这种情况下，一般需要修改招标文件后再进行重新招标。

三、中标

经过评标，确定中标人后，招标人应当向中标人发出中标通知书，并同时将中标结果通知所有未中标的投标人。中标通知书对招标人和中标人都有法律效力。中标通知书发出后，招标人改变中标结果的，或中标人放弃中标项目的，都应当依法承担法律责任。

招标人和中标人应当自中标通知书发出之日起30日内，按照招标文件和中标人的投标文件订立书面合同。招标人和中标人不得再行订立背离合同实质性内容的其他协议。招标文件要求中标人提交履约保证金的，中标人应当提交履约保证金，一般为合同价格的5%；也可由具有独立法人资格的经济实体企业出具履约担保书，履约担保为合同价格的10%。中标人应当按照合同约定履行义务，完成中标项目。中标人不得向他人转让中标项目，也不得将中标项目肢解后分别向他人转让。中标人按照合同约定或者经招标人同意，可以将中标项目的部分非主体、非关键性工程分包给他人完成。接受分包的人应当具备相应的资格提交，并不得再次分包。中标人应当就分包项目向招标人负责，接受分包的人就分包项目承担连带责任。

依法必须进行招标的项目，招标人应当自确定中标人之日起15日内，向有关行政监督部门提交招标投标情况的书面报告。

第六节 工程合同与承包合同价

一、建设工程施工合同

施工合同即建筑安装工程承包合同,是发包人和承包人为完成商定的建筑安装工程,明确相互权利、义务关系的合同。依照施工合同,承包人应完成一定的建筑、安装工程任务,发包人应提供必要的施工条件并支付工程价款。施工合同是建设工程合同的一种,它与其他建设工程合同一样是一种双务合同,在订立时也应遵守自愿、公平、诚实、信用等原则。

施工合同是工程建设的主要合同,是工程建设质量控制、进度控制、投资控制的主要依据。在市场经济条件下,建设市场主体之间相互的权利义务关系主要是通过合同确立的,因此,在建设领域加强对施工合同的管理具有十分重要的意义。国家立法机关、国务院、国家建设行政管理部门都十分重视施工合同的规范工作,1999 年 3 月 15 日第九届全国人大第二次会议通过、1999 年 10 月 1 日生效实施的《中华人民共和国合同法》对建设工程施工合同作了明确规定。《中华人民共和国建筑法》也有许多涉及建设工程施工合同的规定。建设部 1993 年 1 月 29 日发布了《建设工程施工合同管理办法》。这些法律、法规和规章是我国工程建设施工合同管理的依据。

施工合同的当事人是发包人和承包人,双方是平等的民事主体。承发包双方签订施工合同,必须具备相应资质条件和履行施工合同的能力。对合同范围内的工程实施建设时,发包人必须具备组织协调能力;承包人必须具备有关部门核定的资质等级并持有营业执照等证明文件。发包人既可以是建设单位,也可以是取得建设项目总承包资格的项目总承包单位。

在施工合同中,由工程师对工程施工进行管理。施工合同中的工程师是指监理单位委派的总监理工程师或发包人指定的履行合同的负责人,其具体身份和职责由双方在合同中约定。

二、工程合同价的确定

建设单位在招标之前,应根据招标项目准备工作的实际情况,主要是设计工作的深度,来考虑合同的形式。工程合同价的确定,有如下 3 种。

(一)固定合同价

固定合同价可分为固定合同总价和固定合同单价两种。即合同中确定的工程合同价在实施期间不因价格变化而调整。一般适用于工程规模小且工期在一年以内的工程,其工程风险全部由承包商承担。

1.固定合同总价

固定合同总价是指承包整个工程的合同价款总额已经确定,在工程实施中不再因物价上涨而变化,所以,固定合同总价应考虑价格风险因素,也须在合同中明确规定合同总价包括的范围。这类合同价可以使建设单位对工程总开支做到大体心中有数,在施工过程中可以更有效地控制资金的使用。但对承包商来说,要承担较大的风险,如物价波动、气候条件恶劣、地质地基条件及其他意外困难等,因此合同价款一般会高些。这种形式适用于工期较短且对工程项目要求十分明确的项目。投标人的报价是以准确的设计图纸及计算为基础的。

2.固定合同单价

固定合同单价是指合同中确定的各项单价在工程实施期间不因价格变化而调整,而在每月（或每阶段)工程结算时,根据实际完成的工程量结算,在工程全部完成时以竣工图的工程量最终结算工程总价款。这种形式对承包商来说,要承担较大的风险,如物价波动、气候条件恶劣、地质地基条件及其他意外困难等,因此合同价款一般会高些。适用于工程项目内容较明确,工程量可能出入较大的项目。

(二)可调合同价

合同中确定的工程合同价在实施期间可随价格变化而调整。建设单位（业主)和承包商在商订合同时,以招标文件的要求及当时的物价计算出合同总价。如果在执行合同期间,由于通货膨胀引起成本增加达到某一限度时,合同总价则做相应调整。可调合同价使建设单位(业主)承担了通货膨胀的风险,承包商则承担其他风险。一般适合于工期较长(如一年以上)的项目。

(三)成本加酬金确定的合同价

合同中确定的工程合同价,其工程成本部分按现行计价依据计算,酬金部分则按工程成本乘以通过竞争确定的费率计算,将两者相加,确定出合同价。这种合同价一般适用于承发包方高度信任;承包方在某些方面具有特长和经验;工程内容和技术经济指标尚不明确;发包方工期要求紧,必须进行工期发包的工程。成本加酬金合同价一般分为以下几种形式:

1.成本加固定百分比酬金确定的合同价

这种合同价是发包方对承包方支付的人工、材料和施工机械使用费、其他直接费、施工管理费等按实际直接成本全部据实补偿,同时按照实际直接成本的固定百分比付给承包方一笔酬金,作为承包方的利润。这种合同价使得建安工程总造价及付给承包方的酬金随工程成本而水涨船高,不利于鼓励承包方降低成本,因而很少被采用。

2.成本加固定金额确定的合同价

这种合同价与上述成本加固定百分比酬金合同价相似。其不同之处仅在于发包方付给承包方的酬金是一笔固定金额的酬金。采用上述两种合同价方式时,为了避免承包方企图获得更多的酬金面对工程成本不加控制,往往在承包合同中规定一些“补充条款”,以鼓励承包方节约资金,降低成本。

3.成本加奖罚确定的合同价

采用这种合同价,首先要确定一个目标成本,这个目标成本是根据粗略估算的工程量和单价表编制出来的。在此基础上,根据目标成本来确定酬金的数额,可以是百分数的形式,也可以是一笔固定酬金。然后,根据工程实际成本支出情况另外确定一笔奖金,当实际成本低于目标成本时,承包方除从发包方获得实际成本、酬金补偿外,还可根据成本降低额得到一笔奖金。当实际成本高于目标成本时,承包方仅能从发包方得到成本和酬金的补偿。此外,视实际成本高出目标成本情况,若超过合同价的限额,还要处以一笔罚金。除此之外,还可设工期奖罚。这种合同价形式可以促使承包商降低成本,缩短工期,而且目标成本随着设计的进展而加以调整,承发包双方都不会承担太大风险,故应用较多。

4.最高限额成本加固定最大酬金确定的合同价

在这种合同价中,首先要确定限额成本价、报价成本价和最低成本价,当实际成本低于最低成本价时,承包方花费的成本费用及应得酬金等都可得到发包方的支付,并与发包方分享节约额。如果实际工程成本在最低成本和报价成本之间，承包方只能得到成本和酬金。如果实际工程成本在报价成本与最高限额成本之间，则只能得到全部成本。如果实际工程成本超过最高限额成本时，则超过部分发包方不予支付。这种合同价形式有利于控制工程造价，并能鼓励承包方最大限度地降低工程成本。

第七节　评选中标单位案例分析

评标方法应是科学、客观、便于操作的，可有多种方法。为在评标中消除评标人主观因素的影响，通常采用百分制评分法。具体评分方法如下：

1.技术标的评标可采用计分的方法进行，总分为100分，包括：

①造价52分，其中报价50分，计算质量2分；

②三大材用量（钢材、木材、水泥）18分；

③质量、安全16分，其中质量13分，安全3分；

④施工组织设计12分；

⑤企业信誉2分。

2.商务标的投标报价评分

可按招标文件的评分方法进行计算。

3.三材用量评分

有效投标报价中的三材用量在暂定标底±6%（含±6%）以内的相加平均值加暂定标底中三材用量再做平均值为三材用量计分标准。水泥、木材、钢材三材用量各占6分，每项材料报量在标底±1%（含1%）以内的不扣分，之后每超出或低于1%（含1%）以内的扣1分，超过±6%（不含6%）不得分，三项缺一不全者不得分。

4.上年度工程质量及安全生产的评分

投标企业上年度和当年度施工过程中未发生重大质量事故和安全伤亡事故的，由市建筑管理部门出具质量、安全监督证书的均可得基本分，质量5分，安全3分。上年度获地市级优质工程称号的每项工程奖1分，获省级优质工程称号的每项工程奖3分，获国家级优质工程称号的每项工程奖5分。在外省市获得相同级优质工程称号，并经本省建设行政主管部门认可的工程项目可参照上述标准计分。同一项目获得多个级别优质工程或多个同一级别称号的按最高档计分。一个投标企业获多个不同称号的优质工程项目，按累计加分的方法计分，不受本项分数限制。奖分时效一律从上级文件或证件所签日期起至下一年度同年同月的一年时间内有效，并以收标当日时效为限，同一项目的计分时效半年（含半年）内又获得一个级别优质工程称号的跨入高档计分，跨档计分时效加前期还为一年，超过半年的后一档计分可延续半年，超过一年的不再计分，时效搭接期内不重叠计分。以上，若因上级文件和证件所签日期不同，如文件和证件同时具备，以上级部门所签的日期凭证为准。凡获得上述要求的优质工程必须出具原始证件，复印件或证明件无效。上年度已经评准，但文件或证件尚未发出的项目不进入计分范围。投标企业上年度及当年发生重大质量事故和伤亡事故的不给单项基本分。

5.施工组织设计和该工程的质量工期评分

施工组织设计完整，主要施工方法切实可行，能把握重点、难点，给满分。各分项标准分如下：

①项目管理网络,主要现场管理人员持证 1 分;

②主要施工方法(含平面布置)4 分;

③工期及配套施工网络进度计划(包括人力配置曲线)措施 5 分;

④满足标准质量等级要求及质量保证措施 2 分;

⑤安保体系及安全技术措施 1 分;

⑥主要施工设备及进场计划 1 分。

以上内容不完整、项目不全或安排不合理的逐项扣分。

6.企业信誉评分

企业信誉 2 分。由建设单位考察投标企业现场管理、合同履行等方面,综合打分。

7.中标条件

①有效标书的累计得分最高者中标;当累计得分相同者,工程报价得分高者中标;当工程报价得分再相同时,报价接近标底者中标。

②中标单位的投标报价即为中标价,中标单位的三材用量在标底±6%(含 6%)以内的即为中标三材用量,超出±6%的,三材用量以标底为准。

从以上评标规则可以看出,百分法具有指标全面、评价标准明确的优点,有利于公正评标,因而是目前使用最为广泛的一种方式,也值得推荐。下面以一个简单例子介绍评定过程。

【例 7.7.1】 某建设单位就某项目招标后,有 5 个施工单位投标,请协助建设单位评标。本工程采用两阶段评标法评标。第一阶段为技术标的评定,主要对各投标单位的施工组织设计进行评价。看其是否满足本工程技术需要。该阶段聘请 10 名专家做评委,对各标用百分制进行评分。技术评分见表 7.7.1。第二阶段为商业标的评定,主要是对投标单位的报价进行评价。评分方法为:以平均报价数为基准分,在此基础上报价每高出平均报价数 1%扣 1 分;在 95%~99%,每低于平均报价 1%加 2 分,在 90%~94%,每低于平均报价 1%加 1 分,报价低于平均报价 10%的标将不予考虑,计分按四舍五入保留两位小数处理。

表 7.7.1 技术标评分汇总

评委 \ 投标单位	A	B	C	D	E
一	85	95	91	90	89
二	80	90	86	85	90
三	76	85	92	88	85
四	75	88	90	91	83
五		90	88	85	88
六	79	85	92	87	90
七	84	92	87	91	91
八	80			88	93
九	77	82	95		84
十	82	93	80	90	

最终得分=技术评分×0.6+商务评分×0.4,各标的报价见表7.7.2。

【解答】　由表7.7.1知,对每一投标单位有9位专家分别打分,故总分应为900分。通过计算得出各投标单位技术标得分,如表7.7.3所示。

商务标评定,首先计算评定标底:

各投标单位报价平均值=(59 800+56 900+62 000+60 500+54 500)/5=58 740万元

投标单位A得分计算:

投标单位A报价高出评定标底百分比=(59 800−58 740)/58 740=1.80%

投标单位A得分=100−1.80=98.2

计算其他投标单位最终得分,见表7.7.3。

表7.7.2　各投标单位报价汇总表

投标单位	A	B	C	D	E
报价/万元	59 800	56 900	62 000	60 500	54 500

表7.7.3　各投标单位评标得分表

投标单位		A	B	C	D	E
技术标	总计分	718	800	801	795	793
	得分	79.78	88.89	89.00	88.33	88.11
商务标	加(减)分	−1.80	6.26	−5.55	−3.00	7.22
	得分	98.2	106.2	94.45	97	107.22
最终得分		87.15	95.81	91.18	91.80	95.75

由上述计算得知,各投标单位投标结果排序为B,E,D,C,A,投标单位B中标。

【例7.7.2】　某办公楼施工招标文件的合同条款中规定:预付款数额为合同价的20%,开工日前一个月支付,上部结构工程完成一半时一次性全额扣回,工程款按季度结算,经造价工程师审核后于该季度下一个月末支付。

承包商A对该项目投标,经造价工程师估算,总价为9 000万元,总工期为24个月,其中:基础工程估价为1 200万元,工期为6个月;上部结构工程估价为4 800万元,工期为12个月;装饰和安装工程估价为3 000万元,工期为6个月。

经营部经理认为,该工程虽然有预付款,但平时工程款按季度支付,不利于资金周转,决定除按上述数额报价,另外建议业主将付款条件改为:预付款为合同价的10%,工程款按月度结算,其余条款不变。

假定贷款月利率为1%(为简化计算,季利率取3%),各分部工程每月完成的工程量相同且能按规定及时收到工程款。

以开工日为折现点,计算结果保留2位小数。年金现值系数见表7.7.4。

表 7.7.4 年金现值系数($P/A,i,n$)

i \ n	2	3	4	6	9	12	18
1%	1.970 4	2.941 0	3.902 0	5.795 5	8.566 0	11.255 1	16.398 3
3%	1.913 5	2.828 6	3.717 1	5.417 2	7.786 1	9.954 0	13.753 5

试问:

①该经营部经理所提出的方案属于哪一种报价技巧?该报价技巧的运用是否符合有关要求?

②按建议的付款条件工程款的现值与按原付款条件工程款的现值各为多少?据此,应得出什么结论?

【解答】

问题 1:

该经营部经理所提出的方案属于多方案报价法,该报价技巧运用符合有关要求(即对招标文件要作出实质性响应),因为承包商 A 的报价既适用于原付款条件也适用于建议的付款条件。

问题 2:

①计算按原付款条件所得工程款的现值。

预付款 A_0 = 9 000×20%万元 = 1 800 万元

基础工程每季工程款 A_1 = 1 200/2 万元 = 600 万元

上部结构工程每季工程款 A_2 = 4 800/4 万元 = 1 200 万元

装饰和安装工程每季工程款 A_3 = 3 000/2 万元 = 1 500 万元

则按原付款条件所得工程款的现值:

PV_0 = 1 800(F/P,1%,1) + 600(P/A,3%,2)(P/F,1%,1) − 1 800(P/F,1%,13) + 1 200(P/A,3%,4)(P/F,1%,7) + 1 500(P/A,3%,2)(P/F,1%,19)

= 1 800(1.01−0.878 7)万元 + 600×1.913 5×0.990 1 万元 + 1 200×3.717 1×0.932 7 万元 + 1 500×1.913 5×0.827 7 万元

= 236.34 万元 + 1 136.73 万元 + 4 160.33 万元 + 2 375.71 万元

= 7 909.11 万元

②计算按建议的付款条件所得工程款的现值。

预付款 A_0' = 9 000×10%万元 = 900 万元

基础工程每月工程款 A_1' = 1 200/6 万元 = 200 万元

上部结构工程每月工程款 A_2' = 4 800/12 万元 = 400 万元

装饰和安装工程每月工程款 A_3' = 3 000/6 万元 = 500 万元

则按建议的付款条件所得工程款的现值:

PV' = 900(F/P,1%,1) + 200(P/A,1%,6)(P/F,1%,1) − 900(P/F,1%,13) + 400(P/A,1%,12)(P/F,1%,7) + 500(P/A,1%,6)(P/F,1%,19)

= 900(1.01−0.878 7)万元 + 200×5.795 5×0.990 1 万元 + 400×11.255 1×0.932 7 万元 + 500×5.795 5×0.827 7 万元

$=118.17$ 万元$+1\ 147.62$ 万元$+4\ 199.05$ 万元$+2\ 398.47$ 万元

$=7\ 863.31$ 万元

③计算两者的差额。

$PV'-PV_0=7\ 863.31$ 万元$-7\ 909.11$ 万元$=-45.80$ 万元

由以上计算可知,按经营部经理建议的付款条件,工程款的现值比原付款条件减少 45.80 万元,因此,在投标时施工投标方不必提出该调整付款条件的建议。

【例 7.7.3】　某工程项目业主邀请了 3 家施工单位参加投标竞争。各投标单位的报价如表 7.7.5,施工进度计划安排如表 7.7.6。若以工程开工日期为折现点,贷款月利率为 1%,并假设各分部工程每月完成的工程量相等,并且能按月及时收到工程款。

表 7.7.5　投标报价汇总表　　单位:万元

投标单位＼报价＼项目	基础工程	主体工程	装饰工程	总报价
甲	270	950	900	2 120
乙	210	840	1 080	2 130
丙	210	840	1 080	2 130

表 7.7.6　施工进度计划表　　单位:月

投标单位	项　目	施工进度计划											
		1	2	3	4	5	6	7	8	9	10	11	12
甲	基础工程	—	—	—									
	主体工程				—	—	—	—	—				
	装饰工程									—	—	—	—
乙	基础工程	—	—	—									
	主体工程				—	—	—	—	—				
	装饰工程									—	—	—	—
丙	基础工程	—	—										
	主体工程			—	—	—	—	—	—				
	装饰工程							—	—	—	—	—	—

问题:

①就甲、乙两家投标单位而言,若不考虑资金时间价值,判断并简要分析业主应优先选择哪家投标单位?

②就乙、丙两家投标单位而言,若考虑资金时间价值,判断并简要分析业主应优先选择哪家投标单位?(注:现值系数见表 7.7.7)

③评标委员会对甲、乙、丙 3 家投标单位的技术标评审结果如表 7.7.8。评标办法规定:各投标单位报价比标底价每下降 1%,扣 1 分,最多扣 10 分;报价比标底价每增加 1%,扣 2 分,扣分不保底。报价与标底价差额在 1%以内时可按比例平均扣减。评标时不考虑资金时间价值,设标底价为 2 125 万元,根据得分最高者中标原则,试确定中标单位。

【解答】

问题1：

若不考虑资金时间价值，业主应优先选择甲投资单位。

因甲、乙投标单位在相同的施工进度计划安排下甲投标单位总报价低。

表7.7.7 现值系数表

n	2	3	4	5	6	7	8
$(P/A,1\%,n)$	1.970 4	2.941 0	3.902 0	4.853 4	5.795 5	6.728 2	7.651 7
$(P/F,1\%,n)$	0.980 3	0.970 6	0.961 0	0.951 5	0.942 0	0.932 7	0.923 5

注：计算结果保留小数点后2位。

问题2：

表7.7.8 技术标评审结果表

项　目	权　重	评审分		
		甲	乙	丙
业绩、信誉 管理水平 施工组织设计	0.4	98.70	98.85	98.80
投标报价	0.6			

①乙投标单位工程款：

基础工程每月工程款 $A_1=(210/3)$ 万元 $=70$ 万元

主体工程每月工程款 $A_2=(840/5)$ 万元 $=168$ 万元

装饰工程每月工程款 $A_3=(1\,080/4)$ 万元 $=270$ 万元

②乙投标单位工程款现值：

$$PV_{乙}=[70(P/A,1\%,3)+168(P/A,1\%,5)(P/F,1\%,3)+270(P/A,1\%,4)(P/F,1\%,8)]万元$$
$$=(70\times2.941\,0+168\times4.853\,4\times0.970\,6+270\times3.902\,0\times0.923\,5)万元$$
$$=1\,970.21\ 万元$$

③丙投标单位工程款：

基础工程每月工程款 $A_1=(210/2)$ 万元 $=105$ 万元

主体工程每月工程款 $A_2=(840/6)$ 万元 $=140$ 万元

装饰工程每月工程款 $A_3=(1\,080/6)$ 万元 $=180$ 万元

④丙投标单位工程款现值：

$$PV_{丙}=[105(P/A,1\%,2)+140(P/A,1\%,4)(P/F,1\%,2)+(140+180)(P/A,1\%,2)(P/F,1\%,6)+180(P/A,1\%,4)(P/F,1\%,8)]万元$$
$$=(105\times1.970\,4+140\times3.902\,0\times0.980\,3+320\times1.970\,4\times0.942\,0+180\times3.902\,0\times0.923\,5)万元=1\,985.00\ 万元$$

⑤业主应优先考虑乙投标单位,因乙投标单位工程款现值较低。

问题 3:

①计算各投标单位报价得分:

甲:总报价 2 120 万元;报价与基准价比例 99.76%;扣分 0.24;得分 99.76。

乙:总报价 2 130 万元;报价与基准价比例 100.24%;扣分 0.48;得分 99.52。

丙:总报价 2 130 万元;报价与基准价比例 100.24%;扣分 0.48;得分 99.52。

②计算各投标单位综合得分:

甲:98.70×0.4+99.76×0.6=99.34

乙:98.85×0.4+99.52×0.6=99.25

丙:98.85×0.4+99.52×0.6=99.23

③应选甲单位中标。

【例 7.7.4】 某厂工业工程项目的施工,经当地主管部门批准,由建设单位自行组织施工公开招标。

招标工作程序确定为:①成立招标工作小组;②发布招标公告;③编制招标文件;④编制标底;⑤发放招标文件;⑥组织现场踏勘和招标答疑;⑦投标单位资格审查;⑧接收投标文件;⑨开标;⑩确定中标单位;⑪评标;⑫签订承包合同;⑬发出中标通知书。

问题:

①指出上述招标程序中的不妥或不完善之处,请重新确定合理的工作顺序;

②该工程共有 7 家投标,在开标过程中出现如下情况:

a.未密封和加盖企业法人印章;b.委托书是复印件;c.报价与标底相差太大。试判断以上 3 种情况是否是废标。

③假设有 A,B,C 3 家投标,方案有关参数见表 7.7.9。

表 7.7.9　投标方案有关参数表　　单位:万元

投标方案	建设期年末费用支出		项目运营期/年	项目运营期的经营成本	残值回收
	1	2			
A	250	240	15	25	10
B	300	330	20	10	20
C	240	240	15	15	20

若 $i_C=10\%$,且已知 A 方案寿命期年费用为 72.40 万元;B 方案寿命期年费用为 69.93 万元。试计算 C 方案寿命期年费用,并利用寿命期年费用指标,对 3 个方案的优劣进行排序(小数点后保留两位小数)。

④建设单位从投标控制角度考虑,倾向于采用固定合同价。请说明固定合同价的特点。

【解答】

问题 1:题中所列招标工作先后顺序不妥当。正确的招标工作顺序为:

①成立招标工作小组;②编制招标文件;③编制标底;④发布招标公告;⑤投标单位资格审查;⑥发放招标文件;⑦组织现场踏勘和招标答疑;⑧接收投标文件;⑨开标;⑩评标;⑪确定中标单位;⑫发出中标通知书;⑬签订承发包合同。

问题2:①、②为废标;③不能作为判断是否废标的依据。

问题3:计算C方案寿命期年费用,并排序:

$$①AC_C = \left[\frac{240}{1+10\%} + \frac{240}{(1+10\%)^2} + 15\frac{(1+10\%)^{15}-1}{10\%(1+10\%)^{15}} \times \frac{1}{(1+10\%)^2} - \frac{20}{(1+10\%)^{17}}\right] \times \frac{10\%(1+10\%)^{17}}{(1+10\%)^{17}-1}\text{万元} = 63.18\text{万元}$$

②按优劣排序为:C,B,A。

问题4:固定合同价的特点如下。

①便于业主投资控制;

②承包人风险较大;

③应在合同中确定一个完成项目的总价;

④有利于在评标时确定报价最低的承包商。

思考与练习题

1.什么是工程招投标?工程招投标对我国建设市场的规范化有何现实意义?

2.我国规定的必须招投标的项目范围包括哪些?

3.建设项目招标程序包括哪些内容?资格预审有何意义?

4.国际竞争性招标程序包括资格预审和资格定审两个程序,你认为资格定审对国际流行的"最低投标价中标"的制度有何重要意义?

5.建设工程施工招标应具备的条件和投标人应具备的条件有哪些?

6.什么叫控制价?现行《建设工程工程量清单计价规范》对控制价的编制有何规定?

7.投标报价技巧有哪些?它们分别适合于何种情况?

8.建设工程评标内容有哪些?对于投标偏差中的重大偏差和细微偏差应该如何区别对待?

9.工程合同价有哪几种形式?各有何特点和其使用范围有何不同?

10.设备、材料采购招标的主要方法有哪些?

11.A,B,C 3家施工单位参加某项目投标。投标之前签订了联合投标协议,并按3家单位资质最高的A单位的资质等级作为投标资质等级。经过评标,该联合体中标。按照程序,该联合体委托A单位与招标人签订合同。在以上过程,按招投标法规定有何不妥之处?为什么?

12.某项目采用招投标方式确定施工单位。招标人按程序委托某招标代理机构编制标底。在开标过程中,发现各投标报价均与标底有相当差距。经核实,编制标底时漏算某分项工程。为防止招标失败,招标人重新确定了新的标底。投标单位中有两家对此做法不满,拒绝继续参加投标,并要求退还投标保证金。试根据我国《招标投标法》对上述过程作出评价。

13.某施工单位参加某项工程投标。在编制投标报价时,按照招标方提供的工程量清单,编制人员发现基础工程所占造价比重较大;装修工程虽在报价范围之内,但有可能分标;某一施工方案较不合理,可采用更为合理的施工方案,以节约造价和缩短工期;有些工程量计算不清楚；还有一些装饰材料未明确规格。试问，编制人员可采取哪些报价技巧进行投标报价？

14.某工程采用最高限额成本加最大酬金合同。合同规定的最低成本为2 000万元，报价成本为2 300万元，最高限额成本为2 500万元，酬金数额为450万元，同时规定成本节约额合同双方各50%，若最后乙方完成工程的实际成本为2 450万元，则乙方能够获得的支付款额应为多少？

15.某施工单位参加投标，其报价为最低合理价，除提出将固定合同价改为可调合同价的要求，其余均实质性响应招标文件要求。试问可否将该单位作为中标单位？为什么？

16.选择合适的合同类型，应考虑哪些因素？

17.某承包商面临A，B两项工程投标，因受本单位资源条件限制，只能选择其中一项工程投标，或者两项工程均不投标。根据过去类似工程投标的经验数据，A工程投高标的中标概率为0.3，投低标的中标概率为0.6，编制投标文件的费用为3万元；B工程投高标的中标概率为0.4，投低标的中标概率为0.7，编制投标文件的费用为2万元。

各方案承包的效果、概率及损益情况见表7.1。

表7.1

方案	效果	概率	损益值/万元
A高	好	0.3	150
	中	0.5	100
	差	0.2	50
A低	好	0.2	110
	中	0.7	60
	差	0.1	0
B高	好	0.4	110
	中	0.5	70
	差	0.1	30
B低	好	0.2	73
	中	0.5	30
	差	0.3	-10
不投标			0

试运用决策树法进行投标决策。

分析要点：

本案例考核决策树方法的运用，主要考核决策树的概念、绘制、计算，要求熟悉决策树法的适用条件，能根据给定条件正确画出决策树，并能正确计算各机会点的数值，进而作出决策。

解题时需注意两点：一是题目本身仅给出各投标方案的中标概率，相应的不中标概率需自行计算（中标概率与不中标概率之和为1）；二是不中标情况下的损失费用为编制投标文件的费用。不同项目的编标费用一般不同。通常，规模大、技术复杂项目的编标费用较高，反之则较低；而同一项目的不同报价对编标费用的影响可不予考虑。

18.某大型工程,由于技术难度大,对施工单位的施工设备和同类工程施工经验要求高,而且对工期的要求也比较紧迫。业主在对有关单位和在建工程考察的基础上,仅邀请了3家国有一级施工企业参加投标,并预先与咨询单位和该3家施工单位共同研究确定了施工方案。业主要求投标单位将技术标和商务标分别装订报送。经招标领导小组研究确定的评标规定如下:

①技术标共30分。其中施工方案10分(因已确定施工方案,各投标单位均得10分)、施工总工期10分、工程质量10分。满足业主总工期要求(36个月)者得4分,每提前1个月加1分,不满足者不得分;自报工程质量合格者得4分,自报工程质量优良者得6分(若实际工程质量未达到优良将扣罚合同价的2%),近3年内获鲁班工程奖每项加2分,获省优工程奖每项加1分。

②商务标共70分。报价不超过标底(35 500万元)的±5%者为有效标,超过者为废标。报价为标底的98%者得满分(70分),在此基础上,报价比标底每下降1%,扣1分,每上升1%,扣2分(计分按四舍五入取整)。

各投标单位的有关情况见表7.2。

表7.2

投标单位	报价/万元	工期/月	报工程质量	鲁班工程奖	省优工程奖
A	35 642	33	优良	1	1
B	34 364	31	优良	0	2
C	33 867	32	合格	0	1

问题:

①该工程采用邀请招标方式且仅邀请3家施工单位投标,是否违反有关规定?为什么?

②请按综合评标得分最高者中标的原则确定中标单位。

③若改变该工程评标的有关规定,将技术标增加到40分,其中施工方案20分(各投标单位均得20分),商务标减少为60分,是否会影响评标结果,为什么?若影响,应由哪家施工单位中标?

19.某单位为了既能中标又能取得较好的收益,决定采用不平衡报价法对原报价调整,见表7.3。

表7.3

单位:万元

	基础工程	主体结构	装饰安装工程	总　价
调整前	1 250	6 500	7 150	14 900
调整后	1 480	7 300	6 120	14 900

若基础工程、主体结构和装饰安装工程工期分别为4个月、12个月、8个月,贷款年利率为10%,并假定能按时完工,按月如期收到工程款,且各分部工程每月完工量均相等。试评价该不平衡报价法运用是否得当,并从资金的时间价值角度解释。

20.分组讨论并模拟建设工程招投标及合同签订的全过程。

第八章 工程变更、索赔、价款结算与控制

建设工程项目经批准开工建设，即进入建设实施阶段。该阶段是中标施工单位按照施工合同约定的工程范围，依据合同要求、设计图纸、标准规范、技术资料等对建设产品的形成所做出的一系列有组织、有计划、有目的的活动；其目标是在保证施工质量、成本、工期、安全和现场标准化等要求的前提下，达到竣工验收标准，最终形成建设工程产品。

建设实施阶段的工程造价确定与控制是多主体共同参与、协调一致的过程；其任务是完成确定性造价和不确定性造价的管理等内容；其中不确定性造价的确定与控制是其主要内容。本章将介绍工程变更及价款的确定、工程索赔及价款的确定、工程预付款与价款结算、资金使用计划的编制与控制以及工程合同管理与索赔和工程价款结算与控制案例分析等内容。

第一节 工程变更及价款的确定

一、工程变更及产生原因

（一）工程变更的内容

工程变更包括设计变更和其他变更两大类。其中设计变更包括工程内容的增加及删减等，其他变更包括施工进度计划变更、施工条件变更和工程量变更等。

（二）工程变更的产生原因

在工程项目的实施过程中，经常出现来自业主方对项目要求的修改，设计方由于业主要求的变化或现场施工环境、施工技术的要求而产生设计变更；也有可能出现由于承包商原因而导致的工程变更。由于这多方面变更，经常出现工程量变化、施工进度变化、业主方与承包方在执行合同时发生争执等问题。这些问题的产生，一方面是由于主观原因，如勘察设计工作粗糙，以至于在施工过程中发现许多招标文件中没有考虑或估算不准确的工程量，因而不得不改变施工项目或增减工程量；另一方面是由于客观原因，如发生不可预见的事件，或由于自然或社会原因引起停工和工期拖延等，致使工程变更不可避免。

二、工程合同价款的约定与调整

（一）书面合同的订立

招标工程的合同价款应当在规定时间内，依据招标文件、中标人的投标文件，由发包人与承包人（以下简称“发、承包人”）订立书面合同约定。非招标工程的合同价款依据审定的工程预（概）算书由发、承包人在合同中约定。合同价款在合同中约定后，任何一方不得擅自改变。

（二）合同价款的约定

发包人、承包人应当在合同条款中对涉及工程价款结算的下列事项进行约定：

①预付工程款的数额、支付时限及抵扣方式；

②工程进度款的支付方式、数额及时限；

③工程施工中发生变更时，工程价款的调整方法、索赔方式、时限要求及金额支付方式；

④发生工程价款纠纷的解决方法；

⑤约定承担风险的范围及幅度以及超出约定范围和幅度的调整办法；

⑥工程竣工价款的结算与支付方式、数额及时限；

⑦工程质量保证(保修)金的数额、预扣方式及时限；

⑧安全措施和意外伤害保险费用；

⑨工期及工期提前或延后的奖惩办法；

⑩与履行合同、支付价款相关的担保事项。

(三)工程价款的方式

发、承包人在签订合同时对于工程价款的约定，可选用下列一种约定方式：

①固定总价：合同工期较短且工程合同总价较低的工程，可以采用固定总价合同方式。

②固定单价：双方在合同中约定综合单价包含的风险范围和风险费用的计算方法，在约定的风险范围内综合单价不再调整。风险范围以外的综合单价调整方法，应当在合同中约定。

③可调价格：可调价格包括可调综合单价和措施费等，双方应在合同中约定综合单价和措施费的调整方法，调整因素包括：

a.法律、行政法规和国家有关政策变化影响合同价款；

b.工程造价管理机构的价格调整；

c.经批准的设计变更；

d.发包人更改经审定批准的施工组织设计(修正错误除外)造成费用增加；

e.双方约定的其他因素。

(四)工程变更的程序

(1)发包人提出变更

发包人提出变更的，应通过监理人向承包人发出变更指示，变更指示应说明计划变更的工程范围和变更的内容。

(2)监理人提出变更建议

监理人提出变更建议的，需要向发包人以书面形式提出变更计划，说明计划变更工程范围和变更的内容、理由，以及实施该变更对合同价格和工期的影响。发包人同意变更的，由监理人向承包人发出变更指示。发包人不同意变更的，监理人无权擅自发出变更指示。

(3)变更执行

承包人收到监理人下达的变更指示后，认为不能执行，应立即提出不能执行该变更指示的理由。承包人认为可以执行变更的，应当书面说明实施该变更指示对合同价格和工期的影响，且合同当事人应当按照约定确定变更估价。

(五)工程变更估价

(1)变更估价原则

除专用合同条款另有约定外，变更估价一般处理办法如下：

①已标价工程量清单或预算书有相同项目的，按照相同项目单价认定；

②已标价工程量清单或预算书中无相同项目，但有类似项目的，参照类似项目的单价

认定；

③变更导致实际完成的变更工程量与已标价工程量清单或预算书中列明的该项目工程量的变化幅度超过15%的，或已标价工程量清单或预算书中无相同项目及类似项目单价的，按照合理的成本与利润构成的原则，由合同当事人按照以下办法确定变更工作的单价。

合同当事人进行商定或确定时，总监理工程师应当会同合同当事人尽量通过协商达成一致，不能达成一致的，由总监理工程师按照合同约定审慎做出公正的确定。

总监理工程师应将确定以书面形式通知发包人和承包人，并附详细依据。合同当事人对总监理工程师的确定没有异议的，按照总监理工程师的确定执行。任何一方合同当事人有异议，按照双方争议解决约定处理。争议解决前，合同当事人暂按总监理工程师的确定执行；争议解决后，争议解决的结果与总监理工程师的确定不一致的，按照争议解决的结果执行，由此造成的损失由责任人承担。

(2)变更估价程序

承包人应在收到变更指示后14天内，向监理人提交变更估价申请。监理人应在收到承包人提交的变更估价申请后7天内审查完毕并报送发包人，监理人对变更估价申请有异议，通知承包人修改后重新提交。发包人应在承包人提交变更估价申请后14天内审批完毕。发包人逾期未完成审批或未提出异议的，视为认可承包人提交的变更估价申请。

因变更引起的价格调整应计入最近一期的进度款中支付。

【例8.1.1】　某土方工程估计工程量为1 000 m^3，合同规定土方工程单价为22 元/m^3，实际工程量超过估计工程量10%时，调整单价，单价调为20 元/m^3，当工程结束时实际完成土方工程量为1 200 m^3，则由此工程量变更而最终结算的工程价款应为多少？

【解答】　该题应注意合同中对超过原计划工程量10%部分的理解，即10%以内（≤10%）部分仍按原单价，而10%以外（>10%）部分按调整后单价执行。故：

超过原计划工程量10%的部分为1 200 m^3−1 000×(1+10%) m^3=100 m^3，则：

结算工程款=(1 100×22+100×20)元=26 200 元

故最终结算工程款为26 200元。

第二节　工程索赔及价款的确定

一、索赔的概念及处理原则

(一)索赔的概念

工程索赔是在工程合同履行的过程中，当事人一方由于另一方未履行合同中所规定的义务或者出现了应当由对方承担的风险而遭受损失时，向另一方提出赔偿要求的行为。

工程索赔具有如下一些本质特征：索赔是要求给予补偿(赔偿)的一种权利、主张；索赔的依据是法律法规、合同文件及工程建设惯例，但主要是合同文件；索赔是因非自身原因导致的，索赔方没有过错；与原合同相比较，已经发生了额外的经济损失或工期损害；索赔必须有切实有效的证据；索赔是单方行为，双方还没有达成协议。

在实际工作中，"索赔"是双向的，既包括承包人向发包人的索赔，也包括发包人向承包人的索赔。一般情况下,发包人索赔数量较小,且处理方便,可以通过冲账、扣拨工程款、扣保证金等方式实现对承包人的索赔;而承包人对发包人的索赔则比较困难,且发生频繁。故通常所指的索赔是承包人针对发包人的索赔。本书介绍的索赔也主要指承包人对发包人的索赔。

索赔有较广泛的含义,主要表现在以下几个方面:

①一方违约使另一方蒙受损失,受损方向对方提出赔偿损失的要求。

②发生由业主承担责任的特殊风险或遇到不利自然条件等情况,使承包商蒙受较大损失而向业主提出补偿损失要求。

③承包商因本人应当获得的正当利益没能及时得到监理工程师的确认和业主应给予的支付未给予,而以正式函件向业主索赔。

(二)工程索赔产生的原因

1.当事人违约

当事人违约常常表现为没有按照合同约定全面、适当地履行自己的义务。发包人违约常常表现为没有为承包人提供合同约定的施工条件、未按照合同约定的期限和数额付款等。工程师未能按照合同的约定完成工作,如未能及时发出图纸、指令等也视为发包人违约。承包人违约的情况则主要是没有按照合同约定的质量、期限完成施工,或者由于不当行为给发包人造成了其他损害。

【例 8.2.1】 发包人违约导致的索赔。

在某世界银行贷款的项目中,采用 FIDIC 合同条件,合同规定发包人为承包人提供三级路面标准的现场公路。由于发包人选定的工程局在修路中存在问题,现场交通道路在相当一段时间内未达到合同标准。承包人的车辆只能在路面块石垫层上行驶,造成轮胎严重超常磨损,承包人提出索赔。工程师最终批准了对轮胎及其他零配件的费用补偿。

2.不可抗力事件

不可抗力又可分为自然事件和社会事件。自然事件主要是不利的自然条件和客观障碍,如在施工过程中遇到了经现场调查无法发现、业主提供的资料中也未提到的和无法预料的情况,如地下水、地质断层等。社会事件则包括国家政策、法律、法令的变更以及战争、罢工等。

3.合同缺陷

合同缺陷表现为合同文件规定不严谨甚至矛盾,合同存在遗漏或错误等情况。在这种情况下,工程师应当给予解释,如果这种解释将导致成本增加或工期延长,发包人应当给予补偿。

4.合同变更

合同变更表现为设计变更、施工方法变更、追加或者取消某些工作及合同其他规定的变更等。

5.工程师指令

工程师指令有时也会产生索赔,如工程师指令承包人加速施工、进行某项工作、更换某些材料、采取某些措施等。

6.其他第三方原因

其他第三方原因常常表现为与工程有关的第三方的问题而引起的对本工程的不利影响。

(三)工程索赔时的处理原则

1.索赔必须以合同为依据

遇到索赔事件时,工程师必须以完全独立的身份,站在客观公正的立场上审查索赔要求的正当性,必须对合同条件、协议条款等有详细的了解,以合同为依据来公平处理合同双方的利益纠纷。由于合同文件的内容相当广泛，包括合同协议书、图纸、合同条件、工程量清单以及许多来往函件和变更通知，有时会形成自相矛盾或不同的解释，导致合同纠纷。根据我国法律有关规定，合同文件能互相解释、互为说明，除合同另有约定外，其组成和解释顺序如下：

①合同协议书；

②中标通知书；

③投标书及其附件；

④本合同专用条款；

⑤本合同通用条款；

⑥标准、规范及有关技术文件；

⑦图纸；

⑧工程量清单；

⑨工程报价单或预算书。

2.索赔必须注意资料的积累

积累一切可能涉及索赔论证的资料。同施工企业、建设单位研究技术问题、进度问题和其他重大问题的会议应当做好文字记录，并争取会议参加者签字，作为正式文档资料；应建立严密的工程日志，对工程师指令的执行情况、抽查试验记录、工序验收记录、计量记录、日进度记录以及每天发生的可能影响合同协议的事件进行详细记录；同时还应建立业务往来的文件编号档案等业务记录制度，做到处理索赔时以事实和数据为依据。

3.及时、合理地处理索赔

索赔发生后，必须依据合同的准则及时地对索赔进行处理。任何在中期付款期间，将问题搁置下来，留待以后处理的想法都将会带来意想不到的不利后果。如果承包方的合理索赔要求长时间得不到解决，单项工程的索赔积累下来，有时可能会影响承包方的资金周转，使其不得不放缓速度，从而影响整个工程的进度。此外，在索赔的初期和中期，可能只是普通的信件往来，拖到后期综合索赔，将会使矛盾进一步复杂化，往往还牵涉到利息、预期利润补偿、工程结算以及责任的划分、质量的处理等，致使索赔文件及其根据、说明材料连篇累牍，大大增加了处理索赔的困难。因此尽量将单项索赔在执行过程中加以解决。这样做不仅对承包方有益，同时也体现了处理问题的水平，既维护了业主的利益，又照顾了承包方的实际情况。处理索赔还必须注意双方计算索赔的合理性，如对人工窝工费的计算等。

4.加强索赔前瞻性，主动控制，减少索赔

对于工程索赔应加强主动控制，减少索赔。这就要求在工程管理过程中，应尽量将工作做在前面，预测可能发生的问题，减少索赔事件的发生。这样能够使工程更加顺利进行，降低工程投资，减少施工工期。

二、索赔的分类

目前国内外对施工索赔的分类法，主要可归纳为以下几种：

(一)按发生索赔的原因分类

由于发生索赔的原因很多，这种分类法提出了名目繁多的索赔，可能多达几十种。这种分类法有它的优点，即明确地提出每一项索赔的原因，使业主和工程师易于审核分析。

根据工程施工索赔实践，按发生原因提出的索赔通常有以下十几种：

①增加(或减少)工程量索赔;
②地基变化索赔;
③工期延长索赔;
④加速施工索赔;
⑤不利自然条件及人为障碍索赔;
⑥工程范围变更索赔;
⑦合同文件错误索赔;
⑧工程拖期索赔;
⑨暂停施工索赔;
⑩终止合同索赔;
⑪设计图纸拖交索赔;
⑫拖延付款索赔;
⑬物价上涨索赔;
⑭业主风险索赔;
⑮特殊风险索赔;
⑯不可抗拒天灾索赔;
⑰业主违约索赔;
⑱法令变更索赔等。

此外,还会有一些别的原因引起的施工索赔。这些索赔发生的频率大不相同,根据工程施工索赔的经验,最常见的主要有4种,即工程范围变更索赔、工程延期索赔、施工现场变化索赔(或称为不利自然条件及人为障碍索赔,简称APC)、加速施工索赔。

(二)按索赔的目的分类

就施工索赔的目的而言,施工索赔有两类,即工期索赔和费用索赔。

1.工期索赔

由非承包人责任的原因而导致施工进程延误,要求批准顺延合同工期的索赔,称为工期索赔。工期索赔形式上是对权利的要求,以避免在原定合同竣工日不能完工时,被发包人追究拖期违约责任;但如果索赔一旦获得,承包人不仅免除了承担拖期违约赔偿费的重大风险,而且可能提前工期得到奖励,最终仍反映在经济收益上。

2.费用索赔

费用索赔就是承包商向业主要求补偿不应该由承包商自己承担的经济损失或额外开支,也就是取得合理的经济补偿。

承包商取得经济补偿的前提是:在实际施工过程中发生的施工费用超过了投标报价书中该项工作所预算的费用,而这些费用超支的责任不在承包商方面,也不属于承包商的风险范围。

(三)按索赔的合同依据分类

这种分类法在国际工程承包界是众所周知的。它是在确定经济补偿时,根据工程项目合同文件来判断,在哪些情况下承包商拥有经济索赔的权利。按照这一分类原则,在国际工程施工索赔中有以下3种不同的索赔:

1.合同规定的索赔

合同规定的索赔是指承包商所提出的索赔要求,在该工程项目的合同文件中有文字依据,承包商可以据此提出索赔要求,并取得经济补偿。这些在合同文件中有文字规定的合同条款,在合同解释上被称为明示条款,或称为明文条款。

2.非合同规定的索赔

非合同规定的索赔也被称为“超越合同规定的索赔”，即承包商的该项索赔要求，虽然在工程项目的合同条件中没有专门的文字叙述，但可以根据该合同条件的某些条款的含义，推论出承包商有索赔权。这一种索赔要求，同样有法律效力，有权得到相应的经济补偿。这种有经济补偿含义的合同条款，在合同管理工作中被称为“默示条款”，或被称为“隐含条款”。

3.道义索赔

这是一种罕见的、属于经济索赔范畴内的索赔形式。所谓道义索赔，是通情达理的业主目睹承包商为完成某项困难的施工，承受了额外费用损失，因而出于善良意愿，同意给承包商以适当的经济补偿，虽然在合同条款中找不到此项索赔的规定。这种经济补偿，称为道义上的支付，或称优惠支付，道义索赔俗称为“通融的索赔”或“优惠索赔”。这是施工合同双方友好信任的表现，在国际工程承包界是有例可循的。

(四)按索赔的有关当事人分类

每一项索赔工作都涉及两方面的当事人，即要求索赔者和被索赔者。由于每项索赔的提出者和对象不同，常见的有以下3种不同的索赔：

1.工程承包商同业主之间的索赔

这是承包施工中最普遍的索赔形式。在工程施工索赔中，最常见的是承包商向业主提出的工期索赔和经济索赔；有时，业主也向承包商提出经济补偿的要求，即“反索赔”。

2.总承包商同分包商之间的索赔

总承包商是向业主承担全部合同责任的签约人，其中包括分包商向总承包商所承担的那部分合同责任。

总承包商和分包商，按照他们之间所签订的分包合同，都有向对方提出索赔的权利，以维护自己的利益，获得额外开支的经济补偿。

分包商向总承包商提出的索赔要求，经过总承包商审核后，凡是属于业主方面的责任范围内的事项，均由总承包商汇总加工后向业主提出；凡属总承包商责任的事项，则由总承包商同分包商协商解决。有的分包合同规定：所有的属于分包合同范围内的索赔，只有当总承包商从业主方面取得索赔款后，才拨付给分包商。这是对总承包商有利的保护性条款，在签订分包合同时，应由签约双方具体商定。

3.承包商同供货商之间的索赔

承包商在中标以后，根据合同规定的机械设备和工期要求，向设备制造厂家或材料供应商询价订货，签订供货合同。

供货合同一般规定供货商提供的设备的型号、数量、质量标准和供货时间等具体要求。如果供货商违反供货合同的规定，使承包商受到经济损失时，承包商有权向供货商提出索赔，反之亦然。

承包商同供货商之间的索赔，一般称为“商务索赔”，以区别于承包商同业主之间的“施工索赔”。无论施工索赔或商务索赔，都属于工程承包施工的索赔范围。但本书重点是论述施工索赔，对商务索赔等其他形式的索赔问题的细节，请参考别的有关著作。

(五)按索赔的处理方式分类

在处理索赔的方式方面，通常可以遇到两种不同的索赔，即单项索赔和综合索赔。

1.单项索赔

单项索赔就是采取一事一索赔的方式，即在每一件索赔事项发生后，报送索赔通知书，编报索赔报告书，要求单项解决支付，不与其他的索赔事项混在一起。

2.综合索赔

综合索赔又称总索赔,俗称一揽子索赔。即对整个工程(或某项工程)中所发生的数起索赔事项,综合在一起进行索赔。

三、索赔的基本程序

(一)《建设工程施工合同文本》规定的工程索赔程序

合同当事人一方向另一方提出索赔时,要有正当的索赔理由,且有索赔事件发生时的有效证据。

1.承包人的索赔

根据合同约定,承包人认为有权得到追加付款和(或)延长工期的,可向发包人提出索赔:

①承包人提出索赔申请。承包人应在知道或应当知道索赔事件发生后28天内,向工程监理单位递交索赔意向通知书,并说明发生索赔事件的事由;承包人未在前述28天内发出索赔意向通知书的,丧失要求追加付款和(或)延长工期的权利。

②承包人递交索赔报告。承包人应在发出索赔意向通知书后28天内,向工程监理单位正式递交索赔报告;索赔报告应详细说明索赔理由以及要求追加的付款金额和(或)延长的工期,并附必要的记录和证明材料。

③索赔事件具有持续影响时,承包人应按合理时间间隔继续递交延续索赔通知,说明持续影响的实际情况和记录,列出累计的追加付款金额和(或)工期延长天数;在索赔事件影响结束后28天内,承包人应向工程监理单位递交最终索赔报告,说明最终要求索赔的追加付款金额和(或)延长的工期,并附必要的记录和证明材料。

2.对承包人索赔的处理

①工程监理单位应在收到索赔报告后14天内完成审查并报送发包人。工程监理单位对索赔报告存在异议的,有权要求承包人提交全部原始记录副本。

②发包人应在工程监理单位收到索赔报告或有关索赔的进一步证明材料后的28天内,由工程监理单位向承包人出具经发包人签认的索赔处理结果。发包人逾期答复的,则视为认可承包人的索赔要求。

③承包人接受索赔处理结果的,索赔款项在当期进度款中进行支付;承包人不接受索赔处理结果的,按照合同约定的争议解决方式处理。

3.发包人的索赔

根据合同约定,发包人认为有权得到赔付金额和(或)延长缺陷责任期的,工程监理单位应向承包人发出通知并附有详细的证明。

发包人应在知道或应当知道索赔事件发生后28天内通过工程监理单位向承包人提出索赔意向通知书,发包人未在前述28天内发出索赔意向通知书的,丧失要求赔付金额和(或)延长缺陷责任期的权利。发包人应在发出索赔意向通知书后28天内,通过工程监理单位向承包人正式递交索赔报告。

4.对发包人索赔的处理

对发包人索赔的处理如下:

①承包人收到发包人提交的索赔报告后,应及时审查索赔报告的内容、查验发包人证明材料。

②承包人应在收到索赔报告或有关索赔的进一步证明材料后28天内,将索赔处理结果答复发包人。如果承包人未在上述期限内作出答复的,则视为对发包人索赔要求的认可。

③承包人接受索赔处理结果的,发包人可从应支付给承包人的合同价款中扣除赔付的金额或延长缺陷责任期;发包人不接受索赔处理结果的,按合同约定的争议解决方式处理。

5.提出索赔的期限

①承包人按合同约定接收竣工付款证书后,应被视为已无权再提出在工程接收证书颁发前所发生的任何索赔。

②承包人在按合同约定提交的最终结清申请单中,只限于提出工程接收证书颁发后发生的索赔。提出索赔的期限自接收最终结清证书时终止。

注:最终结清申请单是指承包人在缺陷责任期终止证书颁发后7天内(除专用合同条款另有约定外),按专用合同条款约定的份数向发包人提交的列明质量保证金、应扣除的质量保证金、缺陷责任期内发生的增减费用明细的申请单。

(二)FIDIC合同条件规定的工程索赔程序

FIDIC合同条件只对承包商的索赔作出了规定。

①承包商发出索赔通知。如果承包商认为有权得到竣工时间的任何延长期和(或)任何追加付款,承包商应当向工程师发出通知,说明索赔的事件或情况。该通知应当在承包商察觉或者应当察觉该事件或情况后28天内发出。

②承包商未及时发出索赔通知的后果。如果承包商未能在上述28天期限内发出索赔通知,则竣工时间不得延长,承包商无权获得追加付款,而业主应免除有关该索赔的全部责任。

③承包商递交详细的索赔报告。在承包商察觉或者应当察觉该事件或情况后42天内,或在承包商建议并经工程师认可的其他期限内,承包商应当向工程师递交一份充分详细的索赔报告,包括索赔的依据、要求延长的时间和(或)追加付款的全部详细资料。如果引起索赔的事件或者情况具有连续影响,则上述充分详细索赔报告应被视为中间的,承包商应当按月递交进一步的中间索赔报告,说明累计索赔延误时间和(或)金额,以及所有可能的合理要求的详细资料,承包商应当在索赔的事件或者情况产生影响结束后28天内,或在承包商可能建议并经工程师认可的其他期限内,递交一份最终索赔报告。

④工程师的答复。工程师在收到索赔报告或对过去索赔的任何进一步证明资料后的42天内,或在工程师可能建议并经承包商认可的其他期限内作出回应,表示批准,或不批准、或不批准并附具体意见。工程师应当商定或者确定应给予竣工时间的延长期及承包商有权得到的追加付款。

四、索赔证据和索赔文件

(一)索赔证据

任何索赔事件的确立,其前提条件是必须有正当的索赔理由。对正当索赔理由的说明必须具有证据,因为索赔的进行主要是靠证据说话。没有证据或证据不足,索赔是难以成功的。这正如《建设工程施工合同文本》中所规定的,当合同一方向另一方提出索赔时,要有正当索赔理由,且有索赔事件发生时的有效证据。

1.对索赔证据的要求

①真实性。索赔证据必须是在实施合同过程中确实存在和发生的,必须完全反映实际情况,能经得住推敲。

②全面性。所提供的证据应能说明事件的全过程。索赔报告中涉及的索赔理由、事件过程、影响、索赔值等都应有相应证据,不能零乱和支离破碎。

③关联性。索赔的证据应当能够互相说明,相互具有关联性,不能互相矛盾。

④及时性。索赔证据的取得及提出应及时。

⑤具有法律证明效力:一般要求证据必须是书面文件并且取得方式合法。有关记录、协议、纪要必须是双方签署的。工程中重大事件、特殊情况的记录、统计必须由工程师签证认可。

2.索赔证据的种类

①招标文件、工程合同及附件、业主认可的施工组织设计、工程图纸、技术规范等。

②工程各项有关的设计交底记录、变更图纸、变更施工指令等。

③工程各项经业主或工程师签认的签证。

④工程各项往来信件、指令、信函、通知、答复等。

⑤工程各项会议纪要。

⑥施工计划及现场实施情况记录。

⑦施工日报及工长工作日志、备忘录。

⑧工程送电、送水、道路开通、封闭的日期及数量记录。

⑨工程停电、停水和干扰事件影响的日期及恢复施工的日期。

⑩工程预付款、进度款拨付的数额及日期记录。

⑪工程图纸、图纸变更、交底记录的送达份数及日期记录。

⑫工程有关施工部位的照片及录像等。

⑬工程现场气候记录,如有关天气的温度、风力、雨雪等。

⑭工程验收报告及各项技术鉴定报告等。

⑮工程材料采购、订货、运输、进场、验收、使用等方面的凭据。

⑯工程会计核算资料。

⑰国家、省、市有关影响工程造价、工期的文件、规定等。

(二)索赔文件

索赔文件是承包商向业主索赔的正式书面材料,也是业主审议承包商索赔请求的主要依据。索赔文件通常包括以下两个部分:

1.索赔信

索赔信是承包商致业主或其代表的简短的信函,应包括以下内容:

①说明索赔事件;

②列举索赔理由;

③提出索赔金额与工期;

④附件说明。

索赔信是提纲挈领的材料,它将其他材料贯通起来。

2.索赔报告

索赔报告的具体内容,随索赔事件的性质和特点而有所不同。从报告的必要内容与文字结构方面而论,一个完整的索赔报告应包括以下4个部分:

(1)总论部分

一般包括以下内容:序言;索赔事项概述;具体索赔要求;索赔报告编写及审核人员名单。

文中首先应概要地论述索赔事件的发生日期与过程;施工单位为该索赔事件所付出的努力和附加开支;施工单位的具体索赔要求。在总论部分最后,附上索赔报告编写组主要人员及审核人员的名单,注明有关人员的职称、职务及施工经验,以表示该索赔报告的严肃性和权威性。总论部分的阐述要简明扼要,说明问题。

(2)根据部分

本部分主要是说明自己具有的索赔权利,这是索赔能否成立的关键。根据部分的内容主要来自该工程项目的合同文件,并参照有关法律规定。该部分中施工单位应引用合同中的具体条款,说明自己理应获得经济补偿或工期延长。

根据部分的篇幅可能很大,其具体内容随各个索赔事件的特点而不同。一般地说,根据部分应包括以下内容:索赔事件的发生情况;已递交索赔意向书的情况;索赔事件的处理过程;索赔要求的合同根据;所附的证据资料。

在写法结构上,按照索赔事件发生、发展、处理和最终解决的过程编写,并明确全文引用有关的合同条款,使建设单位和监理工程师能历史地、逻辑地了解索赔事件的始末,并充分认识该项索赔的合理性和合法性。

(3)计算部分

索赔计算的目的,是以具体的计算方法和计算过程,说明自己应得经济补偿的款额或延长时间。如果说根据部分的任务是解决索赔能否成立,则计算部分的任务就是决定应得到多少索赔款额和工期。前者是定性的,后者是定量的。

在款额计算部分,施工单位必须阐明下列问题:索赔款的要求总额;各项索赔款的计算,如额外开支的人工费、材料费、管理费和所失利润;指明各项开支的计算依据及证据资料,施工单位应注意采用合适的计价方法。至于采用哪一种计价法,首先,应根据索赔事件的特点及自己所掌握的证据资料等因素来确定。其次,应注意每项开支款的合理性,并指出相应的证据资料的名称及编号。切忌采用笼统的计价方法和不实的开支款额。

(4)证据部分

证据部分包括该索赔事件所涉及的一切证据资料,以及对这些证据的说明,证据是索赔报告的重要组成部分,没有翔实可靠的证据,索赔是不能成功的。在引用证据时,要注意该证据的效力或可信程度。为此,对重要的证据资料最好附以文字证明或确认件。例如,对一个重要的电话内容,仅附上自己的记录是不够的,最好附上经过双方签字确认的电话记录;或附上发给对方要求确认该电话记录的函件,即使对方未给复函,也可说明责任在对方。

五、索赔费用的组成和索赔计算

(一)索赔费用的组成

FIDIC 合同条件下的索赔费用主要包括的项目如下:

1.人工费

人工费主要包括生产工人的工资、津贴、加班费、奖金等。对于索赔费用中的人工费部分来说,主要是指完成合同之外的额外工作所花费的人工费用、由于非承包人责任的工效降低所增加的人工费用、超过法定工作时间的加班费用、法定的人工费增长以及非承包人责任造成的工程延误导致的人员窝工费、相应增加的人身保险和各种社会保险支出等。

在以下几种情况下,承包人可以提出人工费的索赔:

①因业主增加额外工程,导致承包人人工单价的上涨和工作时间的延长。

②工程所在国法律、法规、政策等变化而导致承包人人工费用方面的额外增加,如提高当地雇佣工人的工资标准、福利待遇或增加保险费用等。

③由于业主或工程师造成的工程延误或对工程的不合理干扰打乱了承包人的施工计划,

致使承包人劳动生产率降低,导致人工工时增加的损失。

2.材料费

可索赔的材料费主要包括:

①由于索赔事项导致材料实际用量超过计划用量而增加的材料费。

②由于客观原因导致的材料价格大幅度上涨。

③由于非承包人责任工程延误导致的材料价格上涨。

④由于非承包人原因致使材料运杂费、采购与保管费用的上涨。

⑤由于非承包人原因致使额外低值易耗品使用等。

在以下两种情况中,承包人可提出材料费的索赔:

①由于业主或工程师要求追加额外工作、变更工作性质、改变施工方法等,造成承包人的材料耗用量增加,包括使用数量的增加和材料品种或种类的改变。

②在工程变更或业主延误时,可能会造成承包人材料库存时间延长、材料采购滞后或采用代用材料等,从而引起材料单位成本的增加。

3.机械设备使用费

可索赔的机械设备费主要包括:

①由于完成额外工作增加的机械设备使用费。

②非承包人责任致使的工效降低而导致的机械设备闲置、折旧和修理费分摊、租赁费用。

③由于业主或工程师原因造成的机械设备停工的窝工费。

④非承包人原因增加的设备保险费、运费及进口关税等。

4.现场管理费

现场管理费是某单个合同发生的用于现场管理的总费用,一般包括现场管理人员的费用、办公费、通信费、差旅费、固定资产使用费、工具用具使用费、保险费、工程排污费、供热供水及照明费等。它一般占工程总成本的5%~10%。索赔费用中的现场管理费是指承包人完成额外工程、索赔事项工作以及工期延长、延误期间的工地管理费。在确定分析索赔费用时,有时把现场管理费具体又分为可变部分和固定部分。所谓可变部分是指在延期过程中可以调到其他工程部分(或其他工程项目)上去的那部分人员和设施;所谓固定部分是指施工期间不易调动的那部分人员或设施。

5.总部管理费

总部管理费是承包人企业总部发生的为整个企业的经营运作提供支持和服务所发生的管理费用,一般包括总部管理人员费用、企业经营活动费用、差旅交通费、办公费、通信费、固定资产折旧费、修理费、职工教育培训费用、保险费、税金等。它一般占企业总营业额的3%~10%。索赔费用中的总部管理费主要指的是工程延误期间所增加的管理费。

6.利息

利息又称融资成本或资金成本,是企业取得和使用资金所付出的代价。融资成本主要有两种:额外贷款的利息支出和使用自有资金引起的机会损失。只要因业主违约(如业主拖延或拒绝支付各种工程款、预付款或拖延退还扣留的保留金)或其他合法索赔事项直接引起了额外贷款,承包人有权向业主就相关的利息支出提出索赔。利息的索赔通常发生于下列情况:

①业主拖延支付预付款、工程进度款或索赔款等,给承包人造成较严重的经济损失,承包人因而提出拖欠付款的利息索赔。

②由于工程变更和工期延误增加投资的利息。

③施工过程中业主错误扣款的利息。

7.分包商费用

索赔费用中的分包商费用是指分包商的索赔款项，一般也包括人工费、材料费、施工机械设备使用费等。因业主或工程师原因造成分包商的额外损失，分包商首先应向承包人提出索赔要求和索赔报告，然后以承包人的名义向业主提出分包工程增加费及相应管理费用索赔。

8.利润

对于不同性质的索赔，取得利润索赔的成功率是不同的。在以下几种情况下，承包人一般可以提出利润索赔：

①因设计变更等引起的工程量增加；

②施工条件变化导致的索赔；

③施工范围变更导致的索赔；

④合同延期导致机会利润损失；

⑤由于业主的原因终止或放弃合同带来预期利润损失等。

9.相应保函养、保险费、银行手续费及其他额外费用的增加等

在不同的索赔事件中可以索赔的费用是不同的。如在 FIDIC 合同条件中，不同的索赔事件导致的索赔内容不同，大致有以下区别(表 8.2.1)。

表 8.2.1 可以合理补偿承包商索赔的条款

序号	条款号	主要内容	可补偿内容		
			工期	费用	利润
1	1.9	延误发放图纸	✓	✓	✓
2	2.1	延误移交施工现场	✓	✓	✓
3	4.7	承包商依据工程师提供的错误数据导致放线错误	✓	✓	✓
4	4.12	不可预见的外界条件	✓	✓	
5	4.24	施工中遇到文物和古迹	✓	✓	
6	7.4	非承包商原因检验导致施工的延误	✓	✓	✓
7	8.4(a)	变更导致竣工时间的延长	✓		
8	(c)	异常不利的气候条件	✓		
9	(d)	由于传染病或其他政府行为导致工期的延误	✓		
10	(e)	业主或其他承包商的干扰	✓		
11	8.5	公共当局引起的延误	✓		
12	10.2	业主提前占用工程		✓	✓
13	10.3	对竣工检验的干扰	✓	✓	✓
14	13.7	后续法规引起的调整	✓	✓	
15	18.1	业主办理的保险未能从保险公司获得补偿部分		✓	
16	19.4	不可抗力事件造成的损害	✓	✓	

(二)费用索赔的计算

计算方法有实际费用法、修正总费用法等。

1.实际费用法

该方法是按照索赔事件所引起的损失费用项目分别分析计算索赔值,然后将各费用项目索赔值汇总,即可得到总索赔费用值。这种方法以承包商为某项索赔工作所支付的实际开支为依据,但仅限于由于索赔事项引起的、超过原计划的费用,故也称额外成本法。在这种计算方法中,需要注意,不要遗漏费用项目。

【例 8.2.2】 某建筑公司在某项工程施工过程中,因遇软土层,接到监理工程师停工指令,进行地质复查配合用工 15 个工日;后因某设计变更,按工程师指令施工增加土方开挖900 m^3;最后又因业主未能及时提供图纸,造成窝工 30 个工日。若人工费为 23 元/工日,窝工费为 12 元/工日,土方开挖综合单价为 4.5 元/m^3,则建筑公司可索赔费用为多少?

【解答】 根据题意,三项事件均可进行费用索赔。

配合用工索赔款=23×15 元=345 元

土方开挖增量费=4.5×900 元=4 050 元

窝工费=12×30 元=360 元

故索赔总费用=(345+4 050+360)元=4 755 元

2.修正总费用法

这种方法是对总费用法的改进,即在总费用计算的原则上,去掉一些不确定的可能因素,对总费用法进行相应的修改和调整,使其更加合理。

(三)工期索赔中应当注意的问题

在工期索赔中特别应当注意以下问题:

①划清施工进度拖延的责任。因承包人的原因造成施工进度滞后,属于不可原谅的延期;只有承包人不应承担任何责任的延误,才是可原谅的延期。有时工期延期的原因中可能包含有双方责任,此时工程师应进行详细分析,分清责任比例,只有可原谅延期部分才能批准顺延合同工期。可原谅延期,又可细分为可原谅并给予补偿费用的延期和可原谅但不给予补偿费用的延期;后者是指非承包人责任的影响并未导致施工成本的额外支出,大多属于发包人应承担风险事件影响的情况,如异常恶劣的气候条件影响的停工等。

②被延误的工作应是处于施工进度计划关键线路上的施工内容。只有位于关键线路上工作内容的滞后,才会影响竣工日期。但有时也应注意,既要看被延误的工作是否在已批准进度计划的关键路线上,又要详细分析这一延误对后续工作的可能影响。因为若对非关键路线工作的影响时间较长,超过了该工作可用于自由支配的时间,也会导致进度计划中非关键路线转化为关键路线,其滞后将影响总工期的拖延。此时,应充分考虑该工作的自由时间,给予相应的工期顺延,并要求承包人修改施工进度计划。

(四)工期索赔的计算

工期索赔的计算主要有网络图分析和比例计算法两种。

①网络图分析法是利用进度计划的网络图,分析其关键线路:如果延误的工作为关键工作,则总延误的时间为批准顺延的工期;如果延误的工作为非关键工作,当该工作由于延误超过时差限制而成为关键工作时,可以批准延误时间与时差的差值作为顺延工期;若该工作延误后仍为非关键工作,则不存在工期索赔问题。

②比例计算法的公式为：

对于已知部分工程的延期的时间：

$$\text{工期索赔值}=\frac{\text{受干扰部分工程的合同价}}{\text{原合同总价}}\times\text{该受干扰部分工期拖延时间} \tag{8.2.1}$$

对于已知额外增加工程量的价格：

$$\text{工期索赔值}=\frac{\text{额外增加的工程量的价格}}{\text{原合同总价}}\times\text{原合同总工期} \tag{8.2.2}$$

比例计算法简单方便，但有时不尽符合实际情况。比例计算法不适用于变更施工顺序、加速施工、删减工程量等事件的索赔。

【例 8.2.3】　某工程按原合同分两阶段，土建 20 个月，安装 10 个月，若以劳动力需要量为相对单位，土建可折合 100 单位，安装可折合 50 单位，合同规定工程变动不超过 10%，不能要求工期索赔。实际土建和安装工程增加到 200 和 100 个单位，则工期索赔为多少？

【解答】　增加工程量的工期索赔，采用比例法：

土建可索赔工程量：$200-100\times(1+10\%)=90$

安装可索赔工程量：$100-50\times(1+10\%)=45$

故索赔工期为：$\left[90\times\left(\frac{20}{100\times1.1}\right)+45\times\left(\frac{10}{50\times1.1}\right)\right]$ 月 $=24.54$ 月

第三节　工程预付款与价款结算

一、我国建筑安装工程价款结算

（一）工程价款结算的意义

工程价款结算是指承包商在工程施工安装过程中依据承包合同中关于付款的规定和已经完成的工程量，以预付备料款和工程进度款的形式，按照规定的程序向建设单位收取工程价款的一项经济活动。

工程价款结算是工程项目承包中一项十分重要的工作，其重要性主要表现为：

1.工程价款结算是反映工程进度的主要指标

在施工过程中，工程价款结算的依据之一就是已完成的工程量。承包商完成的工程量越多，所应结算的工程价款就越多，根据累计已结算的工程价款占合同总价款的比例，能够近似地反映出工程的进度情况，有利于准确掌握工程进度。

2.工程价款结算是加速资金周转的重要环节

承包商尽快尽早地结算回工程价款，有利于偿还债务，也有利于资金的回笼，降低内部运营成本。

3.工程价款结算是考核承包商经济效益的重要指标

对于承包商来说，只有当工程价款结算完毕，才意味着其获得了工程成本和相应的利润，实现了既定的经济效益目标。

（二）工程价款的主要结算方式

我国现行工程价款结算根据不同情况，可采取多种方式。

1.按月结算

实行旬末或月中预支,月终结算,竣工后清算的办法。跨年度竣工的工程,在年终进行工程盘点,办理年度结算。我国现行建筑安装工程价款结算中,相当一部分是实行这种按月结算。

2.竣工后一次结算

建设项目或单位工程全部建筑安装工程建设期在12个月以内,或者工程承包合同价值在100万元以下的,可以实行工程价款每月月中预支,竣工后一次结算。

3.分段结算

当年开工,当年不能竣工的单项工程或单位工程按照工程形象进度,划分不同阶段进行结算。分段结算可以按月预支工程款。分段的划分标准,由各部门、自治区、直辖市、计划单列市规定。

对于以上3种主要结算方式的收支确认,国家财政部在1999年1月1日起实行的《企业会计准则——建造合同》讲解中作了如下规定:

实行旬末或月中预支,月终结算,竣工后清算办法的工程合同,应分期确认合同价款收入的实现,即:各月份终了,与发包单位进行已完工程价款结算时,确认为承包合同已完工程部分的工程收入实现,本期收入额为月终结算的已完工程价款金额。

实行合同完成后一次结算工程款办法的工程合同,应于合同完成,施工企业与发包单位进行工程合同价款结算时,确认为收入实现,实现的收入额为承发包双方结算的合同价款总额。

实行按工程形象进度划分不同阶段,分段结算工程款办法的工程合同,应按合同规定的形象进度分次确认已完阶段工程收益实现。即:应于完成合同规定的工程形象进度或工程阶段,与发包单位进行工程价款结算时,确认为工程收入的实现。

4.目标结算方式

即在工程合同中,将承包工程的内容分解成不同的控制界面,以业主验收控制界面作为支付工程价款的前提条件。也就是说,将合同中的工程内容分解成不同的验收单元,当承包商完成单元工程内容并经业主(或其委托人)验收后,业主支付构成单元工程内容的工程价款。

在目标结算方式下,承包商要想获得工程价款,必须按照合同约定的质量标准完成界面内的工程内容。要想尽早获得工程价款,必须充分发挥自己的组织实施能力,在保证质量的前提下,加快施工进度。这意味着承包商拖延工期时,则业主推迟付款,增加承包商的财务费用、运营成本,降低承包商的收益,客观上使承包商延迟工期而遭受损失。同样,当承包商积极组织施工,提前完成控制界面内的工程内容,则承包商可提前获得工程价款,增加承包收益,客观上承包商因提前工期而增加了有效利润。同时,因承包商在界面内质量达不到合同约定的标准而业主不予验收,承包商也会因此而遭受损失。可见,目标结款方式实质上是运用合同手段、财务手段对工程的完成进行主动控制。

目标结算方式中,对控制界面的设定应明确描述,便于量化和质量控制,同时要适应项目资金的供应周期和支付频率。

5.结算双方约定的其他结算方式

(三)工程预付款及其计算

在目前的工程承发包中,大部分工程是实行包工包料的,这就意味着承包商必须有一定数量的备料周转金。在工程承包合同中,一般要明文规定发包方(甲方)在开工前拨付给承包方

(乙方)一定数额的工程预付备料款。此预付款构成承包商为该工程项目储备主要材料、结构构件所需流动资金。

1.预付备料款的限额

包工包料工程的预付款按合同约定拨付,原则上预付比例不低于合同金额的10%,不高于合同金额的30%。

在具备施工条件的前提下,发包人应在双方签订合同后的一个月内或不迟于约定的开工日期前的7天内预付工程款,发包人不按约定预付,承包人应在预付时间到期后10天内向发包人发出要求预付的通知,发包人收到通知后仍不按要求预付,承包人可在发出通知14天后停止施工,发包人应从约定应付之日起向承包人支付应付款的利息(利率按同期银行贷款利率计),并承担违约责任。

预付的工程款必须在合同中约定抵扣方式,并在工程进度款中进行抵扣。凡是没有签订合同或不具备施工条件的工程,发包人不得预付工程款,不得以预付款为名转移资金。

预付备料款限额由下列主要因素决定:主要材料(包括外购构件)占工程造价的比重、材料储备期、施工工期。

对于施工企业常年应备的备料款限额,可按下式计算:

$$\text{备料款限额}=\frac{\text{年度承包工程总值}\times\text{主要材料所占比重}}{\text{年度施工日历天数}}\times\text{材料储备天数}$$

2.备料款的扣回

发包单位拨付给承包单位的备料款属于预支性质,待工程实施后,随着工程所需主要材料储备的逐步减少,应以抵充工程价款的方式陆续扣回。扣款的方法有两种:

①可以从未施工工程尚需的主要材料及构件的价值相当于备料款数额时起扣,从每次结算工程价款中,按材料比重扣抵工程价款,竣工前全部扣清。备料款起扣点可按下式计算:

$$T=P-\frac{M}{N}$$

式中　T——起扣点,即预付备料款开始扣回时的累计完成工作量金额;

M——预付备料款的限额;

N——主要材料所占比重;

P——承包工程价款总额。

②备料款按甲乙双方在合同中约定的期限或达到某个进度时起开始扣回。发包人从每次应付给承包方的工程款中扣回预付款,并且至少应在合同完工工期之前全部扣回。发包方不按规定支付工程预付款时,承包方按照《建设工程施工合同文本》第二十四条享有权利。

在实际经济活动中,情况比较复杂,有些工程工期较短,就无须分期扣回。有些工程工期较长,如跨年度施工,预付备料款可以不扣或少扣,并于次年按应预付备料款调整,多退少补。具体地说,跨年度工程,预计次年承包工程价值大于或相当于当年承包工程价值时,可以不扣回当年的预付备料款;如小于当年承包工程价值时,应按实际承包工程价值进行调整,在当年扣回部分预付备料款,并将未扣回部分,转入次年,直到竣工年度,再按上述办法扣回。

【例8.3.1】　某建筑施工企业的年度承包工程价款为5 000万元,其中材料费占60%。材料平均储备天数为50天,年度施工日历天数是250天,则该企业的备料款限额为多少?若业主按总工程价款的10%预付备料款,则起扣点为多少?

【解答】

(1)备料款限额 $=\dfrac{\text{年度承包工程总值}\times\text{主要材料所占比重}}{\text{年度施工日历天数}}\times$ 材料储备天数

$=\dfrac{5\ 000\times 60\%}{250}\times 50$ 万元 $=600$ 万元

故备料款限款为 600 万元。

(2)预付款 $=5\ 000\times 10\%$ 万元 $=500$ 万元

备料款起扣点则为:

$$T=P-\frac{M}{N}=5\ 000\text{ 万元}-\frac{500}{60\%}\text{万元}=4\ 166.67\text{ 万元}$$

故当累计完工量达到 4 166.67 万元时,可开始扣回预付备料款。

(四)工程进度款的支付

施工企业在施工过程中,按逐月(或形象进度或控制界面等)完成的工程数量计算各项费用,向建设单位(业主)办理工程进度款的支付(即中间结算)。

以按月结算为例,现行的中间结算办法是,施工企业在旬末或月中向建设单位提出预支工程款账单,预支一旬或半月的工程款,月终再提出工程款结算账单和已完工程月报表,收取当月工程价款,并通过银行结算。按月进行结算,要对现场已施工完毕的工程逐一进行清点,资料提出后要交监理工程师和建设单位审查签证。为简化手续,多年来采用的办法是以施工企业提出的统计进度月报表为支取工程款的凭证,即通常所称的工程进度款。工程进度款的支付步骤,如图 8.3.1 所示。

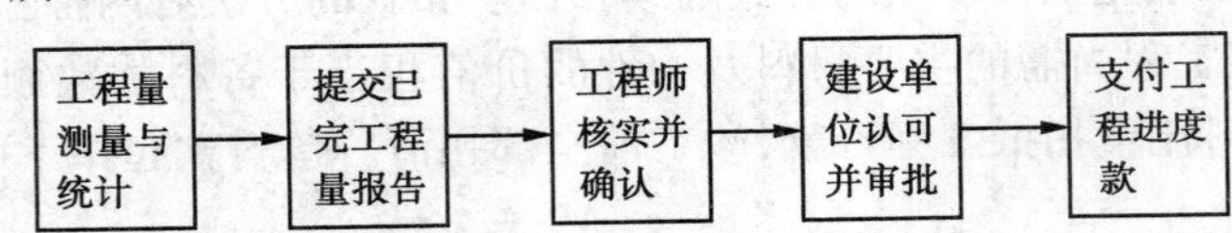

图 8.3.1 工程进度款支付步骤

工程进度款支付过程中,应遵循如下要求:

1.工程进度款结算方式

①按月结算与支付。即实行按月支付进度款,竣工后清算的办法。合同工期在两个年度以上的工程,在年终进行工程盘点,办理年度结算。

②分段结算与支付。即当年开工、当年不能竣工的工程按照工程形象进度,划分不同阶段支付工程进度款。具体划分在合同中明确。

2.工程量计算

①承包人应当按照合同约定的方法和时间,向发包人提交已完工程量的报告。发包人接到报告后 14 天内核实已完工程量,并在核实前 1 天通知承包人,承包人应提供条件并派人参加核实,承包人收到通知后不参加核实的,以发包人核实的工程量作为工程价款支付的依据。发包人不按约定时间通知承包人,致使承包人未能参加核实,核实结果无效。

②发包人收到承包人报告后 14 天内未核实完工程量,从第 15 天起,承包人报告的工程量即视为被确认,作为工程价款支付的依据,双方合同另有约定的,按合同执行。

③对承包人超出设计图纸(含设计变更)范围和因承包人原因造成返工的工程量,发包人

不予计量。

3.工程进度款支付

①根据确定的工程计量结果，承包人向发包人提出支付工程进度款申请，14 天内，发包人应按不低于工程价款的 60%，不高于工程价款的 90%向承包人支付工程进度款。按约定时间发包人应扣回的预付款，与工程进度款同期结算抵扣。

②发包人超过约定的支付时间不支付工程进度款，承包人应及时向发包人发出要求付款的通知，发包人收到承包人通知后仍不能按要求付款，可与承包人协商签订延期付款协议，经承包人同意后可延期支付，协议应明确延期支付的时间和从工程计量结果确认后第 15 天起计算应付款的利息（利率按同期银行贷款利率计）。

③发包人不按合同约定支付工程进度款，双方又未达成延期付款协议，导致施工无法进行，承包人可停止施工，由发包人承担违约责任。

（五）工程竣工结算及其审查

1.工程竣工结算方式

工程竣工结算分为单位工程竣工结算、单项工程竣工结算和建设项目竣工总结算。

2.工程竣工结算编审

单位工程竣工结算由承包人编制，发包人审查；实行总承包的工程，由具体承包人编制，在总包人审查的基础上，由发包人审查。

单项工程竣工结算或建设项目竣工总结算由总（承）包人编制，发包人可直接进行审查，也可以委托具有相应资质的工程造价咨询机构进行审查。政府投资项目，由同级财政部门审查。单项工程竣工结算或建设项目竣工总结算经发、承包人签字盖章后有效。

承包人应在合同约定期限内完成项目竣工结算编制工作，未在规定期限内完成的并且提不出正当理由延期的，责任自负。

3.工程竣工结算审查期限

单项工程竣工后，承包人应在提交竣工验收报告的同时，向发包人递交竣工结算报告及完整的结算资料，发包人应按相关文件规定时限进行核对（审查）并提出审查意见。

4.工程竣工价款结算

发包人收到承包人递交的竣工结算报告及完整的结算资料后，应按本办法规定的期限（合同约定有期限的，从其约定）进行核实，给予确认或者提出修改意见。发包人根据确认的竣工结算报告向承包人支付工程竣工结算价款，保留 5%左右的质量保证（保修）金（质量保证金比例由合同约定），缺陷责任期终止后清算（合同另有约定的，从其约定），缺陷责任期内如有返修，发生费用应在质量保证（保修）金内扣除。

5.索赔价款结算

发承包人未能按合同约定履行自己的各项义务或发生错误，给另一方造成经济损失的，由受损方按合同约定提出索赔，索赔金额按合同约定支付。

6.合同以外零星项目工程价款结算

发包人要求承包人完成合同以外零星项目，承包人应在接受发包人要求的 7 天内就用工程数量和单价、机械台班数量和单价、使用材料和金额等向发包人提出施工签证，发包人签证后施工，如发包人未签证，承包人施工后发生争议的，责任由承包人自负。

发包人和承包人要加强施工现场的造价控制，及时对工程合同外的事项如实记录并履行书面手续。凡由发、承包双方授权的现场代表签字的现场签证以及发、承包双方协商确定的索赔等费用,应在工程竣工结算中如实办理,不得因发、承包双方现场代表的中途变更改变其有效性。

发包人收到竣工结算报告及完整的结算资料后,在规定或合同约定期限内,对结算报告及资料没有提出意见,则视同认可。

承包人如未在规定时间内提供完整的工程竣工结算资料,经发包人催促后14天内仍未提供或没有明确答复,发包人有权根据已有资料进行审查,责任由承包人自负。

根据确认的竣工结算报告,承包人向发包人申请支付工程竣工结算款。发包人应在收到申请后15天内支付结算款,到期没有支付的应承担违约责任。承包人可以催告发包人支付结算价款,如达成延期支付协议,承包人应按同期银行贷款利率支付拖欠工程价款的利息。如未达成延期支付协议,承包人可以与发包人协商将该工程折价,或申请人民法院将该工程依法拍卖,承包人就该工程折价或者拍卖的价款优先受偿。

工程竣工结算以合同工期为准,实际施工工期比合同工期提前或延后,发、承包双方应按合同约定的奖惩办法执行。

(六)工程价款结算的价差调整方法

合同周期较长的工程建设项目,随着时间的推移,经常要受到物价浮动等多种因素的影响,其中主要是人工费、材料费、施工机械费、运费等的动态影响。但是,我国现行工程价款的结算基本上是按照设计预算价值,以预算定额单价和各地方工程造价管理部门公布的调价文件为依据进行的,在结算中对价格波动(通货膨胀或通货紧缩)等动态因素考虑不足,致使承包商(或业主)遭受损失。为了避免这一现象,有必要在工程价款结算中充分考虑动态因素,也就是要把多种动态因素纳入结算过程中认真加以计算,使工程价款结算能够基本反映工程项目的实际消耗费用。

工程结算价款价差调整的方法有工程造价指数调整法、实际价格调整法、调价文件计算法、调值公式法等。下面分别加以介绍。

1.工程造价指数调整法

这种方法是甲乙双方采取当时的预算(或概算)定额单价计算出承包合同价,待竣工时,根据合理的工期及当时工程造价管理部门所公布的该月度(或季度)的工程造价指数,对原承包合同价予以调整,重点调整那些由于实际人工费、材料费、施工机械费等费用上涨及工程变更因素造成的价差,并对承包商给予调价补偿。

【例8.3.2】 广州市某建筑公司承建一职工宿舍楼(框架结构),工程合同价款500万元,1996年1月签订合同并开工,1996年10月竣工,如根据工程造价指数调整法予以动态结算,价差调整的款额应为多少?

【解答】 自《广州市建筑工程造价指数表》查得:宿舍楼(框架结构)1996年1月的造价指数为100.02,1996年10月的造价指数为100.27,运用下列公式:

$$\text{工程合同价}\times\frac{\text{竣工时工程造价指数}}{\text{签订合同时工程造价指数}}=\frac{500\times100.27}{100.02}\text{万元}=500\times1.002\,5\text{万元}$$

$$=501.25\text{万元}$$

$$501.25\text{万元}-500\text{万元}=1.25\text{万元}$$

此工程价差调整额为1.25万元。

2.实际价格调整法

在我国,由于建筑材料需求市场采购的范围越来越大,有些地区规定对钢材、木材、水泥三大材的价格采取按实际价格结算的办法。工程承包商可凭发票按实报销。这种方法方便而准确。但由于是实报实销,因而承包商对降低成本不感兴趣,为了避免副作用,地方基建主管部门要定期公布最高结算限价,同时合同文件中应规定建设单位或工程师有权要求承包商选择更廉价的供应来源。

3.调价文件计算法

这种方法是甲乙双方采取按当时的预算价格承包,在合同工期内,按照造价管理部门调价文件的规定,进行抽料补差(在同一价格期内按所完成的材料用量乘以价差)。也有的地方定期发布主要材料供应价格和管理价格,对这一时期的工程进行抽料补差。

4.调值公式法

根据国际惯例,对建设项目工程价款的动态结算一般是采用调值公式法。事实上,在绝大多数国际工程项目中,甲乙双方在签订合同时就明确列出调值公式,并以此作为价差调整的计算依据。

建筑安装工程费用价格调值公式一般包括固定部分、材料部分和人工部分。但当建筑安装工程的规模和复杂性增大时,公式也变得更为复杂。调值公式一般为:

$$P = P_0\left(a_0 + a_1\frac{A}{A_0} + a_2\frac{B}{B_0} + a_3\frac{C}{C_0} + a_4\frac{D}{D_0} + \cdots\right)$$

式中 P——调值后合同价款或工程实际结算款;

P_0——合同价款中工程预算进度款;

a_0——固定要素,代表合同支付中不能调整的部分;

$a_1,a_2,a_3,a_4,\cdots$——有关各项费用(如人工费用、钢材费用、水泥费用、运输费用等)在合同总价中所占的比重,$a_0+a_1+a_2+a_3+a_4+\cdots=1$;

$A_0,B_0,C_0,D_0,\cdots$——投标截止日期前28天与$a_1,a_2,a_3,a_4,\cdots$对应的各项费用的基期价格指数或价格;

$A,B,C,D,\cdots$——在工程结算月份与$a_1,a_2,a_3,a_4,\cdots$对应的各项费用的现行价格指数或价格。

在运用这一调值公式进行工程价款价差调整中要注意如下几点:

①固定要素通常的取值范围为0.15~0.35。固定要素对调价的结果影响很大,它与调价余额成反比关系。固定要素相当微小的变化,隐含着在实际调价时很大的费用变动,所以,承包商在调价公式中采用的固定要素取值要尽可能偏小。

②调值公式中有关的各项费用,按一般国际惯例,只选择用量大、价格高且具有代表性的一些典型人工费和材料费,通常是大宗的水泥、沙石料、钢材、木材、沥青等,并用它们的价格指数变化综合代表材料费的价格变化,以便尽量与实际情况接近。

③各部分成本的比重系数,在许多招标文件中要求承包方在投标中指出,并在价格分析中予以论证。但也有的是由发包方(业主)在招标文件中规定一个允许范围,由投标人在此范围内选定。

④调整有关各项费用要与合同条款规定相一致。例如,签订合同时,甲乙双方一般应商定需调整的有关费用和因素,以及物价波动到何种程度才进行调整。在国际工程中,一般在

±5%以上才进行调整。如有的合同规定,在应调整金额不超过合同原始价 5%时,由承包方自己承担;在 5%~20%时,承包方负担 10%,发包方(业主)负担 90%;超过 20%时,则必须另行签订附加条款。

⑤调整有关各项费用应注意地点与时点。地点一般指工程所在地或指定的某地市场价格。时点指的是某月某日的市场价格。这里要确定两个时点价格,即签订合同时间某个时点的市场价格(基础价格)和每次支付前的一定时间的时点价格。这两个时点就是计算调值的依据。

⑥确定每个品种的系数和固定要素系数,品种的系数要依据该品种价格对总造价的影响程度而定。各品种系数之和加上固定要素系数应该等于 1。

【例 8.3.3】 某土方工程按合同签订时的价格计算工程价款是 10 万元,该合同的固定要素比重是 25%,人工费价格指数增加 10%,人工费占调值部分的 30%,水泥价格指数增加 20%,水泥费用占调值部分的 50%,其余调值要素没有变动,则实际结算款应为多少?

【解答】 采用调值公式法,注意计算变动要素占整个合同价款的比重:

$$结算价款=10\times[0.25+0.75\times0.3\times(1+10\%)+0.75\times0.5\times(1+20\%)+0.75\times(1-0.3-0.5)\times1]万元=10.975万元$$

故实际结算价款为 10.975 万元。

(七)工程价款结算争议处理

①工程造价咨询机构接受发包人或承包人委托,编审工程竣工结算,应按合同约定和实际履约事项认真办理,出具的竣工结算报告经发、承包双方签字后生效。当事人一方对报告有异议的,可对工程结算中有异议的部分,向有关部门申请咨询后协商处理,若不能达成一致的,双方可按合同约定的争议或纠纷解决程序办理。

②发包人对工程质量有异议,已竣工验收或已竣工未验收但实际投入使用的工程,其质量争议按该工程保修合同执行;已竣工未验收且未实际投入使用的工程以及停工、停建工程的质量争议,应当就有争议部分的竣工结算暂缓办理,双方可就有争议的工程委托有资质的检测鉴定机构进行检测,根据检测结果确定解决方案,或按工程质量监督机构的处理决定执行,其余部分的竣工结算依照约定办理。

③当事人对工程造价发生合同纠纷时,可通过下列办法解决:

双方协商确定、按合同条款约定的办法提请调解、向有关仲裁机构申请仲裁或向人民法院起诉。

(八)工程价款结算管理

①工程竣工后,发、承包双方应及时办清工程竣工结算,否则,工程不得交付使用,有关部门不予办理权属登记。

②发包人与中标的承包人不按照招标文件和中标的承包人的投标文件订立合同的,或者发包人、中标的承包人背离合同实质性内容另行订立协议,造成工程价款结算纠纷的,另行订立的协议无效,由建设行政主管部门责令改正,并按《中华人民共和国招标投标法》第五十九条进行处罚。

③接受委托承接有关工程结算咨询业务的工程造价咨询机构应具有工程造价咨询单位资质,其出具的办理拨付工程价款和工程结算的文件,应当由造价工程师签字,并应加盖执业专用章和单位公章。

二、设备、工器具和材料价款的支付与结算

（一）国内设备、工器具和材料价款的支付与结算

1.国内设备、工器具价款的支付与结算

按照我国现行规定，银行、单位和个人办理结算都必须遵守结算原则：一是恪守信用，及时付款；二是谁的钱进谁的账，由谁支配；三是银行不垫款。

建设单位对订购的设备、工器具，一般不预付定金，只对制造期在半年以上的专用设备和船舶的价款，按合同分期付款。如上海市对大型机械设备结算进度规定为：当设备开始制造时，收取20%货款；设备制造完成60%时收取40%货款；设备制造完毕托运时，再收取40%货款。有的合同规定，设备购置方扣留5%的质量保证金，待设备运抵现场验收合格或质量保证期满时再返还质量保证金。

建设单位收到设备工器具后，要按合同规定及时结算付款，不应无故拖欠。如因资金不足而延期付款，要支付一定数额的赔偿金。

2.国内材料价款的支付与结算

建安工程承发包双方的材料往来，可以按以下方式结算：

①由承包单位自行采购建筑材料的，发包单位可以在双方签订工程承包合同后按年度工作量的一定比例向承包单位预付备料资金，并应在一个月内付清。

预付的备料款，可从竣工前未完工程所需材料价值相当于预付备料款额度时起，在工程价款结算时按材料款占结算价款的比重陆续抵扣；也可按有关文件规定办理。

②按工程承包合同规定，由承包方包工包料的，则由承包方负责购货付款，并按规定向发包方收取备料款。

③按工程承包合同规定，由发包单位供应材料的，其材料价款可按材料预算价格转给承包单位。材料价款在结算工程款时陆续抵扣。这部分材料，承包单位不应收取备料款。

凡是没有签订工程承包合同和不具备施工条件的工程，发包单位不得预付备料款，不准以备料款为名转移资金。承包单位收取备料款后两个月仍不开工或发包单位无故不按合同规定付给备料款的，开户银行可以根据双方工程承包合同的约定分别从有关单位账户中收回或付出备料款。

（二）进口设备、工器具和材料价款的支付与结算

进口设备分为标准机械设备和专制设备两类。标准机械设备是指通用性广泛、供应商（厂）有现货，可以立即提交的货物。专制设备是指根据业主提交的定制设备图纸专门为该业主制造的设备。

1.标准机械设备的结算

标准机械设备的结算，大都使用国际贸易广泛使用的不可撤销的信用证。这种信用证在合同生效之后一定日期由买方委托银行开出，经买方认可的卖方所在地银行为议付银行。以卖方为收款人的不可撤销的信用证，其金额与合同总额相等。

（1）标准机械设备首次合同付款

当采购货物已装船，卖方提交下列文件和单证后，即可支付合同总价的90%。

①由卖方所在国的有关当局颁发的允许卖方出口合同货物的出口许可证，或不需要出口许可证的证明文件。

②由卖方委托买方认可的银行出具的以买方为受益人的不可撤销保函,担保金额与首次支付金额相等;

③装船的海运提单;

④商业发票副本;

⑤由制造厂(商)出具的质量证书副本;

⑥详细的装箱单副本;

⑦向买方信用证的出证银行开出的买方为受益人的即期汇票;

⑧相当于合同总价形式的发票。

(2)最终合同付款

机械设备在保证期截止时,卖方提交下列单证后支付合同总价的尾款,一般为合同总价的10%。

①说明所有货物无损、无遗留问题,完全符合技术规范要求的证明书;

②向出证银行开出以买方为受益人的即期汇票;

③商业发票副本。

(3)支付货币与时间

①合同付款货币:买方以卖方在投标书标价中说明的一种或几种货币,和卖方在投标书中说明在执行合同中所需的一种或几种货币及其比例进行支付。

②付款时间:每次付款在卖方所提供的单证符合规定之后,买方须从卖方提出日期的一定期限内(一般为45天),将相应的货款付给卖方。

2.专制机械设备的结算

专制机械设备的结算一般分为3个阶段,即预付款、阶段付款和最终付款。

(1)预付款

一般专制机械设备的采购,在合同签订后开始制造前,由买方向卖方提供合同总价的10%~20%的预付款。

预付款一般在提出下列文件和单证后进行支付:

①由卖方委托银行出具的以买方为受益人的不可撤销的保函,其担保金额与预付款货币金额相等;

②相当于合同总价形式的发票;

③商业发票;

④由卖方委托的银行向买方的指定银行开具由买方承兑的即期汇票。

(2)阶段付款

按照合同条款,当机械制造开始加工到一定阶段,可按设备合同价一定的百分比进行付款。阶段的划分是当机械设备加工制造到关键部位时进行一次付款,到货物装船买方收货验收后再付一次款。每次付款都应在合同条款中作较详细的规定。

机械设备制造阶段付款的一般条件如下:

①当制造工序达到合同规定的阶段时,制造厂应以电传或信件通知业主;

②开具经双方确认完成工作量的证明书;

③提交以买方为受益人的所完成部分保险发票;

④提交商业发票副本。

机械设备装运付款，包括成批订货分批装运的付款，应由卖方提供下列文件和单证：

①有关运输部门的收据；

②交运合同货物相应金额的商业发票副本；

③详细的装箱单副本；

④由制造厂（商）出具的质量和数量证书副本；

⑤原产国证书副本；

⑥货物到达买方验收合格后，当事双方签发的合同货物验收合格证书副本。

(3)最终付款

最终付款是指在保证期结束时的付款，付款时应提交：

①商业发票副本；

②全部设备完好无损，所有待修缺陷及待办的问题，均已按技术规范说明圆满解决后的合格证副本。

3.利用出口信贷方式支付进口设备、工器具和材料价款

对进口设备、工器具和材料价款的支付，我国还经常利用出口信贷的形式。出口信贷根据借款的对象分为卖方信贷和买方信贷。

①卖方信贷是卖方将产品赊销给买方，规定买方在一定时期内延期或分期付款。卖方通过向本国银行申请出口信贷，来填补占用的资金。其过程如图 8.3.2 所示。

采用卖方信贷进行设备材料结算时，一般是在签订合同后先预付 10%定金，在最后一批货物装船后再付 10%，在货物运抵目的地，验收后付 5%，待质量保证期届满时再付 5%，剩余的 70%货款应在全部交货后规定的若干年内一次或分期付清。

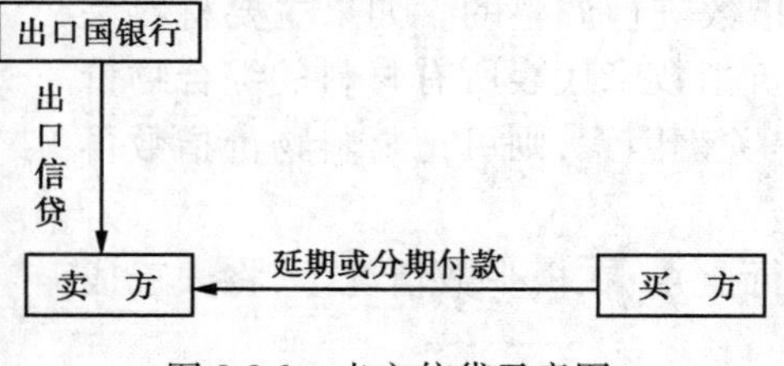

图 8.3.2　卖方信贷示意图

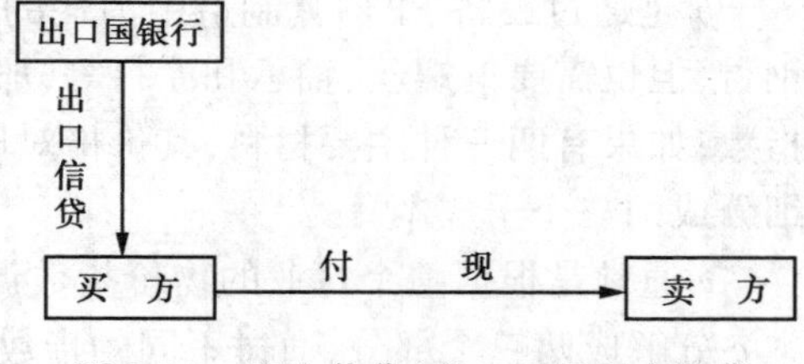

图 8.3.3　买方信贷（出口国银行直接贷款给进口商）示意图

②买方信贷有两种形式：一种是由产品出口国银行把出口信贷直接贷给买方，买卖双方以即期现汇成交，其过程如图 8.3.3 所示。

例如，在进口设备材料时，买卖双方签订贸易协议后，买方先付 15%左右的定金，其余贷款由卖方银行贷给，再由买方按现汇付款条件支付给卖方。此后，买方分期向卖方银行偿还贷款本息。

买方信贷的另一种形式，是由出口国银行把出口信贷贷给进口国银行，再由进口国银行转贷给买方，买方用现汇支付借款，进口国银行分期向出口国银行偿还借款本息，其过程如图 8.3.4所示。

(三)设备、工器具和材料价款的动态结算

①设备、工器具和材料价款的动态结算主要是依据国际上流行的货物及设备价格调值公式来计算，即

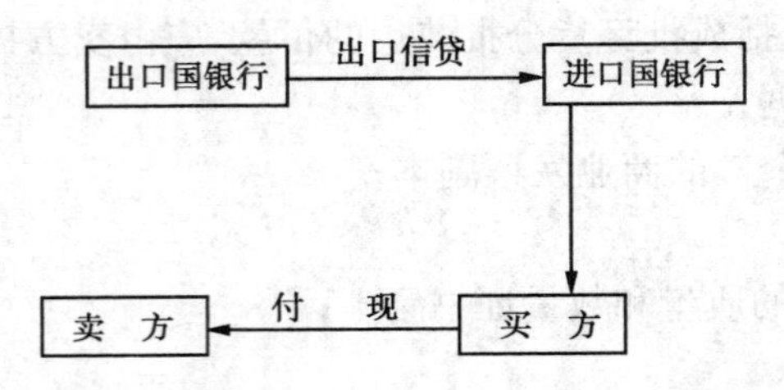

图 8.3.4 买方信贷(出口国银行借款给进口国银行)示意图

$$P_1=P_0\left(a+b\cdot\frac{M_1}{M_0}+c\cdot\frac{L_1}{L_0}\right)$$

式中 P_1——应付给供货人的价格或结算款;

P_0——合同价格(基价);

M_0——原料的基本物价指数,取投标截止前 28 天的指数;

L_0——特定行业人工成本的基本指数,取投标截止日期前 28 天的指数;

M_1,L_1——在合同执行时的相应指数;

a——代表管理费用和利润占合同的百分比,这一比例是不可调整的,因而称为"固定成分";

b——代表原料成本占合同价的百分比;

c——代表人工成本占合同价的百分比。

在以上公式中,$a+b+c=1$,其中:

a 的数值可因货物性质的不同而不同,一般占合同的 5%~15%。

b 是通过设备、工器具制造中消耗的主要材料的物价指数进行调整的。如果主要材料是钢材,但也需要铜螺丝、轴承和涂料等,那么也以钢材的物价指数来代表所有材料的综合物价指数;如果有两三种主要材料,其价格对成品的总成本都是关键因素,则可把材料物价指数再细分成两三个子成本。

c 通常是根据整个行业的物价指数调整的(例如机床行业)。在极少数情况下,将人工成本 c 分解成两三个部分,通过不同的指数来进行调整。

【例 8.3.4】 在一批设备工器具及材料采购中,管理费等固定成分权重 0.3,A,B 两种原材料成本和人工费权重分别为 0.3,0.2,0.2,A 材料价格指数变动 M_{1a}/M_{0a} 为 1.3,B 材料的价格系数为 M_{1b}/M_{0b} 是 1.2,人工价格指数变动 L/L_0 为 1.2,原合同价为 6 000 万元,则该项采购实际结算款为多少?

【解答】 采用调值公式法:

结算款=6 000×(0.3+0.3×1.3+0.2×1.2+0.2×1.2)万元=7 020 万元

故该项采购实际结算款为 7 020 万元。

②对于有多种主要材料和成本构成的成套设备合同,则可采用更为详细的公式进行逐项计算调整,列如下式:

$$P_1=P_0\left(a+b\cdot\frac{M_{s1}}{M_{s0}}+c\cdot\frac{M_{c1}}{M_{c0}}+d\cdot\frac{M_{p1}}{M_{p0}}+e\cdot\frac{L_{E1}}{L_{E0}}+f\cdot\frac{L_{p1}}{L_{p0}}\right)$$

式中 M_{s1}/M_{s0}——钢板的物价指数;

M_{c1}/M_{c0}——电解铜的物价指数;

M_{p1}/M_{p0}——塑料绝缘材料的物价指数；
L_{E1}/L_{E0}——电气工业的人工费用指数；
L_{p1}/L_{p0}——塑料工业的人工费用指数；
a——固定成分在合同价格中所占的百分比；
b,c,d——每类材料成分的成本在合同价格中所占的百分比；
e,f——每类人工成分的成本在合同价格中所占的百分比。

第四节　资金使用计划的编制与控制

一、施工阶段资金使用计划的影响因素

施工阶段资金的使用与控制与其前序阶段的众多因素密切相关。从建设前期的可行性研究报告，就已经确定了项目资金来源、投资估算、设计方案、施工计划和进度等方面的内容，成为施工阶段工程造价与控制的重要依据。设计阶段是施工阶段造价确定与控制的关键阶段。设计方案直接关系到投资的使用计划，特别是施工单位要根据设计单位的意图对设计文件的解释，根据现场进展情况及时解决设计文件中的实际问题进行设计变更和工程量调整，直接影响施工阶段工程造价的计价与资金使用计划；施工图预算是根据设计施工图纸编制的工程预算价格，是制订企业投标报价的基础，也是施工中造价控制的依据。由此可见，可行性研究阶段、设计工作阶段是施工阶段资金使用和控制的重要影响因素。

施工组织设计直接影响着施工阶段的造价和控制。施工组织设计包括施工方案和合理施工进度设计。采用先进的施工技术、方法与手段，选择合理的施工机械可以实现资金使用与控制目标的优化；同时根据合理的施工程序和施工方案，将施工进度计划合理细化分解，确定施工进度计划，并使其成为确定资金使用计划与控制目标的重要依据。由此可见，施工组织设计直接关系着施工阶段工程造价的确定与控制。

确定施工阶段资金使用计划还应考虑施工阶段出现的各种风险对于资金使用计划的影响。例如，设计变更与工程量调整，建筑材料价格变化，施工条件变化，不可抗力自然灾害，有关施工政策规定的变化，多方面因素造成实际工期变化等。因此，在制订资金使用计划时要考虑计划工期与实际工期，计划投资与实际投资，资金供给与资金调度等多方面的关系。

二、施工阶段资金使用计划的作用

施工阶段资金使用计划的编制与控制在整个工程造价管理中处于重要而独特的地位，其重要作用表现在以下几方面：

①通过编制资金使用计划，合理确定工程造价施工阶段目标值，使工程造价的控制有所依据，并为资金的筹集与协调打下基础；如果没有明确的造价控制目标，就无法把工程项目的实际支出额与之进行比较，也就不能找出偏差，从而使资金控制措施缺乏针对性。

②通过编制资金使用计划，可以对未来工程项目的资金使用和进度控制有所预测，消除不必要的资金浪费和进度失控，也能避免在今后工程项目中由于缺乏依据而进行轻率判断所造成的损失，减少盲目性，增加自觉性，使现有资金充分地发挥作用。

③通过对资金使用计划的严格执行,可以有效地控制工程造价上升,最大限度地节约投资,提高投资效益。

对脱离实际的工程造价目标值和资金使用计划,应在科学评估的前提下修订和修改,使工程造价的确定与控制更趋于合理水平,从而保障建设单位和承包商各自的合法利益。

三、资金使用计划的编制

资金使用计划主要有以下几种编制方法:

(一)按项目划分编制资金使用计划

一个建设项目往往由多个单项工程组成,每个单项工程又可能由多个单位工程组成,而单位工程总是由若干分部分项工程组成。按项目划分对资金的使用进行合理分配时,首先必须对工程项目进行合理划分,划分的粗细程度根据实际需要而定。一般来说,将投资目标分解到各单项工程和单位工程是比较容易办到的,结果也比较合理可靠。按这种方式分解时,不仅要分解建筑工程费用,而且要分解安装工程、设备购置以及工程建设的其他费用。这样分解,有利于检查各项具体的投资支出对象是否明确和落实,并可从数字上校核分解的结果有无错误。

(二)按时间进度编制资金使用计划

建设项目的投资总是分阶段支出的,资金使用是否合理与资金使用时间安排有密切关系。为了编制资金使用计划,并据此筹措资金,尽可能减少资金占用和利息支付,有必要将总投资目标按使用时间进行分解,确定分目标值。

编制按时间进度的资金使用计划,通常可利用控制项目进度的时标网络图进一步扩充而得。利用确定的时标网络计划可计算各项活动的最早及最迟开工时间,并可编制出按时间进度划分的投资支出预算,进而绘制时间-投资累计曲线(S形曲线)。时间-投资累计曲线的绘制步骤如下:

①确定工程进度计划,编制进度计划的时标网络。

②根据每单位时间内完成的实物工程量或投入的人力、物力和财力,计算单位时间(月或旬)的投资,见表8.4.1。

表8.4.1　按月编制的资金使用计划表

时间/月	1	2	3	4	5	6	7	8	9	10	11	12
投资/万元	100	200	300	500	600	800	800	700	600	400	300	200

③计算规定时间 t 内各单位时间计划累计完成的投资额,计算公式如下:

$$Q_t = \sum_{n=1}^{t} q_n$$

式中　Q_t——某时间 t 计划累计完成投资额;

q_n——单位时间 n 的计划完成投资额;

t——某工程计划完成时刻。

④按各规定时间的 Q_t 值,绘制S形曲线,如图8.4.1所示。

每一条S形曲线都是对应某一特定的工程进度计划。进度计划的非关键路线中存在许多有时差的工序或工作,因而S形曲线(投资计划值曲线)必然包括在由全部活动都按最早开工时间开始和全部活动都按最迟开工时间开始的曲线所组成的“香蕉图”内，如图 8.4.2 所示。建设单位可根据编制的投资支出预算来合理安排资金，同时建设单位也可以根据筹措的建设资金来调整 S 形曲线，即通过调整非关键路线上的工序项目最早或最迟开工时间，力争将实际的投资支出控制在预算的范围内。

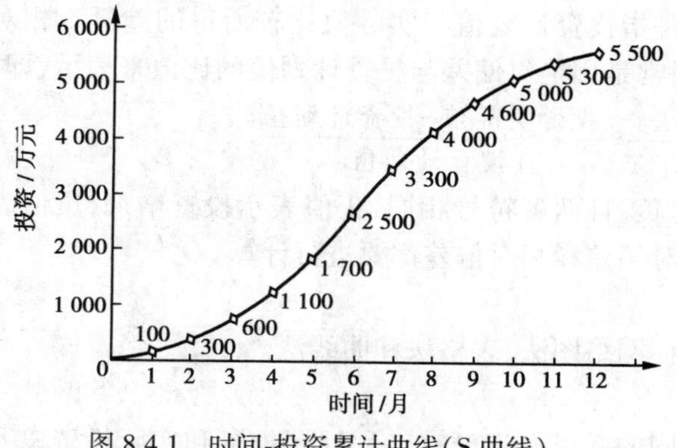

图 8.4.1　时间-投资累计曲线（S 曲线）

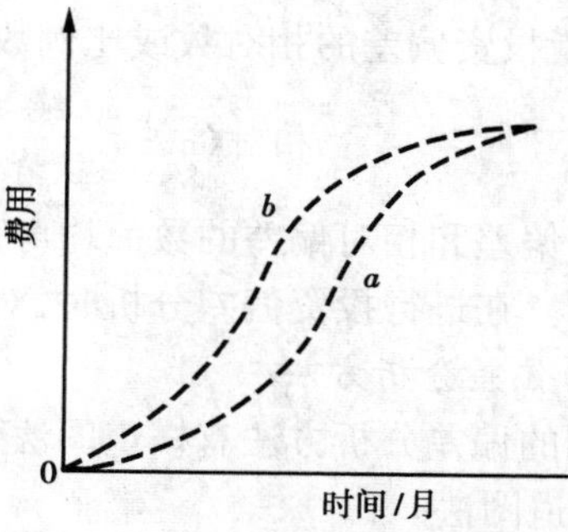

图 8.4.2　投资计划值的香蕉图

a—所有活动按最迟开始时间开始的曲线；

b—所有活动按最早开始时间开始的曲线

一般而言，所有活动都按最迟时间开始，对节约建设资金贷款利息是有利的，但同时也降低了项目按期竣工的保证率，因此，必须合理地确定投资支出预算，达到既节约投资支出，又控制项目工期的目的。

四、投资偏差分析

（一）偏差的概念

在施工过程中，由于众多随机因素和风险因素的影响，往往导致实际投资与计划投资、实际工程进度与计划工程进度的差异，这两种差异分别称为投资偏差和进度偏差。投资偏差和进度偏差是施工阶段工程造价计算与控制的对象。

投资偏差指投资计划值与实际值之间存在的差额，即

$$投资偏差=已完工程计划投资-已完工程实际投资$$

式中结果为正表示投资节约，结果为负表示投资增加。与投资偏差密切相关的是进度偏差，如果不加考虑就不能正确反映投资偏差的实际情况。所以，有必要引入进度偏差的概念，即

$$进度偏差=已完工程计划时间-已完工程实际时间$$

为了与投资偏差联系起来，进度偏差也可表示为：

$$进度偏差=已完工程计划投资-拟完工程计划投资$$

式中的拟完工程计划投资是指根据进度计划安排在某一确定时间内所应完成的工程内容的计划投资。进度偏差为正值时，表示工期提前，为负值时表示工期拖延。

在上述概念中，已完工程实际投资是指在施工实际进度下形成的实际投资；已完工程计划投资是指在施工实际进度下所对应的计划投资；拟完工程计划投资是指在计划的施工进度下应完成的计划投资。已完工程计划投资与已完工程实际投资两个概念中具有相同的施工实际进度；拟完工程计划投资与已完工程计划投资两个概念中投资则同为原计划投资，但对应的进度不同。

①局部偏差和累计偏差。局部偏差,是相对于项目已经实施的时间而言的,指每一控制周期所发生的投资偏差。累计偏差,则是指在项目已经实施的时间内累计发生的偏差。累计偏差是一个动态的概念,其数值总是与具体的时间联系在一起。在进行投资偏差分析时,对局部偏差和累计偏差都要进行分析。

②绝对偏差和相对偏差。绝对偏差,是指投资计划值与实际值比较所得的差额。相对偏差,则是指投资偏差的相对数或比例数,通常是用绝对偏差与投资计划值的比值来表示,即

$$相对偏差=\frac{绝对偏差}{投资计划值}=\frac{投资实际值-投资计划值}{投资计划值}$$

绝对偏差和相对偏差的数值均可正可负,且两者符号相同,正值表示投资增加,负值表示投资节约。在进行投资偏差分析时,对绝对偏差和相对偏差都要进行计算。

(二)偏差分析方法

常用的偏差分析方法有横道图法、时标网络图法、表格法和曲线法。

1.横道图法

用横道图进行投资偏差分析,是用不同的横道标识已完工程计划投资和实际投资以及拟完工程计划投资,横道的长度与其数额成正比。投资偏差和进度偏差数额可以用数字或横道表示,而产生投资偏差的原因则应由造价工程师经过认真分析后填入,见表 8.4.2。

表 8.4.2 某项目投资偏差分析表(横道图法)

项目编码	项目名称	投资参数数额/万元	投资偏差/万元	进度偏差/万元	原 因
011	土方工程	70 50 60	-10	10	
012	打桩工程	80 66 100	20	34	
013	基础工程	80 80 60 20 40 60 80 100 120 140	-20	-20	
	合计	230 196 220 100 200 300 400 500 600 700	-10	24	

注:图例

已完工程实际投资　拟完工程计划投资　已完工程计划投资

横道图的优点是简单直观,便于了解项目投资的概貌,但这种方法的信息量较少,主要反映累计偏差和局部偏差,因而其应用有一定的局限性。

【例 8.4.1】 已知某工程计划进度与实际进度情况见表 8.4.3,试计算第 6 周末投资偏差与进度偏差。

表 8.4.3　某工程计划进度与实际进度表　　　　资金单位：万元

分项工程		进度计划（周）											
		1	2	3	4	5	6	7	8	9	10	11	12
A	——	5	5	5									
	······	5	5	5									
	– – –	5	5	5									
B	——		4	4	4	4	4						
	······			4	4	4	4	4					
	– – –			4	4	4	4	4					
C	——				9	9	9	9					
	······						9	9	9	9			
	– – –						8	7	7	7			
D	——						5	5	5	5			
	······							4	4	4	4	4	
	– – –							4	4	4	5	5	
E	——								3	3	3		
	······										3	3	3
	– – –										3	3	3

注：—— 表示拟完工程计划投资；
– – – 表示已完工程实际投资；
······ 表示已完工程计划投资。

【解答】　如果拟完工程计划投资与已完工程实际投资已经给出，确定已完工程计划投资时，应注意已完工程计划投资表示线与已完工程实际投资表示线的位置相同，已完工程计划投资总值与拟完工程计划投资总值相同。

根据表 8.4.3 中的数据，按照每周各分项工程拟完工程计划投资、已完工程计划投资、已完工程实际投资的累计值计算，得到表 8.4.4 的数据。

表 8.4.4　投资数据表

项　目	投资数据											
	1	2	3	4	5	6	7	8	9	10	11	12
每周拟完工程计划投资	5	9	9	13	13	18	14	8	8	3		
拟完工程计划投资累计	5	14	23	36	49	67	81	89	97	100		
每周已完工程实际投资	5	5	9	4	4	12	15	11	11	8	8	3
已完工程实际投资累计	5	10	19	23	27	39	54	65	76	84	92	95
每周已完工程计划投资	5	5	9	4	4	13	17	13	13	7	7	3
已完工程计划投资累计	5	10	19	23	27	40	57	70	83	90	97	100

根据表 8.4.4 中的数据即可确定投资偏差与进度偏差。则第 6 周末投资偏差与进度偏差分别为：

投资偏差=(40-39)万元=1 万元,即投资节约 1 万元;

进度偏差=(40-67)万元=-27 万元,即进度拖后 27 万元。

2.时标网络图法

时标网络图是在确定施工计划网络图的基础上,将施工的实施进度与日历工期相结合而形成的网络图,它可以分为早时标网络图与迟时标网络图,图 8.4.3 为早时标网络图。早时标网络图中的结点位置与以该结点为起点的工序的最早开工时间相对应;图中的实线长度为工序的工作时间;虚节线表示对应施工检查日(用▼标示)施工的实际进度;图中箭线上标入的数字可以表示箭线对应工序单位时间的计划投资值。例如图 8.4.3 中①$\xrightarrow{5}$②,即表示该工序每日计划投资 5 万元;图 8.4.3 中,对应 4 月份有②$\xrightarrow{3}$③,②$\xrightarrow{4}$⑤,②$\xrightarrow{3}$④三项工作列入计划,由上述数字可确定 4 月份拟完工程计划投资为 10 万元。表 8.4.5 中的第 1 行数字为拟完工程计划投资的逐月累计值,例如 4 月份为(5+5+10+10)万元=30 万元;表格中的第 2 行数字为已完工程实际投资逐月累计值,是表示工程进度实际变化所对应的实际投资值。

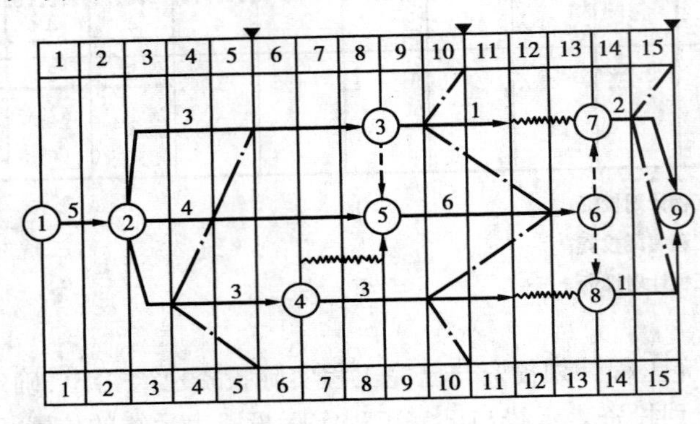

注:图中每根箭头线上方数值为该工作每月计划投资。

图 8.4.3 某工程时标网络计划(投资数据单位:万元)

表 8.4.5 已完工程实际投资数据表

单位:万元

月份	1	2	3	4	5	6	7	8	9	10	11	12	13	14	15
(1)	5	10	20	30	40	50	60	70	80	90	100	106	112	115	118
(2)	5	15	25	35	45	53	61	69	77	85	94	103	112	116	120

注:图下方表内(1)栏数值为该工程计划投资累计值;(2)栏数值为该工程已完工程实际投资累计值。

在图 8.4.3 中如果不考虑实际进度前锋线,可以得到每个月份的拟完工程计划投资。例如,4 月份有 3 项工作,投资分别为 3 万元、4 万元、3 万元,则 4 月份拟完工程计划投资值为 10 万元。将各月中数据累计计算即可产生拟完工程计划投资累计值,即表 8.4.5 中(1)栏的数据;表中(2)栏的数据为已完工程实际投资,其数据为单独给出。在上图中如果考虑实际进度前锋线,可以得到对应月份的已完工程计划投资。

【例 8.4.2】 根据图 8.4.3 和表 8.4.5 中有关数据计算第 5 个月底和第 10 个月底的投资偏差和进度偏差。

【解答】 根据图 8.4.3 和表 8.4.5 数据可得：

第 5 个月底，已完工程计划投资 =（20+6+4）万元 = 30 万元

第 10 个月底，已完工程计划投资 =（80+6×3）万元 = 98 万元

又由表 8.4.5 中已完工程实际投资和拟完工程计划投资值可得：

第 5 个月底投资偏差 =（30−45）万元 = −15 万元，即投资增加 15 万元；

第 5 个月底进度偏差 =（30−40）万元 = −10 万元，即进度拖延 10 万元；

第 10 个月底投资偏差 =（98−85）万元 = 13 万元，即投资节约 13 万元；

第 10 个月底进度偏差 =（98−90）万元 = 8 万元，即进度提前 8 万元。

3.表格法

表格法是进行偏差分析最常用的一种方法。可以根据项目的具体情况、数据来源、投资控制工作的要求等条件来设计表格，因而适用性较强，表格法的信息量大，可以反映各种偏差变量和指标，对全面深入地了解项目投资的实际情况非常有益；另外，表格法还便于用计算机辅助管理，提高投资控制工作的效率，见表 8.4.6。

表 8.4.6 投资偏差分析表

项目编码	（1）	011	012	013
项目名称	（2）	土方工程	打桩工程	基础工程
单位	（3）			
计划单价	（4）			
拟完工程量	（5）			
拟完工程计划投资	（6）=（4）×（5）	50	66	80
已完工程量	（7）			
已完工程计划投资	（8）=（4）×（7）	60	100	60
实际单价	（9）			
其他款项	（10）			
已完工程实际投资	（11）=（7）×（9）+（10）	70	80	80
投资局部偏差	（12）=（8）−（11）	−10	20	−20
投资局部偏差程度	（13）=（12）÷（8）	1.17	0.8	1.33
投资累计偏差	（14） = $\sum$（12）			
投资累计偏差程度	（15） = $\sum$（14） ÷ $\sum$（8）			
进度局部偏差	（16） =（8） −（6）	10	34	− 20
进度局部偏差程度	（17） =（16） ÷（6）	0.83	0.66	1.33
进度累计偏差	（18） = $\sum$（16）			
进度累计偏差程度	（19） = $\sum$（18） ÷ $\sum$（8）			

4.曲线法

曲线法是用投资时间曲线进行偏差分析的一种方法。在用曲线法进行偏差分析时,通常有3条投资曲线,即已完工程实际投资曲线 a,已完工程计划投资曲线 b 和拟完工程计划投资曲线 P,如图8.4.4所示,图中曲线 a 和 b 的竖向距离表示投资偏差,曲线 P 和曲线 b 的水平距离表示进度偏差。图中所反映的是累计偏差,而且主要是绝对偏差。用曲线法进行偏差分析,具有形象、直观的优点,但不能直接用于定量分析,如果能与表格法结合起来,则会取得较好的效果。

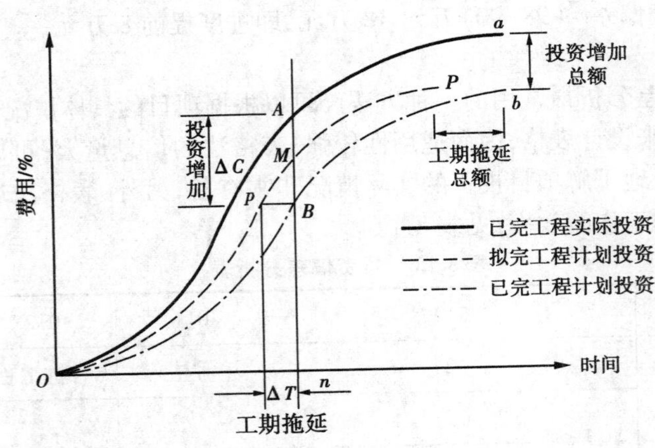

图8.4.4　3种投资参数曲线

(三)偏差原因和类型

1.偏差原因

进行偏差分析,不仅要了解“已经发生了什么”,而且要能知道“为什么会发生这些偏差”,即找出引起偏差的具体原因,从而有可能采取有针对性的措施,进行有效的造价控制。因此,客观全面地对偏差原因进行分析是偏差分析的一个重要任务。

一般来讲,引起投资偏差的原因主要有四个方面,即客观原因、业主原因、设计原因和施工原因,如图8.4.5所示。

2.偏差类型

为了便于分析,往往还需要对偏差类型作出划分。任何偏差都会表现出某种特点,其结果对造价控制工作的影响也各不相同,因此,在数量分析的基础上,可将偏差划分为4种类型。

①投资增加且工期拖延。这种类型是纠正偏差的主要对象,必须引起高度重视。

②投资增加但工期提前。这种情况下要适当考虑工期提前带来的效益。如果增加的使用资金值超过增加的效益时须采取纠偏措施。

③工期拖延但投资节约。这种情况下是否采取纠偏措施要根据实际需要确定。

④工期提前且投资节约。这种情况是最理想的,不需要采取纠偏措施。

五、投资偏差的纠正

对偏差原因进行深入分析以后,造价控制工作并没有结束,造价控制工作的最终目的在于采取切实可行的措施,进行主动控制和动态控制,尽可能地实现既定的投资目标。

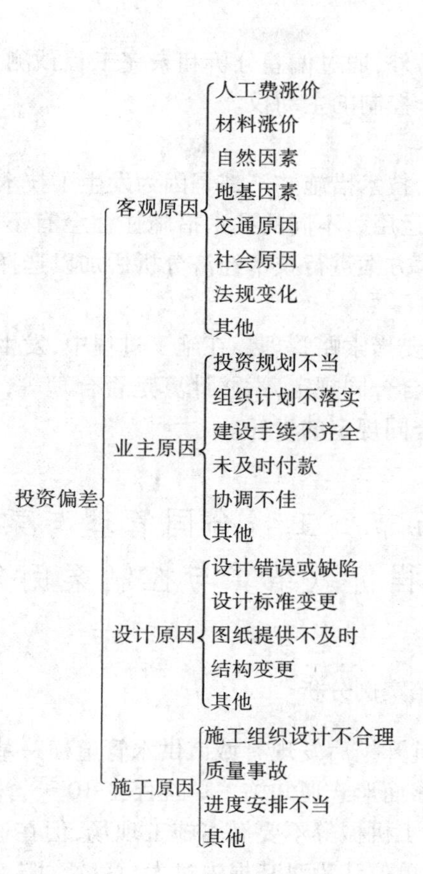

图 8.4.5 投资偏差原因

（一）纠偏的主要对象

投资增加是项目实施过程中普遍存在的现象，因而很自然地成为纠偏的主要对象。如果进一步分析纠偏的对象，还应综合考虑偏差类型、偏差原因以及偏差原因的发生频率和影响程度等因素。对于客观原因，力求做到防患于未然，将该原因所导致的经济损失减到最小，一般不将其作为纠偏的主要对象。业主原因和设计原因造成的投资偏差对造价的结果影响很大，而且可以通过采取有效措施加以控制，应作为纠偏的重点来考虑。

（二）纠偏措施

在确定了纠偏的主要对象之后，则应采取针对性的措施进行纠偏。所谓纠偏，就是对系统实际运行状态偏离标准状态的纠正，以便使运行状态恢复或保持标准状态。

通常纠偏措施可分为组织措施、经济措施、技术措施、合同措施 4 个方面。

1.组织措施

组织措施指从投资控制的组织管理方面采取的措施。例如，落实投资控制的组织机构和人员，明确各级投资控制人员的任务、职能分工、权利和责任，改善投资控制工作流程等。

2.经济措施

经济措施最易为人们接受，但运用中要特别注意不可把经济措施简单理解为审核工程量及相应的支付款项。应从全局出发来考虑问题，如检查投资目标分解是否合理，资金使用计划有无保障，会不会与施工进度计划发生冲突，工程变更有无必要，是否超标等，解决这些问题往往是标本兼治,事半功倍。另外,通过偏差分析和未完工程预测还可以发现潜在的问题,及时采取预防措施,从而取得造价控制的主动权。

3.技术措施

从造价控制的要求来看,技术措施并不都是因为发生了技术问题才加以考虑,也会因为出现了较大的投资偏差而加以运用。不同的技术措施往往会有不同的经济效果,因此运用技术措施纠偏时,要对不同的技术方案进行技术经济分析后加以选择。

4.合同措施

合同措施在纠偏方面主要指索赔管理。在施工过程中,发生索赔事件后,造价工程师要认真审查有关索赔依据是否符合合同规定,索赔计算是否合理等,从主动控制的角度出发,加强日常合同管理,特别要落实合同规定的责任。

第五节　工程合同管理与索赔和工程价款结算与控制案例分析

一、工程合同管理与索赔案例分析

【例 8.5.1】 某工程基坑开挖后发现有城市供水管道横跨基坑,须将供水管道改线并对地基进行处理。为此,业主以书面形式通知施工单位停工 10 天,并同意合同工期顺延 10 天。为确保继续施工,要求工人、施工机械等不要撤离施工现场,但在通知中未涉及由此造成施工单位停工损失如何处理。施工单位认为对其损失过大,意欲索赔。

问题:

1.索赔能否成立,索赔证据是什么?

2.由此引起的损失费用项目有哪些?

3.如果提出索赔要求,应向业主提供哪些索赔文件?

【解答】

问题 1:索赔成立,索赔证据为业主提出的要求停工通知书。

问题 2:费用损失主要有:10 天的工人窝工,施工机械停滞及管理费用。

问题 3:索赔文件应有:

①致业主的索赔信函,提出索赔要求;

②索赔报告,提出索赔事实和内容,引用文件说明索赔的合理与合法性,提出索赔费用计算根据及要求赔偿金额;

③索赔费用计算及索赔证据复制件。

【例 8.5.2】 某建筑公司(乙方)于某年 4 月 20 日与某厂(甲方)签订了修建建筑面积为 3 000 m^2工业厂房(带地下室)的施工合同。乙方编制的施工方案和进度计划已获监理工程师批准。该工程的基坑开挖土方量为 4 500 m^3,假设直接费单价为 4.2 元/m^3,综合费率为直接费的 20%。该基坑施工方案规定:土方工程采用租赁一台斗容量为 1 m^3 的反铲挖掘机施工(租赁费 450 元/台班)。甲、乙双方合同约定 5 月 11 日开工,5 月 20 日完工。在实际施工中发生了如下几项事件:

①因租赁的挖掘机大修，晚开工 2 天，造成人员窝工 10 个工日；

②施工过程中，因遇软土层，接到监理工程师 5 月 15 日停工的指令，进行地质复查，配合用工 15 个工日；

③5 月 19 日接到监理工程师于 5 月 20 日复工令，同时提出基坑开挖深度加深 2 m 的设计变更通知单，由此增加土方开挖量 900 m^3；

④5 月 20—22 日，因下大雨迫使基坑开挖暂停，造成人员窝工 10 个工日；

⑤5 月 23 日用 30 个工日修复冲坏的永久道路，5 月 24 日恢复挖掘工作，最终基坑于 5 月 30 日挖坑完毕。

问题：

1.上述哪些事件建筑公司可以向厂方要求索赔，哪些事件不可以要求索赔，并说明原因。

2.每项事件工期索赔各是多少天？总计工期索赔是多少天？

3.假设人工费单价为 23 元/工日，因增加用工所需的管理费为增加人工费的 30%，则合理的费用索赔总额是多少？

4.建筑公司应向厂方提供的索赔文件有哪些？

【解答】

问题 1：

事件一：不能提出索赔要求，因为租赁的挖掘机大修延迟开工，属承包商的责任。

事件二：可提出索赔要求，因为地质条件变化属于业主应承担的责任。

事件三：可提出索赔要求，因为这是由设计变更引起的。

事件四：可提出索赔要求，因为大雨迫使停工，需推迟工期。

事件五：可提出索赔要求，因为雨后修复冲坏的永久道路，是业主的责任。

问题 2：

事件二：可索赔工期 5 天(15—19 日)。

事件三：可索赔工期 2 天：900 m^3/(4 500 m^3/10 天) = 2 天。

事件四：可索赔工期 3 天(20—22 日)。

事件五：可索赔工期 1 天(23 日)。

小计：可索赔工期 11 天(5 天+2 天+3 天+1 天 = 11 天)。

问题 3：

事件二：(1)人工费：15 工日×23 元/工日×(1+30%) = 448.5 元

(2)机械费：450 元/台班×5 天 = 2 250 元

事件三：900 m^3×4.2 元/m^3×(1+20%) = 4 536 元

事件五：(1)人工费 = 30 工日×23 元/工日×(1+30%) = 897 元

(3)机械费 = 450 元/台班×1 天 = 450 元

可索赔费用总额为：8 581.5 元

448.5 元+2 250 元+4 536 元+897 元+450 元 = 8 581.5 元

问题 4：

建筑公司向业主提供的索赔文件有索赔信、索赔报告、详细计算式与证据。

【例 8.5.3】 某施工单位(乙方)与某建设单位(甲方)签订了建造无线电发射试验基地施工合同。合同工期为 38 天。由于该项目急于投入使用，在合同中规定，工期每提前(或拖后)

1 天奖(罚)5 000 元。乙方按时提交了施工方案和施工网络进度计划(图 8.5.1),并得到甲方代表的同意。

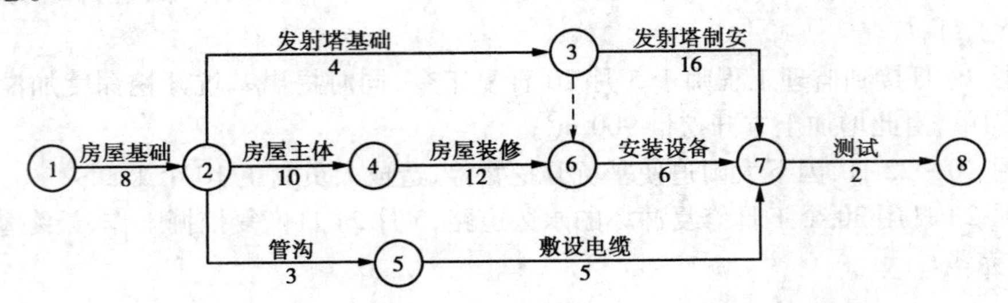

图 8.5.1 发射塔试验基地工程施工网络进度计划(单位:天)

实际施工过程中发生了如下几项事件:

事件 1:在房屋基槽开挖后,发现局部有软弱下卧层。甲方代表指示乙方配合地质复查,配合用工为 10 个工日。地质复查后,根据经甲方代表批准的地基处理方案,增加工程费用 4 万元,因地基复查和处理使房屋基础施工延长 3 天,人工窝工 15 个工日。

事件 2:在发射塔基础施工时,因发射塔坐落位置的设计尺寸不当,甲方代表要求修改设计,拆除已施工的基础,重新定位施工。由此造成工程费用增加 1.5 万元,发射塔基础施工延长 2 天。

事件 3:在房屋主体施工中,因施工机械故障,造成窝工 8 个工日,房屋主体施工延长 2 天。

事件 4:在敷设电缆时,因乙方购买的电缆质量不合格,甲方代表令乙方重新购买合格电缆。由此造成敷设电缆施工延长 4 天,材料损失费 1.2 万元。

事件 5:鉴于该工程工期较紧,乙方在房屋装修过程中采取了加快施工的技术措施,使房屋装修施工缩短 3 天,该项技术措施费为 0.9 万元。其余各项工作持续时间和费用均与原计划相符。

问题:

①在上述事件中,乙方可以就哪些事件向甲方提出工期补偿和(或)费用补偿要求?为什么?

②该工程的实际工期为多少天?可得到的工期补偿为多少天?

③假设工程所在地人工费标准为 30 元/工日,应由甲方给予补偿的窝工人工费补偿标准为 18 元/工日,间接费、利润等均不予补偿。则在该工程中,乙方可得到的合理的费用补偿有哪几项?费用补偿额为多少元?

【解答】

问题(1):

事件 1:可以提出工期补偿和费用补偿要求。因为地质条件变化属于甲方应承担的责任(或有经验的承包商无法预测的原因),且房屋基础工作位于关键线路上。

事件 2:可以提出费用补偿和工期补偿要求。因为发射塔设计位置变化是甲方的责任,由此增加的费用应由甲方承担,但该项工作的拖延时间为 2 天,没有超出其总时差 8 天,所以工期补偿为 0 天。

事件 3:不能提出工期和费用补偿要求。因为施工机械故障属于乙方应承担的责任。

事件4:不能提出工期和费用补偿要求。因为乙方应该对自己购买的材料质量和完成的产品质量负责。

事件5:不能提出补偿要求。因为通过采取施工技术措施使工期提前,可按合同规定的工期奖罚办法处理,因赶工而发生的施工技术措施费应由乙方承担。

问题(2):

①该工程施工网络进度计划的关键线路为① — ② — ④ — ⑥ — ⑦ — ⑧,计划工期为38天,与合同工期相同。将所有各项工作的持续时间均以实际持续时间代替,关键线路不变,实际工期为:

38天+3天+2天-3天=40天;

或 11天+12天+9天+6天+2天=40天。

②将所有由甲方负责的各项工作持续时间延长天数加到原计划相应工作的持续时间上,关键线路亦不变,工期为41天,可得到工期补偿天数为3天。

问题(3):

在该工程结算时,乙方可得到的合理的费用补偿有:

①由事件1引起增加的工人费用:配合用工(10×30)元=300元;

窝工费(15×18)元=270元;

合计(10×30+15×18)元=570元。

②由事件1引起增加的工程费用40 000元。

③由事件2引起增加的工程费用15 000元。

④工期提前奖:(41-40)×5 000元=5 000元。

所以,在该工程结算时,乙方可得到的合理的费用补偿总额为:

(570+40 000+15 000+5 000)元=60 570元。

二、工程价款结算与控制案例分析

【例8.5.4】 某施工单位承包某内资工程项目,经甲乙双方签订的关于工程价款的合同内容有:

①建筑安装工程造价660万元,主要材料费占施工产值的比重为60%;

②预付备料款为建筑安装工程造价的20%;

③工程进度款逐月计算;

④工程保修金为建筑安装工程造价的5%,保修期半年;

⑤材料价差调整按规定进行(按有关规定上半年材料价差上调10%,在6月份一次调增)。

工程各月实际完成产值见表8.5.1。

表8.5.1 某工程各月实际完成产值表

月 份	2	3	4	5	6
完成产值/万元	55	110	165	220	110

问题:

1.通常工程竣工结算的前提是什么?

2.该工程的预付备料款,起扣点为多少?

3.该工程1—5月,每月拨付工程款为多少?累计工程款为多少?

4.6月份办理工程竣工结算,该工程结算总造价为多少?甲方应付工程尾款为多少?

5.该工程在保修期间发生屋面漏水,甲方多次催促乙方修理,乙方一再拖延,最后甲方另请施工单位修理、修理费1.5万元,该项费用如何处理?

【解答】

问题1:

工程竣工结算的前提是竣工验收报告被批准。

问题2:

预付备料款:660万元×20%=132万元

起扣点:660万元-132万元/60%=440万元

问题3:

2月:工程款55万元,累计工程款55万元。

3月:工程款110万元,累计工程款165万元。

4月:工程款165万元,累计工程款330万元。

5月:工程款220万元-(220万元+330万元-440万元)×60%=154万元,累计工程款484万元。

问题4:

工程结算总造价为660万元+660万元×0.6×10%=699.6万元

甲方应付工程尾款699.6万元-484万元-(699.6万元×5%)-132万元=48.62万元

问题5:

1.5万元维修费应从乙方(承包方)的保修金中扣除。

【例8.5.5】 某项工程业主与承包商签订合同,合同中含有两个子项工程,估算工程量A项为2 300 m^3,B项为3 200 m^3,经协商合同价A项为180元/m^3,B项为160元/m^3。承包合同规定:

开工前业主支付合同价20%的预付款;

业主自第一个月起,从承包商的工程款中按5%的比例扣留保修金;

当子项工程实际工程量超过估算工程10%时,可进行调价,调价系数为0.9;

根据市场情况规定价格调整系数平均按1.2计算;

工程师签发月度付款最低金额为25万元;

预付款在最后两个月扣除,每月扣50%。

承包商每月实际完成并经工程师签证确认的工程量见表8.5.2。

表8.5.2 某工程每月实际完成并经工程师签证确认工程量 单位:m^3

月　份	1	2	3	4
A项	500	800	800	600
B项	700	900	800	600

第 1 个月,工程价款为:(500×180+700×160)元=20.2 万元

应签证的工程款为:20.2×1.2×(1-5%)万元=23.028 万元

由于合同规定工程师签发的最低金额为 25 万元,故本月工程师不予签发付款凭证。

问题:

预付款、从第二个月起每月工程量价款、工程师应签证的工程款、实际签发的付款凭证金额各是多少?

【解答】 ①预付款金额为:

[(2 300×180+3 200×160)×20%]元=18.52 万元

②第二个月,工程量价款为:

800×180 元+900×160 元=28.8 万元

应签证的工程款为:(28.8×1.2×0.95)万元=32.832 万元

本月工程师实际签发的付款凭证金额为:

23.028 万元+32.832 万元=55.86 万元

③第三个月,工程量价款为:

800×180 元+800×160 元=27.2 万元

应签证的工程款为:(27.2×1.2×0.95)万元=31.008 万元

应扣预付款为:(18.52×50%)万元=9.26 万元

应付款为:31.008 万元-9.26 万元=21.748 万元

因本月应付款金额小于 25 万元,故工程师不予签发付款凭证。

④第四个月,A 项工程累计完成工作量为 2 700 m^3,比原估算工程量 2 300 m^3 超出 400 m^3,已超过估算工程量的 10%,超出部分其单价应进行调整。则超过估算工程量 10%的工程量为:

2 700 m^3-2 300×(1+10%)m^3=170 m^3

这部分工程量单价应调整为:180×0.9 元/m^3=162 元/m^3

A 项工程量价款为:(600-170)×180 元+170×162 元=10.494 万元

B 项累计完成工程量为 3 000 m^3,比原估算工程量 3 200 m^3 减少 200 m^3,不超过估算工程量,其单价不予进行调整。

B 项工程量价款为:(600×160)元=9.6 万元

本月完成 A,B 两项工程量价款合计为:

10.494 万元+9.6 万元=20.094 万元

应签订的工程款为:(20.094×1.2×0.95)万元=22.907 万元

本月工程师实际签发的付款凭证金额为:

22.748 万元+22.907 万元-18.52×50%万元=36.395 万元

【例 8.5.6】 某单位工程由 A,B,C,D 分部分项工程组成,合同工期 6 个月,合同规定:

①预付款按 10%支付,4,5,6 月均衡抵扣;

②工程保修款为合同价款的 5%,每月从工程进度款中扣留 10%,扣完为止;

③工程按逐月结算,不考虑物价调整;

④累计完成工程量超过 20%时,单价按 95%计算;

各月计划完成工程量及全费用单价,见表 8.5.3 所列。1,2,3 月实际完成工程量见表8.5.4

所列。

表 8.5.3　各月计划完成工程量及全费用单价表　　单位:万元

月份 / 工程量/m^3 / 分项工程	1	2	3	4	5	6	全费用单价/(元·m^{-3})
A	500	750					180
B		600	800				480
C			900	1 100	1 100		360
D					850	950	300

表 8.5.4　1—3 月实际完成工程量　　单位:万元

月份 / 工程量/m^3 / 分项工程	1	2	3	4	5	6	全费用单价/(元·m^{-3})
A	560	550					
B		680	1 050				
C			450				

问题:

①该工程预付款为多少万元?扣留保修款为多少万元?

②各月抵扣的预付款各是多少万元?

③根据表 8.5.4,提供的数据计算,1,2,3 月份造价工程师确认的工程进度款各为多少万元?

④分析 1,2,3 月末时的投资偏差和进度偏差。

【解答】

问题 1:计算预付款和保修款金额:

①工程合同价=[(500+750)×180+(600+800)×480+(900+1 100+1 100)×360+(850+950)×300]元=2 553 000 元=255.300 万元

②预付款=255.300 万元×10%=25.530 万元

③保修款=255.300 万元×5%=12.765 万元

问题 2:计算每月抵扣的预付款:

4,5,6 月每月抵扣预付款=25.53÷3=8.510 万元

问题 3:计算 1,2,3 月造价师确认的工程进度款:

①1 月进度款=(560×180×0.9)元=90 720 元=9.072 万元

②2 月进度款的计算:

a.因为(500+750)×(1+20%)=1 500>(560+550)=1 110,所以,A 工程不调价。

b.2 月进度款=(550×180+680×480)×0.9 元=382 860 元=38.286 万元

③3 月份进度款计算:

a.因为 680+1 050=1 730>(600+800)×(1+20%)=1 680,所以,B 工程应调价。

b.B 工程超 20%的工程量=(1 730−1 680)m^3=50 m^3

c.B 工程超过 20%部分的单价=480×95%元/m^3=456 元/m^3

d.3 月份进度款=[(1 050−50)×480+50×456+450×360]×0.9 元=598 320 元
=59.832 万元

问题 4:1,2,3 月末投资偏差和进度偏差计算:

(1)1 月末:

①投资偏差=(560×180−560×180)元=0 元

表示投资没有偏差。

②进度偏差=(560×180−500×180)元=10 800 元=1.08 万元

表示进度提前 1.08 万元。

(2)2 月末:

①投资偏差=[(560+550)×180+680×480]−[(560+550)×180+680×480]元=0 元

表示投资没有偏差。

②进度偏差={[(560+550)×180+680×480]−[(500+750)×180+600×480]}元
=−13 200 元

表示进度拖延 1.32 万元。

(3)3 月末:

①投资偏差=[1 110×180+1 730×480+450×360]元−
[1 110×180+(1 730−50)×480+50×456+450×360]元=1 200 元

表示投资节约 0.12 万元。

②进度偏差=[(1 110×180+1 730×480+450×360)−(1 250×180+1 400×480+900×360)]元
=−28 800 元

表示进度拖延 2.88 万元。

思考与练习题

1.建设实施阶段是一个动态变化过程,请简要叙述该过程中各参与主体及其作用。

2.建设实施过程中工程造价管理的内容及其任务是什么?请参阅相关知识,试述该过程中各参与主体在工程造价管理中的作用以及各主体应如何处理以防止成本失控。

3.工程变更产生的原因有哪些?应如何加强控制,减少工程变更?

4.工程索赔产生的原因有哪些?索赔应遵循什么样的程序?索赔的证据有哪些?

5.在论述索赔合同分类时,谈到了合同索赔和非合同索赔。一个有经验的工作者能够利用自己的合同知识将非合同规定的索赔解释,识别为合同规定的索赔,从而使索赔易于成功。请你对照两个不同的合同条件,举出 1~2 个这样的例子。

6.在什么样的条件下,索赔才会成立?工程师应如何对工期延误和费用增加的索赔进行确认?

7.某工程基础地板设计厚度为 2.5 m,施工单位做了 2.6 m,试问多做的工程量在工程价款计算中应如何处理?

8.费用索赔的组成因素有哪些?说明如何在实际情况中确认这些索赔因素。

9.工程结算方式有哪几种?若某工程预计工期4个月,合同价款为90万元,该如何确定合理的工程结算方式?

10.工程进度款包括哪些内容?工程师如何正确确定工程进度款?

11.简述工程价款结算价差调整的方法。

12.某土建工程按月结算,结算款总额为750万元,主要材料和结构构件金额占工程费用的60%,预付款占工程价款的20%,则预付款回扣点为多少?

13.某工程原合同规定分两阶段施工,土建工程21个月,安装工程12个月。假定以劳动力需要量为相对单位,则土建工程可折合为350个相对单位,安装工程折算为120个相对单位。合同规定,在工程量增减10%的范围内,作为承包商的工期风险,不能要求工期补偿。在工程施工中,实际土建工程量增加到480个相对单位,实际安装工程量增加到180个相对单位。试计算应索赔的工期。

14.某土建工程2003年计划年产值为1 600万元,材料及结构构件金额比重为年产值的60%,预付备料款占年产值25%,1—4季度完成产值分别为300万元,400万元,500万元,400万元,该工程每季度结算款是多少?

15.某土方工程发包方提出的估计工程量为1 500 m^3,合同中规定土方工程单价为18元/m^3,实际工程量超过估计工程量10%时,调整单价且单价调整为16元/m^3。结算时实际完成土方工程量为1 800 m^3,则土方工程结算款应为多少?

16.某工程合同价款为1 000万元,2003年1月签订合同并开工,2003年10月竣工。2003年1月的造价指数为100.02,2003年10月的造价指数为100.27,则该工程价差调整额应为多少?

17.上海某土建工程,合同规定结算款为500万元,合同原始报价日期为2004年5月,工程于2005年8月建成交付使用。根据表8.1所列工程人工、材料费构成比例以及有关造价指数,计算工程实际结算款。

表8.1

项　目	人工费	钢　筋	水　泥	集　料	砌　体	砂	木　材	不调值费用
比例/%	45	11	11	5	5	3	4	15
2004年5月指数	100	100.8	102.0	93.6	100.2	95.4	93.4	—
2005年8月指数	110.1	98.0	112.9	95.9	98.9	91.1	117.9	—

18.某工程项目采用调值公式结算,其合同价款为18 000万元。该工程的人工费和材料费占工程合同价款的85%,不调值费用15%。经测算,具体的调值公式为:

$$P=P_0\left(0.15+0.45\frac{A}{A_0}+0.11\frac{B}{B_0}+0.11\frac{C}{C_0}+0.05\frac{D}{D_0}+0.05\frac{E}{E_0}+0.02\frac{F}{F_0}+0.04\frac{G}{G_0}+0.02\frac{H}{H_0}\right)$$

该合同的原始签约时间为2004年6月1日。2005年6月完成的预算进度款为工程合同总价的8%,签约时和结算月份的工资、材料等物价指数见表8.2。

表 8.2

代　号	A_0	B_0	C_0	D_0	E_0	F_0	G_0	H_0
代　号	A	B	C	D	E	F	G	H
2004 年 6 月指数	100.0	153.4	154.8	132.6	178.3	154.4	160.1	142.7
2005 年 6 月指数	116.0	187.6	175.0	169.3	192.8	162.5	162.0	159.5

试计算 2005 年 6 月结算工程款的金额。并说明动态结算比静态结算超出金额产生的原因和业主用哪项费用支付增加的工程款。

19.已知某工程每周拟完工程计划投资、已完工程计划投资和已完工程实际投资，见表 8.3。

表 8.3

单位:万元

项　目	计划投资和实际投资进度 /周											
	1	2	3	4	5	6	7	8	9	10	11	12
每周拟完工程计划投资	5	9	9	13	13	18	14	8	8	3		
拟完工程计划投资累计	5	14	23	36	49	67	81	89	97	100		
每周已完工程实际投资	5	5	9	4	4	12	15	11	11	8	8	3
已完工程实际投资累计	5	10	19	23	27	39	54	65	76	84	92	95
每周已完工程计划投资	5	5	9	4	4	13	17	13	13	7	7	3
已完工程计划投资累计	5	10	19	23	27	40	57	70	83	90	97	100

请在坐标纸上绘出:拟完工程计划投资;已完工程实际投资和;已完工程计划投资 3 条 S 曲线。分别计算 6 周末和 10 周末的投资偏差和进度偏差，并说明其含义。

20.某承包商承包建安工程施工任务，并与业主签订了承包合同。该合同总价为 1 000 万元，合同工期 5 个月，合同中有关价款结算有如下规定:

①预付款为合同价款的 25%。

②工程进度款逐月结算。

③预付款加进度款达合同价的 40%的下月起开始抵扣预付款，并按以后各月平均扣回。

④工程保修款按合同价的 5%留业主，且从第 1 个月开始按月结进度款的 10%扣留，扣完为止。

⑤从第 1 个月开始物价调整统一按 1.1 系数计算，并随进度款一并支付。

若每月实际产值见表 8.4。

表 8.4

月　份	1	2	3	4	5
产值/万元	180	200	220	220	180

试计算:预付款、各月结算支付款和该工程 5 个月结算的总造价。

21.某建设项目,发包人与承包人按《建设工程施工合同文本》签订了工程施工合同,工程未进行投保。在工程施工过程中,因遭受暴风雨不可抗力的袭击,造成了相应的损失,承包人及时向监理工程师提出了索赔要求,并附索赔有关的资料和证据。索赔报告的基本要求如下:

①遭暴风雨袭击是因非承包人原因造成的损失,故应由发包人承担赔偿责任。

②给已建部分工程造成损坏,损失计 18 万元,应由发包人承担修复的经济责任,承包人不承担修复的经济责任。承包单位人员因此灾害数人受伤,处理伤员医疗费用和补偿金总计 3 万元,发包人应给予赔偿。

③承包人进入现场时,施工机械、设备受到损坏,造成损失 8 万元,由于现场停工造成台班费损失 4.2 万元,发包人应负担赔偿和修复的经济责任。工人窝工费 3.8 万元,发包人应予以支付。

④因暴风雨造成现场停工 8 天,要求合同工期顺延 8 天。

⑤由于工程破坏,清理现场需费用 2.4 万元,发包人应予以支付。

试问:

①监理工程师接到承包人提交的索赔申请后,应进行哪些工作(请详细分条列出)?

②不可抗力发生风险承担的原则是什么?对承包人提出的要求如何处理(请逐条回答)?

22.试对下述索赔案例进行讨论和分析。

某工程是为某港口修建一石砌码头,估计需要 10 万 t 石块。某承包人中标后承担了该项工程的施工。在招标文件中业主提供了一份地质勘探报告,指出施工所需的石块可以在离港口工地 35 km 的 A 地采石场开采。

业主指定石块的运输由当地一国有运输公司作为分包人承包。

按业主认可的施工计划,港口工地每天施工需要 500 t 石块,则现场开采能力和运输能力都为每天 500 t。

运输价格按分包人报价(加上管理费等)在合同中规定。

设备台班费、劳动力等报价在合同中列出。

进口货物关税由承包人承担。

合同中外汇部分的通货膨胀率为每月 0.8%。

工程初期一直按计划施工。但当在 A 场开采石块达 6 万 t 时,A 场石块资源已枯竭。经业主同意,承包人又开辟离港口 105 km 的另一采石场 B 继续开采。由于运距加大,而承担运输任务的分包人运输能力不足,每天实际开采 400 t,而仅运输 200 t 石块,造成工期拖延。

试问:

①如果作为承包人,如何就下列问题进行处理?

a.索赔机会分析。

b.索赔理由提出。

c.干扰事件的影响分析和计算索赔值。

d.索赔证据列举。

②如果出现以下情况,对业主和承包人分别又会产生何种影响?

a.出现运输能力不足导致工程窝工现象后,承包人未请示业主,亦未采取措施。

b.承包人请示业主,要求另雇一个运输公司,但为业主否定。

c.承包人要另雇一个运输公司,业主也同意,但当地已无其他运输公司。

第九章　竣工验收与竣工决算

建设工程最终的实际造价是竣工决算价。本章介绍建设工程竣工验收、竣工决算和保修费用的处理等内容。

第一节　竣工验收

一、竣工验收概述

（一）竣工验收的概念

竣工验收是建设工程的最后阶段。一个单位工程或一个建设项目在全部竣工后进行检查验收及交工，是建设、施工、生产准备工作进行检查评定的重要环节，也是对建设成果和投资效果的总检验。竣工验收必须严格按照国家的有关规定组成验收组进行。建设项目和单项工程要按照设计文件所规定的内容全部建成最终建筑产品，根据国家有关规定评定质量等级，进行竣工验收。

建设项目竣工验收，按照验收主体、验收阶段以及被验收的对象，可分为单项工程验收、单位工程验收及工程整体验收。交工验收是指承包人按施工合同完成了项目全部任务，经检验合格，由发包人组织验收的过程。通常所说的建设项目竣工验收指的是“动用验收”，是指建设单位在建设项目按批准的设计文件所规定的内容全部建成后，向使用单位交工的过程。其验收程序是：整个建设项目按设计要求全部建成，经过第一阶段的交工验收，符合设计要求，并具备竣工图、竣工结算、竣工决算等必要的文件资料后，由建设项目主管部门或建设单位按照国家有关部门关于《建设项目竣工验收办法》的规定，及时向负责验收的单位提出竣工验收申请报告，按现行验收程序规定，接受银行、物资、环保、劳动、统计、消防及其他有关部门组成的验收委员会进行的验收，办理固定资产移交手续。验收委员会或验收组负责建设的各个环节验收，听取有关单位的工作报告，审阅工程技术档案资料，并实地查验建筑工程和设备安装情况，对工程设计、施工和设备及安装质量等方面作出全面的评价。

（二）竣工验收的作用

①全面考核建设成果，检查设计、工程质量是否符合要求，以确保项目按设计要求的各项技术经济指标正常使用。

②通过竣工验收办理固定资产使用手续，可以总结工程建设经验，为提高建设项目的经济效益和管理水平提供重要依据。

③建设项目竣工验收是项目施工阶段的最后一个程序，是建设成果投入生产使用的标志，是审查投资使用是否合理的重要环节。

④建设项目建成投产交付使用后，能否取得良好的宏观效益，需要经过国家权威管理部

门按照技术规范、技术标准组织验收确认。因此,竣工验收是建设项目转入投产使用的必要环节。

(三)竣工验收的任务

建设项目通过竣工验收后,由施工单位移交建设单位使用,并办理各种移交手续。这时标志着建设项目全部结束,即建设资金转化为使用价值。建设项目竣工验收的主要任务有:

①办理建设项目的验收和移交手续,并办理建设项目竣工结算和竣工决算,以及建设项目档案资料的移交和保修手续等。

②建设单位、勘察和设计单位、施工单位分别对建设项目的决策和论证、勘察和设计以及施工的全过程进行最后的评价,对各自在建设项目进展过程中的经验和教训进行客观的评价。

二、竣工验收的内容

建设项目竣工验收的内容一般包括以下两部分:

(一)工程资料验收

工程资料验收包括工程技术资料、工程综合资料和工程财务资料的验收。

1.工程技术资料验收内容

工程技术资料包括工程施工技术资料、工程质量保证资料、工程检验评定资料、工程竣工图纸编制以及规定的其他应交资料。

(1)工程施工技术资料

①工程地质、水文、气象、地形、地貌、建筑物、构筑物及重要设备安装位置的勘察报告、记录等;

②施工技术准备文件、地基处理记录、工程图纸变更记录、施工记录及工程质量事故处理记录;

③设备、产品检查安装记录。

(2)工程质量保证资料

这是建设项目全过程中全面反映工程质量控制和保证的依据性证明资料,诸如原材料、构配件、器具及设备等质量证明、合格证明、图纸、说明书、进场材料、施工试验报告等。根据行业和专业的特点不同,依据的施工及验收规范和质量检验标准不同,具体又分为土建工程,建筑给水、排水及采暖工程,建筑电气安装工程,通风与空调工程,电梯安装工程,建筑智能化工程,以及其他行业的专业工程质量保证资料。

(3)工程检验评定资料

这是建设项目全过程中按照国家现行工程质量检验标准,对施工项目进行单位工程、分部工程、分项工程的划分,再由分项工程、分部工程、单位工程逐级对工程质量做出综合评定的工程检验评定资料。但是,由于各行业、各部门的专业特点不同,各类工程的检验评定均有相应的技术标准,工程检验评定资料的建立均应按相关的技术标准办理。

工程检验评定资料的主要内容有:

①单位(子单位)工程质量竣工验收记录。

②分部(子分部)工程质量验收记录。

③分项工程质量验收记录。

④检验批质量验收记录。

(4)竣工图

竣工图是建设工程施工完毕的实际成果和反映，是建设工程竣工验收的重要备案资料。竣工图的编制整理、审核盖章、交接验收应按国家对竣工图的要求办理。承包人应根据施工合同的约定提交合格的竣工图。

(5)其他资料验收

①建设工程施工合同；

②工程项目施工管理机构及负责人名单；

③工程质量保修书；

④凡有引进技术、产品或设备的项目，应包括引进技术、产品或引进设备的图纸、文件、技术参数、性能、工艺说明、工艺规程、技术总结、产品检验、包装等资料。

2.工程综合资料验收内容

工程综合资料包括项目建议书及批件，可行性研究报告及批件，项目评估报告，环境影响评估报告书，设计任务书，土地征用申报及批准的文件，承包合同，招标投标文件，施工企业执照，资质证书，各项取费证，项目竣工验收报告及验收鉴定书等。

3.工程财务资料验收内容

①历年建设资金供应(拨、贷)情况和应用情况；

②历年批准的年度财务决算；

③历年年度投资计划、财务收支计划；

④建设成本资料；

⑤支付使用的财务资料；

⑥设计概算、预算资料；

⑦施工结算、竣工决算资料。

(二)工程内容验收

工程内容验收主要包括建筑工程验收、安装工程验收。

1.建筑工程验收内容

建筑工程验收主要包括：

①建筑物的位置、标高、轴线是否符合设计要求。

②对基础工程中的土石方工程、垫层工程及砌筑工程等资料的审查，因为这些工程在“交工验收”时已验收。

③对结构工程中的砖木结构、砖混结构、内浇外砌结构及钢筋混凝土结构的审查验收。

④对屋面工程的木基、望板油毡、屋面瓦、保温层及防水层等的审查验收。

⑤对门窗工程的审查验收。

⑥对装修工程的审查验收(抹灰、油漆等工程)。

2.安装工程验收内容

安装工程验收分为建筑设备安装工程、工艺设备安装工程及动力设备安装工程验收。主要包括：

①建筑设备安装工程(指民用建筑物中的上下水管道、暖气、煤气、通风、电气照明等安装工程)应检查这些设备的规格、型号、数量、质量是否符合设计要求，检查安装时的材料、材质、材种、检查试压、闭水试验、照明。

②工艺设备安装工程包括：生产、起重、传动、实验等设备的安装，以及附属管线敷设和油漆、保温等。

检查设备的规格、型号、数量、质量、设备安装的位置、标高、机座尺寸、质量、单机试车、无负荷联动试车、有负荷联动试车、管道的焊接质量、清洗、吹扫、试压、试漏、油漆、保温以及各种阀门检验等。

③动力设备安装工程验收指有自备电厂的项目或变配电室（所）、动力配电线路的验收。

三、竣工验收的条件和依据

竣工验收的施工项目必须具备规定的交付竣工验收条件。“必须具备规定的交付竣工验收条件”是指按法律、行政法规和合同约定等强制性条款规定，承包人必须不折不扣地将其贯彻执行，不得无故违规、违约。其中，《中华人民共和国合同法》第二百七十九条规定：“建设工程竣工后，发包人应当根据施工图纸及说明书、国家颁发的施工验收规范和质量检验标准及时进行验收。”《中华人民共和国建筑法》第六十一条规定：“交付竣工验收的建筑工程，必须符合规定的建筑工程质量标准，有完整的工程技术经济资料和经施工单位签署的工程保修书，并具备国家规定的其他竣工条件。”并且二者同时规定，建设工程竣工验收合格后，方可交付使用；未经验收或者验收不合格的，不得交付使用。

（一）竣工验收的条件

国务院2000年1月发布的第279号令《建设工程质量管理条例》第十六条规定，建设工程竣工验收应当具备以下条件：

①完成建设工程设计和合同约定的各项内容；

②有完整的技术档案和施工管理资料；

③有工程使用的主要建筑材料、建筑构配件和设备的进场试验报告；

④有勘察、设计、施工、工程监理等单位分别签署的质量合格文件；

⑤有施工单位签署的工程保修书。

（二）竣工验收的标准

根据国家规定，建设项目竣工验收及交付生产使用时，必须满足以下要求：

①生产性项目和辅助性公用设施，已按设计要求完成，能满足生产使用；

②主要工艺设备配套经联动负荷试车合格，形成生产能力，能够生产出设计文件所规定的产品；

③必要的生产设施，已按设计要求建成；

④生产准备工作能适应投产的需要；

⑤环境保护设施、劳动安全卫生设施、消防设施已按设计要求与主体工程同时建成使用；

⑥生产性投资项目如工业项目的土建工程、安装工程、人防工程、管道工程、通讯工程等工程的施工和竣工验收，必须按照国家和行业施工及验收规范执行。

（三）竣工验收的范围

国家颁布的建设法规规定，凡新建、扩建、改建的基本建设项目和技术改造项目，已按国家批准的设计文件所规定的内容建成，符合验收标准，即工业投资项目经负荷试车考核，试生产期间能够正常生产出合格产品，形成生产能力的；非工业投资项目符合设计要求，能够正常使用的，不论是属于哪种建设性质，都应及时组织验收，办理固定资产移交手续。有的工期较长、建设设备装置较多的大型工程,为了及时发挥其经济效益,对其能够独立生产的单项工程,也可以根据建成时间的先后顺序,分期分批地组织竣工验收;对能生产中间产品的一些单项工程,不能提前投料试车,可按生产要求与生产最终产品的工程同步建成竣工后,再进行全部验收。此外对于某些特殊情况,工程施工虽未全部按设计要求完成,也应进行验收,这些特殊情况主要有:

①因少数非主要设备或某些特殊材料短期内不能解决,虽然工程内容尚未全部完成,但已可以投产或使用的工程项目。

②规定要求的内容已完成,但因外部条件的制约,如流动资金不足、生产所需原材料不能满足等,而使已建工程不能投入使用的项目。

③有些建设项目或单项工程,已形成部分生产能力,但近期内不能按原设计规模续建,应从实际情况出发,经主管部门批准后,可缩小规模对已完成的工程和设备组织竣工验收,移交固定资产。

(四)竣工验收的依据

①上级主管部门对该项目批准的各种文件。

主要内容应涵盖:上级批准的设计任务书或可行性研究报告;用地、征地、拆迁文件;地质勘察报告;设计施工图及有关说明等。

②双方签定的工程承包合同文件。

③设备技术说明书。

④设计变更通知书。

⑤国家颁布的各种质量验收标准和现行的施工验收规范。

⑥建筑安装工程统一规定及主管部门关于工程竣工的规定。

⑦从国外引进的新技术和成套设备的项目,以及中外合资建设项目,要按照签定的合同和进口国家提供的设计文件等进行验收。

⑧利用世界银行等国际金融机构贷款的建设项目,应按世界银行规定,按时编制"项目完成报告"。

四、竣工验收的质量核定

建设项目竣工验收的质量核定是政府对竣工工程进行质量监督的一种带有法律性的手段,是竣工验收交付使用必须办理的手续。质量核定的范围包括新建、扩建、改建的工业与民用建筑,设备安装工程,市政工程等。

(一)申报竣工质量核定的工程条件

①必须符合国家或地区规定的竣工条件和合同规定的内容。委托工程监理的工程,必须提供监理单位对工程质量进行监理的有关资料。

②必须提供各方签认的验收记录。对验收各方提出的质量问题,施工单位进行返修的,应提供建设单位和监理单位的复验记录。

③提供按照规定齐全有效的施工技术资料。

④保证竣工质量核定所需的水、电供应及其他必备的条件。

(二)核定的方法和步骤

①单位工程完成之后,施工单位应按照国家检验评定标准的规定进行自验,符合有关规

范、设计文件和合同要求的质量标准后,提交建设单位进行核定。

②建设单位组织设计、监理、施工等单位对工程质量评出等级,并向有关的监督机构提出申报竣工工程质量核定。

③监督机构在受理了竣工工程质量核定后,按照国家的《工程质量检验评定标准》进行核定,经核定合格或优良的工程,发给“合格证书”,并说明其质量等级。工程交付使用后,如工程质量出现永久缺陷等严重问题,监督机构将收回“合格证书”,并予以公布。

④经监督机构核定不合格的单位工程,不发给“合格证书”,不准投入使用,责任单位在规定期限返修后,再重新进行申报、核定。

⑤在核定中,如施工单位资料不能说明结构安全或不能保证使用功能的,由施工单位委托法定监测单位进行监测,并由监督机构对隐瞒事故者进行依法处理。

五、竣工验收的形式与程序

(一)建设项目竣工验收的形式

根据工程的性质及规模,分为3种:

①事后报告验收,对一些小型项目或单纯的设备安装项目适用。

②委托验收,对一般工程项目,委托某个有资格的机构为建设单位验收。

③成立竣工验收委员会验收。

(二)竣工验收的程序

建设项目全部建成,经过各单项工程验收符合设计的要求,并具备竣工图表、竣工决算、工程总结等必要文件资料,由建设项目主管部门或建设单位向负责验收的单位提出竣工验收申请报告,按程序验收。竣工验收的一般程序为:

1.承包商申请交工验收

承包商在完成了合同工程或按合同约定可分步移交工程的,可申请交工验收。竣工验收一般为单项工程,但在某些特殊情况下也可以是单位工程的施工内容,诸如特殊基础处理工程、发电站单机机组完成后的移交等。承包商施工的工程达到竣工条件后,应先进行预检验,对不符合要求的部位和项目,确定修补措施和标准,修补有缺陷的工程部位;对于设备安装工程,要与甲方和监理工程师共同进行无负荷单机和联动试车。承包商在完成了上述工作和准备好竣工资料后,即可向甲方提交竣工验收申请报告。一般基层施工单位先进行自验、项目经理自验、公司级预验三个层次的竣工验收预验收,也称竣工预验,为正式验收做好准备。

2.监理工程师现场初验

施工单位通过竣工预验收,对发现的问题进行处理后,决定正式提请验收,应向监理工程师提交验收申请报告。监理工程师审查验收申请报告,如认为可以验收,则由监理工程师组成验收组,对竣工的工程项目进行初验。在初验中发现的质量问题,要及时书面通知施工单位,令其修理甚至返工。

3.正式验收

正式验收由业主或监理工程师组织,包括业主、监理单位、设计单位、施工单位、工程质量监督站等单位参加。其工作程序是:

①参加工程项目竣工验收的各方对已竣工的工程进行目测检查和逐一核对工程资料所列内容是否齐备和完整。

②举行各方参加的现场验收会议，由项目经理对工程施工情况、自验情况和竣工情况进行介绍，并出示竣工资料，包括竣工图和各种原始资料及记录；由项目总监理工程师通报工程监理中的主要内容，发表竣工验收的监理意见；业主根据在竣工项目目测中发现的问题，按照合同规定对施工单位提出限期处理的意见；然后暂时休会，由质检部门会同业主及监理工程师讨论正式验收是否合格；最后复会，由业主或总监理工程师宣布验收结果，质检站人员宣布工程质量等级。

③办理竣工验收签证书，三方签字盖章。竣工验收签证书的格式见表9.1.1。

表9.1.1 竣工验收签证书

工程名称		工程地点	
工程范围	按合同要求定	建筑面积	
工程造价			
开工日期	年 月 日	竣工日期	年 月 日
日历工作天		实际工作天	
验收意见			
建设单位验收人			

4.单项工程验收

单项工程验收又称交工验收，由业主组织。验收合格后业主方可投入使用。交工验收主要依据国家颁布的有关技术规范和施工承包合同，对以下几方面进行检查或检验：

①检查、核实准备移交给业主的竣工项目所有技术资料的完整性、准确性。

②按照设计文件和合同，检查已完工程是否有漏项。

③检查工程质量、隐蔽工程验收资料、关键部位的施工记录等，考察施工质量是否达到合同要求。

④检查试车记录及试车中所发现的问题是否得到改正。

⑤在交工验收中发现需要返工、修补的工程，应明确规定完成期限。

⑥其他涉及的有关问题。

经验收合格后，业主和承包商共同签署“交工验收证书”。然后由业主将有关技术资料和试车记录、试车报告及交工验收报告一并上报主管部门，经批准后该部分工程即可投入使用。验收合格的单项工程，在全部工程验收时，原则上不再办理验收手续。

5.全部工程的竣工验收

全部施工完成后，由国家主管部门组织进行竣工验收。此类验收又称为动用验收。业主参与全部工程竣工验收过程，竣工验收分为验收准备、预验收和正式验收3个阶段。在自验的基础上，确认工程全部符合验收标准，具备了交付使用的条件后，即可开始正式竣工验收工作。

①发出《竣工验收通知书》。施工单位应于正式竣工验收之日的前10天，向建设单位发送《竣工验收通知书》。

②组织验收工作。工程竣工验收工作由建设单位邀请设计单位及有关方面参加，同施工单位一起进行检查验收。国家重点工程的大型建设项目，由国家有关部门邀请有关方面参加，组成工程验收委员会，进行验收。

③签发《竣工验收证明书》并办理移交。在建设单位验收完毕并确认工程符合竣工标准

和合同条款规定要求以后，向施工单位签发竣工验收证明书。

④进行工程质量评定。建筑工程按设计要求和建筑安装工程施工的验收规范和质量标准进行质量评定验收。验收委员会或验收组，在确认工程符合竣工标准和合同条款规定后，签发竣工验收合格证书。

⑤整理各种技术文件材料，办理工程档案资料移交。建设项目竣工验收前，各有关单位应将所有技术文件进行系统整理，由建设单位分类立卷；在竣工验收时，交生产单位统一保管，同时将与所在地区有关的文件交当地档案管理部门，以适应生产、维修的需要。

⑥办理固定资产移交手续。在对工程检查验收完毕后，施工单位要向建设单位逐项办理工程移交和其他固定资产移交手续，加强固定资产的管理，并应签认交接验收证书，办理工程结算手续。工程结算由施工单位提出，送建设单位审核无误后，由双方共同办理结算签认手续。工程结算手续办理完毕，除施工单位承担保修工作（一般保修期为一年）以外，甲乙双方的经济关系和法律责任同时解除。

⑦办理工程决算。整个项目完工验收，并且办理完工程结算手续后，要由建设单位编制工程决算文件，上报有关部门。

⑧签署竣工验收鉴定书。竣工验收鉴定书是表示建设项目已经竣工，并交付使用的重要文件，是全部固定资产交付使用和建设项目正式动用的依据，也是承包商对建设项目免除法律责任的证据。竣工验收鉴定书一般包括：工程名称及地点、验收委员会成员、工程总说明、工程据以修建的设计文件、竣工工程是否与设计相符合、全部工程质量鉴定、总的预算造价和实际造价、结论，验收委员会对工程投入使用的意见和要求等主要内容。至此，项目的建设过程全部结束。

整个建设项目进行竣工验收后，业主应及时办理固定资产交付使用手续。在进行竣工验收时，已验收过的单项工程可以不再办理验收手续，但应将单项工程交工验收证书作为最终验收的附件而加以说明。

第二节　竣工决算

一、竣工决算的概念及作用

（一）竣工决算的概念

建设项目竣工决算是指建设项目竣工后，建设单位按照国家有关规定在新建、改建和扩建工程建设项目竣工验收阶段编制的竣工决算报告。竣工决算是以实物数量和货币指标为计量单位，综合反映竣工项目从筹建开始到项目竣工交付使用为止的全部建设费用、建设成果和财务情况的总结性文件，是竣工验收报告的重要组成部分。竣工决算是正确核定新增固定资产价值，考核分析投资效果，建立健全经济责任制的依据，是反映建设项目实际造价和投资效果的文件。

（二）竣工决算的作用

建设项目竣工决算的作用主要表现在以下方面：

①建设项目竣工决算是综合、全面地反映竣工项目建设成果及财务情况的总结性文件。

它采用货币指标、实物数量、建设工期和各种技术经济指标综合、全面地反映建设项目自开始建设到竣工为止的全部建设成果和财物状况。

②建设项目竣工决算是办理交付使用资产的依据,也是竣工验收报告的重要组成部分。建设单位与使用单位在办理交付资产的验收交接手续时,通过竣工决算反映了交付使用资产的全部价值,包括固定资产、流动资产、无形资产和递延资产的价值。同时,它还详细提供了交付使用资产的名称、规格、数量、型号和价值等明细资料,是使用单位确定各项新增资产价值并登记入账的依据。

③建设项目竣工决算是分析和检查设计概算的执行情况,考核投资效果的依据。

竣工决算反映了竣工项目计划、实际的建设规模、建设工期以及设计和实际的生产能力;反映了概算总投资和实际的建设成本;同时还反映了所达到的主要技术经济指标。通过对这些指标计划数、概算数与实际数进行对比分析,不仅可以全面掌握建设项目计划和概算执行情况,而且可以考核建设项目投资效果,为今后制订基建计划、降低建设成本、提高投资效果提供必要的资料。

二、竣工决算的内容

竣工决算由“竣工决算报表”“竣工财务决算说明书”“工程竣工图”和“工程造价对比分析”4部分组成。大、中、小型建设项目由于建设规模不同,所包括的决算报表也不同。一般大、中型建设项目的竣工决算报表包括:竣工工程概况表、竣工财务决算表、建设项目交付使用财产总表和建设项目交付使用财产明细表等;小型建设项目的竣工决算报表一般包括:竣工决算总表和交付使用财产明细表两部分。除此以外,还可以根据需要,编制结余设备材料明细表、应收应付款明细表、结余资金明细表等,将其作为竣工决算表的附件。大、中型和小型建设项目的竣工决算包括建设项目从筹建开始到项目竣工交付生产使用为止的全部建设费用,其内容包括以下4个方面:

(一)竣工财务决算情况说明书

竣工决算报告情况说明书主要反映竣工工程建设成果和经验,是对竣工决算报表进行分析和补充说明的文件,是全面考核分析工程投资与造价的书面总结,其内容主要包括:

①建设项目概况及对工程总的评价。一般从进度、质量、安全和造价、施工方面进行分析说明。进度方面主要说明开工和竣工时间,对照合理工期和要求工期分析是提前还是延期;质量方面主要根据竣工验收委员会或相当一级质量监督部门的验收评定等级、合格率和优良品率;安全方面主要根据劳动工资和施工部门的记录,对有无设备和人身事故进行说明;造价方面主要对照概算造价,对节约还是超支用金额和百分率进行分析说明。

②资金来源及运用等财务分析。主要包括工程价款结算、会计账务的处理、财产物资情况及债权债务的清偿情况。

③基本建设收入、投资包干结余、竣工结余资金的上交分配情况。通过对基本建设投资包干情况的分析,说明投资包干数、实际支用数和节约额、投资包干节余的有机构成和包干节余的分配情况。

④各项经济技术指标的分析。概算执行情况分析,根据实际投资完成额与概算进行对比分析;新增生产能力的效益分析,说明支付使用财产占总投资额的比例、新增加固定资产的造价占投资总额的比例,分析有机构成和成果。

⑤工程建设的经验、项目管理和财务管理工作以及竣工财务决算中有待解决的问题。

⑥需要说明的其他事项。

(二)竣工决算报表结构

按国家财政部财基字〔1998〕4 号关于《基本建设财务管理若干规定》的通知和财基字〔1998〕498 号《基本建设项目竣工财务决算报表》和《基本建设项目竣工财务决算报表填表说明》的通知,建设项目竣工财务决算报表格式见表 9.2.1~表 9.2.6。

大、中型建设项目竣工财务决算报表——
- 1.建设项目竣工财务决算审批表(见表 9.2.1)
- 2.大、中型建设项目概况表(见表 9.2.2)
- 3.大、中型建设项目竣工财务决算表(见表 9.2.3)
- 4.大、中型建设项目交付使用资产总表(见表 9.2.4)
- 5.建设项目交付使用资产明细表(见表 9.2.5)

小型建设项目竣工财务决算报表——
- 1.建设项目竣工财务决算审批表(见表 9.2.1)
- 2.小型建设项目竣工财务决算总表(见表 9.2.6)
- 3.建设项目交付使用资产明细表(见表 9.2.5)

1.建设项目竣工财务决算审批表(表 9.2.1)

大、中、小型建设项目竣工决算均要填报此表,有关填表说明如下:

①建设性质按新建、扩建、改建、迁建和恢复建设项目等分类填列。

②主管部门是指建设单位的主管部门。

③所有建设项目均须先经开户银行签署意见后,按下列要求报批:

a.中央级小型建设项目由主管部门签署审批意见。

b.中央级大、中型建设项目报所在地财政监察专员办理机构签署意见后,再由主管部门签署意见报财政部审批。

c.地方级项目由同级财政部门签署审批意见。

④已具备竣工验收条件的项目,3 个月内应及时填报审批表。如 3 个月内不办理竣工验收和固定资产移交手续的视同项目已正式投产,其费用不得从基建投资中支付,所实现的收入作为经营收入,不再作为基建收入。

表 9.2.1 建设项目竣工财务决算审批表

<table>
<tr><td>建设项目法人(建设单位)</td><td></td><td>建设性质</td><td></td></tr>
<tr><td>建设项目名称</td><td></td><td>主管部门</td><td></td></tr>
<tr><td colspan="4">开户银行意见:

盖 章
年 月 日</td></tr>
<tr><td colspan="4">专员办审批意见:

盖 章
年 月 日</td></tr>
<tr><td colspan="4">主管部门或地方财政部门审批意见:

盖 章
年 月 日</td></tr>
</table>

2.大、中型建设项目概况表(表9.2.2)

此表用来反映建设项目总投资、基建投资支出、新增生产能力、主要材料消耗和主要技术经济指标等方面的设计或概算数及实际完成数的情况。具体内容如下：

①建设项目名称、建设地址、主要设计单位和主要施工单位应按全称名填写。

②各项目的设计、概算、计划指标是指经批准的设计文件和概算、计划等确定的指标数据。

③设计概算批准文号是指最后经批准的日期和文件号。

④新增生产能力、完成主要工程量、主要材料消耗量的实际数据,是指建设单位统计资料和施工企业提供的有关成本核算资料中的数据。

⑤主要技术经济指标,包括单位面积造价、单位生产能力、单位投资增加的生产能力、单位生产成本和投资回收年限等反映投资效果的综合性指标。

⑥基建支出,是指建设项目从开工起至竣工止发生的全部基建支出。包括形成资产价值的交付使用资产,即固定资产、流动资产、无形资产、递延资产支出,以及不形成资产价值按规定应核销的非经营性项目的待核销基建支出和转出投资。以上这些基建支出应根据财政部门历年批准的“基建投资表”中的数据填列。按照财政部财基字〔1998〕4号关于《基本建设财务管理若干规定》的通知,还应注意几点：

a.建筑安装工程投资支出、设备工器具投资支出、待摊投资支出和其他投资支出构成建设项目的建设成本。

- 建筑安装工程投资支出是指建设单位按项目概算发生的建筑工程和安装工程的实际成本,不包括被安装设备本身的价值以及按合同规定支付给施工企业的预付备料款和预付工程款。

- 设备工器具投资支出是指建设单位按照项目概算内容发生的各种设备的实际成本和为生产准备的不够固定资产标准的工具、器具的实际成本。

- 待摊投资支出是指建设单位按项目概算内容发生的,按规定应当分摊计入交付使用资产价值的各项费用支出,其内容包括:建设单位管理费、土地征用及迁移补偿费、勘察设计费、研究试验费、可行性研究费、临时设施费、设备检验费、负荷联动试运转费、包干结余、坏账损失、借款利息、合同公证及工程质量监理费、土地使用税、汇兑损益、国外借款手续费及承诺费、施工机构迁移费、报废工程损失、耕地占用税、土地复垦及补偿费、投资方向调节税、固定资产损失、器材处理亏损、设备盘亏毁损、调整器材调拨价格折价、企业债券发行费用、概(预)算审查费、(贷款)项目评估费、社会中介机构审计费、车船使用税、其他待摊销投资支出等。建设单位发生单项工程报废时,按规定程序报批并经批准的单项工程净损失按增加建设成本处理,计入待摊投资支出。

- 其他投资支出是指建设单位按项目概算内容发生的构成建设项目实际支出的房屋购置和基本畜禽、林木等购置、饲养、培养支出以及取得各种无形资产和递延资产发生的支出。

- 待核销基建支出是指非经营性项目发生的江河清障、航道清淤、飞播造林、补助群众造林、水土保持、城市绿化、取消项目的可行性研究费、项目报废等不能形成资产部分的投资。但若是形成资产部分的投资,应计入交付使用资产价值。

b.非经营性项目转出投资支出是指非经营性项目为项目配套的专用设施投资,包括专用道路、专用通信设施、送变电站、地下管道等产权不属本单位的投资支出。但是如果产权归属本单位的,应计入交付使用资产价值。

表 9.2.2　大、中型建设项目概况表

<table>
<tr><td>建设项目(单项工程)名称</td><td colspan="2"></td><td>建设地址</td><td colspan="4"></td></tr>
<tr><td>主要设计单位</td><td colspan="2"></td><td>主要施工企业</td><td colspan="4"></td></tr>
<tr><td rowspan="3">占地面积</td><td>计划</td><td>实际</td><td rowspan="3">总投资
/万元</td><td colspan="2">设　计</td><td colspan="2">实　际</td></tr>
<tr><td rowspan="2"></td><td rowspan="2"></td><td>固定资产</td><td>流动资金</td><td>固定资产</td><td>流动资金</td></tr>
<tr><td></td><td></td><td></td><td></td></tr>
<tr><td rowspan="2">新增生产能力</td><td colspan="2">能力(效益)名称</td><td>设　计</td><td colspan="4">实　际</td></tr>
<tr><td colspan="2"></td><td></td><td colspan="4"></td></tr>
<tr><td rowspan="2">建设起止时间</td><td>设　计</td><td colspan="6">从　　年　　月开工至　　年　　月竣工</td></tr>
<tr><td>实　际</td><td colspan="6">从　　年　　月开工至　　年　　月竣工</td></tr>
<tr><td>设计概算批准文号</td><td colspan="7"></td></tr>
<tr><td rowspan="3">完成主要工程量</td><td colspan="2">建筑面积/m²</td><td colspan="5">设备/台·套·吨</td></tr>
<tr><td>设计</td><td>实际</td><td colspan="2">设　计</td><td colspan="3">实　际</td></tr>
<tr><td></td><td></td><td colspan="2"></td><td colspan="3"></td></tr>
<tr><td rowspan="2">收尾工程</td><td colspan="2">工程内容</td><td colspan="2">投资额</td><td colspan="3">完成时间</td></tr>
<tr><td colspan="2"></td><td colspan="2"></td><td colspan="3"></td></tr>
</table>

<table>
<tr><td></td><td colspan="2">项　目</td><td>概算</td><td>实际</td><td>主要指标</td></tr>
<tr><td rowspan="7">基建支出</td><td colspan="2">建筑安装工程</td><td></td><td></td><td rowspan="11"></td></tr>
<tr><td colspan="2">设备　工具　器具</td><td></td><td></td></tr>
<tr><td colspan="2">待摊投资
其中:建设单位管理费</td><td></td><td></td></tr>
<tr><td colspan="2">其他投资</td><td></td><td></td></tr>
<tr><td colspan="2">待核销基建支出</td><td></td><td></td></tr>
<tr><td colspan="2">非经营项目转出投资</td><td></td><td></td></tr>
<tr><td colspan="2">合　计</td><td></td><td></td></tr>
<tr><td rowspan="4">主要材料消耗</td><td>名　称</td><td>单　位</td><td>概算</td><td>实际</td></tr>
<tr><td>钢　材</td><td>t</td><td></td><td></td></tr>
<tr><td>木　材</td><td>m³</td><td></td><td></td></tr>
<tr><td>水　泥</td><td>t</td><td></td><td></td></tr>
<tr><td>主要技术经济指标</td><td colspan="5"></td></tr>
</table>

⑦收尾工程是指全部工程项目验收后遗留的少量收尾工程。在此表中应明确填写收尾工程内容、完成时间、尚需投资额，根据具体情况加以说明，完工后不再编制竣工决算。

3.大、中型建设项目竣工财务决算表(表 9.2.3)

此表是用来反映建设项目的全部资金来源和资金占用(支出)情况，是考核和分析投资效果的依据。该表采用平衡表形式，即资金来源合计等于资金占用(支出)合计。

①奖金来源包括基建拨款、项目资本金、项目资本公积金、基建借款、上级拨入投资借款、企业债券资金、待冲基建支出、应付款和未交款以及上级拨入资金和企业留成收入等。

表 9.2.3 大、中型建设项目竣工财务决算表 单位:元

资金来源	金 额	资金占用	金 额	补充资料
一、基建拨款		一、基本建设支出		1.基建投资借款期末余额
1.预算拨款		1.交付使用资产		
2.基建基金拨款		2.在建工程		2.应收生产单位投资借款期末数
3.进口设备转账拨款		4.待核销基建支出		
4.器材转账拨款		4.非经营项目转出投资		3.基建结余资金
5.煤代油专用基金拨款		二、应收生产单位投资借款		
6.自筹资金拨款		三、拨付所属投资借款		
7.其他拨款		四、器材		
二、项目资本		其中:待处理器材损失		
1.国家资本		五、货币资金		
2.法人资本		六、预付及应收款		
3.个人资本		七、有价证券		
三、项目资本公积		八、固定资产		
四、基建借款		固定资产原值		
五、上级拨入投资借款		减:累计折旧		
六、企业债券资金		固定资产净值		
七、待冲基建支出		固定资产清理		
八、应付款		待处理固定资产损失		
九、未交款				
1.未交税金				
2.未交基建收入				
3.未交基建包干节余				
4.其他未交款				
十、上级拨入资金				
十一、留成收入				
合 计		合 计		

A.预算拨款、自筹资金拨款及其他拨款、项目资本金、基建借款及其他借款等项目，是指自开工建设至竣工止的累计数，应是根据历年批复的年度基本建设财务决算和竣工年度的基本建设财务决算中资金平衡表相应项目的数字经汇总后的投资额。

B.项目资本金是经营性项目投资者按国家关于项目资本金制度的规定，筹集并投入项目的非负债资金。按其投资主体不同，分为国家资本金、法人资本金、个人资本金和外商资本金并在财务决算表中单独反映。竣工决算后相应转为生产经营企业的国家资本金、法人资本金、个人资本金和外商资本金。国家资本金包括中央财政预算拨款、地方财政预算拨款、政府设立的各种专项建设基金和其他财政性资金等。

C.项目资本公积金，此处的项目资本公积金是指经营性项目对投资者实际缴付的出资额超出其资金的差额（包括发行股票的溢价净收入）、资产评估确认价值或者合同、协议约定价值与原账面净值的差额、接受捐赠的财产、资本汇率折算差额等，在项目建设期间作为资本公积金。项目建成交付使用并办理竣工决算后转为生产经营企业的资本公积金。

D.基建收入是指基建过程中形成的各项工程建设副产品变价净收入、负荷试车的试运行收入以及其他收入，具体内容包括：

a.工程建设副产品变价净收入，包括煤炭建设过程中的工程煤收入、矿山建设中的矿产品收入及油（气）田钻井建设过程中的原油（气）收入等。

b.经营性项目为检验设备安装质量进行的负荷试车或按合同及国家规定进行试运行所实现的产品收入，包括水利、电力建设移交生产前的水、电、气费收入，原材料、机电轻纺、农林建设移交生产前的产品收入，铁路、交通临时运营收入等。

c.各类建设项目总体建设尚未完成和移交生产，但其中部分工程简易投产而发生的经营性收入等。

d.工程建设期间各项索赔以及违约金等其他收入。

以上各项基建收入均是以实际所得纯收入计列，即实际销售收入扣除销售过程中所发生的费用和税后的纯收入。

②资金占用（支出）反映建设项目从开工准备到竣工全过程的资金支出的全面情况。具体内容包括基本建设支出、应收生产单位投资借款、库存器材、货币资金、有价证券和预付及应收款以及拨付所属投资借款和库存固定资产等。

③补充资料的“基建投资借款期末余额”是指建设项目竣工时尚未偿还的基建投资借款数，应根据竣工年度资金平衡表内的“基建借款”项目期末数填列；“应收生产单位投资借款期末数”应根据竣工年度资金平衡表内的“应收生产单位投资借款”项目的期末数填列；“基建资金结余资金”是指竣工时的结余资金，应根据竣工财务决算表中有关项目计算填列，基建结余资金计算公式为：

基建结余资金=基建拨款+项目资本+项目资本公积金+基建借款+企业债券资金+
待冲基建支出-基本建设支出-应收生产单位投资借款

4.大、中型建设项目交付使用资产总表（表9.2.4）

交付使用资产总表是反映建设项目建成后交付使用新增固定资产、流动资产、无形资产和递延资产的全部情况及价值，作为财产交接、检验投资计划完成情况和分析投资效果的依据。表中各栏目数据应根据交付使用资产明细表的固定资产、流动资产、无形资产、递延资产的汇总数分别填列，表中总计栏的总计数应与竣工财务决算表中的交付使用资产的金额一致。第

2,7栏的合计数和8,9,10栏的数据应与竣工财务决算表交付使用的固定资产、流动资产、无形资产、递延资产的数据相符。

表9.2.4 大、中型建设项目交付使用资产总表

单位:元

单位工程项目名称	总计	固定资产					流动资产	无形资产	递延资产
		建筑工程	安装工程	设备	其他	合计			
1	2	3	4	5	6	7	8	9	10

交付单位盖章 年 月 日 接收单位盖章 年 月 日

5.建设项目交付使用资产明细表(表9.2.5)

表9.2.5 建设项目交付使用资产明细表

单项工程项目名称	建筑工程			设备、工具、器具、家具						流动资产		无形资产		递延资产	
	结构	面积/m^2	价值/元	名称	规格型号	单位	数量	价值/元	设备安装费/元	名称	价值/元	名称	价值/元	名称	价值/元
合计															

交付单位盖章 年 月 日 接收单位盖章 年 月 日

大、中型和小型建设项目均要填列此表,该表是交付使用财产总表的具体化,反映交付使用固定资产、流动资产、无形资产和递延资产的详细内容,是使用单位建立资产明细账和登记新增资产价值的依据。表中固定资产部分要逐项盘点填列,工具、器具和家具等低值易耗品可分类填列,各项合计数应与交付使用资产总表一致。

6.小型建设项目竣工财务决算总表(表9.2.6)

该表由大、中型建设项目概况表与竣工财务决算表合并而成,主要反映小型建设项目的全部工程和财务情况。可参照大、中型建设项目概况表指标和大、中型建设项目竣工财务决算的指标填列。

(三)建设工程竣工图

建设工程竣工图是真实记录各种地上地下建筑物、构筑物等情况的技术文件,是工程进行交工验收、改建和扩建的依据,是国家的重要技术档案。为确保竣工图质量,必须在施工过程中(不能在竣工后)及时做好隐蔽工程检查记录,整理好设计变更文件。其具体要求为:

①按图施工没有变动的,由施工单位在原施工图上加盖“竣工图”标志后作为竣工图。

②在施工过程中虽有一般性设计变更,但能将原施工图加以修改补充的可不重新绘制,由施工单位负责在原施工图(必须是新蓝图)上注明修改的部分,并附以设计变更通知单和施工说明,加盖“竣工图”标志后作为竣工图。

表 9.2.6　小型建设项目竣工财务决算总表

<table>
<tr><td>建设项目名称</td><td colspan="2"></td><td>建设地址</td><td colspan="4"></td><td colspan="2">资金来源</td><td colspan="2">资金运用</td></tr>
<tr><td>初步设计概算批准文号</td><td colspan="7"></td><td>项　目</td><td>金额/元</td><td>项　目</td><td>金额/元</td></tr>
<tr><td rowspan="3">占地面积</td><td>计　划</td><td>实　际</td><td rowspan="2">总投资/万元</td><td colspan="2">计　划</td><td colspan="2">实　际</td><td>一、基建拨款
其中:预算拨款</td><td></td><td>一、交付使用资产</td><td></td></tr>
<tr><td rowspan="2"></td><td rowspan="2"></td><td>固定资产</td><td>流动资金</td><td>固定资产</td><td>流动资金</td><td>二、项目资本</td><td></td><td>二、待核销基建支出</td><td></td></tr>
<tr><td></td><td></td><td></td><td></td><td></td><td>三、项目资本公积</td><td></td><td>三、非经营项目转出投资</td><td></td></tr>
<tr><td rowspan="2">新增生产能力</td><td colspan="2">能力(效益)名称</td><td>设　计</td><td colspan="4">实　际</td><td>四、基建借款</td><td></td><td>四、应收生产单位投资借款</td><td></td></tr>
<tr><td colspan="2"></td><td></td><td colspan="4"></td><td>五、上级拨入借款</td><td></td><td>五、拨款所属投资借款</td><td></td></tr>
<tr><td rowspan="2">建设起止时间</td><td colspan="2">计　划</td><td colspan="5">从　年　月开工至　年　月竣工</td><td>六、企业债券资金</td><td></td><td>六、器材</td><td></td></tr>
<tr><td colspan="2">实　际</td><td colspan="5">从　年　月开工至　年　月竣工</td><td>七、待冲基建支出</td><td></td><td>七、货币资金</td><td></td></tr>
<tr><td rowspan="8">基建支出</td><td colspan="3">项　目</td><td colspan="2">概算/元</td><td colspan="2">实际/元</td><td>八、应付款</td><td></td><td>八、预付及应收款</td><td></td></tr>
<tr><td colspan="3">建筑安装工程</td><td colspan="2"></td><td colspan="2"></td><td rowspan="2">九、未交款
其中:未交基建收入
未交包干收入</td><td rowspan="2"></td><td>九、有价证券</td><td></td></tr>
<tr><td colspan="3">设备　工具　器具</td><td colspan="2"></td><td colspan="2"></td><td>十、原有固定资产</td><td></td></tr>
<tr><td colspan="3">待摊投资
其中:建设单位管理费</td><td colspan="2"></td><td colspan="2"></td><td>十、上级拨入资金</td><td></td><td></td><td></td></tr>
<tr><td colspan="3">其他投资</td><td colspan="2"></td><td colspan="2"></td><td>十一、留成收入</td><td></td><td></td><td></td></tr>
<tr><td colspan="3">待核销基建支出</td><td colspan="2"></td><td colspan="2"></td><td></td><td></td><td></td><td></td></tr>
<tr><td colspan="3">非经营性项目转出投资</td><td colspan="2"></td><td colspan="2"></td><td></td><td></td><td></td><td></td></tr>
<tr><td colspan="3">合　计</td><td colspan="2"></td><td colspan="2"></td><td>合　计</td><td></td><td>合　计</td><td></td></tr>
</table>

③凡结构形式改变、施工工艺改变、平面布置改变、项目改变以及有其他重大改变，不宜再在原施工图上修改、补充者，应重新绘制改变后的竣工图。由设计原因造成的，由设计单位负责重新绘图；由施工原因造成的，由施工单位负责重新绘图，采用“竣工图图标”；由其他原因造成的，由建设单位自行绘图或委托设计单位绘图，施工单位负责在新图上加盖“竣工图”标志，并附以有关记录和说明，作为竣工图。

④为了满足竣工验收和竣工决算需要，还应绘制能反映竣工工程全部内容的工程设计平面示意图。

(四)工程造价比较分析

竣工决算是综合反映竣工建设项目或单项工程的建设成果和财务情况的总结性文件。在竣工决算报告中必须对控制工程造价所采取的措施、效果及其动态变化进行认真比较分析，总结经验教训。

三、竣工决算的编制

(一)竣工决算的编制依据

竣工决算的编制依据主要有：

①可行性研究报告、投资估算书、初步设计或扩大初步设计、修正总概算及其批复文件。

②设计变更记录、施工记录或施工签证单及其他施工发生的费用记录。

③经批准的施工图预算或标底造价、承包合同、工程结算等有关资料。

④历年基建计划、历年财务决算及批复文件。

⑤设备、材料调价文件和调价记录。

⑥其他有关资料。

(二)竣工决算的编制要求

为了严格执行建设项目竣工验收制度，正确核定新增固定资产价值，考核分析投资效果，建立健全经济责任制，所有新建、扩建和改建等建设项目竣工后，都应及时、完整、正确地编制好竣工决算。建设单位要做好以下工作：

①按照规定组织竣工验收，保证竣工决算的及时性。及时组织竣工验收，是对建设工程的全面考核，所有的建设项目(或单项工程)按照批准的设计文件所规定的内容建成，并具备了投产和使用条件的，都要及时组织验收。对于竣工验收中发现的问题，应及时查明原因，采取措施加以解决，以保证建设项目按时交付使用和及时编制竣工决算。

②积累、整理竣工项目资料，保证竣工决算的完整性。积累、整理竣工项目资料是编制竣工决算的基础工作，它关系到竣工决算的完整性和质量的好坏。因此，在建设过程中，建设单位必须随时收集项目建设的各种资料，并在竣工验收前对各种资料进行系统整理，并分类立卷，为编制竣工决算提供完整的数据资料，为投产后加强固定资产管理提供依据。在工程竣工时，建设单位应将各种基础资料与竣工决算一起移交给生产单位或使用单位。

③清理、核对各项账目，保证竣工决算的正确性。工程竣工后，建设单位要认真核实各项交付使用资产的建设成本；做好各项账务、物资以及债权的清理结余工作，应偿还的及时偿还，应收回的及时收回；对各种结余的材料、设备、施工机械工具等，要逐项清点核实，妥善保管，按照国家有关规定进行处理，不得任意侵占；对竣工后的结余资金，要按规定上交财政部门或上级主管部门。在做完上述工作并核实了各项数字的基础上，正确编制从年初起到竣工月份止

的竣工年度财务决算，以便根据历年的财务决算和竣工年度财务决算进行整理汇总，编制建设项目决算。

按照规定，竣工决算应在竣工项目办理验收交付手续后一个月内编好，并上报主管部门，有关财务成本部分，还应送经办行审查签证。主管部门和财政部门对报送的竣工决算审批后，建设单位即可办理决算调整和结束有关工作。

(三)竣工决算的编制步骤

1.收集、整理和分析有关依据资料

在编制竣工决算文件之前，应系统地整理所有技术资料、工料结算经济文件、施工图纸和各种变更与签证资料，并分析它们的准确性。完整、齐全的资料，是准确而迅速编制竣工决算的必要条件。

2.清理各项财务、债务和结余物资

在收集、整理和分析有关资料中，要特别注意建设工程从筹建到竣工投产或使用的全部费用的各项账务，即债权和债务的清理，做到工程完毕账目清晰。既要核对账目，又要查点库有实物的数量，做到账与物相等，账与账相符。对结余的各种材料、工器具和设备，要逐项清点核实，妥善管理，并按规定及时处理，收回资金。对各种往来款项要及时进行全面清理，为编制竣工决算提供准确的数据和结果。

3.填写竣工决算报表

建设工程决算表格中的内容，应根据编制依据中的有关资料进行统计和计算，并将其结果填到相应表格的栏目内，完成所有报表的填写。

4.编制建设工程竣工决算说明

按照建设工程竣工决算说明的内容要求，根据填写在报表中的结果，编写文字说明。

5.做好工程造价对比分析

对控制造价所采取的措施、效果及其动态变化进行认真比较分析，总结经验教训。

6.清理、装订好竣工图

按竣工图编制和装订要求进行。

7.上报主管部门审查

按相应规定报主管部门。

上述编写的文字说明和填写的表格经核对无误，装订成册，即为建设工程竣工决算文件。将其上报主管部门审查，并把其中财务成本部分送交开户银行签证。竣工决算在上报主管部门的同时，应抄送有关设计单位。大、中型建设项目的竣工决算还应抄送财政部、建设银行总行和省、市、自治区的财政局和建设银行分行各一份。建设工程竣工决算的文件，由建设单位负责组织人员编写，在竣工建设项目办理验收使用一个月之内完成。

四、新增资产价值的确定

(一)新增资产价值的分类

按照新的财务制度和企业会计准则，新增资产按资产性质可分为固定资产、流动资产、无形资产、递延资产和其他资产 5 大类。

1.固定资产

固定资产是指使用期限超过一年，单位价值在 1 000 元、1 500 元或 2 000 元以上，并且在使用过程中保持原有实物形态的资产,包括房屋、建筑物、机械、运输工具等。不同时具备以上两个条件的资产为低值易耗品,应列入流动资产范围内,如企业自身使用的工具、器具、家具等。

2.流动资产

流动资产是指可以在一年或者超过一年的营业周期内变现或者耗用的资产。它是企业资产的重要组成部分。流动资产按资产的占用形态可分为现金、存货(指企业的库存材料、在产品、产成品、商品等)、银行存款、短期投资、应收账款及预付账款。

3.无形资产

无形资产是指受特定主体所控制的,不具有实物形态,对生产经营长期发挥作用且能带来经济利益的资源。主要有专利权、非专利技术、商标权、商誉。

4.递延资产

递延资产是指不能全部计入当年损益,应当在以后年度分期摊销的各种费用,包括开办费、租入固定资产改良支出等。

5.其他资产

其他资产是指具有专门用途,但不参加生产经营的经国家批准的特种物资、银行冻结存款和冻结物资、涉及诉讼的财产等。

(二)新增资产价值的确定方法

1.新增固定资产价值的确定

新增固定资产价值是以独立发挥生产能力的单项工程为对象的。单项工程建成后经有关部门验收鉴定合格,正式移交生产或使用,即应计算新增固定资产价值。一次交付生产或使用的工程应一次计算新增固定资产价值,分期分批交付生产或使用的工程应分期分批计算新增固定资产价值。在计算时应注意以下几种情况:

①为了提高产品质量、改善劳动条件、节约材料消耗、保护环境而建设的附属辅助工程,只要全部建成,并正式验收交付使用后就要计入新增固定资产价值。

②单项工程中不构成生产系统,但能独立发挥效益的非生产性项目,如住宅、食堂、医务所、托儿所、生活服务网点等,在建成并交付使用后,也要计算新增固定资产价值。

③凡购置达到固定资产标准不需安装的设备、工具、器具,应在交付使用后计入新增固定资产价值。

④属于新增固定资产价值的其他投资,应随同受益工程交付使用的同时一并计入。

⑤交付使用财产的成本应按下列内容计算:

a.房屋、建筑物、管道、线路等固定资产的成本包括建筑工程成本和应分摊的待摊投资;

b.动力设备和生产设备等固定资产的成本包括需要安装设备的采购成本、安装工程成本、设备基础支柱等建筑工程成本或砌筑锅炉及各种特殊炉的建筑工程成本、应分摊的待摊投资;

c.运输设备及其他不需要安装的设备、工具、器具、家具等固定资产一般仅计算采购成本,不计分摊的“待摊投资”。

⑥共同费用的分摊方法。新增固定资产的其他费用,如果是属于整个建设项目或两个以上单项工程的,在计算新增固定资产价值时应在各单项工程中按比例分摊。分摊时,什么费用应由什么工程负担应按具体规定进行。一般情况下,建设单位管理费按建筑工程、安装工程、需安装设备价值总额按比例分摊,而土地征用费、勘察设计费等费用则按建筑工程造价分摊。

【例 9.2.1】 某工业建设项目及其总装车间的建筑工程费、安装工程费,需安装设备费以及应摊入费用见表9.2.7,计算总装车间新增固定资产价值。

表9.2.7 分摊费用计算表

单位:万元

项目名称	建筑工程	安装工程	需安装设备	建设单位管理费	土地征用费	勘察设计费
建设单位竣工决算	2 000	400	800	60	70	50
总装车间竣工决算	500	180	320			

【解答】 计算过程如下:

①应分摊的建设单位管理费$=\frac{500+180+320}{2\ 000+400+800}\times 60$ 万元 $=18.75$ 万元

②应分摊的土地征用费$=\frac{500}{2\ 000}\times 70$ 万元 $=17.5$ 万元

③应分摊的勘察设计费$=\frac{500}{2\ 000}\times 50$ 万元 $=12.5$ 万元

总装车间新增固定资产价值 $=(500+180+320)$ 万元 $+(18.75+17.5+12.5)$ 万元

$=1\ 000$ 万元 $+48.75$ 万元 $=1\ 048.75$ 万元

2.流动资产价值的确定

流动资产是指可以在一年内或者超过一年的一个营业周期内变现或者运用的资产,包括现金及各种存款以及其他货币资金、短期投资、存货、应收及预付款项以及其他流动资产等。

①货币性资金。货币性资金是指现金、各种银行存款及其他货币资金,其中现金是指企业的库存现金,包括企业内部各部门用于周转使用的备用金;各种存款是指企业的各种不同类型的银行存款;其他货币资金是指除现金和银行存款以外的其他货币资金,根据实际入账价值核定。

②应收及预付款项。应收账款是指企业因销售商品、提供劳务等应向购货单位或受益单位收取的款项;预付款项是指企业按照购货合同预付给供货单位的购货定金或部分货款。应收及预付款项包括应收票据、应收款项、其他应收款、预付货款和待摊费用。一般情况下,应收及预付款项按企业销售商品、产品或提供劳务时的成交金额入账核算。

③短期投资包括股票、债券、基金。股票和债券根据是否可以上市流通分别采用市场法和收益法确定其价值。

④存货。存货是指企业的库存材料、在产品、产成品等。各种存货应当按照取得时的实际成本计价。存货的形成,主要有外购和自制两个途径。外购的存货,按照买价加运输费、装卸费、保险费、途中合理损耗、入库前加工、整理及挑选费用以及缴纳的税金等计价;自制的存货,按照制造过程中的各项实际支出计价。

3.无形资产价值的确定

根据我国2001年颁布的《资产评估准则——无形资产》规定,无形资产是指特定主体所控制的,不具有实物形态的,对生产经营长期发挥作用且能够带来经济利益的资源。

(1)无形资产的计价原则

投资者按无形资产作为资本金或者合作条件投入时,按评估确认或合同约定的金额计价。

①购入的无形资产,按实际支付的价款计价;

②企业自创并依法申请取得的无形资产,按开发过程中的实际支出计价;

③企业接受捐赠的无形资产,按发票账单所持金额或者同类无形资产市价作价;

④无形资产计价入账后,应在其有效使用期内分期摊销。

(2)无形资产的计价方法

①专利权的计价。专利权分为自创和外购两类。自创专利权的价值为开发过程中的实际支出。主要包括专利的研制成本和交易成本。研制成本包括直接成本和间接成本;直接成本是指研制过程中直接投入发生的费用(主要包括材料费用、工资费用、专用设备费、资料费、咨询鉴定费、协作费、培训费和差旅费等);间接成本是指与研制开发有关的费用(主要包括管理费、非专用设备折旧费、应分摊的公共费用及能源费用)。交易成本是指在交易过程中的费用支出(主要包括技术服务费、交易过程中的差旅费及管理费、手续费、税金)。由于专利权是具有独占性并能带来超额利润的生产要素,因此,专利权转让价格不按成本估价,而是按照其所能带来的超额收益计价。

②非专利技术的计价。非专利技术具有使用价值和价值,使用价值是非专利技术本身应具有的,非专利技术的价值在于非专利技术的使用所能产生的超额获利能力,应在研究分析其直接和间接的获利能力的基础上,准确计算出其价值。如果非专利技术是自创的,一般不作为无形资产入账,自创过程中发生的费用,按当期费用处理。对于外购非专利技术,应由法定评估机构确认后再进行估价,其方法往往通过能产生的收益采用收益法进行估价。

③商标权的计价。如果商标权是自创的,一般不作为无形资产入账,而将商标设计、制作、注册、广告宣传等发生的费用直接作为销售费用计入当期损益。只有当企业购入或转让商标时,才需要对商标权计价。商标权的计价一般根据被许可方新增的收益确定。

④土地使用权的计价。根据取得土地使用权的方式不同,土地使用权可有以下几种计价方式:当建设单位向土地管理部门申请土地使用权并为之支付一笔出让金时,土地使用权作为无形资产核算;当建设单位获得土地使用权是通过行政划拨的,这时土地使用权就不能作为无形资产核算;在将土地使用权有偿转让、出租、抵押、作价入股和投资,按规定补交土地出让价款时,才作为无形资产核算。

4.递延资产和其他资产价值的确定

(1)递延资产价值的确定

①开办费是指在筹集期间发生的费用,不能计入固定资产或无形资产价值的费用。主要包括筹建期间人员工资、办公费、员工培训费、差旅费、印刷费、注册登记费以及不计入固定资产和无形资产购建成本的汇兑损益、利息支出等。根据现行财务制度规定,企业筹建期间发生的费用,应于开始生产经营时起一次计入当期的损益。企业筹建期间开办费的价值可按其账面价值确定。

②以经营租赁方式租入的固定资产改良工程支出的计价,应在租赁有限期限内摊入制造费用或管理费用。

(2)其他资产价值的确定

其他资产包括特准储备物资等,按实际入账价值核算。

第三节 保修费用的处理

一、建设项目保修

(一)建设项目保修及其意义

1.保修的含义

《中华人民共和国建筑法》第六十二条规定:“建筑工程实行质量保修制度。”建设工程质量保修制度是国家规定的重要法律制度。它是指建设工程在办理交工验收手续后,在规定的保修期限内(按合同有关保修期的规定),因勘察设计、施工、材料等原因造成的质量缺陷,应由责任单位负责维修的一种制度。项目竣工验收交付使用后,在一定期限内由施工单位到建设单位或用户进行回访,对于工程发生的确实是由于施工单位施工责任造成的建筑物使用功能不良或无法使用的问题,由施工单位负责修理,直到达到正常使用标准。保修回访制度属于建筑工程竣工后管理范畴。

2.保修的意义

建设工程质量保修制度是国家规定的重要法律制度;建设工程保修制度对于完善建设工程保修制度、促进承包方加强质量管理、保护用户及消费者的合法权益能够起到重要的作用。

(二)保修的范围和最低保修期限

1.保修的范围

建筑工程的保修范围包括地基基础工程、主体结构工程、屋面防水工程和其他土建工程,以及电气管线、上下水管线的安装工程,供热、供冷系统工程等项目。

2.保修的期限

保修的期限应当按照保证建筑物合理寿命内正常使用,维护使用者合法权益的原则确定。具体的保修范围和最低保修期限按照国务院《建设工程质量管理条例》第四十条规定执行。

①基础设施工程、房屋建筑的地基基础工程和主体结构工程的保修期限为设计文件规定的该工程的合理使用年限;

②屋面防水工程、有防水要求的卫生间、房间和外墙面的防渗漏保修期限为5年;

③供热与供冷系统保修期限为2个采暖期和供冷期;

④电气管线、给排水管道、设备安装和装修工程保修期限为2年;

⑤其他项目的保修期限由承发包双方在合同中规定。

建设工程的保修期,自竣工验收合格之日算起。

建设工程在保修范围和保修期限内发生质量问题的,承包人应当履行保修义务,并对造成的损失承担赔偿责任。凡是由于用户使用不当而造成建筑物功能不良或损坏,不属于保修范围;凡属工业产品项目发生问题,也不属保修范围。以上两种情况应由建设单位自行组织修理。

(三)房屋建筑工程质量保修书

根据《建筑工程质量管理条例》和《房屋建筑工程质量保修办法》有关规定,在工程竣工验

收的同时(最迟不应超过1周),由施工单位向建设单位发送《房屋建筑工程质量保修书》。工程质量保修书(示范文本)如下:

房屋建筑工程质量保修书(示范文本)

发包人(全称):________________

承包人(全称):________________

发包人、承包人根据《中华人民共和国建筑法》《建设工程质量管理条例》和《房屋建筑工程质量保修办法》,经协商一致,对__________(工程全称)签定工程质量保修书。

一、工程质量保修范围和内容

承包人在质量保修期内,按照有关法律、法规、规章的管理规定和双方约定,承担本工程质量保修责任。

质量保修范围包括地基基础工程、主体结构工程,屋面防水工程、有防水要求的卫生间、房间和外墙面的防渗漏,供热与供冷系统,电气管线、给排水管道、设备安装和装修工程,以及双方约定的其他项目。具体保修的内容,双方约定如下:________________________。

二、质量保修期

双方根据《建设工程质量管理条例》及有关规定,约定本工程的质量保修期如下:

1.地基基础工程和主体结构工程为设计文件规定的该工程合理使用年限;

2.屋面防水工程、有防水要求的卫生间、房间和外墙面的防渗漏为______年;

3.装修工程为______年;

4.电气管线、给排水管道、设备安装工程为______年;

5.供热与供冷系统为______个采暖期、供冷期;

6.住宅小区内的给排水设施、道路等配套工程为______年;

7.其他项目保修期限约定如下:

____

____。

质量保修期自工程竣工验收合格之日起计算。

三、质量保修责任

1.属于保修范围、内容的项目,承包人应当在接到保修通知之日起7天内派人保修。承包人不在约定期限内派人保修的,发包人可以委托他人修理。

2.发生紧急抢修事故的,承包人在接到事故通知后,应当立即到达事故现场抢修。

3.对于涉及结构安全的质量问题,应当按照《房屋建筑工程质量保修办法》的规定,立即向当地建设行政主管部门报告,采取安全防范措施;由原设计单位或者具有相应资质等级的设计单位提出保修方案,承包人实施保修。

4.质量保修完成后,由发包人组织验收。

四、保修费用

保修费用由造成质量缺陷的责任方承担。

五、其他

双方约定的其他工程质量保修事项:

____

______________________________________。

本工程质量保修书，由施工合同发包人、承包人双方在竣工验收前共同签署，作为施工合同附件，其有效期限至保修期满。

发　包　人（公章）：　　　　承　包　人（公章）：
法定代表人（签字）：　　　　法定代表人（签字）：
年　月　日　　　　　　　　　年　月　日

二、保修费用及其处理

（一）保修费用的含义

保修费用是指在保修期间和保修范围内所发生的维修、返工等各项费用支出。保修费用应按合同和有关规定合理确定和控制。保修费用一般可参照建筑安装工程造价的确定程序和方法计算，也可以按照建筑安装工程造价或承包工程合同价的一定比例计算（目前取3%）。

（二）保修费用的处理

根据《中华人民共和国建筑法》的规定，在保修费用的处理问题上，必须根据修理项目的性质、内容以及检查修理等多种因素的实际情况，区别保修责任的承担问题。保修的经济责任，应当由有关责任方承担，并由建设单位和施工单位共同商定经济处理办法。

①承包单位未按国家有关规范、标准和设计要求施工，造成的质量缺陷，由承包单位负责返修并承担经济责任。

②由于设计方面的原因造成的质量缺陷，由设计单位承担经济责任。可由施工单位负责维修，其费用按有关规定通过建设单位向设计单位索赔，不足部分由建设单位负责协同有关方解决。

③因建筑材料、建筑构配件和设备质量不合格引起的质量缺陷，属于承包单位采购的或经其验收同意的，由承包单位承担经济责任；属于建设单位采购的，由建设单位承担经济责任。

④因使用单位使用不当造成的损坏问题，由使用单位自行负责。

⑤因地震、洪水、台风等不可抗拒原因造成的损坏问题，施工单位、设计单位不承担经济责任，由建设单位自行负责。

⑥根据《中华人民共和国建筑法》第七十五条的规定，建筑施工企业违反该法规定，不履行保修义务的，责令改正，可以处以罚款。在保修期间因屋顶、墙面渗漏、开裂等质量缺陷，有关责任企业应当依据实际损失给予实物或价值补偿。质量缺陷因勘察设计原因、监理原因或者建筑材料、建筑构配件和设备等原因造成的，根据民法规定，施工企业可以在保修和赔偿损失之后，向有关责任者追偿。因建设工程质量不合格而造成损害的，受损害人有权向责任者要求赔偿。因建设单位或者勘察设计的原因、施工的原因、监理的原因产生的建设质量问题，造成他人损失的，以上单位应当承担相应的赔偿责任。受损害人可以向任何一方要求赔偿，也可以向以上各方提出共同赔偿要求。有关各方之间在赔偿后，可以在查明原因后向真正责任人追偿。

⑦涉外工程的保修问题，除参照上述办法进行处理外，还应依照原合同条款的有关规定执行。

思考与练习题

1.建设项目竣工验收在整个建设过程中有何作用和意义？

2.竣工验收的参与主体有哪些？它们在竣工验收不同阶段起何作用？

3.试述竣工验收的条件。

4.试述竣工验收的内容。

5.竣工验收中的质量核定是由哪个部门组织核定的？在竣工验收中有何意义？

6.试分别叙述《竣工验收通知书》《竣工验收证明书》《竣工验收合格证书》《竣工验收鉴定书》的参与主体及实施阶段。它们分别代表竣工验收达到何种程度？

7.某项工程主体工程已完工，只有少数非主要设备因订货过程出现问题、短期不能解决。但整个工程可以形成生产能力。试问该工程是否可以进行验收？为什么？

8.竣工结算与竣工决算有何联系？二者在建设阶段所起的作用有何不同？

9.竣工决算由哪几部分组成？大、中型建设项目和小型建设项目竣工财务报表有何异同？

10.竣工决算完成后工程造价的审查内容主要包括哪些方面？

11.新增资产包括哪些内容？在具体实际中应如何分别确定？

12.保修费用对建设项目保证有何意义？

13.根据国务院对工程质量保修期的规定，你认为保修期内出现质量问题时是否应完全由施工方负责处理并承担费用损失？当质量责任一时无法确定或存在争议时，或保修期过后才进行处理，工程保修费应由谁承担？

14.某工程由于设计不当，竣工后建筑物出现不均匀沉降现象，保修费用应由谁承担？为什么？

15.因洪水原因，造成某住宅在保修期限内出现质量问题，试问该如何处理？

16.某建设项目竣工报表中基建拨款 2 300 万元，项目资金 500 万元，项目资本公积金 10 万元，基建借款 700 万元，企业债券资金 300 万元，待冲基建支出 200 万元，应付款 420 万元，应收生产单位投资借款 1 200 万元，基本建设支出 900 万元，待处理器材损失 16 万元，则该项目基建结余资金为多少万元？

17.某工业建设项目及其总装车间的建筑工程费、安装工程费、需安装设备费以及应分摊费用见表 9.1，则总装车间新增固定资产价值是多少？

表 9.1　　单位：万元

	建筑工程	安装工程	需安装设备	建设单位管理费	土地征用费	勘察设计费
建设项目竣工决算	2 400	500	1 000	78	120	48
总装车间投产后决算	600	200	400			

18.某工程合同价格为 500 万元，按 5%扣留保修费用。在保修期内发生因施工原因导致

的质量缺陷。在要求承包商履行保修义务未果的情况下,业主请了另一单位进行修复,费用为10万元。试问,在此种情况下,保修费用如何处理？当保修期满后(假定再无保修义务发生),保修费应如何返还？

19.某房地产开发公司,在建项目资产总额为1 000万元,该项目为一栋待售的商品房,则该资产是否应计为固定资产或流动资产？为什么？

20.某大、中型建设项目2001年开工建设,2002年底有关财务核算资料如下:

①已经完成部分单项工程,经验收合格后,已经支付使用的资产包括:

a.固定资产价值2.29亿元,其中房屋建筑物价值1亿元,折旧年限为40年,机器设备价值1.2亿元,折旧年限为12年。

b.为生产准备的使用期限在一年以内的备品备件、工具、器具等流动资产价值5 600万元,期限在一年以上、单位价值2 000元以上的工具100万元。

c.筹建期间发生的开办费200万元。

②基本建设支出的项目包括:

a.建安工程支出2.1亿元。

b.设备工器具投资1.5亿元。

c.建设单位管理费、勘察设计费等待摊投资800万元。

d.通过出让方式购置的土地使用权形成的其他投资300万元。

③非经营性项目发生待核销基建支出50万元。

④应收生产单位投资借款700万元。

⑤购置需要安装的器材60万元,其中待处理器材20万元。

⑥货币资金40万元。

⑦预付工程款及应收有偿调出器材款20万元。

⑧建设单位自用固定资产原值4.5亿元,累计折旧1亿元。

⑨预算拨款2.5亿元。

⑩商业借款1.08亿元。

⑪国家资本金3亿元。

⑫建设单位当年完成交付生产单位使用的资产价值中,150万元属于利用投资借款形成的待冲基建支出。

⑬应付器材款20万元及未支付的应付工程款650万元。

⑭未交税金30万元。

⑮自筹资金3亿元。

⑯其余为留成收入。

问题:

①根据以上资料编制项目竣工财务决算表。

②分别计算固定资产、流动资产、无形资产和递延资产的价值。

参考文献

[1] 谢洪学,朱品棠,谭德精.工程造价确定与控制[M].重庆:重庆大学出版社,1996.

[2] 建设部.全国造价工程师执业资格考试大纲[M].北京:中国计划出版社,2009.

[3] 吴学伟.全国造价工程师执业资格考试模拟试题与解析[M].北京:中国计划出版社,2014.

[4] 全国造价工程师执业资格考试培训教材编审委员会.建设工程计价[M].北京:中国计划出版社,2013.

[5] 全国造价工程师执业资格考试培训教材编审委员会.建设工程造价管理[M].北京:中国计划出版社,2013.

[6] 梁鑑.国际工程施工索赔[M].北京:中国建筑工业出版社,1996.

[7] 黄景瑗.土木工程施工招投标与合同管理[M].北京:知识产权出版社,中国水利水电出版社,2002.

[8] 谭德精,杜晓玲,吴宇红.工程造价确定与控制[M].2 版.重庆:重庆大学出版社,2001.

[9] 中华人民共和国住房和城乡建设部,中华人民共和国国家质量监督检验检疫总局.建设工程工程量清单计价规范:GB 50500—2013[S].北京:中国计划出版社,2013.

[10] 规范编制组.建设工程计价计量规范辅导[M].北京:中国计划出版社,2013.

[11] 谭德精,杜晓玲.工程造价确定与控制[M].3 版.重庆:重庆大学出版社,2004.

[12] 国家发展改革委,建设部.建设项目经济评价方法与参数[M].3 版.北京:中国计划出版社,2006.

[13] 谭德精,吴学伟,李江涛.工程造价确定与控制[M].4 版.重庆:重庆大学出版社,2006.

[14] 中华人民共和国住房和城乡建设部,中华人民共和国国家质量监督检验检疫总局.建设工程分类标准:GB/T 50841—2013[S].北京:中国计划出版社,2013.

[15] 建设部.全国统一建筑工程预算工程量计算规则(土建工程)[M].北京:中国计划出版社,2001.

[16] 吴学伟,谭德精,李江涛.工程造价确定与控制[M].6 版.重庆:重庆大学出版社,2012.

[17] 中华人民共和国住房和城乡建设部,中华人民共和国国家质量监督检验检疫总局.建筑工程建筑面积计算规范:GB/T 50353—2013[S].北京:中国计划出版社,2014.

[18] 中华人民共和国住房和城乡建设部,中华人民共和国国家质量监督检验检疫总局.房屋建筑与装饰工程工程量计算规范:GB 50854—2013[S].北京:中国计划出版社,2013.